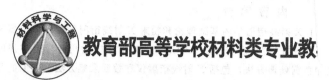

教育部高等学校材料类专业教

X射线衍射理论与实践（I）

黄继武 李 周 等编著

THEORY AND PRACTICE
OF X-RAY
DIFFRACTION（I）

化学工业出版社

·北 京·

内 容 简 介

《X射线衍射理论与实践》（Ⅰ）介绍了 X 射线衍射学的基础理论和粉末 X 射线衍射的原理、仪器测试技术和数据处理方法。主要内容包括 X 射线的产生和性质、晶体学基础、X 射线衍射几何与衍射强度理论，并介绍了各种 X 射线衍射实验方法和数据处理方法，包括 X 射线衍射仪和数据采集方法、数据的基本处理方法、物相定性分析、物相定量方法、结晶度计算方法、指标化与晶胞参数精修、微结构分析。针对每种应用都阐述了实验原理、数学基础、实验方法和操作应用与实践。

为活跃教学方法和提升教学质量，每章后提供练习，可用于课堂讨论与课后实践。所有练习在书后都附有讨论提纲和参考答案。

本书配有教学 PPT，其中的教学实例和操作实践提供了原始数据和操作视频链接，可直接在课堂上放映，或自学使用。

《X射线衍射理论与实践》（Ⅰ）全书内容和应用实例涵盖金属材料、无机非金属材料、高分子材料、化学、化工、物理、地质、矿冶工程等学科领域，可作为这些专业本科生、研究生的教学用书，对于从事 X 射线衍射工作的技术人员和科研工作者也是很好的参考工具书。

图书在版编目（CIP）数据

X 射线衍射理论与实践. Ⅰ/黄继武等编著. —北京：化学工业出版社，2020.11（2023.1 重印）

教育部高等学校材料类专业教学指导委员会规划教材

ISBN 978-7-122-37523-0

Ⅰ.①X…　Ⅱ.①黄…　Ⅲ.①X 射线衍射-高等学校-教材　Ⅳ.①O434.1

中国版本图书馆 CIP 数据核字（2020）第 148802 号

责任编辑：陶艳玲　　　　　　　　　　装帧设计：史利平
责任校对：刘　颖

出版发行：化学工业出版社（北京市东城区青年湖南街 13 号　邮政编码 100011）
印　　装：北京科印技术咨询服务有限公司数码印刷分部
787mm×1092mm　1/16　印张 20¼　字数 498 千字　2023 年 1 月北京第 1 版第 3 次印刷

购书咨询：010-64518888　　　　　　　售后服务：010-64518899
网　　址：http://www.cip.com.cn
凡购买本书，如有缺损质量问题，本社销售中心负责调换。

定　　价：59.00 元

序

    材料是国民经济、社会进步和国家安全的物质基础和先导，现代产业链的构建和运行离不开材料的支撑，现代新技术的发展与材料科学与技术的进步密切相关。材料科学的研究范畴主要包含以下四个方面及其相互关系：材料的组成(成分)、制备、组织结构与性能，其中材料组织结构与性能的关系是材料科学的核心，而组织结构又直接决定着性能，材料的组成(成分)设计和制备方法的目的则是为了获得材料特定的组织结构，因此材料组织结构的研究是材料科学研究的核心之一。

    研究材料组织结构的方法很多，如金相分析、扫描电镜分析、透射电镜分析、X射线衍射分析、各种光谱(红外光谱、紫外光谱、拉曼光谱，穆斯堡尔谱、核磁与顺磁共振谱、正电子湮灭谱等)分析，其中X射线衍射技术是研究材料组织结构最重要、最精确和最常用的方法之一。

    X射线是1895年德国物理学家伦琴在研究阴极射线时发现的，并很快在医学上得到了应用。1912年德国物理学家劳厄研究了X射线与物质作用的衍射效应，得出劳厄方程。同年英国物理学家布拉格父子导出了著名的X射线在晶体上发生衍射的布拉格方程 $2d\sin\theta = \lambda$，它根据X射线衍射峰位定出晶体结构。J. J. Thomson 则研究出X射线衍射强度公式，由它可定出晶胞中的原子种类和位置。 这些著名的研究均使他们获得了诺贝尔奖，也正是这些研究推开了研究材料结构的大门，使X射线衍射发展成了一种分析现代材料组织结构的有力技术，我国研究人工合成胰岛素的结构也是用X射线衍射技术来分析的。

    近年来，X射线衍射理论与技术及其应用发展非常迅速，大功率、高清晰X射线源和高分辨X射线衍射仪的出现，平行光源、同步辐射光源和中子衍射的大众化应用，现代计算技术的进步和衍射峰形分析理论的发展和日臻完善，非晶衍射理论、材料织构分析理论、应力X射线测试方法，Rietveld全谱拟合精修方法在X射线衍射数据处理中的广泛应用等，这些进步都使X射线衍射技术的应用范围越来越广，研究越来越深入。

    另一方面，随着分析过程的复杂化，X射线衍射数据分析软件如雨后春笋般涌现并不断更新换代，这些软件应用的实验原理和数学基础各有差异，使用者往往发现很难在有限的时间内理解和掌握要点，特别是很难快速地从X射线衍射数据中估计出有用的结构信息。 如何快速地掌握基础理论，并能快速、正确地利用这些软件工具获得真实、有用的实验结果，编写一本既能详细阐述X射线衍射晶体学基础理论，又能反映X射线衍射实验技术进步、仪器技术最新发展、分析方法改进与革新的教材就非常重要。本书正是基于这一背景编写的。

    本书在阐述X射线衍射技术基本原理的基础上，着重撰写了最新技术的应用、相关软件工具的有效使用和应用领域的最新发展。书中基本概念阐述清楚，实验方法介绍具体详细，引用文献充分，强调典型案例的剖析，叙述深入浅出，理论联系实际。

编写人员长期从事材料结构表征课程的教学，倾注了大量的精力，积累了大量的教学案例、教学视频、教学课件和多年教学经验，将这些充分地融入了本书内容，并改变教学方式和教学方法，将课后讨论与实践搬入教学课堂。

相信本书的出版，将能促进材料类专业"新工科"课程建设，也期望围绕"新工科"课程体系建设的其他高水平教材陆续出现，更期待新一代材料学子在"新工科"教育体系下茁壮成长，脱颖而出。

中国工程院院士
中国科学技术协会原副主席　黄伯云
中国材料研究学会原理事长

前言

X射线衍射技术是研究物质晶体结构及其变化规律的主要手段，是材料结构表征技术的重要组成部分，是材料科学工作者必须掌握的基本知识与科研工具。

本书内容和应用实例涵盖金属材料、无机非金属材料、高分子材料、化学、化工、物理、地质、矿冶工程等学科领域，可作为这些专业本科生、研究生的教学用书，在教学过程中除基础理论部分外可选择学习与专业相关的内容和实例操作。本书对于从事X射线衍射工作的技术人员和科研工作者来说也是很好的参考工具书。

《X射线衍射理论与实践》分Ⅰ、Ⅱ两个分册。两册书的内容包括：X射线衍射学的基础理论和粉末X射线衍射的原理、仪器、测试技术和数据处理方法。在基础理论部分，系统阐述了X射线的产生和性质、晶体学基础、X射线衍射几何与衍射强度理论，并介绍了X射线衍射实验方法及数据采集和处理方法。在应用实践方面，介绍了X射线物相定性分析、物相定量分析、结晶度计算方法、指标化与晶胞参数精修、微结构分析、宏观内应力测量、织构的测定与分析以及非晶态物质结构的X射线衍射分析。针对每种应用都阐述了实验原理、实验方法和操作应用与实践。书中还详细阐述了Rietveld全谱拟合精修原理、数学基础和精修方法，并通过实例操作全面阐述了精修方法在材料研究中的应用。

本书第5章和第6章由中南大学机电工程学院黄田田老师编写，其余各章由材料科学与工程学院黄继武教授和李周教授共同编写，全书内容由黄田田老师进行了校核。

中南大学材料科学与工程学院"材料结构分析"国家级精品课程教学团队一直致力于提高"材料结构分析"课程的教学水平。本书在编写过程中得到团队成员和学校、学院领导的鼓励和指导，在此表示衷心感谢！全书由在材料结构表征领域卓有成就的湖南大学材料科学与工程学院周灵平教授审阅，在此对其在百忙中抽出宝贵的时间对全书的审阅表达由衷的感谢！在本书编写过程中得到了化学工业出版社和中南大学的支持，在此一并感谢！

由于编者学术水平和认知视野的限制，书中难免存在某些不妥之处，请阅读者提出宝贵的修改建议，以便在再版时修正。

书中的一些具体实验方法引用于一些已经发表的专著和文献，列于书后，但可能存在不详之处，在此对原作者表示感谢！

本教材中示例使用的数据文件请扫描下面的二维码下载。书中相应内容的讲解和演示视频可扫描书中相应二维码直接播放。

编著者
2020 年 4 月

目 录

第3章　X射线衍射几何　　69

第 4 章 X射线衍射强度

88

第 5 章 X射线衍射仪和数据采集方法

115

第6章　数据的基本处理方法　138

第7章　物相定性分析　162

第8章　物相定量方法　184

第9章　结晶度计算方法　204

第10章　指标化与晶胞参数精修　219

第11章 微结构分析 239

练习参考答案 263

附录 289

参考文献

0.1 X射线衍射是材料结构表征的重要手段

世界是由物质构成的，物质是有一定结构的。按照国际衍射数据中心（International Centre for Diffraction Data，ICDD）收集的数据，分类为无机物、药物、有机物、肥料、矿物、聚合物、金属及其合金、超导材料、水泥材料、硅酸盐、清洗剂、常见相、NBS 物相、腐蚀产物、爆炸物和沸石。材料是由一定配比的若干相互作用的元素组成的、具有一定结构层次和确定性质、并能用于制造器件、设备、工具和建筑物等的"有用物质"。若按材料学的学科分类，可分为金属材料、无机非金属材料和高分子有机材料三大类。若从材料的存在状态来分类，具有气态、液态和固态三种存在形态。其中气态物质显然是非结晶体，原子的排列是没有规则的；液态（液晶）和固态物质则可能是结晶体，也可能是非结晶体。结晶体的原子排列是按照一定的规则和周期性排列的，固态非结晶体中的原子虽然排列得比气态和液态物质中的紧密，但也是无规律排列的。例如，冰是结晶体（晶体），流动着的水和水蒸气显然是非结晶体（非晶体）。透明的窗户玻璃（主要组成是二氧化硅）虽然是固体材料，却是一种非结晶材料（图 0-1）；而同样是二氧化硅固体，也有结晶体存在，如石英、方石英和菱石英等都是晶体物质。再如"金属玻璃"，在一定制备条件下是非晶体，改变制备条件则以晶态的形式存在。石英、方石英和菱石英虽然都是二氧化硅晶体，但是它们的原子排列方式不同，因而其晶体结构不同，也可以认为是不同的物质，它们的性质和性能因为原子的排列状态不同而明显不同。

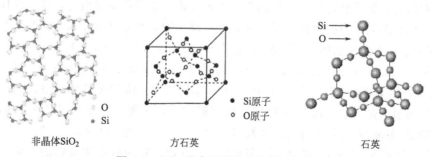

图 0-1 SiO$_2$ 的中原子的几种排列方式

物质之所以被称之为"材料"，是因为它们具有一定的性能。"性能"一般指其物理化学性能和机械性能，是由其内部的微观组织结构所决定的。不同种类的材料固然具有不同的性能，即使是同一种材料经不同工艺处理后得到不同的组织结构时，也具有不同的性能。例如，钢材淬火后得到的马氏体具有较高的硬度，而退火后得到珠光体则相对较软；可热处理强化铝

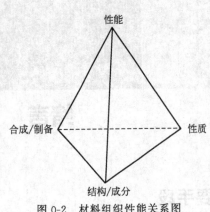

图 0-2 材料组织性能关系图

合金的高强度主要来自纳米第二相的时效析出；材料的加工工艺不同，也会改变材料的性能。如轧制和拉拔则会使材料产生各向异性，在某些方向上获得很高的强度，而另一些方向的强度相对较弱。有机化合物中同质异构体的性能也各不相同。图 0-2 说明了材料的结构/成分-合成/制备-性质-性能之间的关系。

在我们认识了材料的微观组织结构与性能之间的关系及组织结构形成的条件与过程机理的基础上，则可以通过一定的方法控制其组织结构形成条件使其形成预期的组织结构，从而具有所希望的性能。例如，在热加工处理时，预先将金属材料进行退火处理，使其硬度降低，以满足易于车、铣等加工工艺性能的要求；加工好后再进行淬火处理，使其强度和硬度提高，以满足其使用性能的要求。

现代分析测试手段从不同的方面研究这些组织结构，从而揭示材料不同性能的形成机理。其中，X 射线衍射技术是材料结构与组织分析的必备手段之一。

X 射线的波长与晶体中的原子间距离尺度范围大约相当。因此，当一束 X 射线照射到晶体物质上时，会产生"衍射"现象。X 射线衍射（X-ray diffraction，XRD）是利用 X 射线在晶体中的衍射现象来分析材料的晶体结构、晶格参数、晶体缺陷（位错等）、不同结构相的含量、内应力以及织构（具有各向异性、呈现出与天然织物相似的结构称为织构，材料中的晶粒排列如同织物一般具有一定的方向性）的方法。这种方法是建立在一定晶体结构模型基础上的间接方法。即根据晶体样品产生衍射后的 X 射线谱图的特征去分析、计算出样品的晶体结构与晶格参数，以及微观的组织与结构，并可以达到很高的精度。

如果所研究的对象是一个完整的结晶体，则称为"单晶体"，而多数材料都是由很多微小的"单晶体"聚集而成的，称为"多晶体"。例如，粉末物质、金属块体和多晶薄膜等都是多晶材料。

因此，从研究对象来区分，X 射线对材料的衍射可以分为"单晶体衍射"和"多晶体衍射"。在单晶体衍射中，被分析试样是一颗单晶体，通过对单晶体的衍射，可以得到单晶体的三维衍射图谱，进而确定晶体的空间群、点阵参数、原子占位等信息，得到晶体完整的晶体结构图。而在多晶体衍射中被分析试样是一堆细小的单晶体（如粉末、多晶体金属以及多晶体薄膜等）。X 射线多晶体衍射（X-ray polycrystalline diffraction，XPD），也称 X 射线粉末衍射（X-ray powder diffraction，XPD），是由德国科学家德拜（Debye）、谢乐（Scherrer）和美国科学家霍尔（Hull）在 1912—1916 年提出的。所谓多晶体衍射或粉末衍射是相对于单晶体衍射来命名的。由于早期 X 射线衍射的应用主要在利用单晶体样品解析晶体结构方面，因此多晶体衍射在初期发展得并不快。20 世纪 30 年代中期，哈那瓦尔特（Hanawalt）和里恩（Rinn）提出了用多晶体衍射在混合物中鉴定化合物的方法，接着又测出了 1000 种化合物的多晶衍射谱作为参比谱，可通过测量样品的衍射谱并与参比谱对照来鉴定样品的物相组成，这使 X 射线多晶体衍射成为表征多晶聚集体结构的重要手段，开创了 X 射线多晶体衍射应用的新领域，得到了较快的发展。20 世纪 40 年代后期，基于 X 射线计数器的衍射仪的发展，大大提高了衍射谱的质量，包括衍射峰位置、强度和线形的测量准确性，因而，拓展了它的应用面。如通过对衍射峰强度的准确测量，使物相分析从定性发展到定量；通过对衍射峰峰形的分析来测定多晶聚集体的某些性质，如晶粒尺寸、外形和尺寸分布等；在此基础上，又进一步发展到研究晶体的真实结构，如研究存在于晶粒内的微应变、缺陷和堆垛层错等，这使 X 射线多晶体衍射技术成为最重要的材料表征技术之一。20世纪 70 年代，同步辐射强光源和计算机技术的应用，使得多晶体衍射技术更有了突飞猛进的发展。图 0-3 列出了多晶体衍射的多种信息及其基本应用方法。

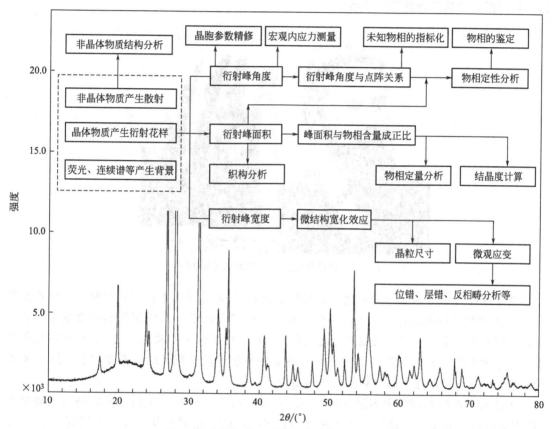

图 0-3　多晶材料 X 射线衍射的信息与应用

随着实验技术的发展，X 射线多晶体衍射的应用越来越宽，且基于物质结构深度研究的功能也越来越强。粉末衍射的基本应用是根据衍射峰的位置和衍射峰的强度建立起来的物相定性与定量分析。在此基础上，根据衍射峰位置的改变可以深入研究实际物质的晶胞参数以及宏观内应力的存在。而根据衍射峰强度的异常改变可深入研究材料的织构，进一步可以研究实际物质的真实晶体结构；而衍射峰的形状和宽度则反映了实际物质的晶粒尺寸与微观应变的大小；对于非晶物质或者含非晶物质的样品来说，可以分析样品结晶度的大小、非晶物质的短程有序规律等。高分辨衍射技术及 Rietveld 全谱拟合法发展以后，多晶体衍射还可以用来解物质的晶体结构，对于物质的真实结构和组织状态进行更深入的研究。

0.2　X 射线衍射技术的应用与发展

1895 年德国物理学家威廉・康拉德・伦琴（Wilhelm Conrad Röntgen）在研究阴极射线（灯丝发出的高速电子流）时，发现在与阴极相对的金属阳极上发射出一种新的射线，虽然肉眼不可见，但是可以引起铂氰化钡荧光屏发光。同年12月22日，伦琴拍下了第一张X射线照片（图0-4），这是他夫人的手。同年12月28日，伦琴向德国维尔兹堡物理和医学学会递交了第一篇研究通讯《一种新射线——初步研究》。由于当时人们从未知晓此类射线，因此称之为"X射线"；后来，人们为了纪念伦琴的发现，也将其称之为"伦琴射线"。X射线的发现被称为是19世纪末20世纪初物理学的三大发现（X射线、放射线、电子）之一，这一发现标志着现代物理学的产生。

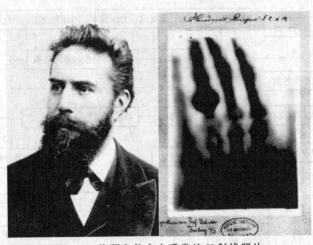

图 0-4　伦琴和他夫人手掌的 X 射线照片

伦琴发现X射线短短几个月之后，医学界就将X射线运用于诊断和治疗。李鸿章是第一个用X射线诊断枪伤的中国人，直到现在，X射线在医学上的应用仍然非常重要。后来人们又用它进行金属材料及机械零件的探伤，以探查结构件中的缺陷。这些方面的应用都属于X射线透射学。自伦琴发现X射线后，许多物理学家都在积极地研究和探索。但对X射线究竟是一种电磁波还是微粒辐射，仍不清楚。

1912年，德国物理学家劳厄（Max von Laue）等人〔另有二位助手分别是弗里德里希（W. Friedrich，索末菲的助手）和克里平（P. Knipping，伦琴的研究生）〕发现了X射线在晶体中的衍射现象。这一发现的伟大在于两个方面：确证了X射线是一种电磁波的本质，也证实了晶体的周期性结构。根据这一发现，劳厄发表了论文《X射线的干涉现象》，从而为研究物质的微观世界提供了崭新的方法。这一方法发展成为X射线衍射学，开创了X射线衍射晶体学。

劳厄的文章发表不久，就引起英国布拉格父子（W. H. Bragg，W. L. Bragg）的关注，由于都是X射线微粒论者，两人都试图用X射线的微粒理论来解释劳厄的照片，但他们的尝试未能取得成功。年轻的小布拉格经过反复研究，成功地解释了劳厄的实验事实。他以更简洁的方式，清楚地解释了X射线晶体衍射的形成，并提出著名的布拉格公式：$2d\sin\theta = n\lambda$。这一结果不仅证明了小布拉格的解释的正确性，更重要的是证明了能够用X射线来获取关于晶体结构的信息。1912年11月，年仅22岁的小布拉格以《晶体对短波长电磁波的衍射》为题向剑桥哲学学会报告了上述研究结果。老布拉格则于1913年1月设计出第一台X射线分光计，并利用这台仪器发现了特征X射线。小布拉格在用特征X射线分析了一些碱金属卤化物的晶体结构之后，与其父亲合作，成功地测定出了金刚石的晶体结构，并用劳厄法进行了验证。金刚石结构的测定完美地验证了化学家长期以来认为的碳原子的四个键按正四面体形状排列的结论，使尚处于新生阶段的 X 射线晶体学开始为物理学家和化学家普遍接受。

1913 年—1914 年，莫塞莱（Henry Moseley）发现了原子序数与发射 X 射线的频率之间的关系——莫塞莱定律，并最终发展成为 X 射线发射光谱分析和 X 射线荧光分析（材料元素及其含量的分析方法）。

1916 年，德拜、谢乐提出采用多晶体试样的"粉末法"，给 X 射线衍射分析带来了极大的方便。

1928 年，盖革（Geiger Hans Wilhelm）、弥勒（Miroku）首先用计数器来记录 X 射线，这种方法使衍射仪得以产生，并从 20 世纪 50 年代起获得普遍使用。

1938 年，哈那瓦尔特（Hanawalt）建立了系统的 X 射线物相定性分析方法。

1941 年，美国材料试验协会（American Society of Testing Materials，ASTM）将衍射资料编印成索引及标准卡片，并逐年进行补充，完成粉末衍射卡片数据收集与发行的初期阶段工作。

1945 年，美国海军研究室的弗里德曼（Fridman）设计了用于粉末研究的第一台计数器衍射仪，开始了 X 射线衍射仪的设计及商品化，经后人逐步完善发展成目前的精密仪器。

1945 年，X 射线物相定量分析日趋广泛，20 世纪 70 年代后又发展了一系列的定量分析方法。

1969 年，成立国际组织"粉末衍射标准联合委员会（Joint Committeeon Powder Diffraction Standards，JCPDS）"，负责标准衍射数据资料的收集及卡片、索引、磁盘、光盘等的发行工作。

20 世纪 60 年代开始，衍射仪和计算机技术结合，实现收集衍射实验数据的自动化，开发和发展了物相鉴定、结构测定等方面的计算机程序。

20 世纪 60 年代起，中国物理学会 X 射线专业委员会、中国化学学会晶体学专业委员会、中国金属学会 X 射线专业委员会、中国晶体学会粉末衍射专业委员会等相继成立，并多次联合举办全国 X 射线衍射学术会议，促进了 X 射线衍射学在我国众多行业的应用和发展。

20 世纪 70 年代后，电子计算机、高真空、电视等先进技术与 X 射线分析相结合，发展成为现代型的自动化衍射仪。

需要特别指出的是，1967 年，设在荷兰的佩腾（Petten）反应堆中心的研究员里特维德（Rietveld），在用中子粉末衍射精修晶体结构时，首次一反传统地利用衍射峰的积分强度，即结构振幅 $|F_k|$ 进行结构精修的方法，提出了用全谱拟合进行结构精修的方法。Rietveld 方法正式公开于 1966 年在莫斯科举行的第七届国际晶体学大会上，但当时的反应并不强烈，甚至可以说没有人注意。直到 1969 年 Rietveld 方法正式出版，人们才渐渐地给予重视。Rietveld 方法当时主要用于粉末中子衍射的晶体结构分析中。所谓 Rietveld 全谱拟合实际上是在假设的晶体结构模型与结构参数的基础上，结合某种衍射峰形函数来计算多晶体的衍射谱，调整这些结构参数与峰形参数使得计算得到的多晶体衍射谱能够与实验谱相符合，从而获得结构参数和峰形参数的方法。这种方法不仅成功地将 X 射线多晶体衍射数据用于结构精修，而且进一步发展出用多晶体衍射数据从头解晶体结构的方法，改变了不能用多晶体数据解晶体结构的情况。

20世纪70年代，Rietveld全谱拟合方法被移植到X射线衍射领域，其基础为一张高分辨、高准确的数字粉末衍射谱，用衍射强度值$Y_{(2\theta)i}$（i表示一个数据测量点）代替F_{HKL}，解决数据点不够多的问题。

20世纪80年代，随着高分辨多晶体衍射技术的发展，直接得到的衍射峰可以达到100个。全谱拟合的概念不仅仅用于结构参数精修，做全谱拟合时也可以不知道晶体结构数据。例如Pawley提出的用全谱拟合精修晶胞参数与分峰的方法，可以从重叠峰中萃取出各个组成峰的积分强度，可用直接法或帕特逊法（解析晶体结构的算法）求解初始结构，解决了用多晶体衍射从头测定晶体结构的关键性问题。

到了90年代以后，Rietveld全谱拟合技术得到了更大的发展，应用到多晶体衍射的各个传统应用领域，比如定量分析、晶粒大小及微应变测定等方面，得到了比传统方法更完美、更准确的结果，现在已成为粉末X射线衍射最重要和最先进的研究方法。

国内Rietveld全谱拟合精修的研究起步较晚，主要研究领域分为物相定量分析和晶体结构精修。在物相定量分析方面，国内许多学者做了多方面的研究。

在X射线衍射及其相关领域，从1901年伦琴因发现X射线而获得诺贝尔奖开始，一大批研究者获得了诺贝尔奖。表0-1列出了部分获奖者名单。

表0-1　X射线及晶体衍射有关的部分诺贝尔奖获得者名单

年份	学科	得奖者	获奖原因
1901	物理	伦琴（Wilhelm ConralRontgen）	X射线的发现
1914	物理	劳厄（Max von Laue）	晶体的X射线衍射
1915	物理	亨利·布拉格（Henry Bragg）	晶体结构的X射线分析
		劳伦斯·布拉格（Lawrence Bragg）	
1917	物理	巴克拉（Charles Glover Barkla）	元素的特征X射线
1924	物理	卡尔·西格巴恩（Karl Manne Georg Siegbahn）	X射线光谱学
1937	物理	戴维森（Clinton Joseph Davisson）	电子衍射
		汤姆孙（George Paget Thomson）	
1954	化学	鲍林（Linus Carl Panling）	化学键的本质
1962	化学	肯德鲁（John Charles Kendrew）	蛋白质的结构测定
		帕鲁兹（Max Ferdinand Perutz）	
1962	生理医学	克里克（Francis H. C. Crick）	脱氧核糖核酸DNA测定
		沃森（JAMES d. Watson）	
		威尔金斯（Mauriceh. f. Wilkins）	
1964	化学	霍奇金（Dorothy Crowfoot Hodgkin）	青霉素、B12生物晶体测定
1985	化学	霍普特曼（Herbert Hauptman）	直接法解析结构
		卡尔（Jerome Karle）	
1986	物理	鲁斯卡（E. Ruska）	电子显微镜
		宾尼希（G. Binnig）	扫描隧道显微镜
		罗雷尔（H. Rohrer）	
1994	物理	布罗克豪斯（B. N. Brockhouse）	中子谱学
		沙尔（C. G. Shull）	中子衍射

随着研究的深入，X射线被广泛应用于晶体结构的分析以及医学和工业等领域，对于促进20世纪的物理学以至整个科学技术的发展产生了巨大而深远的影响。

多晶体衍射技术作为一门学科在广阔的科学技术及生产领域中应用已有100年历史。它已经和正在发挥着重要的作用，帮助人们认识和改造着世界。作为一门学科，它还在继续发展，必将在更广阔的领域造福人类。

0.3　教学内容与教学方法

目前，有许多关于 X 射线衍射晶体学的优秀书籍，但其侧重点各不相同。因为 X 射线衍射技术及其应用领域发展非常迅速，一本适用的教科书应当体现包括 X 射线衍射晶体学基础理论、实验技术、仪器技术、分析方法的最新发展；虽然 X 射线衍射分析软件种类繁多，应用的实验原理和数学基础各有差异，初学者由于缺少必要的经验积累和技术支持而很难从这些五花八门的软件中得到真实有用的实验结果；本科生、硕士生和年轻的研究人员和工程师们想要熟悉这一主题时，往往会发现很难在有限的时间内理解和掌握要点，特别是如何从 X 射线衍射数据中估计出有用的结构信息。因此，从这三个方面入手编写一本阐述基本原理、体现最新技术、应用最新发展、开展 X 射线衍射实际应用方法的教科书至为重要。

《X 射线衍射理论与实践》力求学科覆盖面广泛，涉及应用方法较多，分为Ⅰ、Ⅱ两册印刷，Ⅰ册共 11 章，是 X 射线衍射学基础，可作为本科教学基础教材。着重基础理论和基本实验方法教学。学习完Ⅰ册，学生可掌握 X 射线的基础理论和粉末衍射基本实验技术。

第 1 章介绍了 X 射线的产生和性质，以及 X 射线与物质的相互作用。学习时，主要掌握 3 个方面的内容：①X 射线的产生原理和方法；②特征 X 射线的产生与应用；③X 射线与物质相互作用时产生各种现象的原理及其对 X 射线衍射实验结果的影响。

第 2 章介绍了 X 射线衍射技术必备的晶体学知识，包括晶体的对称性、空间群、倒易点阵以及晶体的投影等内容。掌握这些知识是学习 X 射线衍射必要的。如果之前已经学习过相关课程，这一章内容可以跳过，或者只学习必要的相关内容。

第 3 章介绍了 X 射线的衍射几何。通过劳厄方程、布拉格方程和衍射矢量方程用不同的方法解释了 X 射线衍射的必要条件和衍射的方向。衍射的方向只与晶体点阵的形状和大小相关，而与晶体结构的内容无关。学习时要理解这 3 个方程的有机联系。在这一章的最后，根据衍射产生的必要条件，提出了几种 X 射线衍射实验方法。

第 4 章介绍了 X 射线衍射的强度理论。X 射线衍射强度来自电子散射，从电子散射入手，推导了粉末衍射强度公式，解释了晶体结构中原子的种类和位置对强度的影响，同时也解释了小晶体尺寸和形状对衍射峰形状的影响。

第 5 章和第 6 章介绍了 X 射线多晶衍射实验与数据基本处理方法。第 5 章介绍了 X 射线衍射仪的基本结构、操作方法及其实验参数的设置。作为实践，详细阐述了粉末衍射样品的制作方法。学习时应从使用者的角度掌握必要的实验技能。第 6 章介绍了粉末 X 射线衍射数据基本处理的方法以及需要掌握的专业软件。尽管 X 射线衍射数据处理软件发展迅速，Jade 作为一个通用的 X 射线数据处理软件具有通用性、易用性、功能全面等特点，而且 Jade 软件已由 ICDD 公司与 PDF（粉末衍射文件，Powder Diffraction File）一起发布。因此，本书介绍了这一软件的使用。关于软件操作的内容建议自学和上机操作，不建议课堂上讲授。

作为粉末 X 射线衍射的基本应用，包括了物相定性分析方法（第 7 章）、物相定量方法（第 8 章）、结晶度计算方法（第 9 章）、指标化与晶胞参数精修（第 10 章）和微结构分析（第 11 章）。

Ⅱ册包括 3 个专题应用和 Rietveld 全谱拟合精修方法。

专题应用包括：宏观内应力的测量（第 1 章）、织构的测定与应用（第 2 章）、Rietveld

应用实践（第3~5章）和非晶态物质结构的X射线衍射分析（第6章）。每个专题应用都包括4个环节：从基础理论开始，导出实验原理和实验方法，最后结合科研需要，通过应用实例讲解，进行操作技能培训，并且通过课堂讨论问题、思考计算和实践操练对相关专题进行总结、归纳和技能提升。

学习这些传统的X射线衍射方法时，应当从两个方面去学习：一方面，理解X射线衍射谱图中反映出来的各种信息与材料结构和组织的对应关系，进而提出在科研工作中的应用和实验方法；另一方面，通过实际操练，学会实用的实验技能。

Rietveld方法在多晶材料中的应用越来越广泛，大有完全取代传统方法的趋势，这种方法的学习与应用变得越来越重要。通过Rietveld方法全谱拟合精修，可以同时实现物相定量、晶胞参数修正、晶块尺寸和微观应变的计算。不但如此，还可以得到晶体结构中的原子位置和占位等信息。因此，Ⅱ册第3章详细阐述了Rietveld方法的基本原理和数学基础；第4章和第5章以Jade和Maud两种智能化精修软件为工具，提出了Rietveld方法在多晶材料中的各种具体应用方法。必须了解到这些软件的基本原理虽然相同，但它们在精修参数的选择和处理方法上各有特点和技巧。从而，在实际应用上选择合适的软件工具往往会事半功倍。

X射线衍射不但是一门实验技术，也是一个具有远大前景的学科。编写本书是为了要达到以下3个主要目标。

第一个目标是为没有X射线基础知识的本科学生提供一本教科书。编者在教学过程中感觉需要一本既可以适用于各种专业需要，又能体现现代X射线衍射技术发展前沿的教材。因此，在系统、全面地阐述X射线衍射基础理论的基础上，介绍了粉末X射线衍射最新实验技术、软硬件设备和实验方法。在这一部分，每一章后面都提供了大量的练习，以强化和巩固所学。所有的练习在书后都提供了参考答案。

第二个目标是为研究生提供一本实用的教材。对于相关专业的研究生来说，X射线衍射技术是必须掌握的一个重要结构表征手段，也是一门重要的必修课程。因此，根据研究生教学的需要，按X射线衍射的功能安排了各章内容，教师可按专业选择相关章节进行教学。在编写方法上不但注重基础理论和数学基础的阐述，还提供了大量的实验方法和操作步骤。每个实例都有特色和应用场景。通过训练，学生完全可以按照步骤完成其实验数据处理。

第三个目标是为从事X射线衍射实验工作的年轻工作者和从事材料科学研究的科学家们提供一本快速入门的教材和一本实用的工具书。从本书的实用性来说，可以为年轻科学家和工程师们提供一本X射线衍射技术应用指南。

书后均附有详细的附录，可进行查阅。

编者多年来一直从事X射线衍射实验设备的操作与维护，指导和帮助学生完成实验和数据处理，在多年的本科教学和研究生教学实践中积累了一些授课素材，包括课件、实例数据、讲课视频。为与本书内容一致，全部进行了编辑整理，与教材内容完全配套，以电子版形式提供给阅读者。

第1章

X射线的产生和性质

在绪论中已经提到 X 射线的发现过程和 X 射线衍射技术在各领域的应用与发展。这一章中主要学习 X 射线的本质、X 射线的产生方法和 X 射线与物质的相互作用。不同的 X 射线波长、强度和产生方法以及物质对 X 射线的散射、吸收对 X 射线衍射产生各种不同的影响，了解这些对于 X 射线衍射分析非常重要。

1.1　X 射线的本质

X 射线是电磁波的一种。就其本质而言，它和可见光、红外线、紫外线、γ 射线以及宇宙射线等是相同的，均属电磁辐射。它们在电磁波谱中各占据一定的波段范围（图 1-1）。

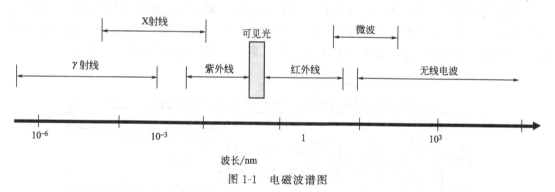

图 1-1　电磁波谱图

X 射线波长的度量单位是纳米（nm），由于习惯的原因，也常用埃（Å）来表示，1Å＝0.1nm。

在电磁波谱中，X 射线的波长范围为 10^{-3}～10nm。因为波长越短，能量越大，穿透物质的能力越强，通常将波长短的称为硬 X 射线，而波长较长的 X 射线被称为软 X 射线。用于 X 射线晶体结构分析的波长一般为 0.25～0.05nm。金属部件的无损探伤希望用更短的波长，一般为 0.1～0.005nm 或更短。

X 射线和可见光以及其他微观粒子（如电子、中子、质子等）一样，都同时具有波动及微粒双重特性，简称为"波粒二象性"。它的波动性主要表现为以一定的频率和波长在空间传播；它的微粒性主要表现为以光子形式辐射和吸收时具有一定的质量、能量和动量。X 射线的频率 ν，波长 λ 以及其光子的能量 E、动量 P 之间存在如下的关系：

$$E=h\nu=\frac{hc}{\lambda}$$

$$(1-1)$$

$$P = \frac{h}{\lambda} \tag{1-2}$$

式中，h 为普朗克常数，等于 6.625×10^{-34} J·S；c 是 X 射线的速度，约等于 2.998×10^8 m/s。物质详细的物理常数可以查看附录1。

波粒二象性是 X 射线的客观属性。但是，在一定条件下，可能只有某一方面的属性表现得比较明显；而当条件改变时，可能使另一方面的属性表现得比较明显。例如，X 射线在传播过程中发生的干涉、衍射现象就突出地表现出它的波动特性，因而称其为 X 射线或 X 光；而在和物质相互作用交换能量时，就突出地表现出它的微粒特性，而被称为 X 光子。从原则上讲，对同一个辐射过程所具有的特性，既可以用时间和空间展开的数学形式来描述，也可以用在统计上确定的时间和位置出现的粒子来描述。

1.2 X射线的产生

X 射线的产生可以有多种方式：常规 X 射线衍射仪器所配备的 X 射线发生器，都是通过高速电子流轰击金属靶的方式获得 X 射线。对于那些特殊的研究工作可以利用同步辐射 X 射线源。除此以外，等离子体源、同位素、核反应以及其他一些方法都可以产生 X 射线。

1.2.1 X射线管

现在人们已经发现了许多的 X 射线产生机制，其中最为实用的能获得有足够强度的 X 射线的方法仍是当年伦琴所采用的方法——用阴极射线（高速电子束）轰击阳极（也称为靶）的表面。各种各样专门用来产生 X 射线的 X 射线管工作原理可用图 1-2 表示。

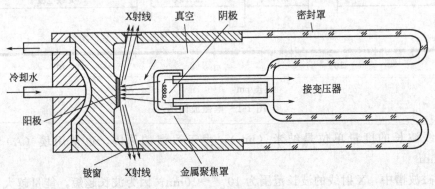

图 1-2　X 射线管工作原理图

它的基本原理是：高速运动的电子与物体碰撞时，发生能量转换，电子的运动受阻失去动能，其中一小部分（1%左右）能量转变为 X 射线，而绝大部分（99%左右）能量转变成热能使物体（靶体）温度升高。

因此，为了获得 X 射线必须具备 3 个基本条件：①产生自由电子；②使电子作定向加速运动；③在其运动的路径上设置一个障碍物（金属靶）使电子突然减速或停止。

在图 1-3 中，X 射线管是一支被抽成真空（$10^{-7} \sim 10^{-5}$ Pa）的密封二极管，早期的管材为玻璃，现在多采用陶瓷管，具有更优良的散热效果。管内主要由阴极和阳极组成。

(a) 玻璃X射线管　　　　(b) 陶瓷X射线管　　　(c) 丹东浩元仪器的高散热X射线管

图1-3　X射线管

（1）阴极

也称为灯丝。它是由绕成螺线形的钨丝制成，接入一个常规电压的电路，给它通上电流后，当灯丝被通电加热至高温时（达2000℃），大量的电子产生（阴极射线）。在数万伏特高压电场的作用下，这些电子奔向阳极。为了使电子束集中，在阴极灯丝外面加上聚焦罩，并使灯丝与聚集罩之间始终保持100～400V的负电位差。聚焦罩是用钼或者钽等高熔点金属制成。

（2）阳极

也称为靶，它是电子轰击的地方，是使电子突然减速和发射X射线的地方。由于高速电子束轰击阳极靶面时只有1％左右的能量转变为X射线能量，而其余的99％都转变成热能，因此阳极由两种材料制成，阳极底座用导热性能好、熔点高的材料（黄铜或紫铜）制成，在底座的端面镀上一层阳极靶材料，常用的阳极材料为Cr、Fe、Co、Ni、Cu、Au、Ag、W等。不同的阳极材料产生的X射线波长不同，阳极材料原子序数越小，则产生的X射线波长越长，穿透物质的能力越低。用于软X射线管的阳极材料通常采用Al和Si。用于X射线衍射分析的靶材通常为Cu、Cr、Fe、Co等。其中，最常用的是Cu靶，而Ag靶则用于非晶X射线散射。

在阳极外面装有阳极罩，它的作用是吸收二次电子。因为当高速电子束轰击阳极靶面时，除发射X射线外，还会产生一些阳极材料发出的二次电子。如果让它们射到管壳内壁上，将使管壁带上很大的负电荷，以致阻止电子束的运动。

（3）冷却水

由于阳极发热量很大，需要采用循环冷却水冷却。

（4）焦点

常规X射线管中电子束轰击阳极靶面的尺寸为1mm×10mm左右。X射线沿着与靶面成一定角度外向投射。这个倾斜角度通常为3°～6°。X射线管窗口开设在与长方形焦点的长边和短边相对应的位置。这样，从不同方位的窗口可分别获得与X射线管焦点尺寸对应的有效投射线焦点和点焦点。当投射角为6°时，从长边投出来的光束截面尺寸即为1mm×10mm，称为线焦点；而从短边投射出来的光束形状为方形，称为点焦点（见图1-4）。

现代X射线衍射仪中配置了一些特殊的X射线管。

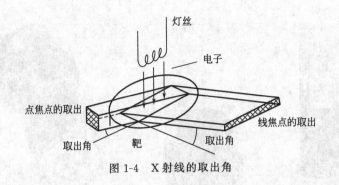

图 1-4　X 射线的取出角

（1）旋转阳极 X 射线管

普通 X 射线管的功率不超过 3kW。这里因为阳极发热量过大，冷却水冷却效果受到限制。解决这个问题的有效办法是使阳极转动。让阳极以很高的转速（2000～10000r/min）转动，这样，受电子束轰击的焦点不断地改变自己的位置，使其有充分的时间散发热量。采用旋转阳极提高功率的效果是相当可观的。早期生产过 90kW 的旋转阳极 X 射线管。国内大量使用的是日本理学公司（Rigaku）生产的 18kW 旋转阳极 X 射线管。最新配置的是 9kW 旋转阳极 X 射线管。虽然功率由 18kW 降到 9kW，但由于焦点尺寸减小，光亮度增大，实际效果更好（图 1-5）。

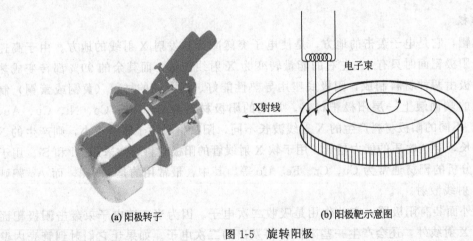

(a)阳极转子　　　　　　　　　　(b)阳极靶示意图

图 1-5　旋转阳极

（2）细聚焦 X 射线管

焦点尺寸影响衍射实验结果的分辨率。细聚焦 X 射线管利用静电透镜或电磁透镜使电子束聚焦。焦点尺寸可达到几十微米到几微米。小焦点能产生精细的衍射花样，从而可以提高结构分析的精确度和灵敏度。同时由于焦点尺寸小，使单位面积上的比功率提高了。例如：普通 X 射线管的比功率一般为 $200W/mm^2$，而细聚焦 X 射线的比功率可高达 10kW/mm^2 以上。所以，细聚焦 X 射线管的比强度比普通 X 射线管高得多。

（3）金属流靶 X 射线管

金属流靶 X 射线管是用流动的液态金属作为阳极靶材，从而达到提高功率的目的。这种 X 射线管可能是未来的趋势。

X 射线管正朝着高稳定、细聚焦、高功率、高亮度的方向发展。

1.2.2　同步辐射光源

同步辐射光源是另一种常用于衍射的 X 射线。

在电子同步加速器中，电子可被加速到数千兆电子伏特的能量。这种高能电子在加速器或储存环中强大磁场偏转力的作用下作圆周运动。根据电子在加速运动时能辐射电磁波的原理，当电子被加速到足够能量时，它便向圆周的切线方向辐射 X 射线波段范围的电磁波。把这种辐射称为同步辐射 X 射线源见图 1-6。

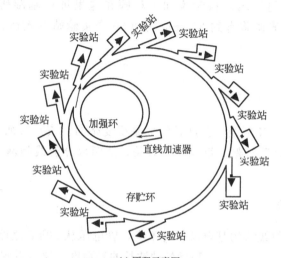

(a) 原理示意图

(b) 上海同步辐射光源外景图

图 1-6　同步辐射光源

它的主要特点如下。

通量大、亮度高：同步辐射 X 射线通量比常规的高强 X 射线源要大 3～6 个数量级。由于同步辐射集中在一个很小的主体角中，因此它的亮度比 60kW 转靶 X 射线源所发出的特征辐射及连续辐射的亮度分别要高出 3～6 个数量级。

频谱宽、连续可调：同步辐射 X 射线源属于平滑的连续辐射，波谱范围宽。利用平面光栅、晶体单色器以及反射镜等分光设备可以得到各种单色辐射。

光束准直性好：当电子运动速度接近光速时，辐射光束的垂直角分布在 10^{-6} rad 数量级以下。

有特定的时间结构：同步辐射是一种脉冲光源，每个脉冲均有很窄的脉宽（10^{-10} s 脉冲）。在加速器或储存环轨道中，电子形成许多一定间隔的束团。

偏振性好：在电子轨道平面上基本是 100% 的线偏振。

同步辐射光源的优越特性使得很多实验室不能完成的实验可以通过它来完成。

上海同步辐射光源是我国迄今为止最大的大科学装置和大科学平台之一。它是一台高性能的中能第三代同步辐射光源，它的英文全名为 Shanghai Synchrotron Radiation Facility，简称 SSRF。它在科学界和工业界有着广泛的应用价值，每天能容纳数百名来自全国或全世界不同学科、不同领域的科学家和工程师在这里进行基础研究和技术开发。到 2022 年，上海同步辐射光源将有约 35 条束线和 60 个实验站投入运行，年均接待用户有望超过 1 万人次。

1.3　X射线谱

由 X 射线管所得到的 X 射线，其波长组成是很复杂的。按其特征可以分成两部分：连续光谱和特征光谱，后者只与靶的组成元素有关。这两部分射线是基于两种不同的机制产生的。

1.3.1　连续X射线谱

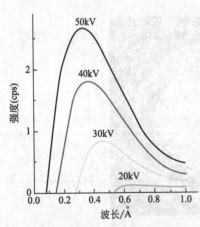

图 1-7　连续 X 射线谱（钨靶）

如果使一个钨靶 X 射线管的管电流保持不变，管电压从 20kV 逐渐增加到 50kV，同时测量各种波长的光强度，便可得到图 1-7 所示的连续 X 射线谱。从图 1-7 中可以看出，连续 X 射线谱的强度是随波长的变化而连续变化的。每条曲线都有一个强度最大值，并在短波长方向有一个波长极限，即在一定管电压条件下，光管产生的 X 射线的波长不会小于这个值，称为短波限 λ_0，随着管电压的增高，强度曲线总体升高，同时，最大强度值对应的位置和短波限都往短波方向移动。

量子理论认为，当能量为 eV 的电子与阳极靶的原子碰撞时，电子失去自己的能量，其中一部分以光子的形式辐射。每碰撞一次产生一个能量为 $h\nu$ 的光子，这样的光子流即为 X 射线。有些电子经过一次碰撞就耗尽了全部能量，而绝大多数电子需要经过多次碰撞才会全部失去自己的能量。每个电子经历一次碰撞就产生一个光子，多次碰撞就产生多次辐射。由于多次辐射中各个光子的能量不同，因此出现一个波长连续变化的 X 射线谱。但是，这些光子中，光子能量的最大极限值也不可能大于电子本身的能量，因此，存在短波限。由此，短波限的波长和频率为：

$$eV = h\nu_{max} = \frac{hc}{\lambda_0}$$

(1-3)

式中，e 为电子电荷；V 为电子通过两极时的电压降，kV；h 为普朗克常数；ν 为 X 射线的频率；c 为光速；λ_0 为短波限。

式(1-3) 中，除了管电压（kV）为可变参数外，其他都是常数。可以计算出短波限为

$$\lambda_0 = \frac{1.24}{V}(nm) \tag{1-4}$$

连续光谱又称为"白色"X 射线，包含了从短波限 λ_0 开始的全部波长，其强度随波长变化连续地改变。从短波限开始随着波长的增加，强度迅速达到一个极大值，之后逐渐减弱，趋向于零。由式(1-4) 可知，连续光谱的短波限 λ_0 只决定于 X 射线管的工作电压。

X 射线强度是一个物理量，它是指垂直于 X 射线传播方向的单位面积上在单位时间内通过的光子数目的能量总和。即 X 射线的强度 I 是由光子的能量 $h\nu$ 和它的数目 n 两个因素决定的，即 $I=nh\nu$。正因为这样，连续谱的最大强度值对应的波长并不是光子能量最大的 λ_0 处，而是在大约 $1.5\lambda_0$ 的地方。

光管所发出的光子的总能量 I_B，也就是连续谱总强度，应当是强度曲线下面的总面积。实验证明，它与管电流 i、管电压 V、阳极靶的原子序数 Z 之间存在如下关系：

$$I_B = K_1 i Z V^2 \tag{1-5}$$

式中，K_1 约等于 $1.1 \sim 1.4 \times 10^{-9}$。

从式(1-5) 可见，对于在一定条件（管电流 i 和管电压 V）下工作的管子，因为连续光谱的强度和阳极元素的原子序数 Z 成正比，所以，当需要用"白色"辐射（即包含有所有波长的连续辐射）时，选择重元素金属作靶的管子将更为有效。例如，用钨靶所得的"白色"辐射总能量是铜靶的 2.6 倍。我们还应注意到，连续光谱是从短波极限处突然开始的，大部分能量都集中在接近短波极限的位置，高电压对连续光谱有利。随着使用电压的增加，λ_0 变短，"白色"辐射的能量相对更集中在短波极限一侧的一个范围内。在晶体衍射实验中，只有劳厄法和能量色散型衍射仪需要使用连续光谱的 X 射线；而在其他的晶体衍射方法中，通常则要求使用"单色"X 射线，连续光谱对这些方法所得的结果是不利的。因为连续光谱是这些衍射方法的衍射图背景产生的主要原因，此时需要适当选取 X 射线管的工作条件，同时需要采取必要的手段来避免连续光谱的不利影响。

另外，在 X 光管中，电子轰击阳极时，99% 的能量转变为热能，只有 1% 左右的能量转变为 X 射线，式(1-5) 中 K_1 值非常小，X 射线管的效率是很低的。

光管的输入功率为 iV，而输出功率为光管的总能量 $I_B = K_1 i Z V^2$，因此，效率为：

$$\eta = \frac{K_1 i Z V^2}{iV} = K_1 Z V \tag{1-6}$$

例如，钨靶 $Z=74$，当管电压为 100kV 时，X 管的效率也只有 1% 或更低。

1.3.2　标识 X 射线谱

图 1-8 是铜靶 X 光管在不同管电压下的 X 射线谱。当管电压较低时，只产生连续 X 射线谱。而当管电压继续升高时，在连续谱的基础上会出现几条强度很高的线光谱。随着管电压的继续升高，在连续谱强度增大的基础上，这种高强度的谱线也越来越亮，但它们的位置并不发生改变，即波长不变。如图中特征谱线的波长分别为 0.154187nm 和 0.139223nm。这种谱线称为特征 X 射线或者标识 X 射线。

图 1-8 显示的是铜靶 X 射线的 K 系标识 X 射线，它有两个强度高峰，右边的为 K_α，左侧的为 K_β。实际上，K_α 线由两条谱线组成，分别是 $K_{\alpha 1}$ 和 $K_{\alpha 2}$，两者波长差约为 0.000383nm，强度差为 2:1。铜靶 $K_{\alpha 1}$ 和 $K_{\alpha 2}$ 的波长分别为 0.154059nm 和 0.154442nm。

如果双重线不能分辨，则视双重线为单线（重叠线），称为 K_α，它的波长计算方法为按强度比例取加权平均值。

从图 1-8 可以看出，特征 X 射线只占 X 射线管辐射总能量的很小一部分。特征光谱的波长和 X 射线管的工作条件无关，只取决于阳极组成元素的种类，是阳极元素的特征谱线。

特征 X 射线的产生机理与阳极物质的原子内部结构是紧密相关的。从原子物理学知道，原子系统内的电子按泡利不兼容原理和能量最低原理分布于各个能级。各能级中电子的运动状态由 4 个量子数所确定。原子系统内的能级是不连续的，按其能量大小分为数层，分别用 K、L、M、N 等字母代表它们的名称。K 层最靠近原子核，它的能量最低，其他依次是 L、M、N 等。

阴极射线的电子流轰击到靶面，如果能量足够高，靶原子的一些内层电子会被轰出，使原子处于能级较高的激发态。图 1-9 表示的是原子的基态和 K、L、M、N 等激发态的能级图。K 层电子被击出称为 K 激发态，L 层电子被击出称为 L 激发态，依次类推。原子的激发态是不稳定的，寿命不超过 10^{-8} s，此时内层轨道上的空位将被离核更远轨道上的电子所补充，从而使原子能级降低。这时，多余的能量便以光量子的形式辐射出来。图 1-9 描述了上述激发机理。

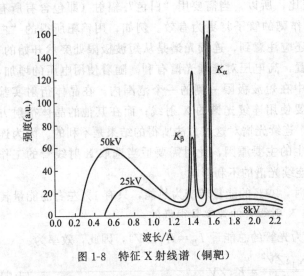

图 1-8 特征 X 射线谱（铜靶）

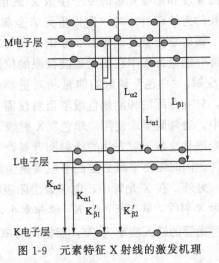

图 1-9 元素特征 X 射线的激发机理

处于 K 激发态的原子，当不同外层的电子（L、M、N 等三层）向 K 层跃迁时放出的能量各不相同，产生的一系列辐射统称为 K 系辐射。同样，L 层电子被击出后，原子处于 L 激发态，所产生一系列辐射则统称为 L 系辐射，依次类推。基于上述机制产生的 X 射线，其波长只与原子处于不同能级时发生电子跃迁的能级差有关，而原子的能级是由原子结构决定的，因此，这些有特征波长的辐射将能够反映出原子的结构特点，称之为特征光谱。

参与产生特征 X 射线的电子层是原子的内电子层，内层电子的能量可以认为仅决定于原子核而与外层电子无关（外层电子决定原子的化学性质和它们的紫外、可见光谱）。所以，元素的 X 射线特征光谱比较简单，且随原子序数作有规律的变化，特征光谱只取决于元素的种类而不论物质处于何种化学或物理状态。各系 X 射线特征辐射都包含几个很接近的频率。例如，K 系辐射包含 $K_{\alpha1}$、$K_{\alpha2}$ 和 K_β 三个频率，$K_{\alpha1}$、$K_{\alpha2}$ 波长非常接近，相距约 0.0004nm，在实际使用时常常分不开，统称为 K_α 线。K_β 线比 K_α 线频率要高，波长要短一些。K_α 线是电子由 L 层跃迁到 K 层时产生的辐射，而 K_β 线则是电子由 M 层跃迁到 K 层时产生的。实际上 L、M 等能级又可分成几个亚能级，依照选择法则，在能级之间只有满足一定选律要求（相同名的亚层之间不能跃迁）时跃迁才会发生。例如跃迁到 K 层的电子如果来自 L 层，则只能从 L_{II} 和 L_{III} 亚层跃迁过来；如果来自 M 层，则只能从 M_{II} 及 M_{III} 亚层跃迁过来。所以，K_α 线就有 $K_{\alpha1}$ 和 $K_{\alpha2}$ 之分，K_β 线理论上也应该是双重的，但是 K_β 线的两根线中有一根非常弱，因此可以忽略。

各个系 X 射线的相对强度与产生该射线时能级的跃迁概率有关。由于从 L 层跃迁到 K 层的概率最大，所以 K_α 强度大于 K_β 的强度，而在 K_α 线中，$K_{\alpha1}$ 的强度又大于 $K_{\alpha2}$ 的强度。$K_{\alpha2}$、$K_{\alpha1}$ 和 K_β 三线的强度比约为 $50:100:22$。考虑到 $K_{\alpha1}$ 的强度是 $K_{\alpha2}$ 强度的两倍，所以，K_α 的平均波长应取两者的加权平均值：

$$\lambda_{K_\alpha} = \frac{2\lambda_{K_{\alpha1}} + \lambda_{K_{\alpha2}}}{3} \tag{1-7}$$

实验指出，只有管电压高于某个值时，才能产生特征 X 射线，这个电压值称为激发电压。因为只有当阴极电子具有足够高的能量时，才能将阳极内层电子击出。阴极电子的能量 eV 至少等于或大于为击出一个 K 层电子所做的功 W_K。于是，激发电压 eV_K 由下式决定。

$$V_K = W_K \tag{1-8}$$

K 层电子与原子核的结合能最强，因此，击出 K 层电子所作的功也最大，K 系的激发电压最高。所以，在发生 K 系激发的同时必定伴随有其他各系的激发和辐射过程发生。但在一般的 X 射线衍射中，由于 L、M、N 等系的辐射强度很弱，而且波长很长，因此，我们只能观察到 K 系辐射。

标识 X 射线谱的频率和波长只取决于阳极物质的原子能级结构，而与其他外界因素无关，它是物质的固有特性。莫塞来（H. G. J. Moseley）于 1913—1914 年发现标识 X 射线谱的波长与原子序数 Z 之间存在如下的关系：

$$\sqrt{\frac{1}{\lambda}} = C(Z - \sigma) \tag{1-9}$$

式中，C 和 σ 均为常数。

这个关系式称为莫塞莱定律，它是 X 射线光谱分析的重要理论基础。

莫塞来定律也可以表示为：

$$\frac{1}{\lambda} = R(Z - S_M)\left(\frac{1}{n_1^2} - \frac{1}{n_2^2}\right) \tag{1-10}$$

式中，R 是里德伯（Rydberg）常量，其值为 $1.0973 \times 10^7 \text{m}^{-1}$；$S_M$ 是屏蔽常数，对于 K_α 来说，其值为 0，对于 K_β 来说，其值为 1；n_1、n_2 分别为内层和外层的主量子数，对 K、L、M 层分别为 1、2、3。

K 系标识 X 射线的强度与管电压，管电流之间的关系可表示为：

$$I_K = K_2 i (V - V_K)^{1.67} \tag{1-11}$$

式中，$K_2 = 4.35 \times 10^8$；V 和 V_K（例如 Cu 8.86keV，Mo 20.0 keV）分别是工作电压和 K 系激发电压；i 是灯丝电流。

在 X 射线衍射工作中，主要是用 K 系辐射。X 射线谱中的连续谱部分只能增加衍射花样的背景（类似图片的背景色），因此，衍射工作中总是希望标识谱的强度与连续谱的强度比越大越好。由：

$$\frac{I_K}{I_B} = \frac{K_2 i (V - V_K)^{1.67}}{K_1 i Z V^2} = K_3 \frac{(V - V_K)^{1.67}}{V^2} \tag{1-12}$$

计算可得到图1-10所示的曲线。

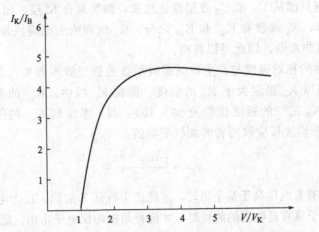

图1-10　标识谱强度与连续谱强度比与工作电压的关系

这个关系表明，当工作电压为 K 系激发电压 3～5 倍时，强度比值最大。可以获得最佳的效果。表1-1 为常用靶材的标识 X 射线的波长和工作电压。

表1-1　常用靶材的标识 X 射线的波长和工作电压

靶材元素	原子序数	$K_{\alpha 1}$	$K_{\alpha 2}$	K_α	$K_{\beta 1}$	$K_{\beta 2}$	V_K/kV	工作电压/kV
Cr	24	2.28962	2.29351	2.909	2.08480	2.0701	5.98	20～25
Fe	26	1.93597	1.93991	1.9373	1.75653	1.7433	7.10	25～30
Co	27	1.78892	1.79278	1.7902	1.62075	1.6081	7.71	30
Ni	28	1.65784	1.66169	1.6591	1.50010	1.4880	8.29	30～35
Cu	29	1.54051	1.54433	1.5418	1.39217	1.3804	8.86	35～40
Mo	42	0.70926	0.71354	0.7107	0.63225	0.6198	20.0	50～55
Ag	47	0.55941	0.56381	0.5609	0.49701	0.4855	25.5	55～60

所以，在实际衍射工作中，要尽可能提高光管的功率，以获得尽可能大的标识 X 射线强度，使衍射图谱有高的亮度；另一方面要提高标识谱和连续谱的强度比值，以获得较大的清晰度（即衍射强度与背景强度之比，称为峰背比）。另外，从表1-1 中还可以看出，使用较低原子序数的阳极材料可以提高图谱的清晰度。一般衍射仪都以 Cu 靶光管作为标准配置，选择 40kV 的工作电压，这就是原因之一。

1.4　X 射线与物质的相互作用

当 X 射线照射到物质上时，X 射线与物质相互作用，会产生各种不同的和复杂的过程。但就其能量转换而言，一束 X 射线通过物质时，它的能量可分为三部分：其中一部分被散射，另一部分被吸收，还有一部分透过物质继续沿原来的方向传播。透过物质后的射线束由于散射和吸收的影响强度被衰减（图1-11）。

我们首先对 X 射线的散射和吸收过程作简要的介绍，然后再讨论 X 射线透过物质后强

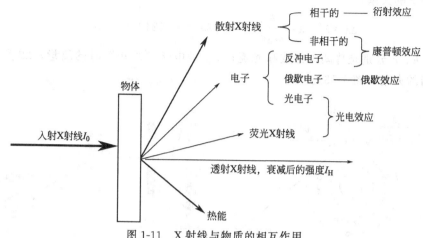

图 1-11　X 射线与物质的相互作用

度的衰减规律以及其在结构分析中的应用。

1.4.1　X 射线的散射

X 射线被物质散射时，产生两种散射现象，称为相干散射和非相干散射。

（1）相干散射

物质对 X 射线的散射主要是物质中的电子与 X 射线的相互作用。

电子在 X 射线电场的作用下，产生强迫振动。每个受迫振动的电子便成为新的电磁波源向空间各个方向辐射与入射 X 射线同频率的电磁波。这些新的散射波之间可以发生干涉作用，故把这种散射现象称为相干散射（图 1-12）。相干散射是 X 射线在晶体中产生衍射现象的基础。

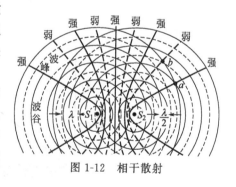

图 1-12　相干散射

实际上，相干散射并不损失 X 射线的能量，而只是改变了它的传播方向。但对入射线方向来说，却起到了强度衰减的作用。汤姆逊（J. J. Thomson）根据经典物理学理论导出了物质的质量散射系数公式：

$$\sigma_m = \frac{8\pi N_A Z e^4}{3m^2 c^4 A} \tag{1-13}$$

式中，e、m 分别为电子电荷和电子质量；c 为光速；N_A 为阿伏伽德罗常数；Z 和 A 分别为吸收体的原子序数和原子量。一般元素的 Z/A 约等于 0.5，所以 $\sigma_m \approx 0.2 cm^2/g$。

需要指出的是，式(1-13)是对自由电子导出的，没有考虑电子与原子核以及电子与电子之间的相互作用，所以它是近似的。实验表明，它仅适用于原子序数较小的散射体，如锂、铍等，且波长为 0.02nm 以上的情况。对于原子序数较大的散射体必须考虑电子与原子核以及核外电子与电子之间的相互作用。

（2）非相干散射

当 X 射线光子与束缚力不大的外层电子或自由电子碰撞时，电子获得一部分动能成为反冲电子，光子也离开原来的方向。碰撞后的光子能量减少，波长增大。波长的改变与传播方向存在如下的关系：

$$\Delta\lambda=\lambda'-\lambda=\frac{h}{m_0 c}(1-\cos 2\theta)=0.0243(1-\cos 2\theta) \tag{1-14}$$

式中，h、c 分别是普朗克常数和光速；m_0 是电子"静止"时的质量；2θ 是散射线与入射线之间的夹角（图 1-13）。

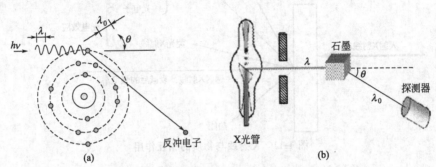

图 1-13 非相干散射原理（a）和非相干散射验证实验（b）

非相干散射是康普顿（A. H. Compton）和他的博士生吴有训发现的，简称康普顿效应。非相干散射突出地表现出 X 射线的微粒特性，只能用量子理论来描述，亦称量子散射。由于波长随散射方向而变化，使散射波与入射波不可能存在固定的位相关系，所以，散射线之间不可能发生干涉作用。在衍射实验中，它会增加衍射花样的连续背影，给衍射图像带来不利的影响，特别对轻元素更为严重。其强度对衍射线背景的影响可用式(1-15)和图 1-14 表示。

$$I_B \propto \frac{\sin\theta}{\lambda} \tag{1-15}$$

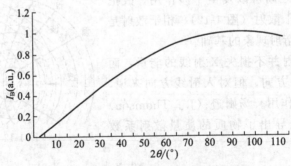

图 1-14 非相干散射强度随衍射角的变化

1.4.2 X射线的吸收

X 射线经过一定厚度的物质时，其强度衰减，称为物质对 X 射线的吸收。吸收的本质是 X 射线的能量转换成其他形式的能量。对 X 射线而言，即发生了能量损耗。有时把 X 射线的这种能量损耗称为真吸收。物质对 X 射线的真吸收主要是由原子内部的电子跃迁而引起的。在这个过程中发生 X 射线的光电效应和俄歇效应，使 X 射线部分能量转变成光电子、物质的荧光射线以及俄歇电子的能量。

（1）光电效应

X 射线与物质相互作用可以看作是 X 射线光子和物质中的原子相互碰撞。光子与原子的碰撞与 X 射线管中阴极电子与阳极靶面原子碰撞产生标识 X 射线谱的情况类似。当一个具有足够能量的光子从原子内部击出一个 K 层电子时，同样会发生像电子激发原子时类似的辐射过程，即产生被碰撞物质的标识 X 射线。这种以光子激发原子所发生的激发和辐射过程称为光电效应，被击出的电子称为光电子，所辐射出的次级标识 X 射线称为荧光 X 射线（或称为二次标识 X 射线）。图 1-15 显示了光电效应的过程。与一个 K 层电子被击出形成光电子后，L 层或者 M 层电子填充空位而激发出原子的 K_α 或 K_β 荧光。

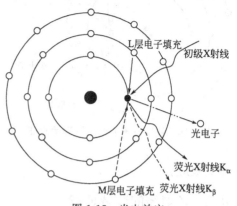

图 1-15　光电效应

激发 K 系光电效应时，X 射线光子的能量必须大于（其临界值应等于）为击出一个 K 层电子所做的功：

$$W_K = h\nu_K = \frac{hc}{\lambda_K} \tag{1-16}$$

式中，ν_K、λ_K 为吸收限频率和波长。

从激发光电效应的角度来讲，λ_K 为激发限波长，而从 X 射线吸收的角度来讲，λ_K 却是吸收限波长。因为只有当 X 射线的波长小于等于 λ_K 时才能产生光电效应，使 X 射线的能量被吸收。

光电效应对衍射谱的影响为：光电效应使 X 射线的强度降低，透过样品的深度减小，所产生的荧光 X 射线对衍射实验很不利。在一般衍射工作中，荧光 X 射线增加衍射花样的背景，是有害因素。因此，在衍射实验中，不希望它的产生。

但是，光电效应本身却作为物质元素分析的手段得到充分的应用。

① X 射线荧光光谱分析　利用光电效应产生被测物质的标识 X 射线，即 X 射线荧光，可以进行物质的元素分析（莫塞莱定律）。此时，应尽可能获得强的荧光。

② 波谱分析和能谱分析　都是元素分析方法。通过电子轰击物质而产生被照射物质的标识 X 射线，利用莫塞莱定律而确定物质的元素组成。

③ 光电子能谱　光电效应的另一个应用是光电子能谱仪，根据光电效应产生的标识 X 射线能量谱来分析物质表层电子价态。通常与俄歇能谱一起使用。

（2）俄歇效应

如果原子在入射的 X 射线光子或电子的作用下失掉一个 K 层电子，它就处于 K 激发态，其能量为 E_K。当一个 L_2 层电子填充这个空位后，K 电离就变成 L_2 电离，能量由 E_K 变成 E_{L_2}，这时会有数值等于（$E_K - E_{L_2}$）的能量释放出来。能量释放可采用两种方式，其中一种是光电效应，即产生 K_α 荧光辐射。另一种方式是能量（$E_K - E_{L_2}$）继续产生二次电离，使另一个核外电子脱离原子变为二次电子，如 $E_K - E_{L_2} > E_L$，它就可能使 L_2、L_3、M、N 等层的电子逸出，产生相应的电子空位，使 L_2 层电子逸出的能量略大于 E_L，因为这时不但要产生 L_2 层电子空位，还需要有逸出功。这种二次电子称为 KL_2L_2 电子，它的能量有固定值，近似地等于 $E_K - E_{L_2} - E_{L_2}$。这种具有特征能量的电子是俄歇（M. P. Auger）于 1925 年发现的，故一般称为俄歇电子。俄歇电子的产生原理见图 1-16。

俄歇电子的能量与激发源（光子或电子）的能量无关，只取决于物质原子的能级结构，每种元素都有自己的特征俄歇电子能谱，它是元素的固有特性，所以，可以利用俄歇电子能

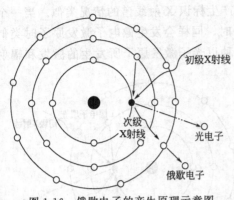

图 1-16 俄歇电子的产生原理示意图

谱作元素的成分分析。但是，俄歇电子的能量为 267eV，在银中的平均自由程为 0.7nm，大于这个距离时，这种俄歇电子就要不断损失能量甚至被吸收。因此，人们所能检测到的俄歇电子只来源于表面两三层原子，这个特点使俄歇电子能谱可进行表面两三个原子层厚的成分分析。

图 1-16 中，光管发出的初级 X 射线照射到原子上时，将 K 层电子击出原子，此时，高能级电子填充空位，能级差导致的能量产生次级 X 射线，当次级 X 射线能量足够大时，可能将原子外层结合不紧密的电子击出，产生俄歇电子。此过程即为俄歇效应。

1.4.3 X射线的衰减规律

X 射线穿过物质之后，强度会衰减。这是因为 X 射线同物质相互作用时经历各种复杂的物理、化学过程，从而引起各种效应转化了入射线的部分能量。如图 1-17 所示。

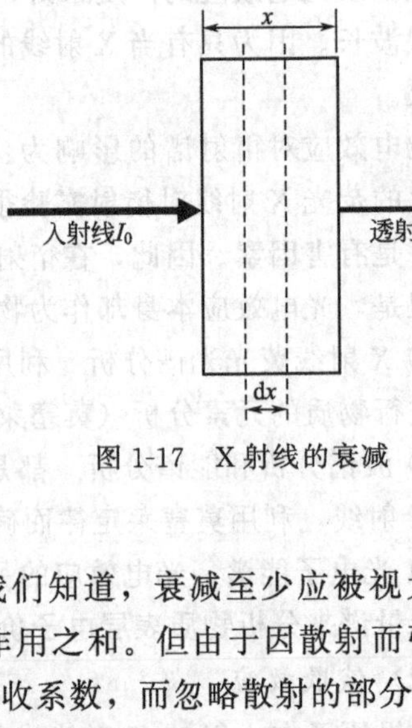

（1）线吸收系数

实验证明，X 射线穿透物质后的强度衰减与 X 射线在物质中经过的距离成正比。假设入射线的强度为 I_0，进入一块密度均匀的吸收体，在 x 处时其强度为 I_x，当通过厚度 dx 时强度的衰减为 dI，定义 μ 为 X 射线通过单位厚度时被吸收的比率，则有：

$$-dI = \mu I_x dx \tag{1-17}$$

考虑边界条件并进行积分，则得：

$$I_x = I_0 e^{-\mu x} \tag{1-18}$$

图 1-17 X 射线的衰减

式中，μ 称为线衰减系数，cm^{-1}；x 为试样厚度。我们知道，衰减至少应被视为物质对入射线的散射和吸收的结果，系数 μ 应该是这两部分作用之和。但由于因散射而引起的衰减远小于因吸收而引起的衰减，故通常直接称 μ 为线吸收系数，而忽略散射的部分。

通常将衰减后的强度与入射强度之比称为"穿透系数"。即 $I_x/I_0 = e^{-\mu x}$。

（2）质量吸收系数

式(1-18) 常常写成如下形式：

$$I_x = I_0 e^{-\mu x} = I_0 e^{-\rho \frac{\mu}{\rho} x} = I_0 e^{-\rho \mu_m x} \tag{1-19}$$

式中，ρ 为吸收体的密度；(μ/ρ) 称为质量吸收系数，它表示单位重量物质对 X 射线强度的衰减程度。它是物质固有的特性，当物质的状态发生改变时，它保持不变。对于一定波长的入射 X 射线，每种物质都具有一定的值。各元素的质量衰减系数可查附录5。质量吸收系数常用 μ^* 或 μ_m 来表示（单位：cm^2/g）。X 射线被物质吸收的性质与物质的化学组成有关。在理想情况下，作为一级近似，元素的质量吸收系数可以认为与元素的物理化学状态无关，由两种元素以上组成的化合物、混合物、溶液等物质的质量吸收系数 μ_m 可以由各组

成元素的 μ/ρ 进行线性加和得到。假定物质的各组成元素的 μ/ρ 分别为 (μ_1/ρ_1)、(μ_2/ρ_2)、(μ_3/ρ_3)……其质量百分数分别为 x_1、x_2、x_3…则物质的 μ_m 可按下式计算：

$$\mu_m = \sum x_i \frac{\mu_i}{\rho_i} = \sum x_i \mu_{mi} \tag{1-20}$$

例如，对 CuK_α 辐射，Al 的质量吸收系数 $= 48.7cm^2/g$，O 的质量吸收系数为 $12.7cm^2/g$，则 Al_2O_3 的质量吸收系数为

$$\mu_m = \sum x_i \mu_{mi} = \frac{26.98 \times 2 \times 48.7 + 16 \times 3 \times 12.7}{26.98 \times 2 + 16 \times 3} = 31.75(cm^2/g)$$

Al_2O_3 的密度为 $4g/cm^3$。若假定当 $I/I_0 = 1/100$ 时视为全部吸收。则 X 射线可穿过 Al_2O_3 的极限厚度为：

$$-\frac{\ln(1/100)}{31.75 \times 4} = 0.038(cm)$$

铅板、钢板、厚砖墙都可以阻挡 X 射线，X 射线能有效穿透有机物、轻元素物质。

（3）吸收系数与波长及元素的关系

元素的吸收系数是入射线的波长和吸收元素原子序数的函数。如图 1-18 所示，对于一种元素其质量吸收系数 μ_m 随着波长的变化有若干突变，发生突变的波长称为吸收限（或称吸收边）。在各个吸收限之间质量吸收系数随波长增加而增大。所以短波长的 X 射线（所谓硬 X 射线）穿透能力大，而长波长的 X 射线（所谓软 X 射线）则容易被物质吸收。对于 X 射线的实验技术来说，最有用的是第一吸收限，即 K 吸收限。质量吸收系数随着波长的变化有突变的原因，也就是元素特征光谱产生的原因。当入射 X 射线的能量足够大（即波长足够短）时，把物质内层电子轰出而产生光电效应，能量便被"吸收"，并会部分转化为元素二次辐射（物质荧光）的能量。各个吸收限之间的区域内质量吸收系数符合式（1-21）的近似关系：

$$\mu_m = K\lambda^3 Z^3 \tag{1-21}$$

式中，K 实际上是一个分段取值的常数，在各个吸收限之间取不同的值；一定的原子序数 Z 物质，对不同波长 λ 的 X 射线吸收不同，波长越短，吸收越小；而一定波长 λ 的 X 射线被不同物质（原子序数 Z）吸收也不同，原子序数越大，越容易吸收 X 射线。这也是为什么 X 射线管窗口要选用金属铍来作为密封材料，而通常选用铅来阻挡 X 射线的原因。

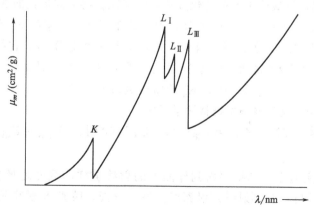

图 1-18　物质的质量吸收系数 μ_m

表1-2中列出了一些典型谱线在不同基体中的无限厚度数据。

表1-2　一些典型谱线在不同基体中的无限厚度数据

材料	MgK_α(0.9889nm)	CrK_α(0.2291nm)	SnK_α(0.0492nm)
Pb	0.6mm	4mm	50mm
Fe	0.9mm	30mm	260mm
SiO_2	7mm	100mm	0.8cm
$Li_2B_4O_7$	12mm	800mm	4.1cm
H_2O	14mm	900mm	4.7cm

1.4.4　滤波片和实验波长的选择

从式(1-21)可以看出以下内容。

① 同一种元素（物质）对不同波长的X射线的吸收效果不同。例如：Ni可以有效吸收 CuK_β，而对 CuK_α 吸收较小。由于铁对 CuK_α 辐射吸收非常强，一般钢铁企业不使用Cu辐射作为X射线光源，而用Cr、Fe、Co光源。

② 不同元素（物质）对其同一光源的X射线吸收效果不同。例如：同一实验条件下，不同样品的衍射强度相差较大。在 CuK_α 辐射下，样品中含有微量Ag时，就会有很强的衍射强度，而有些物质含量较高时仍然检测出不来。即不同的物质有不同的检出限。

在X射线衍射实验中，应当正确利用物质的吸收限。一方面可以利用吸收限来选择滤波片有效地去除 K_β 波长的X射线成分，使样品的衍射谱中只包含 K_α 波长的衍射信息。另一方面，如果所用X射线波长较短，正好小于样品组成元素的吸收限，则X射线将大量地被吸收，产生荧光现象，造成衍射图上不希望有的高背景；如果所用X射线波长正好等于或稍大于吸收限，则吸收最小。因此进行衍射实验时应该依据样品的组成来合理地选择工作靶的种类：应保证样品中最轻元素（钙和原子序数比钙小的元素除外）的原子序数比靶材元素的原子序数稍大或相等。如果靶材元素的原子序数比样品中的元素原子序数大2~4，则X射线将被大量吸收因而产生严重的荧光现象，不利于衍射分析。

（1）滤波片

为使X射线管产生的X射线单色化，常采用滤波片法。利用滤波片的吸收限进行滤波，除去不需要的 K_β 线，是最简单的单色化方法，但只能获得近似单色的X射线。原子序数低于靶元素原子序数1或2的元素，其K吸收限波长正好在靶元素的 K_α 和 K_β 波长之间，因此对于每种元素作为靶的X射线管，理论上都能找到一种物质制成它的 K_β 滤波片。使用 K_β 滤波片还可以吸收掉大部分的"白色"射线（图1-19）。滤波片的厚度通常按 K_β 的剩余强度为透过滤波片前的1%计算，此时 K_α 通常被衰减掉一半。

实验表明，选择滤波片要根据靶材元素而定：

$$Z_{靶} < 40 \text{ 时：} \quad Z_{滤片} = Z_{靶} - 1; \quad Z_{靶} > 40 \text{ 时：} \quad Z_{滤片} = Z_{靶} - 2.$$

（2）靶材选择

在X射线衍射实验中，如果照射到样品上的射线被样品强烈地吸收，产生光电效应，一方面，损失射线强度，减小射线入射深度；另一方面，荧光X射线只能增加衍射花样的背景，是一种不利的影响因素，必须尽量避免。因此，应当根据样品的种类来选择X光管

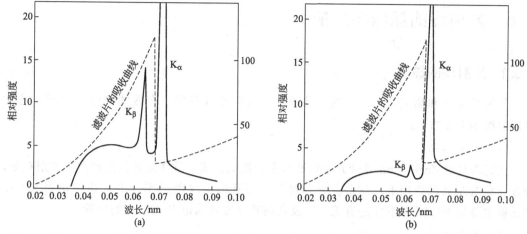

图 1-19　Cu 的 X 射线光谱在通过 Ni 滤波片之前（a）和通过滤波片之后（b）的比较

的阳极材料。从吸收限产生的机理知道，如果选用的阳材靶 K_α 波长稍大于试样的 K 吸收限，就不会产生强烈的 K 系荧光射线。同时，也不要使阳极靶的波长选得过长，因为，假如阳极靶 K_α 波长比试样的 λ_k 大很多，虽然不会产生 K 系荧光辐射，但试样对 X 射线的吸收程度增大了，这样也是衍射实验所不希望的。最合理的选择是阳极靶 K_α 波长稍大于试样的 K 吸收限，而且又要尽量靠近 λ_k。按照这样的原则可总结出选靶原则：$Z_{靶} \leqslant Z_{试样} + 1$。

例如：在研究钢铁材料时，最好选用钴靶或铁靶，而不能用镍靶，更不能用铜靶。因为铁的 $\lambda_K = 0.17429nm$，钴靶的 $\lambda_K = 0.17902nm$。因此，钴靶的 K_α 不能激发铁的 K 系荧光辐射，同时铁靶 K_α 也不可能激发自身的 K 系荧光辐射。由于钴靶 K_α 波长最靠近铁的 λ_K，所以，铁对钴靶 K_α 辐射的吸收也最小。由此看来，在研究钢铁试样时，选用钴靶是最理想的。

实际选择靶材时还要考虑其他一些因素，仅从样品的元素组成来说，如果试样由多种元素组成，原则上应以其主要组元中原子序数最小的元素来选择阳极靶。

1.4.5　X 射线的折射

X 射线从一种介质进入另一种介质可以被折射。X 射线的折射现象可以用实验方法直接观测。但是，由于其折射率非常接近于 1，因此，在一般条件下是很难观测到的。所以，在需要计算折射率的影响时，通常用理论计算的方法。用经典光学理论推导出的 X 射线从真空进入另一种介质中的折射率 M 为：

$$M = 1 - \frac{ne^2\lambda^2}{2\pi mc^2} \tag{1-22}$$

式中，e 和 m 为电子电荷和电子质量；λ 为 X 射线波长；c 为 X 射线速度；$n = \dfrac{N_A Z \rho}{A}$ 为每立方厘米介质中的总电子数。A、Z 和 ρ 分别为介质的原子量、原子序数和密度；N_A 为阿伏伽德罗常数。

计算可知，M 约为 0.99999～0.999999。在一般衍射实验中不考虑折射的影响，但是，在某些精确度要求很高的测量工作中（如晶胞参数精确测定），则要对 X 射线折射率进行校正。

1.5　X射线的探测与防护

1.5.1　X射线的探测

利用 X 射线和物质相互作用的一些效应，我们可以有很多有效的检测 X 射线的方法。常用的检测手段如下。

（1）荧光板法

荧光板是将 ZnS、CdS 等荧光材料涂布在纸板上制成，常用来确认光源产生的射线束的存在。在 X 射线的作用下，这些化合物能发出可见的黄绿色荧光。在 X 射线衍射实验中，荧光板主要用于探测 X 射线的有无，以及在调整仪器时确定 X 射线束的位置。

（2）照相方法

照相法是最早使用的检测并记录 X 射线的方法，直到现在仍是一种常用的基本方法。X 射线与可见光一样，能够使感光乳剂感光。当感光乳剂受到 X 射线照射后，AgBr 颗粒离解形成显影核，经过显影而游离出来的单质银微粒使感光处变黑。

在一定的曝光条件下，黑度是与曝光量成比例的。黑度也和波长有关。测量黑度的简单方法是目估，较为准确的测量方法则需要事先制作好黑度标准，或者用光电黑度计来扫描测量。

（3）X 射线计数器

X 射线计数器具有将 X 射线接收、放大和转换的功能。利用一定的电路装置，将接收到的 X 射线光子数量信号转换成电信号，可以在极短的时间内同时完成 X 射线衍射的强度和方向的测量，高速记录 X 射线衍射图，动态跟踪 X 射线衍射图的变化。X 射线衍射仪上就是用 X 射线计数器来记录 X 射线衍射强度的。

（4）成像屏（Imaging plate）

成像屏技术是 1990 年前后开始应用于 X 射线分析的新技术。一些荧光材料（掺 Eu 的 BaFBr）有光刺激发旋光性质：当受 X 射线照射时，荧光体中的一些"色"中心受激发跃迁至亚稳态的能级上，从而贮存了一部分被吸收的 X 射线的能量。而后，当受到可见光或红外辐射刺激的时候，将产生光刺激发光（PSL），PSL 的强度正比于吸收 X 射线光子的数目。当把这些荧光粉涂在胶片上制成荧光屏时就可以把 X 射线产生的图像暂时贮存起来。这种荧光屏称为成像屏，是一种新型的 X 射线面积型积分检测器。利用聚焦的 He-Ne 激光束逐点扫描屏的表面，测量每点的 PSL 的强度，通过检出系统便能读出成像屏贮存的 X 射线图像。

成像屏比照像底片的性能优越得多：成像屏的荧光粉对 X 射线的吸收效率很高（对 CuK_α 射线接近 100%）；灵敏度高于 X 射线胶片 60 倍而背景约为其 1/300；成像屏整个面积的响应十分均匀；成像屏的线性动态范围为 1∶105，实际上没有计数速率的限制。如此高的动态范围使得可以在很短的时间内在一块成像屏上记录一张完整的 X 射线衍射图。因此，成像屏的出现使 X 射线分析的各种照相方法焕发新的生机。

（5）X 射线电视

X 射线电视技术有两种：①将 X 射线用荧光板转换成微弱的可见光图像，通过光耦合由图像增强器倍增，然后用电视系统接收并把图像送到计算机处理；②直接使用 X 射线摄像管。X 射线电视的优点是能够进行 X 射线图像的直接连续观察、录像、远距离观察等。

（6）X 射线 CCD

在一些需要高速接收 X 射线的仪器上安装 X 射线 CCD 装置，可以快速地接收 X 射线并拍照。

1.5.2　X 射线的防护

X 射线对人体组织能造成伤害。人体受 X 射线辐射损伤的程度，与受辐射的量（强度和面积）和部位有关，眼睛和头部较易受伤害。

衍射分析用的 X 射线（属"软"X 射线）比医用 X 射线（属"硬"X 射线）的波长长，穿透弱，吸收强，故危害更大。所以，每个实验人员都必须牢记：对 X 射线要注意防护！人体受超剂量的 X 射线照射，轻则烧伤，重则造成放射病乃至死亡。因此，一定要避免受到直射 X 射线束的直接照射。对散射线也需加以防护，也就是说，在仪器工作时对其初级 X 射线（直射线束）和次级 X 射线（散射 X 射线）都要警惕。前者是从 X 射线焦点发出的直射 X 射线，强度高，它通常只存在于 X 射线分析装置中限定的方向中。散射 X 射线的强度虽然比直射 X 射线的强度小几个数量级，但在直射 X 射线行程附近的空间都会有散射 X 射线，所以直射 X 射线束的光路必须用重金属板完全屏蔽起来，即使小于 1mm 的小缝隙，也会有 X 射线漏出。

防护 X 射线可以用各种铅的或含铅的制品（如铅板、铅玻璃、铅橡胶板等）或含重金属元素的制品，如含高量铅的防辐射有机玻璃等。

按照 X 射线防护的规定，以下的要求是必须遵守的。

① 每一个使用 X 射线的单位须向卫生防疫主管部门申请办理"放射性工作许可证"和"放射性工作人员证"；负责人需经过资格审查。

② X 射线装置防护罩的泄漏必须符合防护标准的限制：在距机壳表面外 5cm 处的任何位置，射线的空气吸收剂量率须小于 $2.5\mu Gy/h$（Gy——戈瑞，吸收剂量单位）。在使用 X 射线装置的地方，要有明确的警示标记，禁止无关人员进入。

③ X 射线操作者要使用防护用具。

④ X 射线操作者要具备射线防护知识，要定期接受射线职业健康检查，特别注意眼、皮肤、指甲和血象的检查，检查记录要建档保存。

⑤ X 射线操作者可允许的被辐照剂量当量定为一年不超过 5rem（1rem＝0.01Sv）或三个月不超过 3rem（考虑到全身被辐照的最坏情况而作的估算）。

虽然 X 射线对人体有各种有害影响，但是只要每个工作者都能严格遵守安全条例，注意采取防护措施，意外的事故是完全可以避免的。特别是现代 X 射线衍射仪都有严格的生产和验收标准，经过防疫部门的检测，确认安全后，在正常工作条件下不会产生泄漏，操作者是可以放心的。

练　习

练习 1-1：对下列名词进行解释：①X 射线强度；②荧光 X 射线；③特征 X 射线谱；

④俄歇效应；⑤质量吸收系数；⑥短波限；⑦吸收限；⑧光电效应；⑨韧致辐射。

练习1-2：为什么特征X射线的产生存在一个临界激发电压？X射线管的工作电压与其靶材的临界激发电压有什么关系？为什么？

练习1-3：实验中选择X射线管以及滤波片的原则是什么？已知一个以Fe为主要成分的样品，试选择合适的X射线管和合适的滤波片。

练习1-4：为何X射线管的窗口由Be制成，而其屏蔽装置由Pb制成？请用计算数据说明你的论点。

练习1-5：特征X射线与荧光X射线的产生机理有何异同？某物质的K系荧光X射线波长是否等于它们的K系特征X射线波长？

练习1-6：产生X射线需要具备什么条件？

练习1-7：什么是连续辐射？什么是标识辐射？他们的原理是什么？

练习1-8：已知Ni对Cu靶K_α和K_β特征辐射的线衰减系数分别407cm^{-1}和2448cm^{-1}，若Cu靶的K_β线穿透系数是K_α线的1/6，求Ni滤波片的厚度。

练习1-9：X射线是由具有足够动能的带电粒子（电子）在真空中与阳极碰撞而产生的，X射线管在实验中广泛使用。产生的X射线可以分为两部分：连续X射线（也称为白色X射线）和特征X射线。连续X射线的波长分布和强度通常取决于施加的电压，存在一个明确的短波限。当施加电压为30000V时，估计碰撞前电子的速度，并将其与真空中的光速进行比较。

练习1-10：请说明短波限存在的原因并推导出短波限的计算公式。

第2章

晶体学基础

本章介绍物质的晶体结构及其点阵类型、对称规律、投影方法和晶体点阵的倒易点阵。X 射线衍射反映了物质内在的周期性和对称性规律；X 射线衍射结果实际上是倒易点阵的投影。这些内容是学习 X 射线衍射的基础。

2.1 晶体结构

人们对晶体的认识始于天然晶体，天然矿物的结晶体往往具有规则的外形，图 2-1 显示了萤石矿物的外形。人们发现晶体各部分具有相同的密度、相同的化学组成等（晶体的均匀性）；晶体物质在不同方向具有不同的物理性质（晶体的各向异性）；就热力学可能性而言，任何晶态的物质总是倾向于以凸多面体的形式存在，晶体物质在适宜的外界条件下能自发地生长出由晶面、晶棱等几何元素所围成的凸多边形外形（晶体的自范性）；晶体还具有一定的熔点；晶体具有规则的外形。在相同的热力学条件下，同一物质的各晶体之间比较，相应晶面的大小、形状和个数可以不同，但相应晶面间的夹角不变，一组特定的夹角构成这种物质所有晶体的共同特征。

在此基础上，人们还认识到结晶体区别于非结晶体的特征是其原子的排列具有结构上的周期性和对称性。而非结晶体不具有周期性和对称性，只具有短程有序的局域结构。图 2-2 显示了石英晶体和玻璃非晶体的分子结构差异。

早先对晶体有过多种定义，如：①晶体是原子或者分子规则排列的固体；②晶体是微观结构具有周期性和一定对称性的固体；③晶体是可以抽象出点阵结构的固体。这些定义

图 2-1　萤石矿物的外形

都从某一个角度直观地描述了晶体的特性。而国际晶体学联合会下设的"非周期晶体学术委员会"在 1992 年建议，将晶体的定义改为"晶体是能够给出明锐衍射的固体"。这一定义从实验结果的不同来描述了它们的区别。所有结晶物质由于原子排列的对称性都有明锐的衍射谱图，而非晶体物质都不可能形成明锐的衍射谱图。图 2-3 是一种结晶物质的单晶衍射图谱，图中的每一个点表示某种晶面。非晶体因为不具有周期性和对称性，电子散射不可能产生相干散射，因而不可能具有这种衍射斑点。

物质是否为晶体，在本质上不能以其外形规则为标准，也不能以是否是固态为依据。有些固体物质在其凝固过程中不经过结晶阶段，其分子与分子之间的结合是无规则的，则称为

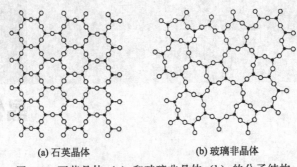

(a) 石英晶体   (b) 玻璃非晶体

图 2-2　石英晶体（a）和玻璃非晶体（b）的分子结构

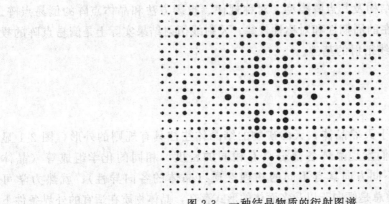

图 2-3　一种结晶物质的衍射图谱

非晶态固体或过冷液体。若将一个周期性排列贯穿在整个物质之中的固体（单晶体）研磨成细小的粉末，形成若干个单晶体杂乱无章形成的集体，每个小单晶体中依然保持着晶体的特性，则称其为多晶体。甚至在晶体和液体之间还存在两种中间状态，像晶体的液体和像液体的晶体，前者称为液晶，后者称为塑晶。而在 1928 年还发现了"准晶体"，它是具有凸多面体规则外形，但不同于晶体的固体物质，它是介于晶体和非晶体之间的新的状态，具有晶体物质不具有的五重对称性。

2.2　晶体结构的点阵空间

2.2.1　点阵

晶体的基本特点是它具有规则排列的内部结构。从其周期性和对称性来说，我们不能把晶体简单地看成是由原子或离子组成。我们这里用"结构基元"这个术语来表示在晶体中具有周期排列和对称性的最小的个体。所谓"结构基元"就是重复单元，它可以是原子、原子团或分子等。对于不同的晶体物质，其结构基元不同，有些物质，如金属单质，结构基元就是一个原子；对于通常的化合物，结构基元可能就是一个化学式包含的原子，如 NaCl 晶体中一个基元就包含两个原子；对于一些高分子有机化合物，一个基元中可能包含几百甚至几千个原子。

晶体结构最突出的几何特征是其结构基元（原子、分子或其他原子集团）在晶体内部呈一定的周期性排列，从而形成各种各样的三维空间对称图形。为了对结构基元的周期性排列描述方便，通常将每个结构基元抽象地看成一个相应的几何点，而不考虑它的实际物质内容。这样就可以将晶体结构抽象成一组无限多个作周期性排列的几何点。由这样的点在三维空间排列成一个"点阵"，点阵结构中每一个阵点代表的具体原子、分子或离子团称为一个"结构基元"。图 2-4 中的结构基元可能是一个非常复杂的分子，将其抽象成一个点，则形成一个点阵结构。

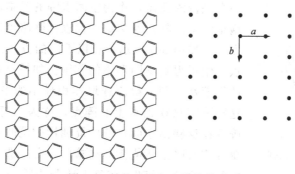

图 2-4　结构基元与点阵的关系

因此，晶体结构可以表示为：晶体结构＝点阵＋结构基元。

如果把重复单元想象为一个几何点，并按结构周期排列，这就是"点阵"。按照点阵在空间的分布，可以将点阵分为一维点阵、二维点阵和三维点阵。每个阵点都具有相同的几何环境，是等效的。整个点阵是一个对称的空间无限的几何图形。下面以 NaCl 晶体为例，具体地说明晶体结构与空间点阵的对应关系。

NaCl 晶体属于立方晶系，如图 2-5 所示。

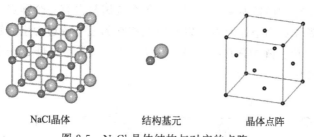

NaCl晶体　　　　　结构基元　　　　　晶体点阵

图 2-5　NaCl 晶体结构与对应的点阵

NaCl 晶体中每个 Na^+ 周围均是几何规律相同的 Cl^-，而每个 Cl^- 周围均是几何规律相同的 Na^+。这也就是说，所有 Na^+ 的几何环境和物质环境相同，属于一类等同点，而所有 Cl^- 的几何环境和物质环境也都相同，属于另一类等同点。从图 2-5 可以看出，由 Na^+ 构成的几何图形和由 Cl^- 构成的几何图形是完全相同的，即晶体结构中各类等同点所构成的几何图形是相同的。因此，可以用各类等同点排列规律所共有的几何图形来表示晶体结构的几何特征。将各类等同点概括地用一个抽象的几何点来表示，该几何点就是空间点阵的阵点。所以 NaCl 晶体的空间点阵应该是面心立方点阵（除了顶点有阵点外，在每个面的中心位置也有阵点）。NaCl 晶体的结构基元由两种离子（Na^+ 和 Cl^-）构成。而由同一种原子构成的 Al 金属晶体，也具有与此相似的点阵结构，这种点阵与 NaCl 晶体所构成的点阵仅仅是点阵的大小不同。由此可见，点阵结构只是一种由实际晶体结构抽象出来的几何图形，不具有真实的物理意义，它代表的仅仅是实际晶体结构的周期性和对称性规律。

2.2.2 点阵类型

(1) 阵胞

晶体结构的基本特征是质点分布的周期性和对称性。为了使空间点阵能以更鲜明的几何形态显示出晶体结构的周期性和宏观对称性，通常在空间点阵中按一定的方式选取

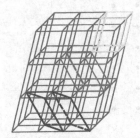

图 2-6 阵胞选取的任意性

一个平行六面体，作为空间点阵的基本单元，称为阵胞。阵胞是空间点阵几何形象的代表。阵胞可以有各种不同的选取方式，如图 2-6 所示。若以不同的方式连接空间点阵中的阵点，便可得到不同形态的阵胞。如果只是为了表达空间点阵的周期性，则一般应选取体积最小的平行六面体作为阵胞。这种阵胞只在顶点上有阵点，称为"简单阵胞"。但为了使阵胞在反映出空间点阵的周期性的同时还能反映对称性，简单阵胞有时是不能满足要求的，必须选取比简单阵胞体积更大的"复杂阵胞"。在复杂阵胞中除顶点外，体心或面心也可能分布阵点。

选取复杂阵胞的条件是：①能同时反映出空间点阵的周期性和对称性；②在满足①的条件下，有尽可能多的直角；③在满足①和②的条件下，体积最小。

(2) 点阵类型

在选取复杂阵胞时，除平行六面体顶点外，只能在体心或面心有附加阵点，否则将违背空间点阵的周期性。所以，只可能出现如图 2-7 所示的简单、底心、体心、面心四类点阵。

① 简单点阵　用字母 P 表示。仅在阵胞的 8 个顶点上有阵点 [图 2-7(a)]，每个阵点同时为相毗邻的八个平行六面体所共有，因此，每个阵胞只占有一个阵点。阵点坐标的表示方法为：以阵胞的任意顶点为坐标原点，以与原点相交的三个棱边为坐标轴，分别用点阵周期 (a, b, c) 为度量单位。阵胞顶点的阵点坐标为 000。通常用字母 Z 来表示一个阵胞中阵点的数目，在简单点阵中 $Z=1$。

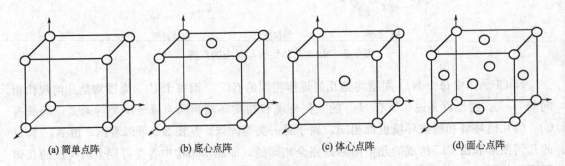

(a) 简单点阵　　　　(b) 底心点阵　　　　(c) 体心点阵　　　　(d) 面心点阵

图 2-7　4 种点阵类型

② 底心点阵　用字母 C（或 A、B）表示。除 8 个顶点上有阵点外，两个相对面的面心上还有阵点，面心上的阵点为相毗邻的两个平行六面体所共有。因此，每个阵胞占有两个阵点。其阵点坐标分别为：000，和 $\frac{1}{2}\frac{1}{2}0$。$Z=2$ [图 2-7(b)]。

③ 体心点阵　用字母 I 表示。除 8 个顶点上有阵点外，体心上还有一个阵点，阵胞体心的阵点为其自身所独有。因此，每个阵胞占有两个阵点，其阵点坐标分别为 000 和 $\frac{1}{2}\frac{1}{2}\frac{1}{2}$。$Z=2$［图 2-7(c)］。

④ 面心点阵　用字母 F 表示。除 8 个顶点上有阵点外，每个面心上都有一个阵点。因此，每个阵胞占有 4 个阵点。其阵点坐标分别为 000，$\frac{1}{2}\frac{1}{2}0$，$\frac{1}{2}0\frac{1}{2}$，$0\frac{1}{2}\frac{1}{2}$。$Z=4$［图 2-7(d)］。

（3）点阵参数

阵胞的形状和大小用相交于某一顶点的三个棱边上的点阵周期 a、b、c 以及它们之间的夹角 α、β、γ 来描述。习惯上，以 b、c 之间的夹角为 α，以 a、b 之间的夹角为 γ，以 a、c 之间的夹角为 β。把这六个参数称为点阵参数见图 2-8。

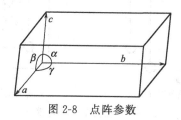

图 2-8　点阵参数

（4）晶系

按点阵参数的不同可将晶体点阵分为七个晶系。每个晶系可包含若干种点阵类型。

1）立方晶系（Cubic）

$a=b=c$，$\alpha=\beta=\gamma=90°$。有简单立方、体心立方和面心立方三种阵胞。如图 2-9 所示。

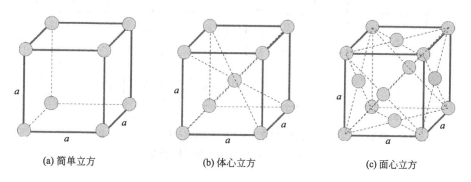

(a) 简单立方　　　　　　(b) 体心立方　　　　　　(c) 面心立方

图 2-9　立方晶系的简单、体心和面心三种阵胞

图 2-10 所示的三种晶体物质分别对应着这三种点阵类型。

从这个例子可以看出，点阵中的每个阵点对应着一个"结构基元"。对于化合物来说，结构基元就相当于化学分子式的内容。简单立方结构的结构基元可能很复杂。

2）正方晶系（Tetragonal）

它与立方晶系不同的是，它的第 3 边与其他两边不相等。即 $a=b\neq c$，$\alpha=\beta=\gamma=90°$。正方晶系有简单正方、体心正方两种阵胞。如图 2-11 所示。

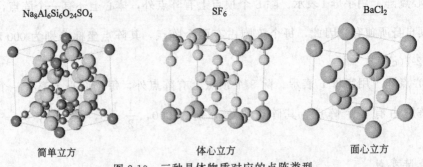

图 2-10　三种晶体物质对应的点阵类型

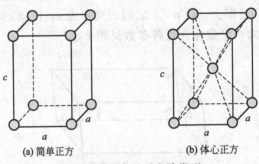

图 2-11　正方晶系点阵类型

3）斜方晶系（orthorhombic）

它的 3 个边都不相同，但 3 个夹角相同。即 $a \neq b \neq c$，$\alpha = \beta = \gamma = 90°$，有简单斜方、体心斜方、面心斜方和底心斜方 4 种阵胞。如图 2-12 所示。

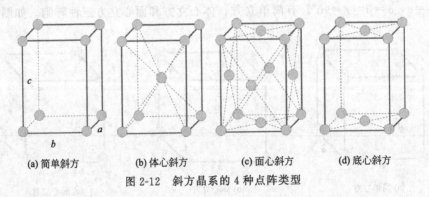

图 2-12　斜方晶系的 4 种点阵类型

4）单斜晶系（Monoclinic）

它的 3 条边都不相等，有两个直角。$a \neq b \neq c$，$\alpha = \gamma = 90° \neq \beta$，有简单单斜和底心单斜阵胞。如图 2-13 所示。

5）三斜晶系（Triclinic）

三斜晶系是最复杂的晶系，它的 6 个点阵参数互不相同，即 $a \neq b \neq c$，$\alpha \neq \beta \neq \gamma \neq 90°$，只有简单阵胞。如图 2-14 所示。

6）菱方晶系（Rhombohedral）

菱方晶系也称为三方晶系，它的特点是 3 条边都相同，$a = b = c$，而且 3 个角也相同，但不是直角，$\alpha = \beta = \gamma \neq 90°$，只有简单阵胞。如图 2-15 所示。

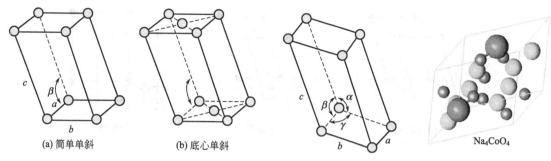

(a) 简单单斜　　　　(b) 底心单斜

图 2-13　单斜晶系的点阵类型　　　图 2-14　三斜晶系点阵与三斜晶系晶体 Na_4CoO_4

7）六方晶系（Hexagonal）

六方晶系具有特殊的对称性，$a=b \neq c$，$\alpha=\beta=90°$，$\gamma=120°$，只有简单阵胞。如图 2-16 所示。

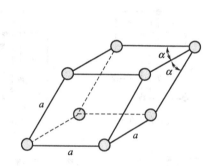

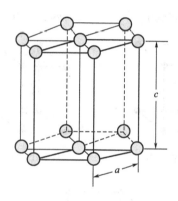

图 2-15　菱方晶系的点阵类型　　　图 2-16　六方晶系的点阵类型

（5）空间点阵类型的有限性

空间点阵种类的有限性是由选取阵胞的条件所决定的。法国晶体学家布拉菲（A. Bravais）的研究结果表明，按复杂阵胞的 3 条选取原则的阵胞只能有 14 种，称为 14 种布拉菲点阵，如图 2-17 所示，其中 P、C、I、F 分别表示简单点阵、底心点阵、体心点阵和面心点阵，R 表示菱面体结构。

在选取复杂阵胞时，除平行六面体顶点外，只能在体心、面心位置有附加阵点，否则会违背空间点阵的周期性。所以只能出现简单、底心、体心和面心 4 种点阵类型。而这 4 种类型的点阵除了在斜方晶系可同时出现外，在其他晶系中由于受对称性的限制或者是不同类型点阵可互相转换的缘故，都不能同时出现。

例如，在立方晶系中，由于底心点阵与该晶系的对称性不符，所以不能存在。在正方晶系中，底心点阵可以转换为比其体积更小的简单点阵（图 2-18），面心点阵可转换为比其体积更小的体心点阵。所以，正方晶系中只能存在简单正方和体心正方两种独立的点阵类型。

同理，单斜晶系的体心点阵和面心点阵分别可转换成体积不变和体积减小一半的底心点阵。菱方晶系只能存在简单点阵，因为底心点阵与该晶系的对称性不符，而体心点阵和面心点阵均可转换为简单点阵。六方晶系只存在呈菱方柱形的简单点阵（图 2-16 中粗实线部

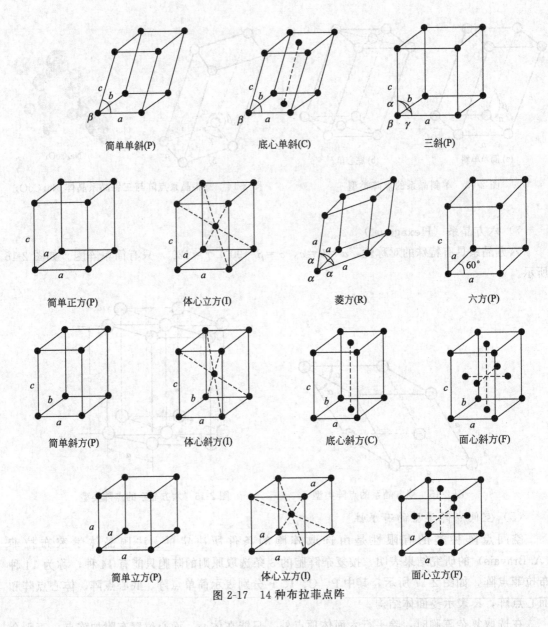

简单单斜(P)　　　　底心单斜(C)　　　　三斜(P)

简单正方(P)　　　体心立方(I)　　　菱方(R)　　　六方(P)

简单斜方(P)　　　体心斜方(I)　　　底心斜方(C)　　　面心斜方(F)

简单立方(P)　　　体心立方(I)　　　面心立方(F)

图 2-17　14 种布拉菲点阵

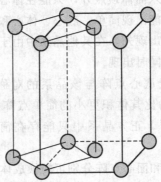

图 2-18　正方底心点阵与正方简单点阵的关系

分），但考虑到它的六次对称性，而又不违背空间点阵的周期性，所以选取由三个菱方柱形简单点阵拼成的六棱柱形底心点阵。三斜晶系的对称性最低，只能出现简单点阵。

2.3 空间点阵与晶体结构的对应关系

空间点阵与晶体结构是相互关联的，但又是两种不同的概念。

下面通过对几种常见的晶体结构的分析来具体地说明晶体结构与空间点阵的关系。

（1）金属的晶体结构

金属元素的大多数具有最简单的晶体结构，主要是面心立方、体心立方和密堆六方结构。其中面心立方和体心立方结构金属晶体的原子与空间点阵的阵点重合，所以，对这两种结构的金属而言，它们的晶体结构与空间点阵是相同的。

密堆六方结构金属的晶胞可以用两种型式表示（图 2-19）：ⓐ单位平行六面体晶胞，晶胞中有两个原子，其坐标分别为 000，$\frac{2}{3}\frac{1}{3}\frac{1}{2}$；ⓑ由三个单位平行六面体晶胞拼成的密堆六方晶胞，晶胞中有六个原子。虽然晶胞中的 2 个原子都是相同的原子，但它们的几何环境并不相同，因此不属于同一类等同点，也就不能构成密堆六方点阵。所以，密堆六方结构金属的空间点阵为简单六方点阵。密堆六方有时也表示成菱方点阵。图 2-19 中黑实线部分为一个六方晶胞，细实线部分为一个菱面体简单晶胞。

（2）金刚石的晶体结构

共价晶体金刚石属于立方晶系，晶胞中有八个碳原子。其中位于 000，$\frac{1}{2}\frac{1}{2}0$，$\frac{1}{2}0\frac{1}{2}$，$0\frac{1}{2}\frac{1}{2}$ 坐标位置的四个原子属于一类等同点，而位于 $\frac{1}{4}\frac{1}{4}\frac{1}{4}$，$\frac{3}{4}\frac{3}{4}\frac{1}{4}$，$\frac{3}{4}\frac{1}{4}\frac{3}{4}$，$\frac{1}{4}\frac{3}{4}\frac{3}{4}$ 坐标位置的四个原子属于另一类等同点。两类等同点分别构成完全相同的面心立方点阵。所以，金刚石晶体结构属于面心立方布拉菲点阵（图 2-20）。

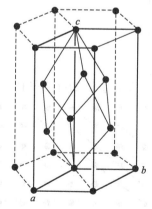　

图 2-19　密堆六方结构金属的晶胞　　图 2-20　金刚石面心立方结构的晶胞

（3）化合物的晶体结构

很多化合物是离子晶体，它们的结构基元为一个或几个分子组成。例如，离子晶体 $CsCl$ 属于立方晶系，晶胞中有两个离子。Cs^+ 的坐标为 000，属于一类等同点；Cl^- 的坐标

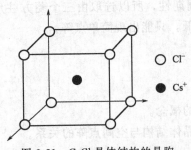

图 2-21　CsCl 晶体结构的晶胞

为 $\frac{1}{2}\frac{1}{2}\frac{1}{2}$，属于另一类等同点。两类等同点分别构成完全相同的简单立方点阵，所以，CsCl 晶体结构属于简单立方布拉菲点阵（图 2-21）。

(4) 晶体结构与空间点阵的关系

① 空间点阵中的每个阵点所代表的结构基元可以由一个、两个或更多个等同质点组成。而这些质点在结构单元中的结合及排列又可以采取各种不同的形式。因此，从实际晶体结构中抽象出来的空间点阵只有 14 种。每一种布拉菲点阵都可以代表许多种晶体结构。面心立方纯金属、共价晶体金刚石（图 2-20）和离子晶体 $BaCl_2$（图 2-10），虽然它们的晶体结构和性质都是各不相同的，可是它们的空间点阵却同属于面心立方布拉菲点阵。

② 就某一种晶体而言，它的晶胞与其空间点阵的阵胞参数（a，b，c，α，β，γ）是相同的。不同之处是它们所包含的物质内容不同，以及晶胞中的质点数与阵胞中的阵点数不同。晶胞中质点数是其阵胞中阵点的倍数（用字母 Z 表示，有时相等）。空间点阵是从晶体结构中抽象出来的几何图形，它反映晶体结构最基本的几何特征。

③ 空间点阵并不是晶体结构的简单描绘，它的阵点虽然与晶体结构中的任一类等同点相当，但只具有几何意义，并非具体质点。

④ 空间点阵与晶体结构的关系可概括地示意为：空间点阵＋结构基元＝晶体结构。

(5) 原子坐标

在点阵结构中，不能具体表示某个原子的位置。而只有在晶体结构中才能表示原子的具体位置。原子的位置用 (x，y，z) 表示。例如，在图 2-21 中，若以某一个 Cl^- 的位置为坐标原点，则 Cl^- 离子的位置为 (0，0，0)，而 Cs^+ 的坐标则为 ($\frac{1}{2}$，$\frac{1}{2}$，$\frac{1}{2}$)。因为晶体具有周期性，因此，原子的坐标也是采用相对值。原子坐标既可以用分数表示，也可以用小数表示，如 Cs^+ 的坐标也可以表示为 (0.5，0.5，0.5)。

2.4　晶面与晶向指数

在空间点阵中无论在哪一个方向都可以画出许多互相平行的阵点平面。图 2-22 绘制了平行于我们视线方向的各种阵点平面。从图中可以看出，同一方向上的阵点平面不仅互相平行，而且等距，各平面上的阵点分布情况也完全相同。但是，不同方向上的阵点平面却具有不同的特征。所以说，阵点平面之间的差别主要取决于它们的取向，而在同一方向上的阵点平面中确定某个平面的具体位置是没有实际意义的（图 2-22）。

同样的道理，在空间点阵中，无论在哪一个方向都可以画出许多互相平行的、等同周期的阵点直线，不同方向上阵点直线的差别也是取决于它

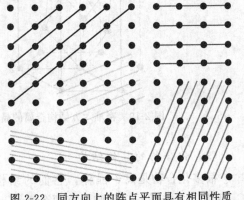

图 2-22　同方向上的阵点平面具有相同性质

们的取向。

空间点阵中的阵点平面和阵点直线相当于晶体结构中的晶面和晶向。在晶体学中阵点平面和阵点直线的空间取向分别用晶面指数和晶向指数来表示。

2.4.1　晶面指数

晶面指数或称密勒（Miller）指数的确定方法如下。

① 在一组互相平行的晶面中任选一个晶面，量出它在三个坐标轴上的截距并用点阵周期 a、b、c 为单位来度量；

② 写出三个截距的倒数；

③ 将三个倒数分别乘以分母的最小公倍数，把它们化为三个简单整数，并用圆括号括起，即为该组平行晶面的晶面指数。

例如，图 2-23(a)，晶面与 3 个坐标轴分别为 $1/3a$，$1b$ 和 $1/2c$，其倒数为 3、1、2。而且这三个数互为质数，因此，晶面指数为（312）。而图 2-23(b) 中，晶面与 3 个轴的截距分别为 $1/2a$、$1b$ 和 $1c$，其倒数为 2、1、1。那么，这个晶面指数为（211）。

当泛指某一晶面指数时，一般用（hkl）代表。如果晶面与某坐标轴的负方向相交时，则在相应的指数上加一负号来表示。例如，（$h\bar{k}l$）即表示晶面与 y 轴的负方向相交。当晶面与某坐标轴平行时，则认为晶面与该轴的截距为∞，其倒数为 0。在图 2-24 中绘出了立方晶系的几个主要晶面，并标出了它们的晶面指数。

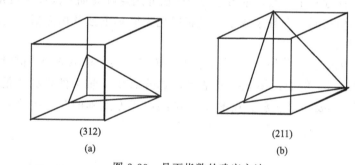

(312)　　　　　　　　　　　　(211)

(a)　　　　　　　　　　　　(b)

图 2-23　晶面指数的确定方法

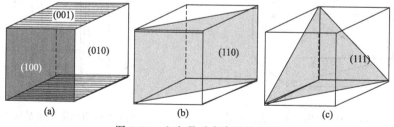

(a)　　　　　　　　(b)　　　　　　　　(c)

图 2-24　立方晶系中常见的晶面

由于晶体结构的对称性，在同一晶体点阵中，有若干组晶面是可以通过一定的对称变换重复出现的等同晶面，它们的面间距和晶面上结点分布完全相同。这些空间位向不同而性质完全相同的晶面属于同族等同晶面，用 $\{hkl\}$ 来表示。例如，在立方晶系中 $\{111\}$ 等同晶面族包括（111）、（$\bar{1}11$）、（$1\bar{1}1$）、（$11\bar{1}$）、（$\bar{1}\bar{1}1$）、（$\bar{1}1\bar{1}$）、（$1\bar{1}\bar{1}$）、（$\bar{1}\bar{1}\bar{1}$）八个晶面。$\{110\}$ 等同晶面族包括（110）、（$\bar{1}10$）、（$1\bar{1}0$）、（$\bar{1}\bar{1}0$）、（101）、（$\bar{1}01$）、（$10\bar{1}$）、（$\bar{1}0\bar{1}$）、

（011）、（0$\bar{1}$1）、（01$\bar{1}$）、（0$\bar{1}$ $\bar{1}$）十二个晶面（见图 2-25）。

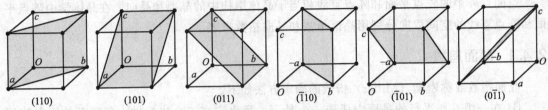

图 2-25　立方晶系中 {110} 晶面族的部分晶面

　　但是在其他晶系中，晶面指数的数字绝对值相同的晶面就不一定都属于同一等同晶面族。例如，对正方晶系因为 $a=b\neq c$，因此，{100} 被分成两组，其中（100）、（010）、（$\bar{1}$00）、（0$\bar{1}$0）四个晶面属于一族等同面，而（001）和（00$\bar{1}$）属于另一族等同晶面。这样，{100} 和 {001} 所表示的晶面族就不相同了。

2.4.2　晶向指数

　　晶体点阵中，某一方向上的阵点直线（矢量）称为晶向。不同方向上阵点直线的差别取决于它们的取向。

　　晶向指数的确定方法如下。

　　① 在一族互相平行的阵点直线中选择过坐标原点的阵点直线；

　　② 在该直线上任选一个阵点，量出它的坐标值并用点阵周期 a、b、c 度量；

　　③ 将三个坐标值用同一个数乘或除，把它们化为简单整数并用方括号括起，即为该族结点直线的晶向指数。

　　当泛指某晶向指数时，用 [uvw] 表示。如果阵点的某个坐标值为负值时，则在相应的指数上加一负号来表示。例如，[$u\bar{v}w$] 即表示所选阵点在 y 轴上的坐标值是负的。有对称关联的等同晶向用 <uvw> 来表示。在图 2-26 中绘出正方点阵的几个主要晶向，并标出了它们的晶向指数。

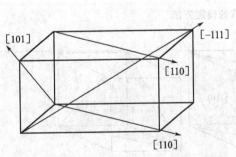

图 2-26　正方点阵中的几个主要晶向指数

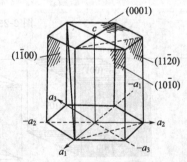

图 2-27　六方点阵四轴坐标中晶面指数的表示方法

2.4.3　六方晶系的晶面指数和晶向指数

　　六方晶系的晶面指数和晶向指数可以采用相同的表示方法（三轴表示法）。但是，考虑它特殊的六角对称性质，通常采用一种四轴坐标表示（图 2-27），称为密勒-布拉菲指数。这种定向方法选择 4 个坐标轴，其中 a_1、a_2、a_3 在同一水平面上，它们之间的夹角为

$120°$，c 轴与这个水平面垂直。这样求出的晶面指数由四个数字组成，用 $(hkil)$ 表示。其中前三个数字存在如下关系：

$$h+k=-i \tag{2-1}$$

在图 2-27 中，按 4 轴定向的方法确定晶面指数，所求出的 4 个晶面的指数为 $(1\bar{1}00)$、(0001)、$(11\bar{2}0)$、$(10\bar{1}0)$。而用 3 轴坐标来表示时，对应于 $(1\bar{1}0)$、(001)、(110)、(100)。六方阵胞的六个柱面本来是与六次对称轴相关联的等同晶面，但是，由 3 轴方法所确定的晶面指数并不能显示出六次对称及等同面的特征，对晶向指数也存在同样的问题。因此，在晶体学中对六方晶系常采用四轴定向的方法，称为密勒-布拉菲指数。

六方晶系中四轴定向的晶向指数用 $[uvtw]$ 来表示。

图 2-28 显示了 4 轴坐标晶向指数的确定方法，并不像确定晶面指数那么简单直观，但是，在 3 轴坐标系中确定它的晶向指数是很容易的。因此通常的做法是先求出 3 轴晶向指数，然后，由 3 轴晶向指数换算出 4 轴晶向指数。用大写字母表达 3 轴表示法，小写字母表达 4 轴表示法时，两种表示方法的换算关系如下：

$$
\begin{aligned}
u &= \frac{2}{3}U - \frac{1}{3}V \\
v &= \frac{2}{3}V - \frac{1}{3}U \\
t &= -(u+v) = -\frac{1}{3}(U+V) \\
w &= W
\end{aligned}
\tag{2-2}
$$

$$
\begin{aligned}
U &= u - t \\
V &= v - t \\
W &= w
\end{aligned}
\tag{2-3}
$$

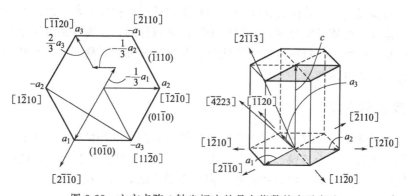

图 2-28　六方点阵 4 轴坐标中的晶向指数的表示方法

2.4.4　晶面间距

同性质的平行晶面之间的垂直距离，称为晶面间距或面网间距，用字母 d 表示。

根据三角函数计算，各晶系的晶面间距计算公式可推导如下。

（1）立方晶系

$$\frac{1}{d^2} = \frac{h^2+k^2+l^2}{a^2} \tag{2-4}$$

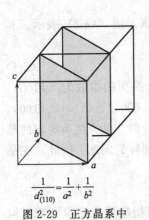

$$\frac{1}{d^2_{(110)}}=\frac{1}{a^2}+\frac{1}{b^2}$$

图 2-29　正方晶系中
（110）晶面的面间距

（2）正方晶系

$$\frac{1}{d^2}=\frac{h^2+k^2}{a^2}+\frac{l^2}{c^2} \tag{2-5}$$

（3）斜方晶系

$$\frac{1}{d^2}=\frac{h^2}{a^2}+\frac{k^2}{b^2}+\frac{l^2}{c^2} \tag{2-6}$$

（4）菱方晶系

$$\frac{1}{d^2}=\frac{(h^2+k^2+l^2)\sin^2\alpha+2(hk+kl+lh)(\cos^2\alpha-\cos\alpha)}{a^2(1-3\cos^2\alpha+2\cos^3\alpha)} \tag{2-7}$$

（5）六方晶系

$$\frac{1}{d^2}=\frac{4}{3}\left(\frac{h^2+hk+l^2}{a^2}\right)+\frac{l^2}{c^2} \tag{2-8}$$

正方晶系中（110）晶面的面间距见图 2-29。晶面间距是粉末衍射实验可直接测量出来的量，因此，它在粉末衍射实验数据处理中显得尤其重要。

2.5　晶体对称性

2.5.1　晶体对称的基本概念

对称是晶体物质的固有属性。有些晶体本身就具有一定的外观对称形态，而绝大多数晶体并没有天然的对称外形，但这并不等于说这些晶体就不具有对称性。实践和理论都已证明，所有晶体中的质点都表现出各种不同的对称分布规律。

如果一个物体经过一定动作后又能回复到原来的状态，物体上每一点的新位置与开始时另一点在这个位置上的情况完全重合，则这个物体是对称的。使物体回复原来状态的动作称为对称操作或对称变换。在对称变换中所凭借的几何元素称为对称元素。晶体的对称变换可分为宏观对称和微观对称两类。

2.5.2　宏观对称变换

宏观对称是晶体外形包围的点阵结构的对称性，来源于点阵结构的对称性。

宏观对称变换可归纳为反映、旋转、反演、旋转-反演四种。宏观对称能由晶体的外形表现出来。我们以立方体的一些对称元素为例来说明宏观对称变换情况。

（1）反映

如果晶体表面或内部每一点通过该物体中的一个平面反映，在平面的另一方同等距离处都能找到相同的点，这种对称变换称为反映。其对称元素为上述的反映面，称为对称面，用字母 m 表示。在立方体中有 9 个对称面（图 2-30）。

（2）旋转

晶体绕某一轴线旋转 360° 的过程中，其中的每一点回复到原来的状态数次，这种对称变换称为旋转，其对称元素称为旋转轴。使晶体作规律重复的最小旋转角称为基转角，用 α 表示。旋转轴只有一次（α=360°）、二次（α=180°）、三次（α=120°）、四次（α=90°）和

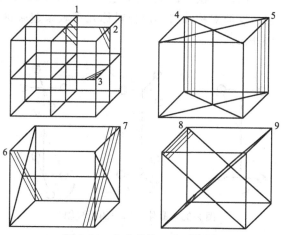

图 2-30　立方体的 9 个对称面

六次（$\alpha=60°$）5 种（图 2-31），分别用 1、2、3、4、6 数字符号以及相应的图形符号表示。其中一次旋转轴实际上是一种无意义的对称操作。五次及七次以上的旋转轴不可能存在，是因为它们违背晶体的周期性。

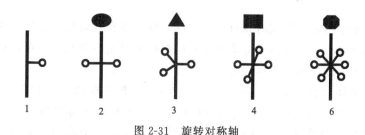

图 2-31　旋转对称轴

在一个立方体上有六条二次旋转轴、四条三次旋转轴、三条四次旋转轴。

（3）反演

晶体中每一点与该晶体的中心连一直线，在其延长线上距中心的等距位置能找到相同的点，这种对称变换称为反演，其对称元素称为对称中心或反演中心（i），国际符号为 $\bar{1}$。立方体的几何中心就是对称中心。立方体上的所有点都可以进行反演操作（图 2-32）。

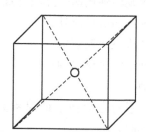

图 2-32　立方晶体结构中任何一点都可以反演操作

（4）旋转-反演

晶体绕一定的旋转轴每转动一个 α 角（基转角）后，必须再经反演才能回复原来状态的对称变换称为旋转-反演。它是一种复合对称变换，其对称元素为旋转-反演对称轴或称为反演轴。反演轴只有一次、二次、三次、四次、六次五种（图 2-33），分别用数字符号 $\bar{1}$、$\bar{2}$、$\bar{3}$、$\bar{4}$、$\bar{6}$ 表示。如果将旋转-反演对称轴与其他种对称元素联系起来进行分析便能发现：$\bar{1}=i$，$\bar{2}=m$，$\bar{3}=3+i$，$\bar{6}=3+m$。

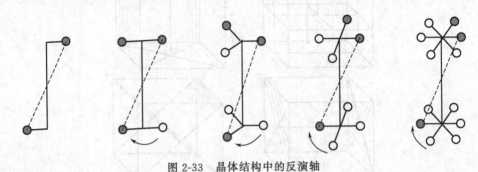

图 2-33　晶体结构中的反演轴

综合上述四种宏观对称变换，似乎应该有 12 种对称元素。但是，由于 $\bar{1}$、$\bar{2}$、$\bar{3}$、$\bar{6}$ 四种旋转-反演可以被其他 4 种对称元素取代，而一次旋转对称没有实际意义，所以在宏观对称变换中只有 2、3、4、6、m、i、$\bar{4}$ 共 7 种独立的对称元素。

2.5.3　点群

任何一种晶体结构都可能同时具有多种对称元素。由宏观对称元素组成的对称元素组合体称为点群。其所以称为点群是因为构成点群的对称元素至少相交于一点，它在对称操作过程中始终保持不变，该点称为点群中心。

晶体点群受晶体结构周期性的限制，所以它的种类是有限的。利用几何分析和数学推导可以证明，只可能有 32 种点群。这也就是说，所有晶体可以分为 32 种宏观对称类型。如果将具有共同对称特征的对称类型（点群）合并为一个晶系，则 32 种点群可划分为 7 个晶系。

每个晶系中的点群都必须含有该晶系所要求的最基本的特征对称元素。各晶系的基本特征对称元素分别如下。

① 三斜晶系：没有对称元素（或只有一次旋转轴）；

② 单斜晶系：一个二次旋转轴或一个对称面；

③ 斜方晶系：三个正交的二次旋转轴或两个互相垂直的对称面；

④ 正方晶系：一个四次旋转轴或四次反演轴；

⑤ 菱方晶系：一个三次旋转轴或三次反演轴；

⑥ 六方晶系：一个六次旋转轴或六次反演轴；

⑦ 立方晶系：四个三次旋转轴。

表示点群的国际符号是由各晶系特定取向上的对称元素符号按规定顺序排列而成的。表 2-1 列出了各晶系特定取向和排列顺序。

表 2-1　点群符号的取向和顺序

晶系	第 1 符号	第 2 符号	第 3 符号
立方	a	$a+b+c$	$a+b$
正方	c	a	$a+b$
斜方	a	b	c

续表

晶系	第 1 符号	第 2 符号	第 3 符号
菱方和六方	c	a	$2a+b$
单斜	b		
三斜	任意取向		

每个晶系中的点群都必须含有该晶系所要求的最基本的特征对称元素。

32 种点群的国际符号列于表 2-2 中。

表 2-2　7 个晶系包含的点群

晶系	基本对称元素	点群的国际符号	特点
三斜	没有对称元素，或只有一次旋转轴	$1, \bar{1}$	只有 1 位，数字 1 或 -1
单斜	一个二次旋转轴或一个对称面	$m, 2, 2/m$	只有 1 位，数字小于 3
斜方	三个正交的二次旋转轴或两个互相垂直的对称面	$2mm, 222, 2/m\ 2/m\ 2/m$	多于 1 位，数字小于 3
正方	一个四次旋转轴或四次反演轴	$\bar{4}, 4, 4/m, \bar{4}2m, 4mm, 422, 4/m\ 2/m\ 2/m$	第 1 位为 4 或 -4
菱方	一个三次旋转轴或三次反演轴	$\bar{3}, 3m, 32, 3\ 2/m$	第 1 位为 3 或 -3
六方	一个六次旋转轴或六次反演轴	$\bar{6}, 6, 6/m, \bar{6}2m, 6mm, 622, 6/m\ 2/m\ 2/m$	第 1 位为 6 或 -6
立方	四个三次旋转轴	$23, 2/m\bar{3}, \bar{4}3m, 432, 4/m\ \bar{3}2/m$	第 2 位为 3

点群国际符号中的对称元素与各晶系特定取向的关系为：对称轴与特定取向平行，对称面与特定取向垂直，如果在同一取向上同时存在相关的几次对称轴和对称面，则记为 n/m。

下面以点群 $4/m2/m2/m$ 为例来说明点群符号所包含的内容（图 2-34）。

它的特征对称元素是一个四次旋转轴，所以该点群属于正方晶系。沿 <001> 取向有一个四次旋转轴，一个对称面与 <001> 取向正交；沿 <100> 取向有两个二次旋转轴，有两个对称面与 <100> 取向正交，沿 <110> 取向有两个二次旋转轴，有两个对称面与 <110> 取向正交。

2.5.4　微观对称变换

微观对称性是指晶体微观构造的对称性。晶体可以理解为是由安置在点阵结点上的基元而构成的。而基元并非一定是关于结点为球形的对称结构。

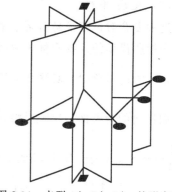

图 2-34　点群 $4/m2/m2/m$ 的形态图

每种微观对称变换都含有平移操作，平移不可能在有限的空间内完成，也不可能由晶体的宏观外形体现。所以，微观对称只能在空间无限的晶体结构图形中出现，微观对称变换有以下 3 种。

（1）平移

平移是将单位结构图形沿一定的方向以一定的周期移动到与原来环境完全相同位置的一种直线位移。它的对称元素为平移轴，在平移轴方向上的位移周期称为平移矢量。例如，将空间点阵的阵胞分别沿三个晶轴方向，以点阵周期为平移矢量进行平移对称操作，便可复制出整个空间点阵。

（2）旋转-平移

这是一种由旋转和平移联合操作的复合对称变换。旋转-平移对称变换所借助的旋转轴称为螺旋轴，用带下标的数字 n_m 表示，其中 n 表示轴次。螺旋轴也同样受空间点阵周期性的约束，只有1次、2次、3次、4次、6次螺旋轴。m 是一个小于 n 的自然数。$m = \dfrac{n\tau}{T}$，其中 T 为螺旋轴方向的平称周期，τ 则是每次旋转 $2\pi/n$ 后沿轴方向平移的距离。例如：4_1 表示4次螺旋轴，每转 $90°$ 后再平移 1/4 个平移周期，旋转-平移4次后达到轴方向上的下一个周期（图2-35）。

例如，图2-36金刚石中的两类原子中，原子1绕指定轴 AA_1 旋转 $90°$ 后，到达2位置，然后再平移 $(1/4)c$ 就到达 B 类原子的位置3。实行这样的变换，可以使晶体中所有的 B 类原子与 A 类原子互换。记作 4_1。

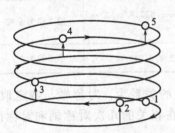

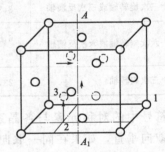

图 2-35　4次螺旋轴 4_1 的对称操作　　图 2-36　金刚石中的 4 次螺旋轴 4_1 的对称操作

（3）反映-平移

这种复合对称变换是对某个平面的反映，并伴随沿此平面某一方向的平移。反映-平移对称变换所借助的反映面称为滑移面。滑移面符号随着反映后的滑移方向而异，沿 a、b、c 三个基矢方向滑移时，其平移矢量 $t = \dfrac{1}{2}a$、$t = \dfrac{1}{2}b$ 或 $t = \dfrac{1}{2}c$，分别用字母符号 a、b、c 表示它们各自的滑移面。反映后沿 $a+b$、$b+c$、$c+a$ 或 $a+b+c$ 滑移时，对 $t = \dfrac{1}{2}(a+b)$、$t = \dfrac{1}{2}(b+c)$、$t = \dfrac{1}{2}(c+a)$ 或 $t = \dfrac{1}{2}(a+b+c)$ 的情况用字母符号 n 表示滑移面，对 $t = \dfrac{1}{4}(a+b)$、$t = \dfrac{1}{4}(b+c)$、$t = \dfrac{1}{4}(c+a)$ 或 $t = \dfrac{1}{4}(a+b+c)$ 的情况用字母符号 d 表示滑移面（图2-37）。

金刚石结构中的原子1经过反映平移到达2、3、4、5各个原子的位置。通过这种操作，也可以使 A、B 类原子达到互换（图2-38）。

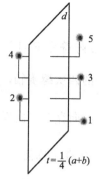
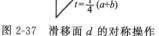

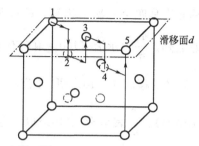

图 2-37　滑移面 d 的对称操作　图 2-38　金刚石沿 $(a+b)$ 方向作滑移面 d 的对称操作

2.5.5 空间群的概念

在空间无限的晶体结构图形中，由宏观和微观对称元素共同组成的对称元素组合体称为空间群。将 32 种点群与 14 种布拉菲点阵（或称平移群）相结合，同时考虑由平移特性而派生的微观对称元素螺旋轴和滑移面，于是晶体结构中的对称轴既可以是旋转轴也可以是螺旋轴，同样，对称面也可以是滑移面。这样，在晶体结构空间就能组成更多种空间对称群。根据俄国晶体学家费多罗夫的精确分析，晶体结构中的空间群共有 230 种。

空间群的国际符号由两部分组成，写在符号最前面的是表示布拉菲点阵类型的大写英文字母 P（简单点阵）、C（底心点阵）、I（体心点阵）、F（面心点阵）、R（菱方体点阵），其后是各晶系特定取向上的按规定顺序排列的宏观和微观对称元素符号。空间群符号中各晶系的特定取向和排列顺序与点群符号相同。表 2-3 列出了各晶系空间群的表示方法。

表 2-3　各晶系空间群的表示方法

晶　系	可能的点阵	位置所代表的方向		
		1	2	3
三斜（triclinc）	P			
单斜（monoclinc）	P,C	b		
斜方（orthorhombic）	P,C,F,I	a	b	c
正方（tetragonal）	P,I	c	a	(110)
六方（hexagonal）	P	c	a	(210)
三方（trigonal）	R	c	a	(210)
正方（cubic）	P,F,I	c	(111)	(110)

空间群符号能表示出晶体所属的晶系，以及布拉菲点阵和特定取向上的宏观、微观对称元素。下面举例说明空间群符号的含义。

（1）空间群符号 P $2/b$ $2/a$ $2/n$

它的特征为对称元素是三个互相垂直的二次对称轴，故属斜方晶系。在所属晶系确定后，由点阵符号 P 得知该晶体属简单斜方布拉菲点阵。特定取向的对称元素有：沿 $<100>$、$<010>$ 和 $<001>$ 取向各有一个二次旋转轴，有一个平移矢量 $t=\frac{1}{2}b$ 的滑移面与 $<100>$ 取向正交，一个平移矢量 $t=\frac{1}{2}a$ 的滑移面与 $<010>$ 取向正交，一个平移矢量 $t=\frac{1}{2}(a+b)$ 的滑移面与 $<001>$ 取向正交。

（2）空间群符号 $F\frac{4_1}{d}\bar{3}\frac{2}{m}$

它的特征对称元素是四个三次对称轴，故属于立方晶系。由点阵符号 F 可知，该晶体属面心立方布拉菲点阵。$\frac{4_1}{d}$ 表示沿 <100> 取向有平移矢量 $t=\frac{1}{4}a$ 的四次螺旋轴，并且有平移矢量 $t=\frac{1}{4}(b+c)$ 的滑移面与 <100> 取向正交。$\bar{3}$ 表示沿 <111> 取向存在二次反演轴（或三次旋转轴加对称中心）。$\frac{2}{m}$ 表示沿 <110> 取向存在二次旋转轴，并有对称面与 <110> 取向正交。

2.5.6　劳厄群

单晶体 X 射线衍射的一个特征是相干衍射效应具有中心对称性，即使这种晶体不是中心对称的也是这样。所以，如果我们为了测定晶体的对称性而摄得一系列 X 射线衍射相，那也不大可能确定晶体是否是中心对称，虽然通过反常色散和其他方面的研究可以把两种情况区别开来。因此，X 射线衍射具有把反演中心加进晶体点群的效果。这就意味着用 X 射线衍射效应只能直接区分 11 种中心对称点群，这就称为 11 种劳厄群或 11 种劳厄对称群。于是，我们可以说，这 32 种点群被合并成了 11 种劳厄群。例如，点群 4 和 −4 合并到劳厄群 4/m。也就是说，具有 4 或 −4 对称性的晶体，从它们的 X 射线衍射花样看来，似乎它们的对称性都是 4/m。为方便查找，表 2-4 列出了晶系、点群、空间群编号和 11 种劳厄群的对照表。

表 2-4　晶系、点群、劳厄群和空间群编号的对应关系

晶系	点群	劳厄群	空间群编号
三斜(triclinic)	$1,\bar{1}$	$\bar{1}$	1～2
单斜(monoclinic)	$2,m,2/m$	$2/m$	3～15
斜方(orthorhombic)	$222,mm2,mmm$	mmm	16～74
正方(tetragonal)	$4,\bar{4},4/m$	$4/m$	75～88
	$422,4mm,\bar{4}2m,4/mmm$	$4/mmm$	89～142
三方(trigonal)	$3,\bar{3}$	$\bar{3}$	143～146
	$32,3m,\bar{3}m$	$\bar{3}m$	147～167
六方(hexagonal)	$6,\bar{6},6/m$	$6/m$	168～176
	$622,6mm,\bar{6}2m,6/mmm$	$6/mmm$	177～194
正方(cubic)	$23,m3$	$m3$	195～206
	$432,\bar{4}3mm,m3m$	$m3m$	207～230

2.6　倒易点阵

倒易点阵是在晶体点阵的基础上按照一定的对应关系建立起来的空间几何图形，是晶体点阵的另一种表达形式。其之所以称为倒易点阵是因为它的许多性质与晶体点阵存在倒易关系。为了便于区别，有时将晶体点阵称为正点阵。利用倒易点阵处理晶体几何关系和衍射问题，能使几何概念更清楚，数学推演更简化。晶体点阵中的二维阵点平面在倒易点阵中只对应一个零维的倒易阵点，晶面间距和取向两个参量在倒易点阵中只用一个倒易矢量表达。衍

射花样实际上是满足衍射条件的倒易阵点的投影，可见，衍射花样是倒易空间的形象，从这个意义上讲，倒易点阵本身就具有衍射属性。

2.6.1　倒易点阵的定义

（1）衍射斑点与倒易点阵的关系

1912 年，劳厄把晶体看作三维立体光栅，用 X 射线照射到一块晶体上时，在底片上得到劳厄衍射斑点（图 2-39）。

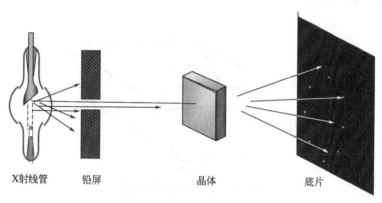

X射线管　　铅屏　　　晶体　　　底片

图 2-39　劳厄衍射实验

从图 2-40 看到，劳厄衍射花样由一些衍射斑点组成，并没有明显的原子信息，它反映的是点阵平面的信息。晶体点阵中的二维阵点平面在劳厄衍射花样中对应一个零维的倒易阵点（衍射斑点）。这就是说，衍射花样实际上与正点阵不是直接的对应关系，而是一个三维倒易点阵在二维平面上的投影。

（2）倒易点阵的定义

布拉菲在讨论点阵类型时提出了倒易点阵的概念，由艾瓦尔德将倒易点阵引入到 X 射线衍射应用中来。

设计一种几何点阵（称为倒易点阵），使晶体点阵（称为正点阵）中的二维阵点平面在倒易点阵中只对应一个零维的倒易阵点，正点阵中的用于描述晶面特性的晶面间距和取向两个参

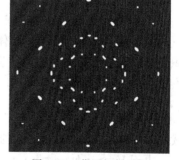

图 2-40　劳厄衍射花样

量在倒易点阵中只用一个倒易矢量表达。使衍射花样成为满足衍射条件的倒易阵点的投影。

如果用 a、b、c 表示正点阵的基矢量，用 a^*、b^*、c^* 表示倒易点阵的基矢量，定义倒易点阵与正点阵的基本对应关系为：

$$a^* \cdot b = a^* \cdot c = b^* \cdot a = b^* \cdot c = c^* \cdot a = c^* \cdot b = 0 \tag{2-9}$$

$$a^* \cdot a = b^* \cdot b = c^* \cdot c = 1 \tag{2-10}$$

这个基本关系给出了倒易基矢量的方向和长度。

从式（2-9）得知，a^* 同时垂直 b 和 c，因此，a^* 垂直 b、c 所构成的平面，即 a^* 垂直（100）晶面。同理，b^* 垂直（010）晶面，c^* 垂直（001）晶面。

而从式（2-10）则可以得出 a^*、b^*、c^* 的长度分别与 a、b、c 的长度成反比。a^*、b^*、c^* 的单位为长度单位的倒数，若 a、b、c 的单位为 nm，则 a^*、b^*、c^* 的单位为 nm^{-1}。

上面指出了倒易点阵的方向，为了从式(2-10) 得出倒易基矢量的长度，将式(2-10) 改写成其标量形式：

$$a^* = \frac{1}{a\cos\varphi}, b^* = \frac{1}{b\cos\psi}, c^* = \frac{1}{c\cos\omega} \tag{2-11}$$

式中，φ、ψ、ω 分别为 a^* 与 a、b^* 与 b、c^* 与 c 的夹角。

图 2-41 以倒易基矢量 c^* 为例，画出了它与正点阵的对应关系。OP 为 c 在 c^* 上的投影，同时也是 a、b 所构成的 (001) 晶面的面间距 d_{001}。即 $OP = c\cos\omega = d_{001}$。同理，$a\cos\varphi = d_{100}$，$b\cos\psi = d_{010}$。

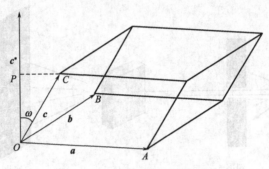

图 2-41 c^* 与正点阵的关系

所以
$$a^* = \frac{1}{d_{100}}, b^* = \frac{1}{d_{010}}, c^* = \frac{1}{d_{001}} \tag{2-12}$$

在三维空间，倒易基矢量的方向和长度还可以用统一的矢量方程表达

$$a^* = \frac{b \times c}{V}, b^* = \frac{c \times a}{V}, c^* = \frac{a \times b}{V} \tag{2-13}$$

式中，V 是正点阵的阵胞体积。在式(2-13) 中，倒易基矢量的方向由等号右边的矢量积所确定是显而易见的。为了说明倒易基矢量的长度，仍以 c^* 为例。在图 2-41 中，$OP = d_{001}$，同时也是阵胞的高度，$|a \times b| = $ 平行四边形 OADB 的面积 S，而 $V = Sd_{001}$，所以，$c^* = \frac{|a \times b|}{V} = \frac{S}{Sd_{001}} = \frac{1}{d_{001}}$。同理，对 a 和 b 也可得到类似的结果。所以说，式(2-9)、式(2-10) 与式(2-13) 是等效的表达形式。

由于 $V = a \cdot b \times c = b \cdot c \times a = c \cdot a \times b$，所以可将式(2-13) 写成

$$a^* = \frac{b \times c}{a \cdot b \times c}, b^* = \frac{c \times a}{b \cdot c \times a}, c^* = \frac{a \times b}{c \cdot a \times b} \tag{2-14}$$

（3）倒易点阵与正点阵的倒易关系

从上面的式(2-9) 和式(2-10) 可以看出，对正点阵和倒易点阵基矢量是完全对称的。所以，同样可以从式(2-9) 和式(2-10)，得到：a 垂直 b^* 和 c^* 所构成的 $(100)^*$ 倒易阵点平面；b 垂直 c^* 和 a^* 所构成的 $(010)^*$ 倒易阵点平面；c 垂直 a^* 和 b^* 所构成的 $(001)^*$ 倒易阵点平面。同理可得：

$$a = \frac{1}{d_{100}^*}, b = \frac{1}{d_{010}^*}, c = \frac{1}{d_{001}^*} \tag{2-15}$$

三维空间的统一矢量方程为：

$$a = \frac{b^* \times c^*}{V^*}, b = \frac{c^* \times a^*}{V^*}, c = \frac{a^* \times b^*}{V^*} \tag{2-16}$$

式中，$V^* = a^* \cdot b^* \times c^* = b^* \cdot c^* \times a^* = c^* \cdot a^* \times b^*$ 为倒易阵胞体积。于是可将式(2-16)写成

$$a = \frac{b^* \times c^*}{a^* \cdot b^* \times c^*}, b = \frac{c^* \times a^*}{b^* \cdot c^* \times a^*}, c = \frac{a^* \times b^*}{c^* \cdot a^* \times b^*} \tag{2-17}$$

比较式(2-13)和式(2-16)可以得出，倒易基矢量的倒易等于正点阵基矢量，换句话说，倒易点阵的倒易是正点阵。例如：

$$(a^*)^* = \frac{b^* \times c^*}{V^*} = a, (b^*)^* = \frac{c^* \times a^*}{V^*} = b, (c^*)^* = \frac{a^* \times b^*}{V^*} = c$$

利用式(2-10)中 $a^* \cdot a = 1$ 的关系，并将式(2-13)式(2-16)的值代入，可以证明倒易阵胞体积 V^* 与正点阵阵胞体积 V 互为倒易关系。

$$a^* \cdot a = \frac{1}{VV^*}[(b \times c) \cdot (b^* \times c^*)] = 1 \tag{2-18}$$

利用矢量的复合积公式可得：

$$(b \times c) \cdot (b^* \times c^*) = (b \cdot b^*) \cdot (c \cdot c^*) - (b \cdot c^*) \cdot (c \cdot b^*) = 1 \tag{2-19}$$

所以，$V \cdot V^* = 1$

综上所述，得到正点阵与倒易点阵的关系如下。

a.倒易点阵基矢量的长度与正点阵的基矢量长度互为反比例。

b.某个基矢量的方向由另一个空间的其他两个基矢量的矢量积方向确定。

c.正点阵的倒易是倒易点阵，倒易点阵的倒易是正点阵。它们互为倒易关系。

d.倒易点阵与正点阵单胞体积互为倒易。

(4) 倒易点阵参数

倒易点阵参数 a^*、b^*、c^*、α^*、β^*、γ^* 通常可用正点阵参数来表达。由式(2-13)直接可得

$$a^* = \frac{bc\sin\alpha}{V}, b^* = \frac{ca\sin\beta}{V}, c^* = \frac{ab\sin\gamma}{V} \tag{2-20}$$

其中，$V = a \cdot b \times c$，利用矢量算法的多重积分公式可求得

$$V = abc\sqrt{(1 - \cos^2\alpha - \cos^2\beta - \cos^2\gamma + 2\cos\alpha\cos\beta\cos\gamma)} \tag{2-21}$$

式中，α^*、β^*、γ^* 分别是矢量 b^* 和 c^*、c^* 和 a^*、a^* 和 b^* 之间的夹角，故有

$$\cos\alpha^* = \frac{b^* \cdot c^*}{|b^*||c^*|}, \cos\beta^* = \frac{c^* \cdot a^*}{|c^*||a^*|}, \cos\gamma^* = \frac{a^* \cdot b^*}{|a^*||b^*|} \tag{2-22}$$

将式(2-13)中倒易基矢量的值代入式(2-22)，并利用矢量算法的多重积公式可求得

$$\cos\alpha^* = \frac{\cos\beta\cos\gamma - \cos\alpha}{\sin\beta\sin\gamma}$$

$$\cos\beta^* = \frac{\cos\gamma\cos\alpha - \cos\beta}{\sin\gamma\sin\alpha} \tag{2-23}$$

$$\cos\gamma^* = \frac{\cos\alpha\cos\beta - \cos\gamma}{\sin\alpha\sin\beta}$$

公式(2-23)是计算倒易点阵参数普遍适用的公式，对三斜晶系以外的其他晶系均可以简化。各晶系的倒易点阵参数列于表 2-5。

表 2-5　倒易点阵参数

参数	晶系					
	单斜	斜方	六方	菱方	正方	立方
a^*	$\dfrac{1}{a\sin\beta}$	$\dfrac{1}{a}$	$\dfrac{2}{a\sqrt{3}}$	$\dfrac{\sin\alpha}{a\sqrt{1-3\cos^2\alpha+2\cos^3\alpha}}$	$\dfrac{1}{a}$	$\dfrac{1}{a}$
b^*	$\dfrac{1}{b}$	$\dfrac{1}{b}$	$\dfrac{2}{a\sqrt{3}}$	$\dfrac{\sin\alpha}{a\sqrt{1-3\cos^2\alpha+2\cos^3\alpha}}$	$\dfrac{1}{a}$	$\dfrac{1}{a}$
c^*	$\dfrac{1}{c\sin\beta}$	$\dfrac{1}{c}$	$\dfrac{1}{c}$	$\dfrac{\sin\alpha}{a\sqrt{1-3\cos^2\alpha+2\cos^3\alpha}}$	$\dfrac{1}{c}$	$\dfrac{1}{a}$
α^*	$90°$	$90°$	$90°$	$\cos^{-1}\left(\dfrac{-\cos\alpha}{1+\cos\alpha}\right)$	$90°$	$90°$
β^*	$180°-\beta$	$90°$	$90°$	$\cos^{-1}\left(\dfrac{-\cos\alpha}{1+\cos\alpha}\right)$	$90°$	$90°$
γ^*	$90°$	$90°$	$60°$	$\cos^{-1}\left(\dfrac{-\cos\alpha}{1+\cos\alpha}\right)$	$90°$	$90°$

由倒易点阵参数特征可以看出，倒易点阵与其相应的正点阵具有相同类型的坐标系。但是，倒易点阵只存在简单点阵，而不存在复杂点阵，即没有面心、体心、底心点阵存在。可以看出，倒易点阵反映的是正点阵的面角关系，而与正点阵中实际的阵点无关。

2.6.2　倒易矢量的基本性质

从倒易点阵原点向任一个倒易阵点所连接的矢量称为倒易矢量，用符号 r^* 表示。

$$r^* = Ha^* + Kb^* + Lc^* \tag{2-24}$$

式中，H、K、L 为整数。

倒易矢量是倒易点阵中的重要参量，也是在 X 射线衍射中经常引用的参量。现在我们根据倒易点阵的基本定义来证明倒易矢量的两个基本性质。

① 倒易矢量 r^* 垂直于正点阵中的 HKL 晶面；

② 倒易矢量的长度 r^* 等于 HKL 晶面的面间距 d_{HKL} 的倒数。

如图 2-42 所示，ABC 为 HKL 晶面族中最靠近原点的晶面，它在坐标轴上的截距分

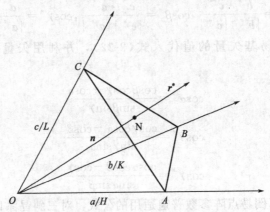

图 2-42　倒易矢量与晶面的关系

别为

$$
\begin{cases}
OA = \dfrac{a}{H},\ OB = \dfrac{b}{K},\ OC = \dfrac{c}{L} \\[2mm]
AB = OB - OA = \dfrac{b}{K} - \dfrac{a}{H} \\[2mm]
BC = OC - OB = \dfrac{c}{L} - \dfrac{b}{K}
\end{cases}
\tag{2-25}
$$

将式(2-25)中的后两式分别乘以式(2-24)得到

$$
\begin{cases}
\boldsymbol{r}^* \cdot \boldsymbol{AB} = (H\boldsymbol{a}^* + K\boldsymbol{b}^* + L\boldsymbol{c}^*)\left(\dfrac{b}{K} - \dfrac{a}{H}\right) - 1 - 1 = 0 \\[3mm]
\boldsymbol{r}^* \cdot \boldsymbol{BC} = (H\boldsymbol{a}^* + K\boldsymbol{b}^* + L\boldsymbol{c}^*)\left(\dfrac{c}{L} - \dfrac{b}{K}\right) = 1 - 1 = 0
\end{cases}
\tag{2-26}
$$

两个矢量的"点积"等于零,说明 $\boldsymbol{r}^*$ 同时垂直 $\boldsymbol{AB}$ 和 $\boldsymbol{BC}$,即 $\boldsymbol{r}^*$ 垂直 HKL 晶面。

在图 2-42 中,用 $\boldsymbol{n}$ 代表 $\boldsymbol{r}^*$ 方向的单位矢量,$\boldsymbol{n} = \dfrac{\boldsymbol{r}^*}{r^*}$。$ON$ 为 HKL 晶面的面间距 d_{HKL}。由于 ON 为 $\boldsymbol{OA}$(或 $\boldsymbol{OB}$,$\boldsymbol{OC}$)在 $\boldsymbol{r}^*$ 上的投影,所以

$$
ON = d_{HKL} = \boldsymbol{OA} \cdot \boldsymbol{n} - \frac{a}{H} \cdot \frac{\boldsymbol{r}^*}{r^*} = \frac{a}{H} \cdot \frac{(H\boldsymbol{a}^* + K\boldsymbol{b}^* + L\boldsymbol{c}^*)}{r^*} = \frac{1}{r^*}
$$

即

$$
r^* = \frac{1}{d_{HKL}}
\tag{2-27}
$$

从以上证明的倒易矢量的基本性质可以看出,如果正点阵与倒易点阵具有共同的坐标原点,则正点阵中的晶面在倒易点阵中可用一个倒易阵点来表示。倒易阵点的指数用它所代表的晶面的面指数标定。晶体点阵中晶面取向和晶面间距这两个参量在倒易点阵中只用倒易矢量一个参量就能综合地表示出来。

利用这种对应关系可以由任何一个正点阵建立起一个相应的倒易点阵,反过来由一个已知的倒易点阵运用同样的对应关系又可以重新得到原来的晶体点阵。

例如,在 2-43 中画出了(100)及(200)晶面族所对应的倒易阵点,因为(200)的晶面间距 d_{200} 是 d_{100} 的一半,所以(200)晶面的倒易矢量长度为(100)的倒易矢量长度的 2 倍。

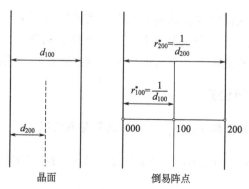

图 2-43　晶面与倒易结点的对应关系

　　用上述方法作出各种取向晶面族的倒易阵点列，便可得到相应的倒易阵点平面和倒易空间点阵。图 2-44 是立方晶格与倒易晶体的对应关系。设一个立方晶系的晶胞参数为 0.4nm。则，倒易点阵的晶胞参数为 2.5nm^{-1}。

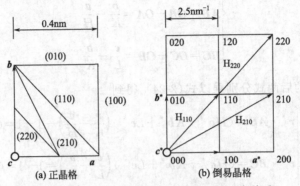

图 2-44　立方晶格正点阵与倒易阵点的对应关系

　　图 2-44(a) 绘出了立方晶系 ab 平面的各个晶面，图 2-44(b) 绘出了各晶面所对应的倒易阵点。从图中可以看到，在正点阵中，(220) 晶面的面间距是 (110) 晶面的一半，在倒易点阵中，(220) 的倒易矢量长度是 (110) 的 2 倍。正点阵的一个晶面变换成倒易点阵的一个阵点，倒易矢量的方向是正点阵晶面的法线方向，倒易矢量的长度为面间距的倒数。

　　按照倒易点阵的定义，可以绘制出倒易点阵的基矢。决定了基矢也就决定了平行六面体，整个倒易空间就是平行六面体的平移堆砌，平行六面体的顶点就是倒易点（图 2-45）。

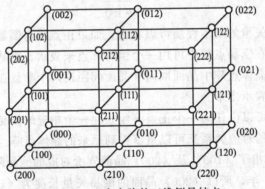

图 2-45　立方点阵的三维倒易结点

　　利用上述矢量分析方法同样可以证明，正点阵的点阵矢量 $r = ua + vb + wc$ 垂直于同指数的倒易阵点平面 $(uvw)^*$，点阵矢量的长度 r 等于该倒易阵点平面 $(uvw)^*$ 面间距 d_{uvw}^* 的倒数。倒易阵点平面的指数用与其垂直的点阵矢量系数 uvw 表示。

2.6.3　晶面间距的计算公式

　　利用晶面间距 d_{HKL} 和倒易矢量 r_{HKL}^* 互为倒易关系可得：

$$\frac{1}{d_{HKL}^2} = |r^*|^2 = (Ha^* + Kb^* + Lc^*) \cdot (Ha^* + Kb^* + Lc^*)$$

$$= H^2(a^*)^2 + K^2(b^*)^2 + L^2(c^*)^2 + 2KLb^*c^*\cos\alpha^* +$$

$$2LHc^*a^*\cos\beta^*+2HKa^*b^*\cos\gamma^* \tag{2-28}$$

利用表 2-5 将式中的倒易点阵参数 a^*、b^*、c^*、α^*、β^*、γ^* 换算成正点阵参数 a、b、c、α、β、γ，便可得到除三斜晶系之外各晶系的晶面间距计算公式。

立方晶系：

$$\frac{1}{d_{HKL}^2}=\frac{H^2+K^2+L^2}{a^2} \tag{2-29}$$

正方晶系：

$$\frac{1}{d_{HKL}^2}=\frac{H^2+K^2}{a^2}+\frac{L^2}{c^2} \tag{2-30}$$

斜方晶系：

$$\frac{1}{d_{HKL}^2}=\frac{H^2}{a^2}+\frac{K^2}{b^2}+\frac{L^2}{c^2} \tag{2-31}$$

六方晶系：

$$\frac{1}{d_{HKL}^2}=\frac{4}{3}\frac{H^2+HK+K^2}{a^2}+\frac{L^2}{c^2} \tag{2-32}$$

菱方晶系：

$$\frac{1}{d_{HKL}^2}=\frac{(H^2+K^2+L^2)\sin^2\alpha+2(HK+KL+HL)(\cos^2\alpha-\cos\alpha)}{a^2(1-3\cos^2\alpha+2\cos^3\alpha)} \tag{2-33}$$

单斜晶系：

$$\frac{1}{d_{HKL}^2}=\frac{H^2}{a^2\sin^2\beta}+\frac{K^2}{b^2}+\frac{L^2}{c^2\sin^2\beta}-\frac{2HL\cos\beta}{ac\sin^2\beta} \tag{2-34}$$

三斜晶系：

利用式 (2-20) 和式 (2-23 将式 (2-28) 中的倒易点阵参数换算成正点阵参数可得

$$\frac{1}{d_{HKL}^2}=\frac{1}{V^2}[H^2b^2c^2\sin^2\alpha+K^2c^2a^2\sin^2\beta+L^2a^2b^2\sin^2\gamma+$$

$$2KLa^2bc(\cos\beta\cos\gamma-\cos\alpha)+2LHab^2c(\cos\gamma\cos\alpha-\cos\beta)+ \tag{2-35}$$

$$2HKabc^2(\cos\alpha\cos\beta-\cos\gamma)]$$

式中的 V 值可由式 (2-21) 得到。

2.6.4 晶面夹角的计算公式

晶面夹角可以用晶面法线间的夹角来表示。所以，晶体点阵中两个晶面 $(H_1K_1L_1)$ 和 $(H_2K_2L_2)$ 之间的夹角 φ 可以用它们所对应的倒易矢量 r_1^* 和 r_2^* 之间的夹角表示。于是有：

$$r_1^* \cdot r_2^*=r_1^* r_2^* \cos\varphi$$

$$\cos\varphi=\frac{r_1^* \cdot r_2^*}{r_1^* r_2^*}=\frac{1}{r_1^* r_2^*}(H_1a^*+K_1b^*+L_1c^*) \cdot (H_2a^*+K_2b^*+L_2c^*)$$

$$=\frac{1}{r_1^* r_2^*}[H_1H_2(a^*)^2+K_1K_2(b^*)^2+L_1L_2(c^*)^2+ \tag{2-36}$$

$$(K_1L_2+K_2L_1)b^*c^*\cos\alpha^*+(H_1L_2+H_2L_1)c^*a^*\cos\beta^*+$$

$$(H_1K_2+H_2K_1)a^*b^*\cos\gamma^*]$$

利用表 2-5 将式(2-36) 中的倒易点阵参数换算成正点阵参数，用各晶系晶面间距公式的倒数（即倒易矢量的标量）取代 r_1^* 和 r_2^*，便可得各晶系晶面夹角的计算公式。

立方晶系：

$$\cos\varphi=\frac{H_1H_2+K_1K_2+L_1L_2}{\sqrt{H_1^2+K_1^2+L_1^2}\sqrt{H_2^2+K_2^2+L_2^2}} \tag{2-37}$$

正方晶系：

$$\cos\varphi=\frac{\dfrac{H_1H_2+K_1K_2}{a^2}+\dfrac{L_1L_2}{c^2}}{\sqrt{\dfrac{H_1^2+K_1^2}{a^2}+\dfrac{L_1^2}{c^2}}\sqrt{\dfrac{H_2^2+K_2^2}{a^2}+\dfrac{L_2^2}{c^2}}} \tag{2-38}$$

斜方晶系：

$$\cos\varphi=\frac{\dfrac{H_1H_2}{a^2}+\dfrac{K_1K_2}{b^2}+\dfrac{L_1L_2}{c^2}}{\sqrt{\dfrac{H_1^2}{a^2}+\dfrac{K_1^2}{b^2}+\dfrac{L_1^2}{c^2}}\sqrt{\dfrac{H_2^2}{a^2}+\dfrac{K_2^2}{b^2}+\dfrac{L_2^2}{c^2}}} \tag{2-39}$$

六方晶系：

$$\cos\varphi=\frac{\dfrac{4}{3a^2}\left(H_1H_2+K_1K_2+\dfrac{H_1K_2+H_2K_1}{2}\right)+\dfrac{L_1L_2}{c^2}}{\sqrt{\dfrac{4}{3}\dfrac{H_1^2+H_1K_1+K_1^2}{a^2}+\dfrac{L_1^2}{c^2}}\sqrt{\dfrac{4}{3}\dfrac{H_2^2+H_2K_2+K_2^2}{a^2}+\dfrac{L_2^2}{c^2}}} \tag{2-40}$$

菱方晶系：

$$\cos\varphi=[(H_1H_2+K_1K_2+L_1L_2)\sin^2\alpha+(H_1K_2+H_2K_1+H_1L_2+H_2L_1+K_1L_2+K_2L_1)$$

$$(\cos^2\alpha-\cos\alpha)]/\{[H_1^2+K_1^2+L_1^2)\sin^2\alpha+2(H_1K_1+H_1L_1+K_1L_1)$$

$$(\cos^2\alpha-\cos\alpha)]^{\frac{1}{2}}[(H_2^2+K_2^2+L_2^2)\sin^2\alpha+2(H_2K_2+H_2L_2+K_2L_2) \tag{2-41}$$

$$(\cos^2\alpha-\cos\alpha)]^{\frac{1}{2}}\}$$

单斜晶系：

$$\cos\varphi=\left[\frac{H_1H_2}{a^2\sin^2\beta}+\frac{K_1K_2}{b^2}+\frac{L_1L_2}{c^2\sin^2\beta}-\frac{(H_1L_2+H_2L_1)\cos\beta}{ac\sin^2\beta}\right]\bigg/\left[\left(\frac{H_1^2}{a^2\sin\beta}+\frac{K_1^2}{b^2}+\right.\right.$$

$$\left.\frac{L_1^2}{c^2\sin^2\beta}-\frac{2H_1L_1\cos\beta}{ac\sin^2\beta}\right)^{\frac{1}{2}}\left(\frac{H_2^2}{a^2\sin^2\beta}+\frac{K_2^2}{b^2}+\frac{L_2^2}{c^2\sin^2\beta}-\frac{2H_2L_2\cos\beta}{ac\sin^2\beta}\right)^{\frac{1}{2}}\right] \tag{2-42}$$

立方晶系晶面夹角的数值可以查阅附录 4。

2.6.5 倒易点阵与正点阵的指数变换

一个晶面（HKL）的法向在倒易点阵和正点阵中分别有各自的表达方式。在倒易点阵中，该晶面的法向就是它所对应的倒易矢量 $r_{HKL}^*=Ha^*+Kb^*+Lc^*$ 的方向，其指数记为 $[HKL]^*$。在正点阵中，该晶面的法向是与其垂直的点阵矢量 $r_{uvw}=ua+vb+wc$ 的方向，其指数记为 $[uvw]$。这里的 $[HKL]^*$ 和 $[uvw]$ 分别是同一个取向在倒、正点阵中的不同表达形式。故可令：

$$ua + vb + wc = Ha^* + Kb^* + Lc^* \qquad (2\text{-}43)$$

分别以 a^*、b^*、c^* 乘以式(2-43) 得：

$$\begin{cases} u = Ha^* \cdot a^* + Ka^* \cdot b^* + La^* \cdot c^* \\ v = Hb^* \cdot a^* + Kb^* \cdot b^* + Lb^* \cdot c^* \\ w = Hc^* \cdot a^* + Kc^* \cdot b^* + Lc^* \cdot c^* \end{cases} \qquad (2\text{-}44)$$

或写成矩阵形式：

$$\begin{bmatrix} u \\ v \\ w \end{bmatrix} = \begin{bmatrix} a^* \cdot a^* & a^* \cdot b^* & a^* \cdot c^* \\ b^* \cdot a^* & b^* \cdot b^* & b^* \cdot c^* \\ c^* \cdot a^* & c^* \cdot b^* & c^* \cdot c^* \end{bmatrix} \begin{bmatrix} H \\ K \\ L \end{bmatrix} \qquad (2\text{-}45)$$

这是由倒易取向指数 $[HKL]^*$ 计算它所对应的正点阵取向指数 $[uvw]$ 的公式。利用这个公式，在晶面指数 (HKL) 已知的情况下，可以计算出该晶面的法向指数 $[uvw]$。

如果分别以 a、b、c 乘以式(2-43) 可得：

$$H = ua \cdot a + va \cdot b + wa \cdot c$$
$$K = ub \cdot a + vb \cdot b + wb \cdot c \qquad (2\text{-}46)$$
$$L = uc \cdot a + vc \cdot b + wc \cdot c$$

或写成矩阵形式：

$$\begin{bmatrix} H \\ K \\ L \end{bmatrix} = \begin{bmatrix} a \cdot a & a \cdot b & a \cdot c \\ b \cdot a & b \cdot b & b \cdot c \\ c \cdot a & c \cdot b & c \cdot c \end{bmatrix} \begin{bmatrix} u \\ v \\ w \end{bmatrix} \qquad (2\text{-}47)$$

这是由正点阵取向指数 $[uvw]$ 计算它所对应的倒易取向指数 $[HKL]^*$ 的公式。利用这个公式，在晶向指数 $[uvw]$ 已知的情况下，可以计算出与该晶向垂直的晶面指数 (HKL)。

在晶面和晶向指数关系中，只有立方晶系的晶面指数与其法向指数相等。其他晶系，不论是由已知晶面指数求其法向指数，或者由已知晶向指数求与其垂直的晶面指数，都需要通过上述公式进行计算。

2.7 晶带

在晶体结构或空间点阵中，与某一取向平行的所有晶面均属于同一个晶带。同一晶带中所有晶面的交线互相平行，其中通过坐标原点的那条直线称为晶带轴。晶带轴的晶向指数即为该晶带的指数。

根据晶带的定义，同一晶带中所有晶面的法线都与晶带轴垂直。我们可以将晶带轴用正点阵矢量 $r = ua + vb + wc$ 表达，晶面法向用倒易矢量 $r^* = Ha^* + Kb^* + Lc^*$ 表达。由于 r^* 与 r 垂直，所以：

$$r^* \cdot r = (Ha^* + Kb^* + Lc^*)(ua + vb + wc) = 0$$

由此可得：

$$Hu + Kv + Lw = 0 \qquad (2\text{-}48)$$

这也就是说，凡是属于 $[uvw]$ 晶带的晶面，它们的晶面指数 (HKL) 都必须符合式(2-48)的条件。把这个关系式称为"晶带定律"。

当已知某晶带 $[uvw]$ 中任意两个晶面的指数 $(H_1K_1L_1)$ 和 $(H_2K_2L_2)$ 时，可以通过晶带定律式(2-48)计算出晶带轴的指数，其方法如下。

利用式(2-48)，对两个已知晶面的面指数分别写出：

$$H_1u+K_1v+L_1w=0$$
$$H_2u+K_2v+L_2w=0$$

将这两个方程联立求解可得：

$$u \vdots v \vdots w = \begin{vmatrix} K_1 & L_1 \\ K_2 & L_2 \end{vmatrix} \vdots \begin{vmatrix} L_1 & H_1 \\ L_2 & H_2 \end{vmatrix} \vdots \begin{vmatrix} H_1 & K_1 \\ H_2 & K_2 \end{vmatrix} \qquad (2\text{-}49)$$

$$= (K_1L_2-K_2L_1) \vdots (L_1H_2-L_2H_1) \vdots (H_1K_2-H_2K_1)$$

同理，如果某个晶面 (HKL) 同时属于两个指数已知的晶带 $[u_1v_1w_1]$ 和 $[u_2v_2w_2]$ 时，可以利用式(2-48)求出该晶面的面指数，其计算公式如下：

$$H \vdots K \vdots L = \begin{vmatrix} v_1 & w_1 \\ v_2 & w_2 \end{vmatrix} \vdots \begin{vmatrix} w_1 & u_1 \\ w_2 & u_2 \end{vmatrix} \vdots \begin{vmatrix} u_1 & v_1 \\ u_2 & v_2 \end{vmatrix} \qquad (2\text{-}50)$$

$$= (v_1w_2-v_2w_1) \vdots (w_1u_2-w_2u_1) \vdots (u_1v_2-u_2v_1)$$

在其他晶体学问题中，可以利用式(2-49)计算晶面指数已知的两个晶面交线的晶向指数，利用式(2-50)计算指数已知的两条相交直线所确定的晶面的面指数。

在倒易点阵中，同晶带的所有晶面的倒易矢量都位于一个过原点的与晶带轴垂直的倒易阵点平面上。所以，每个过原点的倒易阵点平面上的倒易阵点都属于同一晶带。图 2-44(b) 的倒易点阵平面上的所有倒易阵点都属于同一个晶带 (001)。图 2-46 晶带示意图中，过原点作任意一个平面，凡属于该平面上的倒易阵点都属于同一晶带。

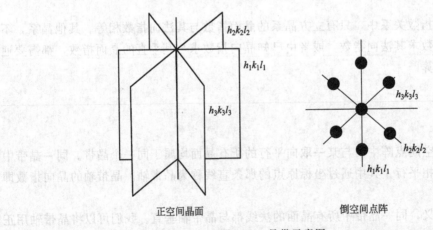

正空间晶面   倒空间点阵

图 2-46　晶带示意图

然而，在每个过原点的倒易阵点平面的上边和下边都还有与其平行的 N 层不过原点的倒易阵点平面，它们所遵循的条件是：

$$Hu+Kv+Lw=N \qquad (2\text{-}51)$$

式中，N 为大于 0 的整数。称式(2-51)为"广义晶带定律"。

例如：图 2-47(a) 给出了正点阵中 c 轴为纸面法向的几个晶面，这些晶面都与 c 轴平行，属于一个晶带。图 2-47(b) 中给出了它们在倒易点阵中对应的阵点。在倒易点阵中，与图 2-47(b) 平行的一个倒易点阵面为图 2-47(c) 所示。以 c 轴为晶带轴时，有 $Hu+Kv+Lw=1$。为了便于区别，将过原点的倒易阵点平面标为 $(uvw)_0^*$，而将不过原点的倒易阵点平面标为 $(uvw)_N^*$。因为 H、K、L 和 u、v、w 都是整数，N 自然也是整数。一般来说，N 代表 $(uvw)_N^*$ 倒易阵点平面层的序数。但在有些情况下（例如系统消光），N 只能取不连续整数，这时 N 并不能直接代表 $(uvw)_N^*$ 倒易阵点平面层的序数。

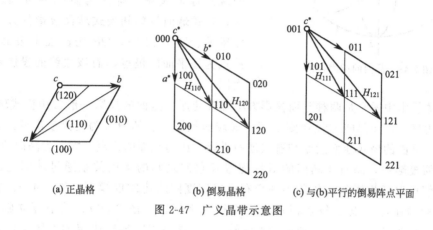

(a) 正晶格 (b) 倒易晶格 (c) 与(b)平行的倒易阵点平面

图 2-47 广义晶带示意图

2.8 晶体投影

在结晶多面体和空间点阵这类三维几何图形中，晶向和晶面的对称配置和它们之间的夹角是经常要探讨的主要对象。但是这类几何形象在三维空间中远不如在二维平面上那样容易表示，在三维空间测量它们之间的夹角也较二维图形困难得多。如果能在三维图形与二维图形之间建立起一定的对应关系，那么，就可以用二维图形来表示三维图形中晶向和晶面的对称配置和测量它们之间的夹角。晶体投影就是为解决这一问题而设计的。晶体投影就是把三维晶体结构中的晶向和晶面位置关系和数量关系投影到二维平面上来。

在各种晶体投影方法中用得最多的是极射赤面投影。

2.8.1 球面投影

晶体投影的第一步是球面投影。球面投影是将安放在球心上的结晶多面体或空间点阵中的晶向和晶面投影到球面上去的一种方法。在球面投影中，假定投影球的直径是很大的，与投影球相比晶体自身的尺寸可以忽略不计，因此可以认为所有被投影的晶面都通过投影球中心。球面投影有两种投影方法。

（1）迹式球面投影

在这种方法中，作平面的投影时，将平面扩展至与投影球面相交，其交线为一大圆。这个大圆即为该平面的迹式球面投影，称之为平面的迹线。当作直线的投影时，将直线延长与投影球面相交，所得的交点即为该直线的迹式球面投影，称之为直线的迹点或出露点。图 2-48 中 P 点即为晶体表面法线 OP 的迹点，而晶体表面的投影为投影球面上的一个大圆。

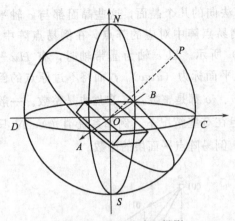

图 2-48 晶面的球面投影

（2）极式球面投影

在此方法中，作平面的投影时，先从投影球心作该平面的法线，然后延长使其与投影球面相交，所得的交点即为该平面的极式球面投影，称之为平面的极点。当作直线的投影时，先作一个通过投影球心的与该直线垂直的平面，然后扩展它与投影球面相交，所得的交线大圆即为该直线的极式球面投影，称之为直线的极圆。由此可见，迹式球面投影和极式球面投影的方法正好是相反的。图 2-48 中，OP 为晶面上表面的法线，P 点为该平面的极点，而该法线的投影却是一个大圆。

在晶体投影中通常是两种球面投影方法混合使用。晶面的投影一般常用极式球面投影，它的投影为极点。而晶向的投影则常用迹式球面投影，它的投影为迹点或出露点。图 2-48 中所绘的是晶面的极式球面投影和迹式球面投影，P 为晶面的极点，大圆为晶面的迹线。

在球面投影中，晶向和晶面的对称配置及它们之间的角度关系通过球面上的经纬度表示。我们可以把投影球面想象为一个布满经纬度网的地球仪模型（图 2-49）。它的坐标原点为投影球中心，以三条互相垂直的直径为坐标轴（图 2-50）。其中直立轴记为 NS 轴，前后轴记为 AB 轴，左右轴记为 CD 轴。AB 轴与 CD 轴所决定的大圆平面叫做赤道平面。赤道平面与球面相交的大圆为赤道。与赤道平面平行的平面和球面相交的小圆称为纬线。过 NS 轴的大圆平面称为子午面，子午面与球面相交的大圆称为子午线或经线。过 CD 轴的子午面称为本初子午面，与其相应的子午线称为本初子午线。任一子午面与本初子午面间的二面角叫做经度，通常用 φ 标记。经度的大小是顺时针方向以任一子午面与本初子午面间在赤道上的弧度来度量，本初子午面上的经度定为 0。从 N 极沿子午线大圆向赤道方向至某一纬线间的弧度叫做极距，用 ρ 标记，赤道的极距为 90°。从赤道沿子午线大圆向 N 或 S 极方向至某一纬线间的弧度叫纬度，用 γ 标记，赤道的纬度为 0。显然，$\gamma + \rho = 90°$。球面上任一点 P 的位置可以用其所在处的经度 φ 和极距 ρ 定出。φ 和 ρ 称为 P 点的球面坐标（图 2-50）。

图 2-49 经纬度模型

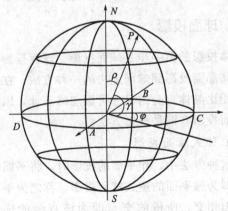

图 2-50 球面坐标

2.8.2　极射赤面投影和吴里夫网

(1) 极射赤面投影

极射赤面投影是将球面投影再投影到赤道平面上去的一种投影方法。在作晶面和晶向的极射赤面投影时，首先要作出它们的球面投影，然后再作晶面极点和晶向出露点的极射赤面投影。如图 2-51 所示，假如，P_1' 为某晶面的极点或为某晶向的出露点，作 P_1' 的极射赤面投影方法是：从与 P_1' 点相对一侧的 S 极引一直线，称为投影线，投影线与赤道平面的交点 P_1 即为 P_1' 的极射赤面投影。若 P_2' 为下半球面上的极点或迹点，如果还从 S 极引投影线，则其极射赤面投影将位于投影基圆之外，这对于作图及测量均很不便。因此对于下半球面上的点，要从与其相对一侧的 N 极引出投影线，这样仍可在投影基圆内得到其极射赤面投影 P_2。为了区别起见，通常上半球面上点的极射赤面投影用小圆点 "●" 表示，下半球面上点的极射赤面投影用小叉 "×" 表示。

(2) 极射赤面投影网

在作出极射赤面投影之后，还必须解决如何从极射赤面投影上度量晶面和晶向的位向关系。我们知道，在球面投影中晶面和晶向的位向关系是通过球面上的经纬线坐标网来度量的。由于极射赤面投影是球面投影向赤道平面上的再投影，所以，如果将经纬线网也以同样的方法进行极射赤面投影，作出相应的极射赤面投影网，在它的帮助下，就能够从极射赤面投影上直接度量出晶面和晶向的位向关系。常用的极射赤面投影网有以下两种。

1) 极式网

将经纬线坐标网，以它本身的赤道平面为投影面作极射赤面投影，所得的极射赤面投影网称为极式网 (图 2-52)。在极式网中，子午线大圆的极射赤面投影为一族过圆心的直径，它们将投影基圆等分为 360°；而纬线小圆的极射赤面投影为一族同心圆，它们将投影基圆的直径等分成 180°。实际应用的极式网投影基圆的直径为 20cm，角度间隔为 2°。利用极式网可以直接在极射赤面投影上读出极点的球面坐标。测量绕投影基圆中心轴的转动角也很方便。在测量晶面或晶向间夹角时，则需要先将投影图与极式网中心重合在一起，然后转动投影图使待测的两个极射赤面投影点落在同一直径上，其间的纬度差即为两晶面或晶向间的夹角。但是，极式网却不能测量落在不同直径上的两极射赤面投影点之间的角度，因此应用得并不广泛。例如，图 2-52 中同一直径和同一圆周上的两点之间的夹角很容易测量出，分别为 10° 和 40°，而不在同一圆周上也不在同一直径上的两点间夹角无法测量。

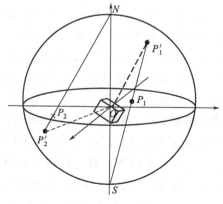

图 2-51　极射赤面投影

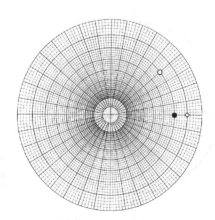

图 2-52　极式网

2）吴里夫网

俄国晶体学家吴里夫将经纬线网投影到与经纬线网 NS 轴平行的投影面（即子午面）上，作出了如图2-53所示的极射赤面投影网，称为吴里夫网或吴氏网。在吴氏网中，子午线大圆的极射赤面投影是一族以 N、S 为端点的大圆弧，而纬线小圆的极射赤面投影是一族圆心位于 SN 延长线上的小圆弧。实际应用的吴氏网投影基圆直径为20cm，大圆弧与小圆弧互相均分的角度间隔为2°。

3）吴氏网的应用

吴氏网的应用是很广泛的，其中最基本的是利用它在极射赤面投影图上直接测量晶面和晶向间的夹角。当晶体转动时，在吴氏网的帮助下可测量转动角和确定转动后的新位置。

① 测量晶面和晶向间的夹角：测量时，首先将极射赤面投影图描绘在一张基圆为20厘米的透明纸上，然后将它放在吴氏网上，并使二者的投影基圆重合。以投影基圆的圆心为轴，转动透明纸上的极射赤面投影图，使被测的极点位于同一个大圆弧或大圆直径上，两个极点间的角度即为两晶面间的夹角。例如，在图2-54中晶面极点 A 与 B 或 C 与 D 之间的夹角可沿其所在的大圆弧或大圆直径数出其间相隔的度数即可求得。而 A-D、A-C、B-D、B-C 之间的夹角都可以通过旋转使它们处于同一纬线或同一经线上。假如 A、B、C、D 为晶向的极射赤面投影时，则所求得的角度即为晶向间的夹角。

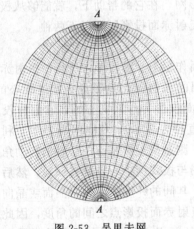

图 2-53　吴里夫网

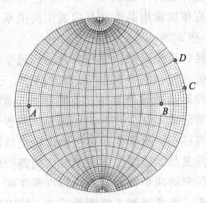

图 2-54　极点间的夹角

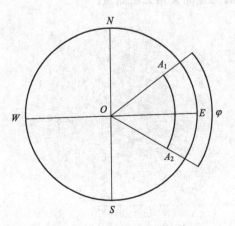

图 2-55　极点绕中心轴转动

② 晶体转动：当晶体绕轴转动时，一般是转动轴的位向已知，要求测出转动一定角度后晶体的新位向，这个问题的实质是在吴氏网的帮助下测量转动角，转动角测量出来了，新的位向也就确定了。在吴氏网上测量转动角是沿着纬线小圆弧或投影基圆的圆周来度量。下面分析几种转动情况。

a.绕投影面的中心轴转动　在这种情况下，转动角沿投影基圆的圆周度量。如图2-55所示，若使极点 A_1 绕中心轴 O 顺时针方向转动 φ 角时，则需将极点 A_1 沿着以 OA_1 为半径的小圆周顺时针转动 φ 角到 A_2，A_2 即为 A_1 转动后的新位置。

b. 绕投影面上的一个轴转动　在这种情况下，转动角沿纬线小圆弧度量。首先转动描绘有极射赤面投影图的透明纸，使转动轴与吴氏网的 SN 轴重合，然后将所有的极点沿着它们各自所在的纬线小圆弧向所要求的方向移动所要转动的角度，即得到转动后极点的新位置。例如，在图 2-56 中，如果要将 A_1、B_1 两个极点绕 SN 轴转动 $60°$ 时，则 A_1 沿其所在的纬线小圆弧移动 $60°$ 到 A_2，而 B_1 沿其所在的纬线小圆弧移动 $40°$ 时便到了投影基圆的边缘。再继续转 $20°$，极点就到了投影背面的 B_1' 处，B_1' 的正面投影位置可以用过球心直径的另一端迹点的极射赤面投影 B_2 点来表示。

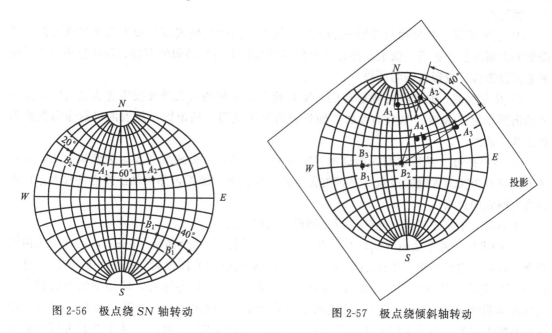

图 2-56　极点绕 SN 轴转动　　　　　　图 2-57　极点绕倾斜轴转动

c. 绕与投影面斜交的轴转动　在图 2-57 中，如果要将极点 A_1 绕 B_1 轴转动 $40°$ 时，需要按以下几个步骤进行：（a）转动描绘有极射赤面投影图的透明纸，使 B_1 落到吴氏网的赤道直径 EW 上；（b）将 B_1 沿赤道直径移到投影面中心 B_2 处，与此同时 A_1 也要沿其所在的纬线小圆弧移动同样的角度到 A_2 处；（c）将 A_2 沿着以 B_2A_2 为半径的小圆周转动 $40°$ 到 A_3 处；（d）将 B_2 移回到原来的位置 B_1 处，同时 A_3 也要沿其所在的纬线小圆弧移动同样的角度到 A_4 处，此 A_4 便是 A_1 绕 B_1 转动 $40°$ 后的新位置。

③ 转换投影面：从极射赤面投影的作图方法知道，投影面本身的极射赤面投影就是投影基圆的圆心。假设要将原投影面上的极射赤面投影转换到另一个新的投影面上去，就是要在吴氏网的帮助下将新投影面的极点转移到投影基圆的中心，同时也将投影面上所有的极射赤面投影都转动同样的角度移到相应的新位置。例如，在图 2-58 中，要将原投影面 O_1 上的极射赤面投影 A_1、B_1、C_1、D_1 转换到另一个新投影面 O_2 上去时，首先需要转动描绘有极射赤而投影图的透明纸，使 O_2 落到吴氏网的赤道直径上，然后沿赤道

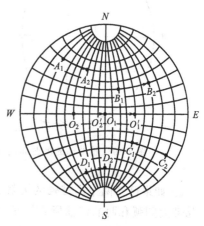

图 2-58　转换投影面

直径将 O_2 移到投影基圆中心，同时将 A_1、B_1、C_1、D_1 各沿它们所在的纬线小圆弧移动同样的角度到相应的新位置 A_2、B_2、C_2、D_2。

2.8.3　晶带的极射赤面投影

根据晶带定义，从投影球心 O 向同晶带内各晶面所作的法线都在过 O 点并与晶带轴垂直的平面上。此平面与投影球面相交的大圆就是该晶带的极式球面投影，称之为晶带大圆。晶带大圆平面的极点就是晶带轴的出露点。根据晶带轴位置的不同，可以把晶带投影分为以下几种情况。

① 水平晶带　晶带轴与投影球的 SN 轴垂直，晶带的极式球面投影为子午线大圆，晶带轴的出露点位于赤道大圆上。晶带的极射赤面投影为投影基圆的直径，晶带轴出露点的极射赤面投影位于投影基圆的圆周上。

② 直立晶带　晶带轴与投影球的 SN 轴重合，晶带的极式球面投影为赤道大圆，晶带轴的出露点为 S 和 N。晶带的极射赤面投影为投影基圆，晶带轴出露点的极射赤面投影为投影基圆的圆心。

③ 倾斜晶带　晶带轴与投影球的 SN 轴斜交，晶带的极式球面投影为倾斜大圆，晶带轴的出露点为倾斜大圆的极点。晶带的极射赤面投影为大圆弧，晶带轴出露点的极射赤面投影为大圆弧的极点。

下面举几个例子来说明晶带极射赤面投影的作图方法。

① 如果已知两个晶面 $(h_1k_1l_1)$ 和 $(h_2k_2l_2)$ 同属于一个晶带 $[uvw]$，则在吴氏网的帮助下可以由它们的极点绘出晶带大圆弧和晶带轴的极射赤面投影。如图 2-59 所示，已知 P_1 和 P_2 为同一晶带中的两个晶面 $(h_1k_1l_1)$ 和 $(h_2k_2l_2)$ 的极点，转动描绘有极射赤面投影的透明纸使 P_1 和 P_2 落到吴氏网的某个大圆弧上，画出这个大圆弧，即为 P_1 和 P_2 所在的晶带大圆弧，沿吴氏网赤道直径向晶带大圆弧的内侧数 90°角的 T 点即为此晶带轴的极射赤面投影。

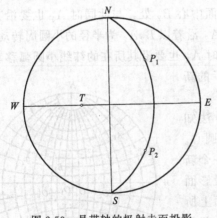
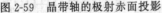

图 2-59　晶带轴的极射赤面投影

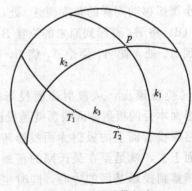

图 2-60　两晶带相交

② 如果已知两个晶带轴的极射赤面投影 T_1 和 T_2，则可以在吴氏网的帮助下画出它们的晶带大圆弧和两晶带轴所在平面的极射赤面投影。并且可以直接度量出两个晶带轴的夹角。如图 2-60 所示，T_1 和 T_2 为已知两个晶带轴的极射赤面投影，转动描绘有极射赤面投

影的透明纸使 T_1 落到吴氏网的赤道直径上，沿赤道直径向投影基圆圆心的另一侧数 90°与某大圆弧相遇，画出此大圆弧即为 T_1 的晶带大圆弧 K_1，用同样的方法可以画出 T_2 的晶带大圆弧 K_2。然后再转动描绘有极射赤面投影的透明纸使 T_1 和 T_2 同时落到吴氏网的某个大圆弧上。在此大圆弧上量出 T_1 和 T_2 间的角度即为两个晶带轴夹角。画出的大圆弧 K_3 即为晶带轴 T_1 和 T_2 所在平面的迹线的极射赤面投影。沿赤道直径从大圆弧 K_3 向内侧数 90°刚好应为两晶带大圆弧 K_1 和 K_2 的交点 P，P 点即为 T_1 和 T_2 所在平面的极射赤面投影。由此可以得出这样一个规律：即两个晶带大圆弧的交点就是这两个晶带轴所在平面的极射赤面投影。

2.8.4　单晶标准投影图

如果把一个单晶体放在投影球的球心，依次使其某些特定晶面与赤道平面重合，然后将其他各个晶面法线投影到赤道平面上，便成了标准投影图。这些特定晶面常采用低指数晶面，立方晶系中如（001）、（110）、（111）、（112）等较常用。单晶标准投影图可用于标定极图织构。

图 2-61 显示了立方晶系的 4 个常用标准投影极图。

在测定晶体取向时，标准投影图是很有用处的。因为它能一目了然地表明晶体中所有重要晶面的相对取向和对称关系。利用标准投影图可以不必经过计算就能定出投影图中所有极点的指数。

在立方晶系中，由于晶面间夹角与晶胞参数无关，因此，所有立方晶系的晶体皆可使用

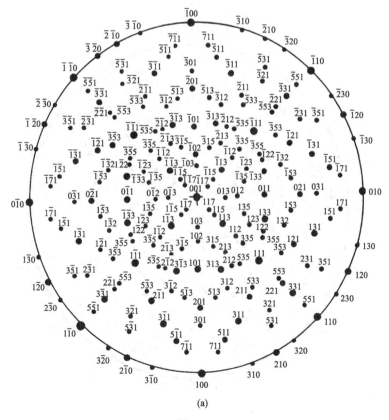

(a)

图 2-61

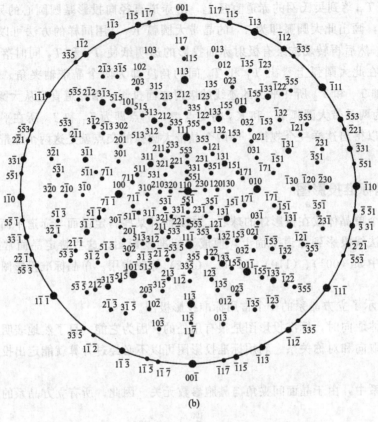

(b)

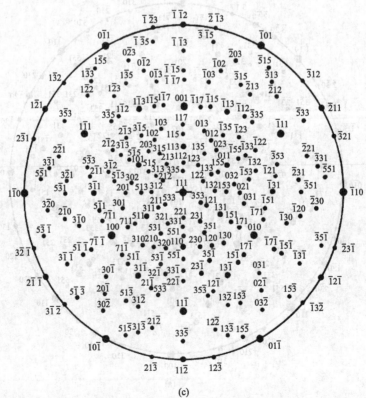

(c)

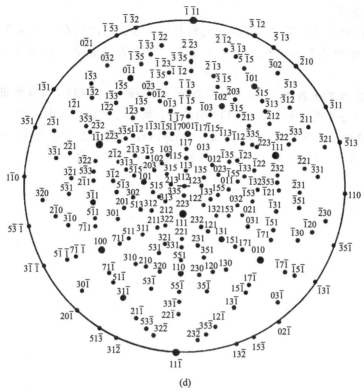

(d)

图 2-61 单晶标准投影极图（立方晶系）

(a)（001）；(b)（110）；(c)（111）；(d)（112）

同一组标准投影图。但对其他晶系，由于晶面间夹角受晶胞参数改变的影响，因此必须对具体的晶体作相应的标准投影图。例如，在六方晶系中，由于晶面间夹角受轴比 c/a 的影响，因此，对不同轴比的晶体即使是指数相同的晶面，它们的夹角也是不相等的。所以每种轴比的晶体都有对应的标准投影图。

在一般的手册中所能找到的标准投影图都是一些低指数的，也是最常用的标准投影图。如果在实际工作中需要用到某些较高指数的晶面作为投影面的标准投影图时，可以利用前面介绍的转换投影面的方法，在已有的低指数标准投影图的基础上绘制出来。

练 习

练习 2-1：请说明晶体点阵与晶体结构的区别。

练习 2-2：什么是晶体，什么是晶胞？什么是晶面，晶向和晶面间距？

练习 2-3：下面是某立方晶系物质的几个晶面，试将它们的面间距从大到小按次序重新排列：$(12\bar{3})$、(100)、(200)、$(\bar{3}11)$、(121)、(111)、$(\bar{2}10)$、(220)、(130)、$(2\bar{2}1)$、(110)。

练习 2-4：证明 $(1\bar{1}0)$、$(1\bar{2}1)$、$(\bar{3}21)$、$(0\bar{1}1)$、$(1\bar{3}2)$ 晶面属于 $[111]$ 晶带。

练习 2-5：判别下列哪些晶面属于 $[\bar{1}11]$ 晶带：$(\bar{1}10)$、$(\bar{2}31)$、(231)、(211)、$(\bar{1}01)$、(133)、$(1\bar{1}2)$、$(1\bar{3}2)$、$(0\bar{1}1)$、(212)。

练习 2-6：什么是晶面和晶面间距？简述晶体点阵与晶体结构的区别，并从 XRD 的角度给晶体作一个定义。

练习 2-7：衍射花样中的衍射斑点（或衍射峰）与晶面之间存在关系吗？如果有关系，请说明如何将晶体中的晶面转化为另一个空间的点并简要说明正空间与倒易空间对应的关系。

练习 2-8：某六方系晶体的 $a=b=2.5\text{nm}$，$c=4\text{nm}$，$\gamma=120°$，请作出其倒易点阵面 a^*b^* 面的倒易点分布图，标出 100、110 倒易点，测量出它们对应的 d 值。

练习 2-9：金刚石是等轴面心结构，$a=0.356\text{nm}$，请绘制出倒易点阵，并用倒易点阵作图法与计算方法求其（110）和（111）面的面网间距及二者夹角 φ。

第3章

X射线衍射几何

利用 X 射线研究晶体结构中的各类问题，主要是通过 X 射线在晶体中产生的衍射现象。当一束 X 射线照射到晶体上时，首先被电子所散射，每个电子都是一个新的辐射波源，向空间辐射出与入射波同频率的电磁波。在一个原子系统中主要是考虑电子间的相互干涉作用，所有电子的散射波都可以近似地看作是由原子中心发出的。因此，可以把晶体中每个原子都看成是一个新的散射波源，它们各自向空间辐射与入射波同频率的电磁波。由于这些散射波之间的干涉作用，使得空间某些方向上的波始终保持互相叠加，于是在这个方向上可以观测到衍射线，而在另一些方向上的波则始终是互相抵消的，于是就没有衍射线产生。所以，X 射线在晶体中的衍射现象，实质上是大量的原子散射波互相干涉的结果。每种晶体所产生的衍射花样都反映出晶体内部的原子分布规律。概括地讲，一个衍射花样的特征，可以认为由两个方面内容组成：一方面是衍射线在空间的分布规律（称之为衍射几何）；另一方面是衍射线束的强度。衍射线的分布规律是由晶胞的大小、形状和位向决定的，而衍射线的强度则取决于原子的品种和它们在晶胞中的位置。为了通过衍射现象来分析晶体内部结构的各种问题，必须在衍射现象与晶体结构之间建立起定性和定量的关系。这是 X 射线衍射理论所要解决的中心问题。这一章所要讨论的内容是衍射线在空间分布的几何规律。

3.1 劳厄方程

3.1.1 一维原子列的衍射

图 3-1 显示了一维原子列的衍射情况。S_0 和 S 方向分别为入射线方向和衍射线方向，假设在垂直入射方向上所有的 X 射线光线是同光程的，则在垂直于散射线方向，相邻两原子在该方向上引起的光程差是：

$$\delta = AC - DB$$

由图 3-1 可知：

$$\delta = AC - DB = a(\cos\alpha - \cos\alpha_0)$$

式中，α_0 为入射 X 射线与原子列的夹角；α 为衍射线与原子列 a 的夹角。

因此，在 N_1、N_2 方向上，散射线加强的条件是：

$$a(\cos\alpha - \cos\alpha_0) = H\lambda \tag{3-1}$$

这就是劳厄方程的第一式。

式中，H 称为劳厄第一干涉指数，可取整数 $0, \pm 1, \pm 2, \pm 3 \cdots\cdots$；$\lambda$ 为 X 射线波长；a 为

原子间距。

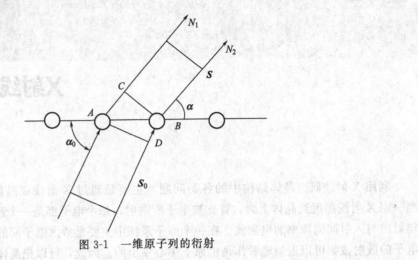

图 3-1　一维原子列的衍射

当 H 为某一特定的整数时，即原子列上相邻原子入射与散射光的光程差为波长的整数倍时，衍射条件满足。

散射光方向由无限多的衍射直线所构成，即满足 H 为某一特定整数的衍射线方向应当是一个圆锥。

即，当 H 取不同的值时，得到多个圆锥（图 3-2）。

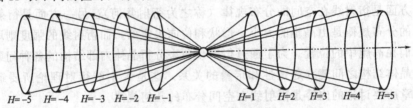

图 3-2　一维原子列的衍射圆锥

X 射线衍射线分布在一个圆锥面上，锥面的顶角为 2α。由于 H 可以取若干个数值，故当单色 X 射线照射原子列时，衍射线分布在一簇同轴圆锥面上，这个轴就是原子列。

可以想象，如果在垂直于原子列的方向放上底片，则应该得到一系列的同心圆，如果底

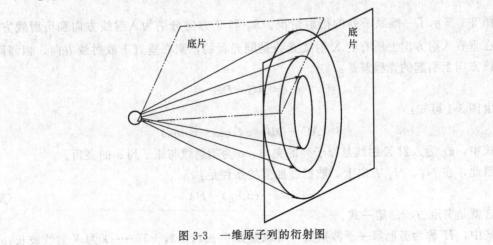

图 3-3　一维原子列的衍射图

片平行原子列，则衍射花样将会是一系列双曲线。

　　若 X 射线垂直于一维点阵入射，即当 $\alpha_0 = 90°$ 时，可得 $a\cos\alpha = H\lambda$。若以圆形底片来接收衍射线，则在底片上得到平行直线（图 3-4）。

3.1.2　二维原子列的衍射

　　若以平行的 X 射线照射到一个二维原子面上（图 3-5），除沿 a 方向上形成衍射圆锥外，在 b 方向上同样形成圆锥。

　　在 b 方向上的衍射方程为：

$$b(\cos\beta - \cos\beta_0) = K\lambda \tag{3-2}$$

　　式中，β_0 是入射 X 射线与原子列 b 的夹角；β 是衍射线与原子列 b 的夹角。

　　这就是劳厄方程的第二式。其中 K 称为第二干涉指数。

　　其中 β_0 是入射 X 射线与原子列 b 的夹角，而 β 是衍射线与原子列 b 的夹角。

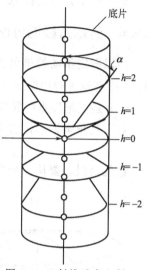

图 3-4　X 射线垂直入射一维原子列的衍射

　　对于二维原子点阵来说，a、b 列分别产生同顶角的圆锥簇，只有衍射圆锥相交线上的方向才能满足：

$$\begin{cases} a(\cos\alpha - \cos\alpha_0) = H\lambda \\ b(\cos\beta - \cos\beta_0) = K\lambda \end{cases} \tag{3-3}$$

　　也就是说，只有衍射锥交线上的方向才能产生衍射。对于二维原子点阵，衍射将不是连续的衍射锥，而是一些不连续的衍射线，这些衍射线就是两簇共原子的衍射锥的相交线。如图 3-5 所示，从 S_0 方向入射 X 射线照射到原子面上时，横向原子列和纵向原子列各自的衍射圆锥有相交线 S，即衍射线。a、b 列原子衍射圆锥的相交的结果如图 3-6 所示，为一些网格线。

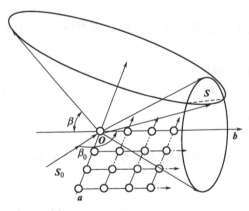

图 3-5　二维衍射圆锥的相交

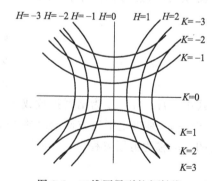

图 3-6　二维原子列的衍射线

3.1.3　三维原子列的衍射

　　对于三维原子阵来说，可以写出劳厄方程的完整式：

$$\begin{cases} a(\cos\alpha - \cos\alpha_0) = H\lambda \\ b(\cos\beta - \cos\beta_0) = K\lambda \\ c(\cos\gamma - \cos\gamma_0) = L\lambda \end{cases} \tag{3-4}$$

式中，γ_0 是入射 X 射线与原子列 c 的夹角；γ 是衍射线与原子列 c 的夹角。

最后一个方程式称为劳厄第三方程式，L 为第三干涉指数。

3.1.4 劳厄方程的讨论

当以固定不动的单色 X 射线照射到一个不动的三维点阵上时，α_0、β_0、γ_0 和 λ 都为常数。3 个劳厄方程中除了 α、β、γ 外，其余各量均为常数，似乎方程组有唯一解，但其实 α、β、γ 是三维阵点的属性，它们受点阵类型的限制，它们之间还有附加的约束条件。

对于直角坐标系，这个条件满足方程式：

$$\cos^2\alpha + \cos^2\beta + \cos^2\gamma = 1 \tag{3-5}$$

这就是说，要从 4 个方程中解出三个未知数，一般是不可能的，这就意味着用单色 X 射线照射不动的单晶体，一般不可能获得衍射。

图 3-7 中可以看出，以 S_0 的方向投射 X 射线到三维晶体上时，3 个衍射圆锥有唯一的共同交点，衍射线的方向就是从原点到相交点所指的方向 S。如果 3 个圆锥没有共同的交点，则没有衍射。

劳厄方程是利用衍射几何原理，利用晶体在三维空间中周期排列的特点推导出来的一组方程。

劳厄方程中只有 3 个未知量，但实质上它包括至少 4 个方程式，因此一般情况下是无解的；这意味着当用单色 X 射线照射不动的单晶体时，一般不可能获得衍射。因此，在著名的劳厄实验中，劳厄采用的是连续波长的 X 射线照射到一个不动的晶体上。这样，波长有一个连续变化的范围，也就是说，波长变成了一个变量，从而实现了衍射。

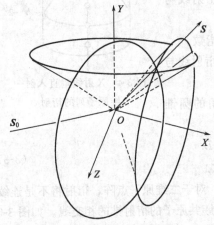

图 3-7 三维晶体的衍射圆锥

设 S_0 为入射方向的单位矢量，S 为衍射方向的单位矢量。劳厄方程也可以写成矢量形式：

$$\begin{cases} a(S - S_0) = H\lambda \\ b(S - S_0) = K\lambda \\ c(S - S_0) = L\lambda \end{cases} \tag{3-6}$$

式中，H、K、L 为衍射指数或干涉指数。

式(3-6)是确定衍射方向的基本公式，它是由德国物理学家劳厄（M. von Laue）最先导出的，故称为劳厄方程。

3.2 布拉格定律

3.2.1 布拉格方程的推导

布拉格定律是应用起来很方便的一种衍射几何规律的表达形式。用布拉格定律描述 X 射线在晶体中的衍射几何时，是把晶体看作由许多平行的原子面堆积而成，把衍射线看作是原子面对入射线的反射。这也就是说，在 X 射线照射到的原子面中，所有原子的散射波在原子面反射方向上的相位是相同的，是干涉加强的方向。

晶体可以看成是由平行的原子面堆垛而成，所以晶体的衍射线也应当是由这些原子面的衍射线叠加而得。

一束平行光（垂直于入射方向同光程）照在一个原子面上之后发生散射，如果在某个散射方向散射束中的任意两支光线仍然是同光程的（或者说入射光经原子面散射后光程差不发生改变），那么，散射光得到加强。

图 3-8 中，一束平行 X 射线照射到原子面上时，由于电子散射的原因，每个原子往空间各个方向散射出与入射光频率相同的散射光 ［图 3-8(a)］。当两束完全平行的光照射到 A、B 原子所在的平面上时，任意两束平行散射光的光程差为：

$$\delta = AD - BC = AB\cos\beta - AB\cos\alpha = AB(\cos\beta - \cos\alpha)$$

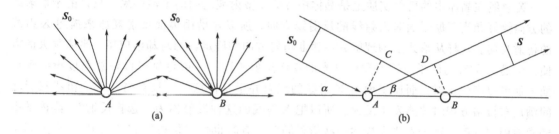

图 3-8　一维原子面的干涉

要使两束散射光相互干涉，必须使 $\alpha = \beta$ 两角相等 ［图 3-8(b)］。这也就是说，原子面上的衍射相当于"反射"。

由于 X 射线的波长短，穿透能力强，它不仅能使晶体表面的原子成为散射光源，而且还能使晶体内部的原子成为散射光源。在这种情况下，应当把衍射线看成是由许多平行原子面反射的反射波振幅叠加的结果。干涉加强的条件是晶体中任意相邻两个原子面上的原子散射波在原子面反射方向的位相差为 2π 的整数倍，或者光程差等于波长的整数倍。

如图 3-9 所示，一束波长为 λ 的平行 X 射线以 θ 角投射到面间距为 d 的一组平行原子面上。从中任选两个相邻原子面 1、2，作原子面的法线与两个原子面相交于 A、D。过 A、D 绘出代表 1 和 2 原子面的入射线和反射线。由图 3-9 可以看出，经 1 和 2 两个原子面反射的反射波光程差为：$\delta = BD + DC = 2d\sin\theta$，则根据干涉加强的条件有：

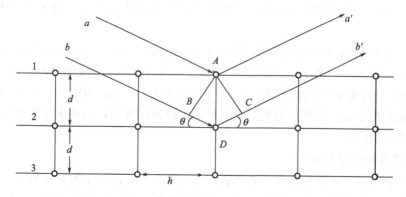

图 3-9　布拉格反射

$$2d\sin\theta = n\lambda \tag{3-7}$$

式中，n 为整数，称为反射级数；θ 为入射线或反射线与反射面的夹角，称为掠射角，由于它等于入射线与衍射线夹角的一半，故又称为半衍射角（或布拉格角），把 2θ 称为衍射角。

这就是 X 射线在晶体中产生衍射必须满足的基本条件，它反映了衍射线方向与晶体结构之间的关系。这个关系式首先由英国物理学家布拉格父子于 1812 年导出，故称为布拉格方程。

3.2.2　布拉格方程的讨论

（1）选择反射

X 射线在晶体中的衍射实质上是晶体中各原子散射波之间的干涉结果。只是由于衍射线的方向恰好相当于原子面对入射线的反射线方向，所以才借用镜面反射规律来描述 X 射线的衍射几何。这样从形式上的理解并不歪曲衍射方向的确定，同时却给应用上带来很大的方便。但是 X 射线的原子面反射和可见光的镜面反射不同。一束可见光以任意角度投射到镜面上都可以产生反射，而原子面对 X 射线的反射并不是任意的。只有当 λ、2θ 和 d 三者之间满足布拉格方程时才能发生反射。所以把 X 射线的这种反射称为"选择反射"。晶体学中经常使用"反射"这个术语来描述一些衍射问题，有时也把"衍射"和"反射"，作为同义语混合使用，但其实质都是说明衍射问题。

（2）产生衍射的极限条件

在晶体中产生衍射的波长是有限度的。在电磁波的宽阔波长范围里，只有在 X 射线波长范围内的电磁波才适合探测晶体结构。这个结论可以从布拉格方程中得出。

由于 $\sin\theta$ 不能大于 1，因此 $\dfrac{n\lambda}{2d}=\sin\theta<1$，即 $n\lambda<2d$。对衍射而言，n 的最小值为 1（$n=0$ 相当于透射方向上的衍射线束，无法观测），所以在任何可观测的衍射角下，产生射的条件为 $\lambda<2d$。这也就是说，能够被晶体衍射的电磁波的波长必须小于参加反射的晶面中最大面间距的 2 倍，否则不会产生衍射现象。但是波长过短导致衍射角过小，使衍射现象难以观测，也不宜使用。因此。常用于 X 射线衍射的波长范围为 0.25～0.05nm。当 X 射线波长一定时，晶体中有可能参加反射的晶面，也是有限的，它们必须满足 $d>\dfrac{\lambda}{2}$，即只有那些晶面间距大于入射 X 射线波长一半的晶面才能发生衍射。可以利用这个关系来判断一定条件下所能出现的衍射线数目的多少。显然，所选用的波长越短，能出现的衍射线数目越多。

例如，一组晶面间距从大到小的顺序为：0.202nm、0.143nm、0.117nm、0.101nm、0.090nm、0.083nm、0.076nm，用波长为 $\lambda_{k\alpha}=0.194$nm 的铁靶照射时，因 $\lambda/2=0.097$nm，能产生衍射的晶面组只有前 4 个。用铜靶进行照射，因 $\lambda/2=0.077$nm，则有 6 个晶面组可能产生衍射。当然，这里只是表示产生衍射的可能，但真正能否产生衍射还要视具体的点阵类型而定。

（3）干涉面和干涉指数

式（3-7）中的 n 表示衍射级数。意思就是说，对于一定面间距的晶面来说，可能生产多级衍射。所谓多级衍射是指对于指定的某一个晶面来说，通过改变掠射角 θ，可以多次满足布拉格公式（n 取不同的值），因此，该衍射面可能会产生多条衍射线。例如，当晶面的面间距为 2nm，X 射线波长为 $\lambda = 0.154$nm（铜靶）时，可能产生 6 条衍射线，各衍射角分别为 17.72°、35.88°、55.03°、76.05°、100.71°、135.04°，相应地，n 的取值分别为 1～6。将 $n=1$ 的衍射称为一级衍射，其他的则称为高级衍射。

为了应用上的方便，经常把布拉格方程中的 n 隐含在 d 中得到简化的布拉格方程。为此，需要引入干涉面和干涉指数的概念。布拉格方程可以改写为 $2 \dfrac{d_{hkl}}{n} \sin\theta = \lambda$，令 $d_{HKL} = \dfrac{d_{hkl}}{n}$，则

$$2 d_{HKL} \sin\theta = \lambda \tag{3-8}$$

这样，就把 n 隐含在 d_{HKL} 之中，布拉格方程变成为永远是一级反射的形式。这也就是说，把（hkl）晶面的 n 级反射看成为与（hkl）晶面平行、面间距为 $d_{HKL} = \dfrac{d_{hkl}}{n}$ 的晶面的一级反射。面间距为 d_{HKL} 的晶面并不一定是晶体中的原子面，而是为了简化布拉格方程所引入的反射面，把这样的反射面称为干涉面（图 3-10）。

图 3-10 显示了以 θ_1 为掠射角时，产生一级衍射，与之相对应的干涉面为原子面，晶面间距为 d_{hkl}；当掠射角增大到 θ_2 时，该晶面产生二级衍射，图中细虚线表示的是二级衍射对应的干涉面，二级衍射的面间距是 d_{hkl} 的一半；当再次改变掠射角为 θ_3 时，产生三级衍射，三级衍射面的面间距为 d_{hkl} 的 1/3，图中用粗虚线表示相对应的干涉面。

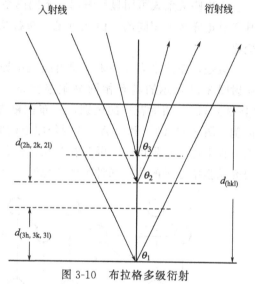

图 3-10　布拉格多级衍射

把干涉面的面指数称为干涉指数，通常用 HKL 来表示。根据晶面指数的定义可以得出干涉指数与晶面指数之间关系为：$H = nh$，$K = nk$，$L = nl$，干涉指数与晶面指数之间的明显差别是干涉指数中有公约数，而晶面指数只能是互质的整数。当干涉指数也互为质数时，它就代表一族真实的晶面。干涉指数是晶面指数的推广，是广义的晶面指数。假如图 3-10 中该晶面的面指数为（112），那么对应二级衍射的面指数即为（224），对应三级衍射的面指数即为（336）。后面的二种指数表示在正空间里是不存在的，因为正空间的密勒指数是互约的整数。然而，这正是倒空间的表示，正如图 2-43 所表示的那样。

晶面指数的衍射面指数之间存在 n 倍数的关系，相应的面间距则存在 n 倍的递减关系，在上面的例子中，1～6 级衍射中，各级衍射的面间距依次为：2.0000nm、1.0000nm、0.6667nm、0.5000nm、0.4000nm、0.3333nm。

（4）衍射花样和晶体结构的关系

从布拉格方程可以看出，在波长一定的情况下，衍射线的方向是晶面间距 d 的函数。如果将各晶系的 d 值式(2-4)～式(2-8)代入布拉格方程式(3-8)，则得：

立方晶系：

$$\sin^2\theta = \frac{\lambda^2}{4a^2}(H^2 + K^2 + L^2) \tag{3-9}$$

正方晶系：

$$\sin^2\theta = \frac{\lambda^2}{4}\left(\frac{H^2 + K^2}{a^2} + \frac{L^2}{c^2}\right) \tag{3-10}$$

斜方晶系：

$$\sin^2\theta = \frac{\lambda^2}{4}\left(\frac{H^2}{a^2} + \frac{K^2}{b^2} + \frac{L^2}{c^2}\right) \tag{3-11}$$

六方晶系：

$$\sin^2\theta = \frac{\lambda^2}{4}\left(\frac{4}{3}\frac{H^2 + HK + K^2}{a^2} + \frac{L^2}{c^2}\right) \tag{3-12}$$

从这些关系式可明显地看出，不同晶系的晶体，或者同一晶系而晶胞大小不同的晶体，其衍射花样是不相同的。由此可见，布拉格方程可以反映出晶体结构中晶胞大小及形状的变化。

但是，布拉格方程并未反映出晶胞中原子的品种和位置。例如，用一定波长的 X 射线照射图 3-11 所示的具有相同晶胞参数的三种晶胞。简单晶胞 [图 3-11(a)] 和体心晶胞 [图 3-11(b)] 衍射花样的区别，从布拉格方程中得不到反映；由单一种类原子构成的体心晶胞 [图 3-11(b)] 和由 A、B 两种原子构成的晶胞 [图 3-11(c)] 衍射花样的区别，从布拉格方程中也得不到反映，因为在布拉格方程中不包含原子种类和坐标的参量。由此看来，在研究晶胞中原子的位置和种类的变化时，除布拉格方程外，还需要有其他的判断依据。

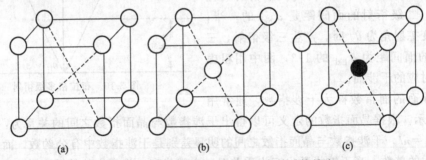

图 3-11　晶胞参数相同的几个立方晶系的晶胞
○—A原子　●—B原子

（5）布拉格方程和劳厄方程的关系

在劳厄方程的基础上，布拉格证明了在晶体中只要能产生衍射，则必定会有一个实际存在的晶体学平面位于入射束和反射束的反射面位置；因此可以将晶体中的衍射问题看作是各原子面的散射能否在反射方向互相加强的问题，由此推导出了著名的布拉格方程。

由布拉格方程可知，如果某一个晶面要产生衍射，则其晶面间距必须大于或者等于 X 射线的半波长，否则连一级衍射都不能产生；反过来，当晶体中的最大晶面间距小于 X 射线的半波长时，整个晶体将不能产生衍射。

另外，在讨论劳厄方程时指出，当一束单色 X 射线照射到一个不动的晶体上时一般不会产生衍射。布拉格方程则明确地指出了要在什么条件下才能产生衍射。

3.3　衍射矢量方程和厄瓦尔德图解

3.3.1　衍射矢量方程

　　X射线在晶体中的衍射，除布拉格方程和劳厄方程外，还可以用衍射矢量方程和厄瓦尔德图解来表达。在描述X射线的衍射几何时，主要是解决两个问题：一是产生衍射的条件，即满足布拉格方程；二是衍射方向，即根据布拉格方程确定衍射角 2θ。现在把这两个方面的条件用一个统一的矢量形式来表达。为此，需要引入衍射矢量的概念。

　　先来看波长为 λ 的X射线照射到单位矢量为 $\boldsymbol{a}$、$\boldsymbol{b}$、$\boldsymbol{c}$ 的晶体时，看它在什么条件下能产生衍射。

　　图3-12中 $\boldsymbol{S}_0$ 为入射线方向的单位矢量；$\boldsymbol{S}$ 是衍射线方向的单位矢量；O 是晶体中的一个原子，可以取作原点；A 则为晶体中除 O 以外的任一原子；OA 表示原子 A 所在位置处的位矢。

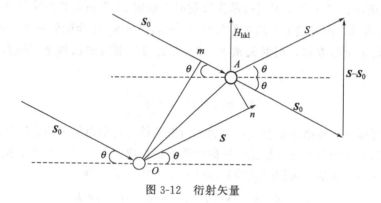

图 3-12　衍射矢量

　　在衍射方向两支光线的波程差可以表示为：
$$\delta = On - Am = \boldsymbol{OA} \cdot \boldsymbol{S} - \boldsymbol{OA} \cdot \boldsymbol{S}_0 = \boldsymbol{OA} \cdot (\boldsymbol{S} - \boldsymbol{S}_0)$$
相应的周相差为：
$$\phi = \frac{2\pi}{\lambda}\delta = 2\pi \frac{(\boldsymbol{S} - \boldsymbol{S}_0)}{\lambda} \cdot \boldsymbol{OA}$$
式中，$\boldsymbol{OA}$ 为正空间中原子 A 的位矢，所以可以将其表示为：
$$\boldsymbol{OA} = p\boldsymbol{a} + q\boldsymbol{b} + r\boldsymbol{c}$$
式中，p、q、r 均为整数。

　　如果这时将 $\dfrac{\boldsymbol{S} - \boldsymbol{S}_0}{\lambda}$ 表示成倒易空间中的一个矢量，就可以将X射线衍射条件同正、倒空间点阵同时联系起来。将其写成倒空间的矢量形式就有：
$$\frac{\boldsymbol{S} - \boldsymbol{S}_0}{\lambda} = h\boldsymbol{a}^* + k\boldsymbol{b}^* + l\boldsymbol{c}^*$$
式中，h、k、l 暂时为任意值。

　　这时的周相差可以表示为：
$$\phi = 2\pi \frac{(\boldsymbol{S} - \boldsymbol{S}_0)}{\lambda} \cdot \boldsymbol{OA} = 2\pi(h\boldsymbol{a}^* + k\boldsymbol{b}^* + l\boldsymbol{c}^*) \cdot (p\boldsymbol{a} + q\boldsymbol{b} + r\boldsymbol{c}) = 2\pi(hp + kq + lr)$$

只有当周相差为 2π 的整数倍时，衍射束才能加强，因此（$hp+kq+lr$）必须为一整数才能产生衍射。

由于 A 是晶体中的某一个原子，而要产生衍射实际上要求晶体中的任意一个原子与原点处的原子周相差都应该是 2π 的整数倍，所以要求（$hp+kq+lr$）中的 p、q、r 在取遍所有整数时，（$hp+kq+lr$）等于整数都能成立，因此 h、k、l 必定同时为整数。

由以上分析可知，产生衍射的必要条件是：

矢量 $\dfrac{S-S_0}{\lambda}$ 等于倒易矢量中代表某一晶面的倒易矢量。即：

$$\frac{S-S_0}{\lambda}=r^*=(ha^*+kb^*+lc^*)=H_{hkl} \tag{3-13}$$

此式称为 X 射线衍射的矢量方程。

3.3.2 衍射方向三种表示方法之间的联系

如图 3-12 所示，当一束 X 射线被晶面反射时，假定 N 为晶面的法线方向，入射线方向用单位矢量 S_0 表示，衍射线方向用单位矢量 S 表示，$S-S_0$ 称为衍射矢量。从图 3-12 可以看出，只要满足布拉格方程，衍射矢量 $S-S_0$ 必定与反射面的法线 N 平行，而它的绝对值为：

$$|S-S_0|=2\sin\theta=\frac{\lambda}{d_{HKL}} \tag{3-14}$$

这样，又可以把布拉格定律说成：当满足衍射条件时，衍射矢量的方向就是反射晶面的法线方向，衍射矢量的长度与反射晶面族面间距的倒数成比例，而 λ 相当于比例系数。

若将衍射矢量方程的两边同时点乘晶体的三个点阵矢量，得：

$$a \cdot (S-S_0)/\lambda=a(ha^*+kb^*+lc^*)=h$$
$$b \cdot (S-S_0)/\lambda=b(ha^*+kb^*+lc^*)=k$$
$$c \cdot (S-S_0)/\lambda=c(ha^*+kb^*+lc^*)=l$$

直接可以写成：

$$a(\cos\alpha-\cos\alpha_0)=H\lambda$$
$$b(\cos\beta-\cos\beta_0)=K\lambda$$
$$c(\cos\gamma-\cos\gamma_0)=L\lambda$$

由此可见，衍射矢量方程通过一个矢量方程既表示了布拉格方程，也表示了劳厄方程。

3.3.3 衍射矢量方程的图解法

衍射矢量方程可以表示为图 3-13 所示的衍射矢量三角形。因为 S、S_0 都是单位矢量，$\dfrac{S}{\lambda}$ 和 $\dfrac{S_0}{\lambda}$ 的长度均为 $\dfrac{1}{\lambda}$。若固定 $\dfrac{S_0}{\lambda}$ 不动，而改变 $\dfrac{S}{\lambda}$ 的方向，可以得到不同的等腰三角形。即入射方向不变的情况下，改变衍射角的时候，对应着不同倒易点阵的衍射。

现在以 $\dfrac{1}{\lambda}$ 为半径作一个球（图 3-14）。

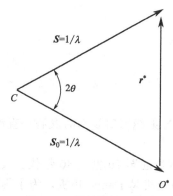

图 3-13 衍射矢量三角形

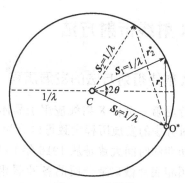

图 3-14 反射球

固定公共边 $\dfrac{\boldsymbol{S}_0}{\lambda}$，以 C 为球心，在球面上作等腰矢量三角形。其中，公有矢量 $\dfrac{\boldsymbol{S}_0}{\lambda}$ 的起端为各等腰三角形顶角的公共顶点，末端为各三角形中一个底角的公共顶点 O^* 是倒易点阵的原点。而各三角形的另一些底角的顶点为满足衍射条件的倒易阵点。由一般的几何概念可知，腰相等的等腰三角形其两腰所夹的角顶点为公共点时，则两个底角的角顶点必定都位于以两腰所夹的角顶点为中心，以腰长为半径的球面上。由此可见，满足布拉格条件的那些倒易阵点一定位于以等腰矢量所夹的公共角顶点为中心，以 $\dfrac{1}{\lambda}$ 为半径的球面上。根据这样的原理，厄瓦尔德提出了倒易点阵中衍射条件的图解法，称为厄瓦尔德图解。

其作图方法如图 3-15 所示，沿入射线方向作长度为 $\dfrac{1}{\lambda}$（倒易阵点周期与 $\dfrac{1}{\lambda}$ 采用同一比例尺度）的矢量 $\dfrac{\boldsymbol{S}_0}{\lambda}$，并使该矢量的末端落在倒易点阵的原点 O^*。以矢量 $\dfrac{\boldsymbol{S}_0}{\lambda}$ 的起端 C 为中心，以 $\dfrac{1}{\lambda}$ 为半径画一个球称为反射球，凡是与反射球面相交的倒易阵点都能满足衍射条件而产生衍射。由反射球面上的倒易阵点与倒易点阵原点、反射球中心可连接成衍射矢量三角形。$\boldsymbol{r}^*$ 的方向即为衍射方向，长度为衍射面的面间距倒数。由此可见，厄瓦尔德图解法可以同时表达产生衍射的条件和衍射线的方向。

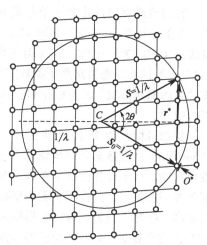

图 3-15 厄瓦尔德图解

厄瓦尔德图解、布拉格方程和劳厄方程是描述 X 射线衍射几何的等效表达方法。由其中任何一种表达式都可以推导出另外两种表达式。由倒易点阵中的衍射矢量方程最容易看出这种一致性。衍射矢量方程实际上是布拉格方程的矢量表达形式。将衍射矢量方程分别乘以点阵基矢量 $\boldsymbol{a}$、$\boldsymbol{b}$、$\boldsymbol{c}$ 便可得劳厄方程。

在这三种表达方法中，布拉格方程和厄瓦尔德图解更具有实用价值。当进行衍射几何分析时，利用厄瓦尔德图解法，既简单又直观，比较方便。但是，如果需要进行定量的数学运算时，则必须利用布拉格方程。

3.4　X射线衍射方法

3.4.1　X射线衍射方法的发展历程

自从劳厄第一次将X射线应用于晶体衍射以来，X射线衍射技术的发展一直没有停止。X射线衍射方法的发展历程大致可以分为3个时期。

发展初期的时间大致是从1916年Debye等提出方法起至20世纪40年代。其特征实验技术是以照相底片做记录介质的各种照相机。最初的相机是Debye相机，为了提高入射光的利用率，Seemann和Bohlin发展了利用发散光的聚焦相机，其目的主要是用来解析晶体结构。聚焦相机曾成功地测定了一些元素单质（如金属、石墨、金刚石等）的晶体结构及一些简单化合物（如LiF等）的晶体结构。

发展中期的时间大约是从20世纪40年代后期至70年代后期。其标志是用计数器作为X射线探测器的衍射仪取代了用底片的照相机成为主要的实验仪器。最早使用的计数器是盖格计数器，以后为正比计数器及闪烁计数器所取代。闪烁计数器因其时间分辨率可达10^{-6}s，计数线性范围大、容易维护、寿命长而被广泛使用，至今仍为重要的探测器。由于X射线衍射谱质量的提高，特别衍射强度准确性的提高，使物相定量分析在这一时期得到了较快的发展。主要有：内标法，参考强度比法（国内常称之为K值法），基体冲洗法和不用标样的无标法。

我国曾经制定过几个用于金属材料定量相分析的国家标准，如：《金属材料定量相分析　X射线衍射K值法》（GB 5225—1985）；《高速钢中碳化物相的定量分析　X射线衍射仪法》（GB 8359—1987）；《钢中残余奥氏体定量测定　X射线衍射仪法》（GB 8362—1987）。我国在精密测定晶胞参数方面也有许多工作，也曾经制定过一个国家标准：《金属点阵常数的测定方法　X射线衍射仪法》（GB 8360—1987）。这些标准在后期一直都得到了修正和应用。

从20世纪70年代后期至今，以计算机应用于X射线多晶体衍射、全谱拟合法（Rietveld）处理数据及同步辐射X射线衍射技术的应用为标志，称为近代或现代衍射方法发展时期。由于计算机技术在X射线多晶体衍射方面的应用，大大促进了X射线多晶体衍射各方面的发展。其作用主要表现在：①与衍射仪结合，使衍射仪的调试，操作的自动化程度更高。②建立数据库与做数据检索，如粉末衍射卡片集powder diffraction file（PDF）已转变为数字数据库并有了相应的检索匹配程序，使物相定性分析自动化等。③数据处理，如光滑、寻峰、扣本底、求出积分强度和半峰宽及分峰等；更重要的是对实验得到的物理量做进一步处理，如傅里叶变换、衍射线形的反卷积的研究、衍射图的指标化和晶胞参数的精修、全谱拟合作晶体结构的精修及晶体结构的从头测定等。

虽然很多衍射方法已经被现代方法所取代，但是，了解其发展过程和实验方法的研究，对于我们全面了解衍射实验技术的发展非常重要。下面分单晶衍射方法和多晶衍射方法（也称粉末法）两个方面分别进行介绍。

3.4.2　单晶衍射方法

根据衍射对象的不同，可以将衍射方法分为单晶衍射和粉末衍射（多晶衍射）。

　　所谓单晶衍射是指被分析试样是一粒单晶体。从产生衍射的条件可以看出，并不是随便把一个晶体置于 X 射线照射下都能产生衍射现象。例如，一束单色 X 射线照射一个固定不动的单晶体，就不一定能产生衍射现象。因为在这种情况下，反射球面完全有可能不与倒易阵点相交。因此，在设计实验方法时，一定要保证反射球面能有充分的机会与倒易阵点相交，方能产生衍射现象。解决这个问题的办法是使反射球面扫过某些倒易阵点，这样，反射球永远有机会与倒易阵点相交而产生衍射。要做到这一点，就必须使反射球或晶体其中之一处于运动状态或者相当于运动状态。符合这样条件的实验方案有以下几种。

　　（1）劳厄法

　　用多色（连续）X 射线照射固定不动的单晶体。在衍射实验中，X 射线管是固定不动的，因此入射线方向也是不动的，即反射球是不动的。但是，由于连续 X 射线有一定的波长范围，因此就有一系列与之相对应的反射球连续分布在一定的区域，凡是落到这个区域内的倒易阵点都满足衍射条件。所以，这种情况也就相当于反射球在一定范围内运动，从而使反射球永远有机会与某些倒易阵点相交。这种实验方法称为劳厄法。

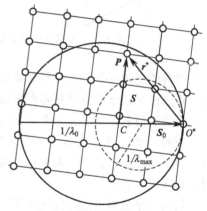

　　图 3-16 中，X 射线连续谱波长处于短波限和由窗口吸收而决定的最大波长之间。入射线方向为 CO^*，通过倒易点阵的原点 O^*，作两个半径分别为 $1/\lambda_0$ 和 $1/\lambda_{\max}$ 的反射球。则处于两球包围区域的球面和球内任何一个倒易阵点 P 都可以产生衍射。

　　对于其中任一个阵点：

$$\frac{S-S_0}{\lambda}=r^*$$

图 3-16　劳厄法的衍射区域

　　式中，$1/\lambda_0 \leq \lambda \leq 1/\lambda_{\max}$。将上面的公式改写成：

$$S-S_0=\lambda r^*$$

　　每一个倒易阵点变成一个线段（波长为一个连续变化量）。此时，反射球只有 1 个，半径为 1。反射球与任一阵点线段相交时就能产生衍射。所以，在劳厄法中，衍射斑点不是圆点，而是有一定长度的线段（图 3-17）。

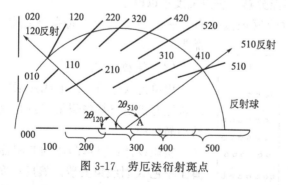

图 3-17　劳厄法衍射斑点

　　为获得高的强度，一般选用原子序数大的钨（$Z=74$）靶为辐射源，工作电压 30～70kV。样品采用单晶体。透射法要求样品吸收系数小。劳厄法的实验装置如图 3-18 所示。入射 X 射线穿过背射底片照射到单晶试样上，在透射方向和背射方向设置两张照相底片，并在两张底片上留下衍射斑点。

对于劳厄法，同一晶带的倒易阵点线段构成一个过原点的阵点线段平面。这个平面与反射球相交，形成一个圆。

从反射球心向这个交截圆连线，形成一个晶带的衍射圆锥。衍射圆锥的轴即为晶带轴。入射线是晶带圆锥的一条母线。由于底片垂直入射线而不垂直于晶带轴，因此，在底片上得到的是过底片中心的椭圆，见图3-19。

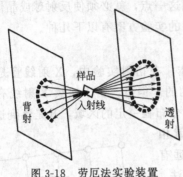

图 3-18　劳厄法实验装置

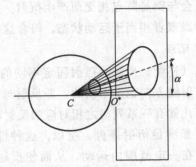

图 3-19　晶带衍射示意（透射法）

背射劳厄斑点分布在一些双曲线上，每条双曲线上的斑点都属于同一晶带。同一晶带的倒易阵点位于过原点的倒易阵点平面上。

在劳厄衍射花样中，一个晶面的多级衍射互相重合形成一个斑点。

例如，100、200、300……在劳厄相上只能得到一个斑点。这是因为一级衍射是由波长为λ的辐射形成，二级衍射由λ/2的辐射组成。面间距d和波长λ同时做相应的改变，其结果θ角并不改变。

任何一个衍射斑点的位置都不会因为面间距d的改变而所有变动。两种取向和结构相同，但晶胞参数不同的晶体，形成的劳厄衍射花样相同。

底片上各个斑点的位置，均由晶体对入射光束的取向决定。若晶体受到过某种方式的弯曲或扭转，则各个斑点即将发生畸变并且消失。因此，劳厄法主要有两个用途：测晶体的取向，评定晶体的完整性。

因此，劳厄法的优点是可以用于测定晶体的取向和对称性，分析起来比较简单；缺点是衍射花样中反射级不能分辨；斑点强度难以确定。

同样的道理，背射劳厄斑点分布在一些双曲线上，每条双曲线上的斑点都属于同一晶带。

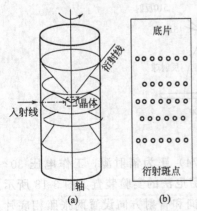

图 3-20　转动晶体法实验装置

（2）**转动晶体法**

用单色（标识）X射线照射转动的单晶体，使反射球永远有机会与某些倒易阵点相交。这种衍射方法称为转动晶体法。

实验设计：将单晶体的某根晶轴或某个重要晶向垂直于单色X射线束安装。然后，在单晶体的四周安装一张圈成圆柱形的底片。晶体可围绕选定的方向旋转；旋转轴则与底片相重合。当晶体旋转时，某族特殊的点阵面，将会在某一瞬间和单色入射光束呈正确的布拉格角，产生一根反射线［图3-20（a）］。

以晶体某一经过测定的点阵直线作为旋转轴，入射 X 射线与之相垂直。晶体在旋转过程中，对应这一直线（原子列）的入射角总为直角，其他两个入射角虽不断变化，但它们之间总存在确定的关系，结合劳厄方程，实际上只为方程提供了一个新变量，故方程也会有确定的解（图 3-21）。

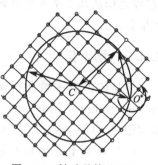

图 3-21　转动晶体法原理

将底片摊平时，这些斑点便出现于底片上的一些水平线上〔图 3-20(b)〕。因为晶体仅绕一根轴而旋转，对于任一组阵点面来说，布拉格角不可能取 0°～90°间的一切可能数值。从而使晶体中的各组点阵面，并不都有产生衍射的机会。

另一种方法是使晶体不动，入射方向旋转：固定晶体（固定倒易晶格），入射方向围绕 O 转动（即转动 Ewald 球），接触到 Ewald 球面的倒易点代表的晶面均产生衍射（同转动晶体完全等效）。但与 O 间距＞$2/\lambda$ 的倒易点，无论如何转动都不能与球面接触，即 $d_{hkl} < \dfrac{\lambda}{2}$ 的晶面不可能发生衍射。

（3）单晶衍射仪

简单的转晶法不可能获得用于单晶结构解析和精修的晶体全部衍射斑点，因此，需要采用改变晶体方向和改变入射方向相结合的方法。图 3-22 为早期配备零维探测器的四圆单晶衍射仪的结构示意图。样品为单晶体颗粒，以单色 X 射线照射到单晶体上通过 φ 圆、χ 圆和 ω 圆转动晶体，以获得晶体各个方向的衍射。图中 φ 圆：围绕安置晶体的轴旋转的圆；χ 圆：安装测角头的垂直圆，测角头可在此圆上运动；ω 圆：使垂直圆绕垂直轴转动的圆，即晶体绕垂直轴转动的圆；2θ 圆：衍射角圆。

如图 3-23 所示，近年来，在原有的四圆衍射仪中将 χ 圆改为 κ 圆，这样在不降低样品取向自由度的前提下，衍射仪平台有着更宽广的 X 射线衍射通过区域，从而更加适用于高效率的二维探测器法快速收集衍射数据，极大地缩短了单晶衍射测试时间。配备零维探测器的四圆衍射仪收集一套常规单晶衍射数据的时间常常需要几天，而使用配备最新 X 光子直读二维探测器的四圆 κ 衍射仪所需时间将缩短到几十分钟，甚至几分钟。

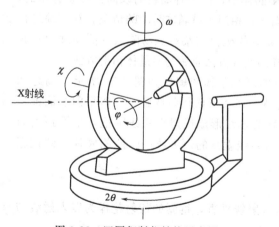

图 3-22　四圆衍射仪结构示意图

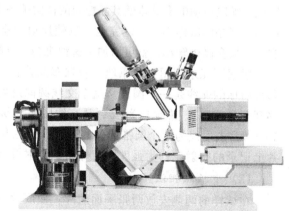

图 3-23　Rigaku XtaLAB Synergy R 型单晶衍射仪

单晶衍射的主要用途是测定未知的晶体结构。现代单晶衍射仪采用先进的二维探测器

（接收面积从几千平方毫米到几万平方毫米不等）技术，并且有多种晶体结构解析软件与之相配套。

3.4.3 粉末法

多晶体衍射中被分析试样是一堆细小的单晶体（粉末）。X射线多晶体衍射（X-ray Polycrystalline diffraction）也称 X射线粉末衍射（X-ray Powder diffraction），是由德国科学家德拜（Debye）、谢乐（Scherrer）在1916年提出的。

（1）粉末多晶体的倒易点阵

一个粉末多晶体试样是由许许多多微小的晶粒组成，各晶粒的取向是任意分布的，我们假定每个粉末颗粒就是一个小晶体。对某（HKL）晶面而言，在各晶粒中都能找到与之相同的晶面，但是它们的取向却是任意分布的。用倒易点阵的概念来讲，这些晶面的倒易矢量分布在倒易空间的各个方向。由于等同晶面族 {hkl} 的面间距相等，所以，等同晶面族的倒易阵点都分布在以倒易点阵原点为中心的同心球面上。图 3-24 中，由于 a、b 晶粒在样品中的取向不同，它们某个（HKL）晶面的倒易矢量具有"长度相同，取向不同"的关系。样品中所有晶粒的某（HKL）晶面的倒易矢量分布于半径为 r^* 的球面上。如果样品中晶粒数量较少，则在球面上会零星地分布着若干个倒易阵点。而实际上，多晶试样中晶粒的数目是足够多的。一个 $10mm \times 10mm \times 2mm$ 大小的试样槽中可以容纳 $1\mu m$ 大小的颗粒数

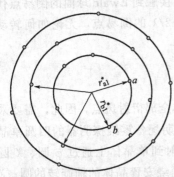

图 3-24　粉末样品的倒易球

约为 2×10^{11} 个。因此，可以认为这些晶面的倒易阵点是均匀地布满在半径为 r^* 的球面上，通常把这个球面称为倒易阵点球面，简称为倒易球。

不同指数的晶面由于面间距不同，而形成半径不同的倒易球。面间距越大的晶面，对应的倒易球半径越小。

（2）粉末衍射原理

用单色（标识）X射线照射多晶体试样。在多晶体中，由于各晶粒的取向是任意分布的，因此，固定不动的多晶体就其晶粒间的位向关系而言，相当于单晶体转动的情况。在实验过程中尽管多晶体试样不动，也完全可以使反射球有充分的机会与某些倒易阵点（倒易球面）相交，如果多晶体转动，就更增加了这种机会。这样的实验方法总称为多晶体衍射方法。

根据厄瓦尔德图解的原理，粉末多晶体衍射的厄瓦尔德图解应如图 3-25 所示。倒易球与反射球的交线是一个圆，从这个交线圆向反射球心连线形成衍射线圆锥（将衍射线圆锥平移到倒易球心），锥顶角为 4θ；从交线圆向倒易球心连线形成反射面法线圆锥，半锥顶角为 $90° - \theta$，入射线为两个圆锥的公共轴。如果在与入射线垂直的位置放一张照相底片，则在底片上记录的衍射花样为强度均匀分布的衍射圆环。

（3）平板照相法

在试样的两侧安放两张平面底片，使底片与入射线垂直，得到的衍射花样为以入射线与底片交点为中心的同心圆，称为衍射圆环（图 3-26）。

衍射角 $2\theta < 90°$ 的衍射范围称为前反射区，衍射角 $2\theta > 90°$ 的衍射范围称为背反射区。衍射角 $60° < 2\theta < 120°$ 的范围由于衍射圆环大于底片尺寸，衍射线不能与底片相交。

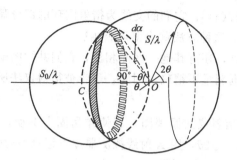

图 3-25　粉末多晶体衍射的厄瓦尔德图解

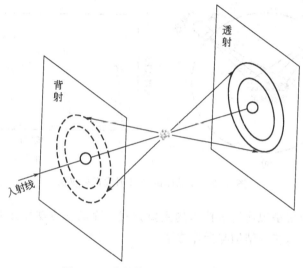

图 3-26　多晶体试样的平板照相法

（4）德拜照相法

用一张长条底片将它卷成圆筒形状，把试样安装在圆筒底片的轴心上，所以衍射圆锥都

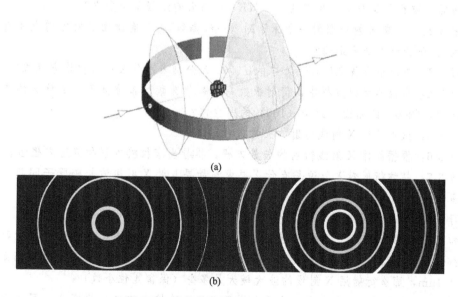

(a)

(b)

图 3-27　多晶体试样的德拜照相法示意图

有可能与底片相交［图3-27(a)］，它们的交线为衍射圆环的部分弧段。将底片展开放平即得到衍射花样［图3-27(b)］。这种方法称为德拜照相法。

除了以上的实验方法外，还有其他一些照相法，它们共同的缺点是收集数据的时间达到几小时甚至几十小时。数据测量不精确，因此，逐步被衍射仪法所替代。

（5）衍射仪法

图3-28(a)是X射线衍射仪的原理图。若使样品固定不动，X射线管和计数器作相向运动，以很小的步长逐个改变2θ，用X射线探测器逐点记录衍射强度，则得到以2θ为横坐标，衍射强度为纵坐标的衍射花样［图3-28(b)］。

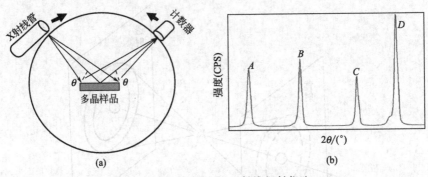

图3-28 多晶体试样X射线衍射仪法

粉末X射线衍射仪是现代衍射技术的主要方式，而其他方法已逐步淘汰。第5章将详细介绍粉末X射线衍射仪的结构与操作方法。

练 习

练习3-1：什么叫干涉面？当波长为λ的X射线照射到晶体上发生衍射，相邻两个(hkl)晶面的波程差是多少？相邻两个(HKL)晶面的波程差是多少？

练习3-2："一束X射线照射一个原子列（一维晶体），只有镜面反射方向上才有可能产生衍射线"，此种说法是否正确？

练习3-3：布拉格方程$2d\sin\theta=\lambda$中的d、θ、λ分别表示什么？布拉格方程式有何用途？

练习3-4：布拉格衍射方程中，衍射级数一定是什么数？布拉格角θ是什么的夹角？在立方晶体中，(200)的晶面间距是(100)的多少倍？

练习3-5：试推导出X射线衍射的矢量方程。

练习3-6：根据晶体X射线衍射的矢量方程，推导出布拉格方程和劳厄方程组。

练习3-7：晶体衍射对入射波长有什么要求？如果入射X射线波长较原子间距长得多或者短得多，将会产生什么问题？

练习3-8：小李在分析某单相样品的数据时发现：衍射谱中出现了(111)、(222)、(511)和(444)的衍射峰。为什么会有(222)和(444)衍射峰存在？而没有看到(333)衍射峰？(111)、(222)、(444)衍射峰的面间距有什么关系？若该物相属于立方晶系，晶胞参数为0.4nm，那么衍射用X射线的波大最大是多少（保留4位小数）？

练习3-9：见下图，对于立方晶体粉末样品来说，请按由内到外的顺序，写出三个倒易球对应的衍射面指数；该晶体的晶胞参数是多少？若某晶面的一级衍射线的衍射角为 60°，那么其二级衍射峰的衍射角是多少？在不考虑消光的情况下，如果要测量（100）晶面的 4 级衍射峰，那么，波长不得大于多少 nm（保留 4 位小数）？

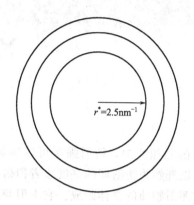

练习 3-10：衍射几何的表示方式有哪几种？请说明它们的优缺点及实际的用途。晶体衍射对入射波长有什么要求？如果入射 X 射线波长较原子间距长得多或者短得多，将会产生什么问题？

练习 3-11：解释下列名词：①衍射矢量；②Ewald 球；③倒易球。

练习 3-12：X 射线束照射晶体样品时，为保证产生衍射现象，有哪几种基本的衍射实验方法？用厄瓦尔德作图法表示出来。

练习 3-13：在布拉格公式中，由于 $\sin\theta \leqslant 1$，所以，只有当面间距大于半波长的晶面才可能产生衍射。请用厄瓦尔德作图法解释。

第4章

X射线衍射强度

在单晶衍射或者多晶衍射的照相法中，衍射强度可以理解为衍射斑点或衍射圆环的亮度；而在粉末衍射仪法中，可以理解为衍射峰的亮度或者衍射峰的面积。一个物相某个衍射峰的衍射强度实际上反映了被照射物质的晶体组成。它不但与晶胞的大小有关，而且与晶体中原子的种类、数量以及原子所处的位置相关。

衍射强度不但与被照射的物质相关，还与具体的实验方法有关。需要从电子散射开始，到单胞的散射，再到小晶体的散射，最后，得到粉末衍射的强度。本章的学习任务是通过公式的推导，了解公式中各个参数的意义，并最终运用这个公式来解决实际问题。

4.1　一个电子对 X 射线的散射

在图 4-1 中，假定一束 X 射线沿 OX 方向传播，在 O 点处碰到一个自由电子。这个电子在 X 射线电场的作用下产生强迫振动，振动频率与原 X 射线的振动频率相同。从经典电动力学的观点来讲，即电子获得一定的加速度，它将向空间各方向辐射与原 X 射线同频率的电磁波。

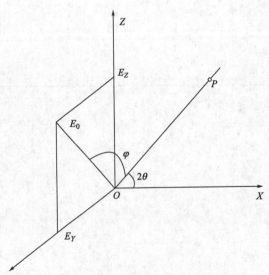

图 4-1　单个电子对 X 射线的散射

现在来讨论 P 点的散射强度。令观测点 P 到电子 O 的距离 $OP=R$，原 X 射线的传播

方向 OX 与散射线方向 OP 之间的散射角为 2θ。为了讨论问题方便起见，在引入坐标系时，取 O 为坐标原点，并使 Z 轴与 OP、OX 共面，即 P 点在 OXZ 平面上。由于原 X 射线的电场 E_0 垂直 X 射线的传播方向，所以，E_0 应分布在 OYZ 平面上。电子在 E_0 的作用下所获得的加速度应为 $a=\dfrac{eE_0}{m}$。P 点的电磁波场强 E_e 为：

$$E_e=\frac{ea}{c^2R}\sin\varphi=\frac{e^2E_0}{mc^2R}\sin\varphi \tag{4-1}$$

式中，e 为电子的电荷；m 为电子的质量；c 为光速；φ 为散射线方向与 E_0 之间的夹角；R 为坐标原点 O 到空间 P 点之间的距离。

由于辐射强度与电场的平方成比例，因此，P 点的辐射强度 I_P 与原 X 射线强度 I_0 的比为：

$$\frac{I_P}{I_0}=\frac{E_e^2}{E_0^2}=\frac{e^4}{m^2c^4R^2}\sin^2\varphi$$

所以：

$$I_P=I_0\frac{e^4}{m^2c^4R^2}\sin^2\varphi \tag{4-2}$$

通常情况下，X 射线到达晶体之前是没有经过偏振的，其电场矢量可以在垂直于 OX 方向的平面（OYZ 平面）上指向任意方向，但不论其方向如何总可以分解为沿 Y 方向的分量 E_Y 和沿 Z 方向的分量 E_Z。由于 E_0 在各方向上的概率相等，故：$E_Y=E_Z$，$E_0^2=E_Y^2+E_Z^2=2E_Y^2=2E_Z^2$；或者 $I_0=I_Y+I_Z=2I_Y=2I_Z$，即 $I_Y=I_Z=\dfrac{1}{2}I_0$。

在 P 点的散射强度 $I_P=I_{PY}+I_{PZ}$，其中：

$$I_{PY}=I_Y\frac{e^4}{m^2c^4R^2}\sin^2\varphi_Y \tag{4-3}$$

$$I_{PZ}=I_Z\frac{e^4}{m^2c^4R^2}\sin^2\varphi_Z \tag{4-4}$$

从图 4-1 可以看出，$\varphi_Y=\dfrac{\pi}{2}$，$\varphi_Z=\dfrac{\pi}{2}-2\theta$，将 φ 值代入式(4-3)和式(4-4)可以得到：

$$I_{PY}=\frac{1}{2}I_0\frac{e^4}{m^2c^4R^2}$$

$$I_{PZ}=\frac{1}{2}I_0\frac{e^4}{m^2c^4R^2}\cos^22\theta$$

$$I_P=I_0\frac{e^4}{m^2c^4R^2}\frac{1+\cos^22\theta}{2} \tag{4-5}$$

这个公式称为汤姆孙（Thomson.J.J）公式。它表明一束非偏振的入射 X 射线经过电子散射后，其散射强度在空间各个方向上是不相同的。沿原 X 射线传播方向上的散射强度（当 $2\theta=0$ 或 $2\theta=\pi$ 时）比垂直原 X 射线方向的强度（当 $2\theta=\pi/2$ 时）大 1 倍。这说明，一束非偏振的 X 射线经电子散射后，散射线被偏振化了。偏振化的程度取决于散射角 2θ 的大小，所以把 $\dfrac{1+\cos^22\theta}{2}$ 项称为偏振因子。

一个电子对 X 射线的散射强度是 X 射线散射强度的自然单位，以后所有对衍射强度的定量处理都是在此基础上进行的。当电子散射强度作为衍射强度的自然单位时，主要是考虑电子本身的散射本领，即单位立体角所对应的散射能量。所以有时将式(4-5)写成：

$$I_P = I_0 \frac{e^4}{m^2 c^4} \frac{1+\cos^2 2\theta}{2} \tag{4-6}$$

4.2　一个原子对 X 射线的散射

4.2.1　原子散射因子

当一束 X 射线与一个原子相遇时，既可以使原子系统中的所有电子发生受迫振动，也可以使原子核发生受迫振动。但是，由于原子核的质量与电子质量相比是极其庞大的，从汤姆孙公式(4-5)得知，散射强度与散射粒子质量平方成反比，而质子的质量是电子质量的 1836 倍，可知其散射波的强度为电子散射波强度的 $1/(1836)^2$。因此，原子核的受迫振动不能达到可以察觉的程度，可以忽略不计。所以，讨论原子散射时仅指原子系统中所有电子对 X 射线的散射。

如果 X 射线的波长比原子直径大很多时，可以近似地认为原子中所有电子都集中在一点同时振动，它们的质量为 Zm，总电荷为 Ze。在这种情况下，所有电子散射波的相位是相同的。其散射强度为：

$$I_a = I_0 \frac{(Ze)^4}{(Zm)^2 c^4} \frac{1+\cos^2 2\theta}{2} = Z^2 I_e \tag{4-7}$$

但是，实际上原子中的电子是按电子云状态分布在核外空间的，不同位置的电子散射波之间存在周相差。因为用于衍射分析的 X 射线波长与原子尺度为同一数量级，这个周相差便不可忽略，它使合成电子散射波的振幅减小。散射线强度由于受干涉作用的影响而减弱，所以必须引入一个新的参量来表达一个原子散射和一个电子散射之间的对应关系，即一个原子的相干散射强度为 $I_a = f^2 I_e$，f 称为原子散射因子。

$$f = \frac{A_a}{A_e}$$

式中，A_a 是一个原子散射的相干散射波振幅；A_e 是一个电子的相干散射波振幅。

下面分析原子系统中电子的相干散射情况。假定，原子内包含有 Z 个电子，它们在空间的瞬时分布情况用矢量 r_j 表示。图 4-2 所示的是原子中某电子在某瞬时与坐标原点处的电子之间的相干散射。散射波的光程差为：

$$\delta_j = Am - On = r_j \mathbf{S} - r_j \mathbf{S}_0 = r_j(\mathbf{S} - \mathbf{S}_0) = r_j |\mathbf{S} - \mathbf{S}_0| \cos\alpha$$

式中，α 为 r_j 与 $(\mathbf{S} - \mathbf{S}_0)$ 之间的夹角。

由于 $|\mathbf{S} - \mathbf{S}_0| = 2\sin\theta$，所以，$\delta_j = 2r_j \sin\theta \cos\alpha$（$\theta$ 为布拉格角或掠射角）。

相位差 $\phi_j = \frac{2\pi}{\lambda} \delta_j = \frac{4\pi}{\lambda} r_j \sin\theta \cos\alpha$。

令 $\frac{4\pi}{\lambda}\sin\theta = k$，则

$$\phi_j = k r_j \cos\alpha \tag{4-8}$$

整个原子散射波振幅的瞬时值为：

$$A_a = A_e[e^{i\phi_1} + e^{i\phi_2} + \cdots + e^{i\phi_j} + \cdots + e^{i\phi_z}] = A_e \sum_{j=1}^{Z} e^{i\phi_j} = A_e \sum_{j=1}^{Z} e^{ikr_j \cos\alpha} \quad (4-9)$$

在实际工作中所测量的并不是散射强度的瞬时值，而是它的平均值，所以必须描述原子散射的平均状态。为此，将原子中的电子看成为连续分布的电子云，从中取一个小的微分体元 dv。

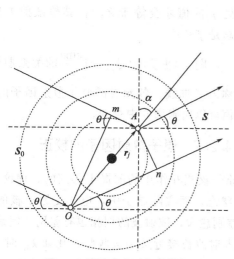

图 4-2　原子内电子相干散射

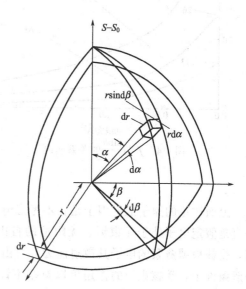

图 4-3　微分体元 dv 的球面坐标

在 dv 中的电子数目 $dn = \rho dv$，ρ 为原子中的电子密度。则微分体元内所有电子的散射振幅为：

$$dA_a = A_e e^{i\phi_j} dn = A_e \rho e^{i\phi_j} dv$$

$$A_a = A_e \int \rho e^{i\phi_j} dv \quad (4-10)$$

为使问题简化，假定电子云分布是球形对称的。其径向分布函数 $U(r)$ 为：

$$U(r) = 4\pi r^2 \rho(r) \quad (4-11)$$

在球面坐标中微分体元（图 4-3）为：

$$dv = r^2 \sin\alpha \, d\alpha \, d\varphi \, dr \quad (4-12)$$

将式(4-9)、式(4-11)、式(4-12)代入式(4-10)得：

$$A_a = A_e \int_0^\pi \int_0^{2\pi} \int_0^\infty \frac{1}{4\pi} U(r) e^{ikr \cos\alpha} \sin\alpha \, d\alpha \, d\varphi \, dr \quad (4-13)$$

将上式对 α 和 φ 积分后得：

$$A_a = A_e \int_0^\infty U(r) \frac{\sin kr}{kr} dr \quad (4-14)$$

所以：

$$f = \frac{A_a}{A_e} = \int_0^\infty U(r) \frac{\sin kr}{kr} dr \quad (4-15)$$

从式(4-15)可以看出，f 是 $\frac{4\pi}{\lambda}\sin\theta$ 的函数，即 f 是 $\frac{\sin\theta}{\lambda}$ 的函数。当 $\theta = 0$ 时，$\frac{\sin\theta}{\lambda} = 0$，

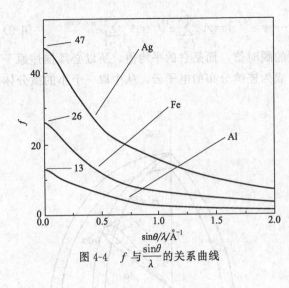

图 4-4　f 与 $\frac{\sin\theta}{\lambda}$ 的关系曲线

$\dfrac{\sin kr}{kr}=1$，所以 $f=\displaystyle\int_0^\infty U(r)\mathrm{d}r=Z$。

可推导出：

$$f=\sum_{j=0}^{z}\exp 4\pi i r_j\ \frac{\sin\theta}{\lambda}\cos\alpha$$

式中，f 随 θ 增大而减小，只有在 $\dfrac{\sin\theta}{\lambda}=0$ 处 f 的值才会等于 Z，在其他散射方向，总是 $f<Z$。

图 4-4 所示的是 f 与 $\dfrac{\sin\theta}{\lambda}$ 的关系曲线，称为 f 曲线。各元素的原子散射因子的数值可以由附录 6 中查到。

4.2.2　原子散射因子的校正

上面讨论的原子散射因子是在不考虑电子与原子核相互作用的前提下得到的。理论上，一直是假定电子处于无束缚、无阻尼的自由电子状态，而实际原子中，电子受原子核的束缚，受核束缚愈紧的电子其散射能力和自由电子差别愈大，散射波的周相也有差别。但是在一般条件下，受核束缚的作用可以忽略不计。当入射波长接近某一吸收限，比如 λ_K 时，f 值就会出现明显的波动，这种现象称为原子的反常散射。在这种情况下，要对 f 值进行色散修正，$f'=f+\Delta f$。Δf 色散修正数据在国际 X 射线晶体学表中可以查到。在本书的附录 6 中可以查到。

f 曲线可以用实验方法或理论计算得出。然后利用傅里叶积分的倒易定理得出原子中电子分布密度的表达式。

$$U(r)=\frac{2r}{\pi}\int_0^\infty kf\sin kr\,\mathrm{d}k \tag{4-16}$$

利用式（4-16）可以求出原子中的电荷密度。它可以帮助进行复杂晶体结构的测定。

4.3　单胞对 X 射线的散射

4.3.1　结构因子

一般情况下，可以把晶体看成为单位晶胞在空间的一种重复体，所以在讨论原子位置与衍射线强度的关系时，只需考虑一个单胞内原子排列是以何种方式影响衍射线强度即可。

在简单晶胞中，每个晶胞只由一个原子组成，这时单胞的散射强度与一个原子的散射强度相同。而在复杂晶胞中，原子的位置会影响衍射强度。

在含有 n 个原子的复杂晶胞中，各原子占据不同的坐标位置，它们的散射振幅和相位是各不相同的。单胞中所有原子散射的合成振幅不可能等于各原子散射振幅的简单相加。为此，需要引入一个称为结构因子 F_{HKL} 的参量来表征单胞的相干散射振幅 A_b 与单电子散射振幅 A_e 之间的对应关系。即：

$$F_{HKL} = \frac{A_b}{A_e}$$

下面我们分析单胞内原子的相干散射，以便导出结构因子的一般表达式。在图 4-5 中，假定 O 为晶胞的一个顶点，同时取其为坐标原点，A 为晶胞中任一原子 j，它的坐标矢量为：

$$\boldsymbol{OA} = \boldsymbol{r}_j = x_j \boldsymbol{a} + y_j \boldsymbol{b} + z_j \boldsymbol{c}$$

式中，$\boldsymbol{a}$、$\boldsymbol{b}$、$\boldsymbol{c}$ 为基本平移矢量；x_j、y_j 和 z_j 为原子的坐标。

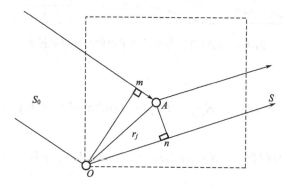

图 4-5　单胞内两个原子的相干散射

A 原子的散射波与坐标原点 O 处原子散射波之间的光程差为：

$$\delta_j = \boldsymbol{r}_j (\boldsymbol{S} - \boldsymbol{S}_0)$$

其位相差为：

$$\begin{aligned}
\phi_j &= \frac{2\pi}{\lambda} \delta_j = 2\pi \boldsymbol{r}_j \frac{\boldsymbol{S} - \boldsymbol{S}_0}{\lambda} = 2\pi (x_j \boldsymbol{a} + y_j \boldsymbol{b} + z_j \boldsymbol{c})(H\boldsymbol{a}^* + K\boldsymbol{b}^* + L\boldsymbol{c}^*) \\
&= 2\pi (Hx_j + Ky_j + Lz_j)
\end{aligned} \tag{4-17}$$

若晶胞内各原子的原子散射因子分别为：f_1，f_2，$\cdots$，f_j，$\cdots$，f_n。各原子的散射波与入射波的相位差分别为：ϕ_1，ϕ_2，$\cdots$，ϕ_j，$\cdots$，ϕ_n，则晶胞内所有原子相干散射的复合波振幅（图 4-6）为：

$$A_b = A_e [f_1 e^{i\phi_1} + f_2 e^{i\phi_2} + \cdots + f_j e^{i\phi_j} + \cdots + f_n e^{i\phi_n}] = A_e \sum_{j=1}^{n} f_j e^{i\phi_j} \tag{4-18}$$

因此有：

$$F_{HKL} = \frac{A_b}{A_e} = \sum_{j=1}^{n} f_j e^{i\phi_j} = \sum_{j=1}^{n} f_j e^{2\pi i(Hx_j + Ky_j + Lz_j)} \tag{4-19}$$

根据欧拉公式

$$e^{i\phi} = \cos\phi + i\sin\phi$$

可将上式写成三角函数形式：

$$F_{HKL} = \sum_{j=1}^{n} f_j [\cos 2\pi(Hx_j + Ky_j + Lz_j) + i\sin 2\pi(Hx_j + Ky_j + Lz_j)] \tag{4-20}$$

在 X 射线衍射工作中，我们只能测量出衍射线的强度，即实验数据只能给出结构因子的平方值 F_{HKL}^2，而结构因子的绝对值 $|F_{HKL}|$ 需通过计算求得。为此，需要将式（4-20）乘以其共轭复数，然后再开方，即为 $|F_{HKL}|$ 的表达式：

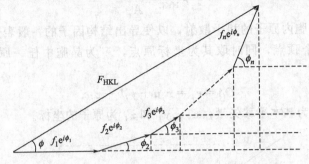

图 4-6 　晶胞内所有原子相干散射的复合波振幅

$$
\begin{aligned}
\mid F_{\mathrm{HKL}} \mid &= \Big\{ \sum_{j=1}^{n} f_j \big[\cos 2\pi(Hx_j + Ky_j + Lz_j) + i\sin 2\pi(Hx_j + Ky_j + Lz_j) \big] \times \\
&\quad \sum_{j=1}^{n} f_j \big[\cos 2\pi(Hx_j + Ky_j + Lz_j) - i\sin 2\pi(Hx_j + Ky_j + Lz_j) \big] \Big\}^{\frac{1}{2}} \\
&= \sqrt{ \Big[\sum_{j=1}^{n} f_j \cos 2\pi(Hx_j + Ky_j + Lz_j) \Big]^2 + \Big[\sum_{j=1}^{n} f_j \sin 2\pi(Hx_j + Ky_j + Lz_j) \Big]^2 }
\end{aligned}
$$

$$(4\text{-}21)$$

这个公式是结构因子计算的实用公式，它表明：衍射强度与原子种类和原子位置相关。

4.3.2　结构因子与系统消光

在复杂阵胞中，由于面心或体心上有附加阵点（阵胞中的阵点数大干 1）或者每个阵点代表两类以上等同点的复杂结构，会使某些（HKL）反射的 $F_{\mathrm{HKL}}=0$，虽然这些方向仍然满足衍射条件，但由于衍射强度等于零而观测不到衍射线。可见，产生衍射的充分条件应该是同时满足布拉格方程和 $F_{\mathrm{HKL}} \neq 0$。把由于 $F_{\mathrm{HKL}}=0$ 而使衍射线消失的现象称为系统消光。系统消光包括点阵消光和结构消光。

（1）点阵消光

在复杂点阵中，由于面心或体心上有附加阵点而引起的 $F_{\mathrm{HKL}}=0$ 称为点阵消光。通过结构因子计算可以总结出四种布拉菲点阵类型的点阵消光规律。

1）简单点阵

每个晶胞中只有一个原子，其坐标为 000，原子散射因子为 f_a。根据式(4-21) 得：

$$F_{\mathrm{HKL}}^2 = f_a^2 \big[\cos^2 2\pi(0) + \sin^2 2\pi(0) \big] = f_a^2$$

在简单点阵的情况下，F_{HKL} 不受 HKL 的影响，即 HKL 为任意整数时，都能产生衍射。

2）底心点阵

每个晶胞中有 2 个同类原子，其坐标分别为 000 和 $\dfrac{1}{2}\dfrac{1}{2}0$。原子散射因子为 f_a。

$$F_{\mathrm{HKL}}^{2} = f_{a}^{2}\left[\cos 2\pi(0) + \cos 2\pi\left(\frac{1}{2}H + \frac{1}{2}K\right)\right]^{2} + f_{a}^{2}\left[\sin 2\pi(0) + \sin 2\pi\left(\frac{1}{2}H + \frac{1}{2}K\right)\right]^{2}$$

$$= f_{a}^{2}[1 + \cos\pi(H+K)]^{2}$$

当 $H+K$ 为偶数时，即 H 和 K 全为奇数或全为偶数时，$F_{\mathrm{HKL}}^{2} = 4f_{a}^{2}$，$F_{\mathrm{HKL}} = 2f_{a}$。

当 $H+K$ 为奇数时，即 H 和 K 中有一个奇数，另一个为偶数时，$F_{\mathrm{HKL}}^{2} = 0$，$F_{\mathrm{HKL}} = 0$。

即在底心点阵中，F_{HKL} 不受 L 的影响，只有当 H 和 K 全为奇数或全为偶数时才能产生衍射。

3）体心点阵

每个晶胞中有 2 个同类原子，其坐标为 000 和 $\frac{1}{2}\frac{1}{2}\frac{1}{2}$。原子散射因子为 f_{a}。

$$F_{\mathrm{HKL}}^{2} = f_{a}^{2}\left[\cos 2\pi(0) + \cos 2\pi\left(\frac{1}{2}H + \frac{1}{2}K + \frac{1}{2}L\right)\right]^{2} +$$

$$f_{a}^{2}\left[\sin 2\pi(0) + \sin 2\pi\left(\frac{1}{2}H + \frac{1}{2}K + \frac{1}{2}L\right)\right]^{2}$$

$$= f_{a}^{2}[1 + \cos\pi(H+K+L)]^{2}$$

当 $H+K+L$ 为偶数时，$F_{\mathrm{HKL}}^{2} = 4f_{a}^{2}$，$F_{\mathrm{HKL}} = 2f_{a}$。

当 $H+K+L$ 为奇数时，$F_{\mathrm{HKL}}^{2} = 0$，$F_{\mathrm{HKL}} = 0$。

即在体心点阵中只有当 $H+K+L$ 为偶数时才能产生衍射。

4）面心点阵

每个晶胞中有 4 个同类原子，其坐标为 000，$\frac{1}{2}\frac{1}{2}0$，$\frac{1}{2}0\frac{1}{2}$，$0\frac{1}{2}\frac{1}{2}$。原子散射因子为 f_{a}。

$$F_{\mathrm{HKL}}^{2} = f_{a}^{2}\left[\cos 2\pi(0) + \cos 2\pi\left(\frac{1}{2}H + \frac{1}{2}K\right) + \cos 2\pi\left(\frac{1}{2}H + \frac{1}{2}L\right) + \cos 2\pi\left(\frac{1}{2}K + \frac{1}{2}L\right)\right]^{2} +$$

$$f_{a}^{2}\left[\sin 2\pi(0) + \sin 2\pi\left(\frac{1}{2}H + \frac{1}{2}K\right) + \sin 2\pi\left(\frac{1}{2}H + \frac{1}{2}L\right) + \sin 2\pi\left(\frac{1}{2}K + \frac{1}{2}L\right)\right]^{2}$$

$$= f_{a}^{2}[1 + \cos\pi(H+K) + \cos\pi(H+L) + \cos\pi(K+L)]^{2}$$

当 H、K、L 全为奇数或全为偶数时，$F_{\mathrm{HKL}}^{2} = f_{a}^{2}(1+1+1+1)^{2} = 16f_{a}^{2}$，$F_{\mathrm{HKL}} = 4f_{a}$。

当 H、K、L 中有 2 个奇数 1 个偶数或者 2 个偶数 1 个奇数时，则 $(H+K)$、$(H+L)$、$(K+L)$ 中总有 2 项为奇数 1 项为偶数，此时，$F_{\mathrm{HKL}}^{2} = 0$，$F_{\mathrm{HKL}} = 0$。

即在面心点阵中，只有当 H、K、L 全为奇数或全为偶数时才能产生衍射。

从结构因子的表达式(4-21)可以看出，晶胞参数并没有参与结构因子的计算公式。这说明结构因子只与原子品种和在晶胞中位置有关，而不受晶胞形状和大小影响。例如，对体心晶胞，不论是立方晶系、正方晶系还是斜方晶系的体心晶胞的系统消光规律都是相同的。由此可见，系统消光规律的适用性是较广泛的。它可以演示布拉菲点阵与其衍射花样之间的具体联系。四种布拉菲点阵中四种基本类型的系统消光规律列于表 4-1 中。

表 4-1　四种基本类型点阵的系统消光规律

布拉菲点阵	出现的反射	消失的反射
简单点阵	全部	无
底心点阵	H、K 全为奇数或全为偶数	H、K 奇偶混杂
体心点阵	$H+K+L$ 为偶数	$H+K+L$ 为奇数
面心点阵	H、K、L 全为奇数或全为偶数	H、K、L 奇偶混杂

例如：α-Fe 是体心立方晶体，点阵参数 $a=0.2866\text{nm}$。如用 CrK_α 辐射（$\lambda=0.2291\text{nm}$）照射其多晶样品时，由布拉格方程 $2d\sin\theta=\lambda$ 可以得到：$\sin\theta=\lambda/2d$。对于立方晶系，在不考虑消光的前提下，当 $\sin\theta$ 的值不大于 1 时，应该能产生衍射。将 a 和 λ 的值代入上式，得到下面的表达式：

$$\sin\theta=\frac{\lambda\sqrt{h^2+k^2+l^2}}{2a}=0.3969\sqrt{h^2+k^2+l^2}\approx0.4\sqrt{h^2+k^2+l^2}$$

将各晶面指数代入上式，可以得到（100）、（110）、（111）、（200）、（201）、（211）这几个晶面在不考虑消光时能产生衍射。但考虑到 α-Fe 是体心立方晶体，$h+k+l$ 等于奇数时是消光的，所以最终只能得到 3 个衍射峰，分别是：（110）、（200）、（211）。

γ-Fe 为面心立方点阵类型，其晶胞参数为 $a=0.36544\text{nm}$。根据面心点阵的消光规律和布拉格公式，可以计算出不消光的晶面为（111）、（200）、（220）。

（2）结构消光

对那些由两类以上等同点构成的复杂晶体结构，除遵循它们所属的布拉菲点阵消光外，还有附加的消光条件，称为结构消光。例如：

1）金刚石型结构

金刚石型结构属于面心立方结构，每个晶胞中有 8 个同类原子，其坐标为

000，$\frac{1}{2}\frac{1}{2}0$，$\frac{1}{2}0\frac{1}{2}$，$0\frac{1}{2}\frac{1}{2}$，$\frac{1}{4}\frac{1}{4}\frac{1}{4}$，$\frac{3}{4}\frac{3}{4}\frac{1}{4}$，$\frac{3}{4}\frac{1}{4}\frac{3}{4}$，$\frac{1}{4}\frac{3}{4}\frac{3}{4}$，原子散射因子为 f_a。

$$F_{HKL}=f_a\Big[1+e^{i\pi(H+K)}+e^{i\pi(H+L)}+e^{i\pi(K+L)}+e^{i\frac{\pi}{2}(H+K+L)}+$$
$$e^{i\frac{\pi}{2}(3H+3K+L)}+e^{i\frac{\pi}{2}(3H+K+3L)}+e^{i\frac{\pi}{2}(H+3K+3L)}\Big]$$

上式中，前 4 项为面心点阵的结构因子，用 F_F 表示。从后 4 项中提取公因式 $e^{i\frac{\pi}{2}(H+K+L)}$ 得到：

$$F_{HKL}=F_F+f_a e^{i\frac{\pi}{2}(H+K+L)}\Big[1+e^{i\pi(H+K)}+e^{i\pi(H+L)}+e^{i\pi(K+L)}\Big]$$
$$=F_F+F_F e^{i\frac{\pi}{2}(H+K+L)}=F_F\Big[1+e^{i\frac{\pi}{2}(H+K+L)}\Big]$$
$$F_{HKL}^2=F_F^2\Big\{\Big[1+e^{i\frac{\pi}{2}(H+K+L)}\Big]\Big[1+e^{-i\frac{\pi}{2}(H+K+L)}\Big]\Big\}$$
$$=F_F^2\Big[2+e^{i\frac{\pi}{2}(H+K+L)}+e^{-i\frac{\pi}{2}(H+K+L)}\Big]$$

根据欧拉公式，将上式写成三角函数形式：

$$F_{HKL}^2=F_F^2\Big[2+2\cos\frac{\pi}{2}(H+K+L)\Big]=2F_F^2\Big[1+\cos\frac{\pi}{2}(H+K+L)\Big]$$

① 当 H、K、L 为异性数（奇偶混杂）时，由于 $F_F = 0$，所以 $F_{HKL} = 0$。

② 当 H、K、L 全为奇数时，$F_{HKL}^2 = 2F_F^2 = 2 \times 16f_a^2 = 32f_a^2$，$F_{HKL} = \sqrt{32} f_a$。

③ 当 H、K、L 全为偶数，并且 $H + K + L = 4n$（n 为任意整数）时，

$$F_{HKL}^2 = 2F_F^2(1+1) = 4 \times 16f_a^2 = 64f_a^2, F_{HKL} = 8f_a。$$

④ 当 H、K、L 全为偶数，并且 $H + K + L \neq 4n$（n 为任意整数）时，则

$$H + K + L = 2(2n+1), F_{HKL}^2 = 2F_F^2(1-1) = 0, F_{HKL} = 0。$$

金刚石型结构属于面心立方布拉菲点阵。从 F_{HKL} 的计算结果来看，凡是 H、K、L 不为同性数的反射面均不能产生衍射线，这一点与面心布拉菲点阵的系统消光规律是一致的。但是，由于金刚石型结构的晶胞中有 8 个原子，分别属于两类等同点，比一般的面心立方结构多出 4 个原子，因此，需要引入附加的结构消光条件。表 4-2 为用 Cu 辐射时，金刚石晶体的实际衍射结果。

表 4-2　金刚石的衍射结果

衍射角 $2\theta/(°)$	面间距 d/nm	衍射强度 I(a. u)	衍射面指数(hkl)
43.930	0.20594	100.0	(1 1 1)
75.295	0.12611	26.2	(2 2 0)
91.488	0.10755	13.1	(3 1 1)
119.492	0.08918	3.8	(4 0 0)
140.544	0.08183	6.9	(3 3 1)

2) 密堆六方结构

每个平行六面体晶胞中有 2 个同类原子，其坐标为 000，$\dfrac{1}{3}\dfrac{2}{3}\dfrac{1}{2}$，原子散射因子为 f_a。

$$F_{HKL} = f_a\left[1 + e^{2\pi i\left(\frac{H}{3} + \frac{2K}{3} + \frac{L}{2}\right)}\right]$$

$$F_{HKL}^2 = f_a^2\left[1 + e^{2\pi i\left(\frac{H}{3} + \frac{2K}{3} + \frac{L}{2}\right)}\right]\left[1 + e^{-2\pi i\left(\frac{H}{3} + \frac{2K}{3} + \frac{L}{2}\right)}\right]$$

根据欧拉公式，将上式写成三角函数形式：

$$F_{HKL}^2 = f_a^2\left[2 + 2\cos 2\pi\left(\frac{H}{3} + \frac{2K}{3} + \frac{L}{2}\right)\right] = 2f_a^2\left[1 + \cos 2\pi\left(\frac{H}{3} + \frac{2K}{3} + \frac{L}{2}\right)\right]$$

根据公式 $\cos 2\alpha = 2\cos^2\alpha - 1$，将上式改写成

$$F_{HKL}^2 = 2f_a^2\left[1 + 2\cos^2\pi\left(\frac{H}{3} + \frac{2K}{3} + \frac{L}{2}\right) - 1\right] = 4f_a^2\cos^2\pi\left(\frac{H + 2K}{3} + \frac{L}{2}\right)$$

当 $H + 2K = 3n$，$L = 2n + 1$（n 为任意整数）：$F_{HKL}^2 = 4f_a^2\cos^2\dfrac{\pi}{2}(4n+1) = 0$，$F_{HKL} = 0$。

当 $K + 2K = 3n$，$L = 2n$（n 为任意整数）：$F_{HKL}^2 = 4f_a^2\cos^2 2n\pi = 4f_a^2$，$F_{HKL} = 2f_a$。

当 $H + 2K = 3n \pm 1$，$L = 2n + 1$（n 为任意整数）：

$$F_{HKL}^2 = 4f_a^2\cos^2\pi\left(n \pm \frac{1}{3} + n + \frac{1}{2}\right) = 3f_a^2, F_{HKL} = \sqrt{3} f_a$$

当 $H + 2K = 3n \pm 1$，$L = 2n$（n 为任意整数）：$F_{HKL}^2 = 4f_a^2\cos^2\pi\left(n \pm \dfrac{1}{3} + n\right) = f_a^2$，$F_{HKL} = f_a$。

密堆六方结构的单位平行六面体晶胞中的两个原子，分别属于两类等同点，所以它属于

简单六方布拉菲点阵，没有点阵消光。结构因子计算所得到的消光条件都是结构消光。

　　3）固溶体结构

　　当一种原子 B 溶入另一种原子 A 点阵中时，形成固溶体。多数情况下会形成均匀的置换式固溶体，即 B 原子无选择地部分取代点阵中各个 A 原子而进入到 A 溶剂中，此种固溶体为无序置换，称为无序固溶体。另外一些情况则是 B 原子有选择地占据 A 溶剂点阵中的某些固定位置，称为有序置换。若某 AB 物质在有序时，A 原子占据单胞顶点（0，0，0）的位置，B 原子占据体心（0.5，0.5，0.5）的位置，而无序时 B 原子和 A 原子随机地占据上述两个位置。

　　下面来分析这两种情况的消光规律。

　　晶体的结构因子可以表示成：

$$|F_{HKL}|^2 = \left[\sum_{j=1}^{n} f_j \cos 2\pi (Hx_j + Ky_j + Lz_j)\right]^2 + \left[\sum_{j=1}^{n} f_j \sin 2\pi (Hx_j + Ky_j + Lz_j)\right]^2$$

　　① 在有序时，AB 晶体的结构因子可以表示成：

$$\begin{aligned} |F_{HKL}|^2 &= \left[\sum_{j=1}^{n} f_j \cos 2\pi (Hx_j + Ky_j + Lz_j)\right]^2 + \left[\sum_{j=1}^{n} f_j \sin 2\pi (Hx_j + Ky_j + Lz_j)\right]^2 \\ &= \left[f_A \cos 2\pi (H \times 0 + K \times 0 + L \times 0) + f_B \cos 2\pi \left(\frac{1}{2}H + \frac{1}{2}K + \frac{1}{2}L\right)\right]^2 + \\ &\quad \left[f_A \sin 2\pi (H \times 0 + K \times 0 + L \times 0) + f_B \sin 2\pi \left(\frac{1}{2}H + \frac{1}{2}K + \frac{1}{2}L\right)\right]^2 \\ &= \left[f_A + f_B \cos 2\pi \left(\frac{H+K+L}{2}\right)\right]^2 \end{aligned}$$

　　a. 当 $(H+K+L) =$ 偶数时，结构因子等于 $(f_A + f_B)^2$，不存在点阵消光；

　　b. 当 $(H+K+L) =$ 奇数时，结构因子等于 $(f_A - f_B)^2$，由于 A、B 原子的原子散射因子一般不相等，因此也不存在点阵消光。

　　② 无序时，任意阵点上的原子可看作是（A+B），上式可写成：

$$\begin{aligned} |F_{HKL}|^2 &= \left[\sum_{j=1}^{n} f_j \cos 2\pi (Hx_j + Ky_j + Lz_j)\right]^2 + \left[\sum_{j=1}^{n} f_j \sin 2\pi (Hx_j + Ky_j + Lz_j)\right]^2 \\ &= \left[f_{A+B} \cos 2\pi (H \times 0 + K \times 0 + L \times 0) + f_{A+B} \cos 2\pi \left(\frac{1}{2}H + \frac{1}{2}K + \frac{1}{2}L\right)\right]^2 + \\ &\quad \left[f_{A+B} \sin 2\pi (H \times 0 + K \times 0 + L \times 0) + f_{A+B} \sin 2\pi \left(\frac{1}{2}H + \frac{1}{2}K + \frac{1}{2}L\right)\right]^2 \\ &= \left[f_{A+B} + f_{A+B} \cos 2\pi \left(\frac{H+K+L}{2}\right)\right]^2 \end{aligned}$$

　　a. 当 $(H+K+L) =$ 偶数时，结构因子等于 $(f_{A+B} + f_{B+A})^2$，不存在点阵消光；

　　b. 当 $(H+K+L) =$ 奇数时，结构因子等于 $(f_{A+B} - f_{A+B})^2 = 0$。因此存在点阵消光。

　　由此看来，无序固溶体与 A 点阵的消光规律相同，只是原子散射因子散射因子是 A，B 两种原子的原子散射因子按置换比例的加权平均值。

4.4　结构因子与倒易阵点权重

　　就倒易点阵的几何意义而言，认为倒易阵点是抽象的几何点，所有倒易阵点都是等同的，倒易点阵为简单点阵。但从衍射的角度上讲，每个倒易阵点代表一组干涉面（HKL），它们的结构因子是各不相同的。为了使倒易阵点的含意与衍射强度对应起来，引入结构因子 F_{HKL} 作为对应倒易阵点的权重。这样，倒易点阵不仅有几何意义，而且还具有物理意义。当一个 HKL 倒易阵点与反射球相交时，不但可以从倒易阵点的位置通过厄瓦尔德图解知道 HKL 衍射束的方向，而且还可以由它所对应的结构因子 F_{HKL} 知道其衍射强度（结构因子平方与衍射强度成比例）。所以说，结构因子 F_{HKL} 是倒空间的衍射强度分布函数。根据系统消光规律可知，复杂点阵所对应的倒易点阵中某些阵点的 $F_{HKL}=0$。从衍射意义上讲，这些 $F_{HKL}=0$ 的倒易阵点就失掉了其存在的意义，可将它们从倒易点阵中去除。这样一来，在倒易点阵中也会出现某些复杂的点阵类型。

例如，图 4-7 绘出了由八个简单倒易阵胞组成的部分倒易点阵，根据点阵消光条件去掉那些 $F_{HKL}=0$ 的倒易阵点便可得到四种布拉菲点阵类型所对应的倒易点阵。图 4-7(a) 是简单点阵所对应的倒易点阵，它仍然是简单点阵，因为简单点阵没有点阵消光，倒易单胞体积 $V^*=\dfrac{1}{V}$。图 4-7(b) 是底心点阵所对应的倒易点阵，它还是底心点阵，但倒易阵胞体积为简单倒易阵胞的 4 倍，即 $V^*=\dfrac{4}{V}$。体心点阵所对应的是面心倒易点阵 [图 4-7(c)]，而面心点阵所对应的是体心倒易点阵 [图 4-7(d)]，它们的倒易阵胞体积等于简单倒易阵胞的 8 倍，即 $V^*=\dfrac{8}{V}$。

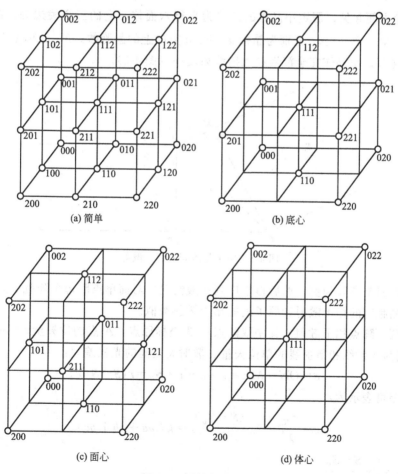

图 4-7　倒易点阵阵胞

4.5　一个小晶体对 X 射线的散射

在讨论 X 射线衍射方向时，总是假定一束严格平行的单色 X 射线照射到无穷大（其含意是指晶体尺寸大于入射线的照射面积）的理想完整晶体上。但是，实际晶体不可能是理想完整的。在处理衍射强度时，需要给出更切合实际情况的晶体结构模型，这种模型就是晶体的嵌镶块结构。虽然近年来利用场离子发射方法看到了晶界的原子排列之后，使得晶界的几何理论有了较大的发展，但是就 X 射线光学效应而言，还总是和嵌镶结构相一致的。所以在处理 X 射线衍射强度问题时，还仍然利用这种早期引入的晶体不完整性模型——嵌镶结构。这种模型认为，晶体是由许多小的嵌镶块组成的。嵌镶块的大小约为 10^{-4}cm 数量级，它们之间的取向角差一般为 $1'\sim30'$。每个嵌镶块内晶体是完整的，嵌镶块间界造成晶体点阵的不连续性。在入射线照射的体积中可能包含许多个嵌镶块，因此，不可能有贯穿整个晶体的完整晶面。X 射线的相干作用只能在嵌镶块内进行，嵌镶块之间没有严格的相位关系，不可能发生干涉作用。在计算衍射线强度时，只要首先求出一个晶块的反射本领，然后把各晶块的反射线强度相加就可以了。因此，我们首先讨论一个小晶体对 X 射线的相干散射。

4.5.1　干涉函数

为了讨论方便起见，假定小晶体的形状为平行六面体，它的三个棱边为：$N_1\boldsymbol{a}$、$N_2\boldsymbol{b}$、$N_3\boldsymbol{c}$，其中，N_1、N_2、N_3 分别为晶轴 $\boldsymbol{a}$、$\boldsymbol{b}$、$\boldsymbol{c}$ 方向上的晶胞数。N_1、N_2、N_3 的乘积等于晶胞的总数 N。小晶体完全浸浴在入射线束之中（图 4-8）。

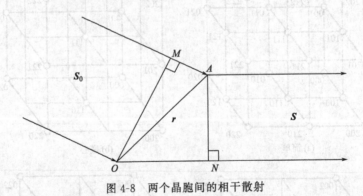

图 4-8　两个晶胞间的相干散射

不妨先以简单点阵为例，然后再推广到一般情况。对简单点阵每个阵胞中只在顶点上有一个原子。晶胞间的相干散射和原子间的相干散射类似。

有任意两个阵点相干散射。其中取阵点 O 为坐标原点，A 点的位矢量 $\boldsymbol{r}=m\boldsymbol{a}+n\boldsymbol{b}+p\boldsymbol{c}$，$\boldsymbol{S}_0$ 和 $\boldsymbol{S}$ 分别为入射线和衍射线的单位矢量。散射波之间的光程差为：

$$\delta=ON-MA=\boldsymbol{r}\cdot\boldsymbol{S}-\boldsymbol{r}\cdot\boldsymbol{S}_0=\boldsymbol{r}(\boldsymbol{S}-\boldsymbol{S}_0)$$

其相位差可表示为：

$$\varphi=\frac{2\pi}{\lambda}\delta=2\pi\frac{(\boldsymbol{S}-\boldsymbol{S}_0)}{\lambda}\boldsymbol{r}=\boldsymbol{k}(m\boldsymbol{a}+n\boldsymbol{b}+p\boldsymbol{c}) \tag{4-22}$$

式中，$\boldsymbol{k}=2\pi\dfrac{\boldsymbol{S}-\boldsymbol{S}_0}{\lambda}$。

参加衍射晶体的合成振幅为：

$$A_e = A_p \sum_N \exp(i\varphi) = A_p \sum_{m=0}^{N_1-1} \exp(im\boldsymbol{a} \cdot \boldsymbol{k}) \sum_{n=0}^{N_2-1} \exp(in\boldsymbol{b} \cdot \boldsymbol{k}) \sum_{p=0}^{N_3-1} \exp(ip\boldsymbol{c} \cdot \boldsymbol{k}) = A_p G$$

散射强度与振幅的平方成比例，所以衍射强度为：

$$I_c = CI_p |G|^2$$

式中，C 为比例系数；A_p 和 I_p 为单一阵点的散射振幅和强度。

$$G = \sum_{m=0}^{N_1-1} \exp(im\boldsymbol{a} \cdot \boldsymbol{k}) \sum_{n=0}^{N_2-1} \exp(in\boldsymbol{b} \cdot \boldsymbol{k}) \sum_{p=0}^{N_3-1} \exp(ip\boldsymbol{c} \cdot \boldsymbol{k})$$

式中的每一项都是一个等比级数，为了求出它的一般表达式，现以第一项为例，运用级数求和公式可得：

$$G_1 = \sum_{m=0}^{N_1-1} \exp(im\boldsymbol{a} \cdot \boldsymbol{k}) = \frac{1 - \exp[(N_1-1)\boldsymbol{a} \cdot \boldsymbol{k}][\exp(i\boldsymbol{a} \cdot \boldsymbol{k})]}{1 - \exp(i\boldsymbol{a} \cdot \boldsymbol{k})} = \frac{1 - \exp(iN_1\boldsymbol{a} \cdot \boldsymbol{k})}{1 - \exp(i\boldsymbol{a} \cdot \boldsymbol{k})}$$

$$|G_1|^2 = G_1 G_1^* = \frac{[1 - \exp(iN_1\boldsymbol{a} \cdot \boldsymbol{k})]}{[1 - \exp(i\boldsymbol{a} \cdot \boldsymbol{k})]} \frac{[1 - \exp(iN_1\boldsymbol{a} \cdot \boldsymbol{k})]}{[1 - \exp(-i\boldsymbol{a} \cdot \boldsymbol{k})]}$$

$$= \frac{2 - [\exp(iN_1\boldsymbol{a} \cdot \boldsymbol{k}) + \exp(iN_1\boldsymbol{a} \cdot \boldsymbol{k})]}{2 - [\exp(i\boldsymbol{a} \cdot \boldsymbol{k}) + \exp(-i\boldsymbol{a} \cdot \boldsymbol{k})]}$$

根据欧拉公式可将上式写成三角函数形式：

$$|G_1|^2 = \frac{2 - 2\cos N_1 \boldsymbol{a} \cdot \boldsymbol{k}}{2 - 2\cos \boldsymbol{a} \cdot \boldsymbol{k}} = \frac{\sin^2 \frac{1}{2} N_1 \boldsymbol{a} \cdot \boldsymbol{k}}{\sin^2 \frac{1}{2} \boldsymbol{a} \cdot \boldsymbol{k}}$$

令 $\varphi_1 = \frac{1}{2} \boldsymbol{a} \cdot \boldsymbol{k}$，则

$$|G_1|^2 = \frac{\sin^2 N_1 \varphi_1}{\sin^2 \varphi_1}$$

当 $N_1 = 5$ 时，绘制 $|G_1|^2$ 函数如图 4-9 所示。

整个函数由主峰和副峰组成，两个主峰之间有 $N_1 - 2$ 个副峰。副峰的强度比主峰弱得多，主峰两侧的第一个副峰的强度大约等于主峰的 5%，第二个副峰的强度就更弱。当 $N_1 > 100$ 时，几乎全部强度都集中在主峰，副峰的强度可忽略不计。所以可以主要分析主峰的特征。

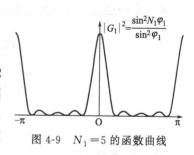

图 4-9　$N_1 = 5$ 的函数曲线

主峰的最大值可以用罗必塔尔法则求得：

$$\frac{\dfrac{\mathrm{d}\sin^2 N_1 \varphi_1}{\mathrm{d}\varphi_1}}{\dfrac{\mathrm{d}}{\mathrm{d}\varphi_1}\sin^2 \varphi_1} = N_1 \frac{\sin N_1 \varphi_1 \cos N_1 \varphi_1}{\sin \varphi_1 \cos \varphi_1} = N_1 \frac{\sin 2N_1 \varphi_1}{\sin 2\varphi_1}$$

$$N_1 \left[\frac{\dfrac{\mathrm{d}\sin 2N_1 \varphi_1}{\mathrm{d}\varphi_1}}{\dfrac{\mathrm{d}\sin 2\varphi_1}{\mathrm{d}\varphi_1}} \right] = N_1^2 \left[\frac{\cos 2N_1 \varphi_1}{\cos 2\varphi_1} \right]_{\psi_1 = H\pi} = N_1^2$$

式中，H 为整数。即：

$$|G_1|^2_{max} = N_1^2$$

当 $|G_1|^2 = 0$ 时，$\varphi_1 = \pm\dfrac{\pi}{N_1}$。这也就是说主峰在 $\varphi_1 = H\pi \pm \dfrac{\pi}{N_1}$ 内有强度值。主峰的底宽为 $\dfrac{2\pi}{N_1}$。主峰的积分面积近似等于 πN_1。

对应于函数 G：

$$|G|^2 = \frac{\sin^2 \frac{1}{2}N_1 \boldsymbol{a}\cdot\boldsymbol{k}}{\sin^2 \frac{1}{2}\boldsymbol{a}\cdot\boldsymbol{k}}\frac{\sin^2 \frac{1}{2}N_2 \boldsymbol{b}\cdot\boldsymbol{k}}{\sin^2 \frac{1}{2}\boldsymbol{b}\cdot\boldsymbol{k}}\frac{\sin^2 \frac{1}{2}N_3 \boldsymbol{c}\cdot\boldsymbol{k}}{\sin^2 \frac{1}{2}\boldsymbol{c}\cdot\boldsymbol{k}}$$

$|G|^2$ 称为干涉函数。干涉函数 $|G|^2$ 是衍射强度的一个因数，令：

$$\varphi_1 = \frac{1}{2}\boldsymbol{a}\cdot\boldsymbol{k}, \varphi_2 = \frac{1}{2}\boldsymbol{b}\cdot\boldsymbol{k}, \varphi_3 = \frac{1}{2}\boldsymbol{c}\cdot\boldsymbol{k}$$

于是：

$$|G|^2 = \frac{\sin^2 N_1\varphi_1}{\sin^2 \varphi_1}\frac{\sin^2 N_2\varphi_2}{\sin^2 \varphi_2}\frac{\sin^2 N_3\varphi_3}{\sin^2 \varphi_3} \tag{4-23}$$

对干涉函数 $|G|^2$ 而言，主峰的有强度值范围为：

$$\varphi_1 = H\pi \pm \frac{\pi}{N_1}, \varphi_2 = K\pi \pm \frac{\pi}{N_2}, \varphi_3 = L\pi \pm \frac{\pi}{N_3}$$

式中，H、K、L 为整数（包括零在内）。主峰最大值的对应位置为：

$$\varphi_1 = H\pi, \varphi_2 = K\pi, \varphi_3 = L\pi$$

主峰的最大值 $|G|^2_{max} = N_1^2 N_2^2 N_3^2 = N^2$。

主峰的底宽与 N 成反比，主峰的面积与 N 成正比。

由以上讨论可知：晶体对 X 射线的衍射只在一定方向上才能产生衍射线，而且每条衍射线本身还具有一定的强度分布范围。

具有主峰强度最大值的方向，即为衍射线方向。决定衍射线方向的条件为：

$$\begin{cases} \varphi_1 = \dfrac{1}{2}\boldsymbol{a}\cdot\boldsymbol{k} = \pi\boldsymbol{a}\cdot\dfrac{\boldsymbol{S}-\boldsymbol{S}_0}{\lambda} = H\pi \\[2mm] \varphi_2 = \dfrac{1}{2}\boldsymbol{b}\cdot\boldsymbol{k} = \pi\boldsymbol{b}\cdot\dfrac{\boldsymbol{S}-\boldsymbol{S}_0}{\lambda} = K\pi \\[2mm] \varphi_3 = \dfrac{1}{2}\boldsymbol{c}\cdot\boldsymbol{k} = \pi\boldsymbol{c}\cdot\dfrac{\boldsymbol{S}-\boldsymbol{S}_0}{\lambda} = L\pi \end{cases}$$

4.5.2 选择反射区

将 $\dfrac{\boldsymbol{S}-\boldsymbol{S}_0}{\lambda}$ 用倒易矢量来表示，式(4-22) 可改写为：

$$\phi_{mnp} = 2\pi\frac{\boldsymbol{S}-\boldsymbol{S}_0}{\lambda}\boldsymbol{r} = 2\pi\boldsymbol{r}\cdot\boldsymbol{r}^*_{\xi\eta\zeta} = 2\pi(m\xi+n\eta+p\zeta) \tag{4-24}$$

式中，$\boldsymbol{r} = m\boldsymbol{a}+n\boldsymbol{b}+p\boldsymbol{c}$，晶胞的坐标矢量；$\boldsymbol{r}^*_{\xi\eta\zeta} = \xi\boldsymbol{a}^*+\eta\boldsymbol{b}^*+\zeta\boldsymbol{c}^*$，称为倒易点阵的流动矢量；$m$、$n$、$p$ 为晶胞坐标，为整数；ξ、η、ζ 倒易点阵的流动坐标，可为任意连续变数。

对简单点阵而言，一个晶胞的相干散射振幅等于一个原子的相干散射振幅 $A_e f_a$。对于复杂阵胞，一个晶胞的相干散射振幅应为 $A_e F_{HKL}$。所以，一个小晶体的相干散射波的振幅为：

$$A_{\mathrm{M}} = A_{\mathrm{e}} F_{\mathrm{HKL}} \sum_N \mathrm{e}^{i\phi_{mnp}} \tag{4-25}$$

将式(4-24)代入式(4-25)得：

$$A_{\mathrm{M}} = A_{\mathrm{e}} F_{\mathrm{HKL}} \sum_{m=0}^{N_1-1} \mathrm{e}^{2\pi i m\xi} \sum_{n=0}^{N_2-1} \mathrm{e}^{2\pi i n\eta} \sum_{p=0}^{N_3-1} \mathrm{e}^{2\pi i p\zeta} = A_{\mathrm{e}} F_{\mathrm{HKL}} G \tag{4-26}$$

$$G = \sum_{m=0}^{N_1-1} \mathrm{e}^{2\pi i m\xi} \sum_{n=0}^{N_2-1} \mathrm{e}^{2\pi i n\eta} \sum_{p=0}^{N_3-1} \mathrm{e}^{2\pi i p\zeta} \tag{4-27}$$

散射强度 I_{M} 与振幅的平方成比例，因此，

$$I_{\mathrm{M}} = I_{\mathrm{e}} F_{\mathrm{HKL}}^2 |G|^2 \tag{4-28}$$

$|G|^2$ 即为干涉函数。

式(4-28)中的干涉函数和式(4-23)物理意义是相同的。式(4-23)给出的是正点阵表达形式，而在式(4-28)中，为了方便处理衍射强度问题，需要倒易点阵表达形式的干涉函数。只要将式(4-23)引入倒易矢量便可得到倒易点阵空间的干涉函数。由于：

$$\varphi_1 = \frac{1}{2} \boldsymbol{a} \cdot \boldsymbol{k} = \pi \boldsymbol{a} \cdot \frac{\boldsymbol{S} - \boldsymbol{S}_0}{\lambda} = \pi \boldsymbol{a} \cdot \boldsymbol{r}_{\xi\eta\zeta}^* = \pi \xi$$

$$\varphi_2 = \frac{1}{2} \boldsymbol{b} \cdot \boldsymbol{k} = \pi \boldsymbol{b} \cdot \frac{\boldsymbol{S} - \boldsymbol{S}_0}{\lambda} = \pi \boldsymbol{b} \cdot \boldsymbol{r}_{\xi\eta\zeta}^* = \pi \eta$$

$$\varphi_3 = \frac{1}{2} \boldsymbol{c} \cdot \boldsymbol{k} = \pi \boldsymbol{c} \cdot \frac{\boldsymbol{S} - \boldsymbol{S}_0}{\lambda} = \pi \boldsymbol{c} \cdot \boldsymbol{r}_{\xi\eta\zeta}^* = \pi \zeta$$

将上式的 φ_1、φ_2、φ_3 值代回到式(4-23)得：

$$|G|^2 = \frac{\sin^2 \pi N_1 \xi}{\sin^2 \pi \xi} \frac{\sin^2 \pi N_2 \eta}{\sin^2 \pi \eta} \frac{\sin^2 \pi N_3 \zeta}{\sin^2 \pi \zeta} \tag{4-29}$$

干涉函数的每个主峰就是倒易空间中的一个选择反射区，它的取值范围为：

$$\xi = H \pm \frac{1}{N_1}, \eta = K \pm \frac{1}{N_2}, \zeta = L \pm \frac{1}{N_3}。$$

选择反射区的中心是严格满足布拉格定律的倒易阵点，即 $\xi = H$，$\eta = K$，$\zeta = L$，如图4-10所示。反射球与选择反射区的任何部位相交都能产生衍射。

选择反射区的大小和形状是由晶体的尺寸决定的。因为干涉函数主峰底宽与 N 成反比。所以，选择反射区的大小和形状与晶体的尺寸成反比。

例如，对三维尺寸都很大的理想完整晶体，如图4-11(a)所示，

$N_1 \to \infty$，$N_2 \to \infty$，$N_3 \to \infty$，则 $\frac{1}{N_1} \to 0$，$\frac{1}{N_2} \to 0$，$\frac{1}{N_3} \to 0$，

所以，$\xi = H$，$\eta = K$，$\zeta = L$，$|G|^2 = N_1^2 N_2^2 N_3^2 = N^2$。

对于片状的二维晶体，如图4-11(b)所示：

$N_1 \to \infty$，$N_2 \to \infty$，$N_3 \to$ 很小，则 $\frac{1}{N_1} \to 0$，$\frac{1}{N_2} \to 0$，$\frac{1}{N_3} \to$ 很大，

所以，$\xi = H$，$\eta = K$，$\zeta = L \pm \frac{1}{N_3}$，$|G|^2 = N_1^2 N_2^2 \frac{\sin^2 \pi N_3 \zeta}{\sin^2 \pi \zeta}$。

选择反射区为杆状，称为倒易杆。

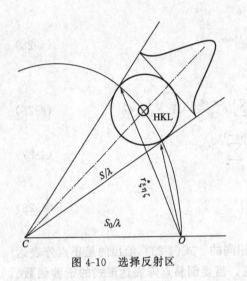

图 4-10 选择反射区

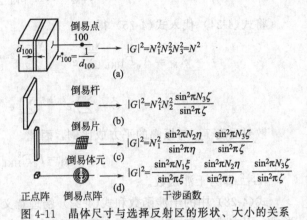

图 4-11 晶体尺寸与选择反射区的形状、大小的关系

对于针状的一维晶体，如图 4-11(c) 所示：

$N_1 \to \infty$，$N_2 \to$ 很小，$N_3 \to$ 很小，则 $\dfrac{1}{N_1} \to 0$，$\dfrac{1}{N_2} \to$ 很大，$\dfrac{1}{N_3} \to$ 很大，

所以，$\xi = H$，$\eta = K \pm \dfrac{1}{N_2}$，$\zeta = L \pm \dfrac{1}{N_3}$，$|G|^2 = N_1^2 \dfrac{\sin^2 \pi N_2 \eta}{\sin^2 \pi \eta} \dfrac{\sin^2 \pi N_3 \zeta}{\sin^2 \pi \zeta}$。

选择反射区为片状，称为倒易片。

对于三维尺寸都很小的晶体，如图 4-11(d) 所示：

$N_1 \to$ 很小，$N_2 \to$ 很小，$N_3 \to$ 很小，则 $\dfrac{1}{N_1} \to$ 很大，$\dfrac{1}{N_2} \to$ 很大，$\dfrac{1}{N_3} \to$ 很大，

所以，$\xi = H \pm \dfrac{1}{N_1}$，$\eta = K \pm \dfrac{1}{N_2}$，$\zeta = L \pm \dfrac{1}{N_3}$，

$|G|^2 = \dfrac{\sin^2 \pi N_1 \xi}{\sin^2 \pi \xi} \dfrac{\sin^2 \pi N_2 \eta}{\sin^2 \pi \eta} \dfrac{\sin^2 \pi N_3 \zeta}{\sin^2 \pi \zeta}$。选择反射区为球状，称为倒易体元。

反射球与不同形状的选择反射区相交，便会得到不同特征的衍射花样。可以根据衍射花样中的这种异常特征来研究晶体中的各种不完整性。

4.5.3 小晶体的衍射积分强度

下面讨论一个小晶体衍射的积分强度。

式(4-28) 已经给出了一个小晶体的相干散射强度的表达式为 $I_M = I_e F_{HKL}^2 |G|^2$。

现在要求的是单位时间内衍射线的总能量。换句话讲，就是要求主峰下的面积所代表的积分强度。在数学处理上，就等于将上式对整个选择反射区积分。

$$I_\Omega = \int_\Omega I_M \mathrm{d}\Omega = I_e F_{HKL}^2 \int_\Omega |G|^2 \mathrm{d}\Omega \tag{4-30}$$

为了使整个选择反射区都能有充分的机会与反射球相交产生衍射，必须使晶体绕垂直入射线且过反射面的轴转动。

图 4-12 中，当晶体绕轴转动时，就意味着倒易矢量 $r_{\xi\eta\zeta}^*$ 绕轴转动。当整个选择反射区扫过反射球面时，倒易矢量 $r_{\xi\eta\zeta}^*$ 的角度变化范围为 φ。整个选择反射区都参加衍射时的积分

强度为：

$$I_\Omega = I_e F_{HKL}^2 \int_\Omega \int_\varphi \mid G \mid^2 \mathrm{d}\Omega \mathrm{d}\alpha \qquad (4\text{-}31)$$

将式(4-31)中，对 Ω 角和 α 角的积分改换为对选择反射区的流动坐标 $\xi\eta\zeta$ 的积分。

$\mathrm{d}\Omega$ 角在反射球面上所截取的面积为 $\mathrm{d}S = \dfrac{\mathrm{d}\Omega}{\lambda^2}$。

当晶体转动时，$\mathrm{d}S$ 也移动一个相应的距离，$\mathrm{d}S$ 所移动的轨迹形成一个体元 $\mathrm{d}V^*$。实际上，当晶体转动 $\mathrm{d}\alpha$ 角时，$\mathrm{d}S$ 沿 CP 方向的位移为 $NP = PQ\cos\theta$。

而 $PQ \approx OP\mathrm{d}\alpha = \dfrac{2\sin\theta}{\lambda}\mathrm{d}\alpha$。

所以，$\mathrm{d}V^* = NP\mathrm{d}S = \dfrac{2\sin\theta\cos\theta}{\lambda}\mathrm{d}\alpha\mathrm{d}S = \dfrac{\sin2\theta}{\lambda^2}\mathrm{d}\alpha\mathrm{d}\Omega$

$$\mathrm{d}\alpha\mathrm{d}\Omega = \frac{\lambda^3}{\sin2\theta}\mathrm{d}V^*$$

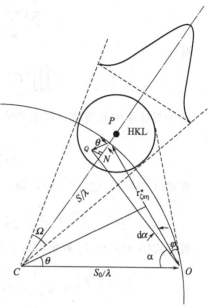

图 4-12　一个选择射区的衍射

而

$$\mathrm{d}V^* = \boldsymbol{a}^*\mathrm{d}\xi \cdot \boldsymbol{b}^*\mathrm{d}\eta \times \boldsymbol{c}^*\mathrm{d}\zeta = \boldsymbol{a}^* \cdot \boldsymbol{b}^* \times \boldsymbol{c}^* \mathrm{d}\xi\mathrm{d}\eta\mathrm{d}\zeta = V_0^*\mathrm{d}\xi\mathrm{d}\eta\mathrm{d}\zeta = \frac{1}{V_0}\mathrm{d}\xi\mathrm{d}\eta\mathrm{d}\zeta$$

式中，V^*、V_0 分别是倒易点阵和正点阵胞体积。

于是

$$\mathrm{d}\alpha\mathrm{d}\Omega = \frac{\lambda^3}{V_0\sin2\theta}\mathrm{d}\xi\mathrm{d}\eta\mathrm{d}\zeta$$

将上式代回式(4-29)得到：

$$I_\Omega = I_e F_{HKL}^2 \frac{\lambda^3}{V_0\sin2\theta} \iiint \mid G^2 \mid \mathrm{d}\xi\mathrm{d}\eta\mathrm{d}\zeta \qquad (4\text{-}32)$$

参考式(4-22)和式(4-23)，可将 G 表达为

$$G = \sum_{mnp} e^{2\pi i(m\xi+n\eta+p\zeta)}$$

$$\mid G \mid^2 = GG^* = \sum_{mnp}\sum_{m'n'p'} e^{2\pi i[(m-m')\xi+(n-n')\eta+(p-p')\zeta]}$$

于是，式(4-31)中，对 $\mid G \mid^2$ 的三重积分可写为

$$\iiint \mid G^2 \mid \mathrm{d}\xi\mathrm{d}\eta\mathrm{d}\zeta = \sum_m\sum_{m'}\int e^{2\pi i[(m-m')\xi]}\mathrm{d}\xi \cdot \sum_n\sum_{n'}\int e^{2\pi i[(n-n')\eta]}\mathrm{d}\eta \cdot \sum_p\sum_{p'}\int e^{2\pi i[(p-p')\zeta]}\mathrm{d}\zeta$$

$$(4\text{-}33)$$

在倒易空间中，选择反射区最大变化范围只能在 $\pm\dfrac{1}{2}$ 之间，因此把式(4-33)中的各积分极限均取 $\pm\dfrac{1}{2}$。以第一项为例进行积分：

$$\int_{-\frac{1}{2}}^{\frac{1}{2}} e^{2\pi i[(m-m')\xi]}\mathrm{d}\xi = \frac{\sin\pi(m-m')}{\pi(m-m')}$$

这个算式，当 $m \neq m'$ 时，它等于 0；当 $m = m'$ 时，它等于 1。所以

$$\sum_{m}\sum_{m'}\int_{-\frac{1}{2}}^{\frac{1}{2}} e^{2\pi i[(m-m')\xi]} d\xi = N_1$$

则

$$\iiint |G^2| d\xi d\eta d\zeta = N_1 N_2 N_3 = N \tag{4-34}$$

N 为晶体中的晶胞数，如果晶体的体积为 ΔV，晶胞的体积为 V_0。则 $N = \dfrac{\Delta V}{V_0}$，所以

$$\iiint |G^2| d\xi d\eta d\zeta = \frac{\Delta V}{V_0} \tag{4-35}$$

将式(4-35)代入式(4-31)，得

$$I_\Omega = I_e F_{HKL}^2 \frac{\lambda^3}{V_0 \sin 2\theta} \iiint |G^2| d\xi d\eta d\zeta = I_e F_{HKL}^2 \frac{\lambda^3}{V_0 \sin 2\theta} \frac{\Delta V}{V_0}$$

再将式(4-31)中 I_e 数值代入上式，即得

$$I_\Omega = I_e F_{HKL}^2 \frac{\lambda^3}{V_0 \sin 2\theta} \frac{\Delta V}{V_0} = I_0 \frac{e^4}{m^2 c^4} \frac{1+\cos^2 2\theta}{2} F_{HKL}^2 \frac{\lambda^3}{V_0 \sin 2\theta} \frac{\Delta V}{V_0}$$
$$= I_0 \frac{e^4}{m^2 c^4} \frac{1+\cos^2 2\theta}{2 \sin 2\theta} \frac{\lambda^3}{V_0^2} F_{HKL}^2 \Delta V \tag{4-36}$$

令

$$Q = \frac{e^4}{m^2 c^4} \frac{1+\cos^2 2\theta}{2 \sin 2\theta} \frac{\lambda^3}{V_0^2} F_{HKL}^2 \tag{4-37}$$

一个小晶体的衍射强度可表示为：

$$I = I_0 Q \Delta V$$

式(4-37)中 Q 为单位体积的反射本领，反映了物质对 X 射线的反射本领与单胞体积、衍射角、结构因子相关。

4.6 粉末多晶体衍射的积分强度

通过上面的讨论，从电子散射开始，因为电子散射而产生了偏振现象；进而，因为在不考虑原子核作用的情况下，原子是电子的集合体，讨论了一个原子的散射强度；然后，因为晶胞是原子的集合体，推导出了一个晶胞的散射强度；最后，从实际晶体的存在状态出发，讨论了一个小晶体的散射强度。

不过，现在所得到的衍射强度公式(4-36)，还不能作为实际应用的计算公式。因为在各种具体的实验方法中还存在着一些与实验方法有关的影响因素需要考虑。所以，各种不同的实验方法都有自己的衍射强度公式。实际工作中很少需要计算劳厄法和转动晶体法的衍射强度，但多晶体粉末法衍射强度的测量和计算却具有很重要的意义。所以，下面讨论多晶体粉末法的衍射强度。

4.6.1 多重因子

从干涉函数的分析中知道，每条衍射线的积分强度都有一定的角宽度。这也就是说，当某 (HKL) 晶面满足衍射条件时，衍射角有一定的波动范围，反射面法线圆锥的顶角也有

一定的波动范围。因此，反射面的法线圆锥与倒易球面相交成一个具有一定宽度的环带（图 3-25）。只有那些法线穿过环带的晶面才能满足衍射条件，其余方向上的晶面则不能参加衍射。所以，可以用环带的面积 ΔS 与倒易球的面积 S 之比来表示参加衍射晶面数的百分比。而指数一定的晶面数与晶粒数是一一对应的，即有一个晶面参加衍射，就意味着有一个晶粒参加衍射。所以，参加衍射晶面数的百分比等于参加衍射晶粒数的百分比。假如用 Δq 代表参加衍射的晶粒数，用 q 代表试样中 X 射线照射体积中的晶粒总数，则 $\dfrac{\Delta q}{q} = \dfrac{\Delta S}{S}$。

从图 3-25 可以看出，倒易球面积为 $4\pi (r^*)^2$。环带面积等于环带的周长 $2\pi r^* \sin(90-\theta)$ 乘以环带宽 $r^* \mathrm{d}\alpha$。于是

$$\frac{\Delta q}{q} = \frac{\Delta S}{S} = \frac{2\pi r^* \sin(90-\theta) r^* \mathrm{d}\alpha}{4\pi (r^*)^2} = \frac{\cos\theta}{2}\mathrm{d}\alpha$$

所以，$\Delta q = q \dfrac{\cos\theta}{2}\mathrm{d}\alpha$。

在多晶体衍射中同一晶面族 {HKL} 各等同晶面的面间距相等，根据布拉格方程，这些晶面的衍射角 2θ 都相同，因此，等同晶面族的反射强度都重叠在一个衍射圆环上。把同族晶面 {HKL} 的等同晶面数 P 称为衍射强度的多重因子。各晶系中各晶面族的多重因子列于表 4-3 中。

表 4-3　各晶面族的多重因子

晶系	hkl	hhl	$hh0$	$0kk$	hhh	$hk0$	$h0l$	$0kl$	$h00$	$k00$	$00l$
立方	48[①]	24	12	12	8	24[①]	24[①]	24[①]	6	6	6
正方	16[①]	8	4	8	8	8[①]	8	8	4	4	2
六方	24[①]	12[①]	6	12	12	12[①]	12[①]	12[①]	6	6	2
正交	8	8	8	8	8	4	4	4	2	2	2
单斜	4	4	4	4	4	4	2	4	2	2	2
三斜	2	2	2	2	2	2	2	2	2	2	2

①具有此种指数晶面的多重因子，对某些晶体，在同一衍射角处可能包含面间距相同但结构因子不同的两族晶面的衍射，如立方晶系中的（333）和（511）。

由此看来，每个衍射圆环中，实际参加衍射的晶粒总数应为：

$$\Delta Q = P\Delta q = Pq \frac{\cos\theta}{2}\mathrm{d}\alpha$$

式（4-30）已经给出了在一个小晶体中，反射球与选择反射区的某处相交时的积分强度。在求粉末多晶体衍射圆环的总积分强度时，需要将式（4-30）乘以参加衍射的晶粒数 ΔQ，并且要使反射球扫过整个选择反射区，即相当于对 $\mathrm{d}\alpha$ 积分。所以，粉末多晶体衍射圆环的总积分强度 I_c 为：

$$I_c = I_e F_{HKL}^2 \frac{\cos\theta}{2} Pq \iint |G|^2 \mathrm{d}\Omega \mathrm{d}\alpha \tag{4-38}$$

比较式（4-38）和式（4-31）两式得

$$I_c = \frac{\cos\theta}{2} Pq I_\Omega$$

将 I_Ω 的积分后表达式（4-36）代入上式得：

$$I_c = I_0 \frac{e^4}{m^2 c^4} \frac{1+\cos^2 2\theta}{2\sin 2\theta} \frac{\cos\theta}{2} \frac{\lambda^3}{V_0^2} F_{HKL}^2 Pq \Delta V$$

式中，$q\Delta V=V$，被 X 射线照射的粉末试样的体积。所以

$$I_c=I_0\frac{e^4}{m^2c^4}\frac{1+\cos^2 2\theta}{2\sin 2\theta}\frac{\cos\theta}{2}\frac{\lambda^3}{V_0^2}F_{HKL}^2 PV \tag{4-39}$$

4.6.2 角因子

在实际工作中所测量的并不是整个衍射圆环的积分强度，而是衍射圆环单位长度上的积分强度。如果衍射圆环上强度分布是均匀的，则单位长度上的积分强度 I 应等于 I_c 被衍射圆环的周长除。

如图 4-13 所示，假定衍射圆环到试样的距离为 R，则衍射圆环的半径为 $R\sin 2\theta$，衍射圆环的周长为 $2\pi R\sin 2\theta$。所以

$$I=\frac{I_c}{2\pi R\sin 2\theta}=\frac{1}{32\pi R}I_0\frac{e^4}{m^2c^4}\frac{\lambda^3}{V_0^2}VPF_{HKL}^2\frac{1+\cos^2 2\theta}{\sin^2\theta\cos\theta} \tag{4-40}$$

上式中$\frac{1+\cos^2 2\theta}{\sin^2\theta\cos\theta}$称为角因子。它由两部分组成。一部分是在单电子散射时所引入的偏振因子$\frac{1+\cos^2 2\theta}{2}$，另一部分是由衍射几何特征而引入的$\frac{1}{\sin^2\theta\cos\theta}$，称为洛伦兹因子。所以，角因子又称为洛伦兹-偏振因子。

角因子与 θ 角的关系如图 4-14 所示。角因子的数值可以在附录 7 中查到。应该注意的是，由于洛伦兹因子是由具体的衍射几何而引入的，所以各种不同衍射方法的角因子表达式也各不相同。

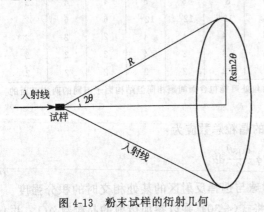

图 4-13 粉末试样的衍射几何   图 4-14 角因子与布拉格角 θ 的关系

4.6.3 温度因子

在推导衍射强度公式的过程中，一直把原子看成是固定不动的，但这并不符合实际情况。近代的物质动力学理论表明，固体物质中的原子始终在不断地振动着，当温度升高时，振动的幅度增大，故把这种振动称为原子的热振动。实际上，晶体中原子的中心几乎一直不在其平衡位置上，而是向各个方向偏移。原子的热振动有时相当显著，例如，铝在室温下，原子中心偏离其平衡位置的平均位移约为 0.017nm。

由于原子热振动使点阵中原子排列的周期性受到部分破坏，因此晶体的衍射条件也受到部分破坏，从而使衍射线强度减弱。为了校正原子热振动对衍射强度的影响，通常是在积分

强度公式(4-40)中再乘上一个温度因子。温度因子等于存在原子热振动影响时的衍射强度 I_T 与不存在原子热振动的理想情况下衍射强度 I 之比。根据固体比热理论计算，温度因子可表达为：

$$D = \frac{I_T}{I} = e^{-2M} \tag{4-41}$$

或

$$e^{-2M} = \frac{f}{f_0} \tag{4-42}$$

式中，f_0 为绝对零度时的原子散射因子。

当温度越高时，f 值越小。e^{-2M} 为校正原子散射因子的温度因子，它是由德拜 (Debye P) 首先研究出来然后又经过瓦洛 (Waller I) 校正的，所以，也称为德拜因子，或德拜-瓦洛因子。M 的表达式为：

$$M = \frac{6h^2 T}{m_a k \Theta^2} \left\{ \phi(x) + \frac{x}{4} \right\} \frac{\sin^2\theta}{\lambda^2} \tag{4-43}$$

式中，h 为普朗克常数；m_a 为原子质量；k 为玻尔兹曼常数；Θ 为特征温度的平均值 ($\Theta = \frac{h\upsilon_m}{k}$，$\upsilon_m$ 为固体弹性振动的最大频率)，某些金属的 Θ 值列于表 4-4 中；$x = \frac{\Theta}{T}$；T 为绝对温度；θ 为半衍射角；λ 为 X 射线波长；$\phi(x)$ 为德拜函数，$\phi(x) = \frac{1}{x} \int_0^x \frac{\xi d\xi}{e^\xi - 1}$，$\xi = \frac{h\upsilon}{kT}$，$\upsilon$ 为固体弹性振动频率，$\phi(x)$ 的数值列于表 4-5 中。

从式(4-43) 可以看出：温度因子 e^{-2M} 与 T、θ 的关系。对一定的 θ 角，T 愈高，M 愈大，e^{-2M} 愈小，即原子热振动对衍射强度影响愈大；当 T 一定时，θ 愈大，M 愈大，e^{-2M} 愈小，即在同一个衍射花样中，θ 角愈大，原子热振动对衍射强度的影响愈大。

M 还可以通过原子偏离其平衡位置的均方位移 $\overline{u}^2$ 来表示。

$$M = \frac{8}{3} \pi^2 \overline{u}^2 \frac{\sin^2\theta}{\lambda^2} \tag{4-44}$$

如果 $\overline{u_s^2}$ 是各向同性的，则 $\overline{u_s^2} = \frac{1}{3}\overline{u}^2$，$\overline{u_s^2}$ 为反射面法线方向的均方位移。所以，

$$M = 8\pi^2 \overline{u_s^2} \frac{\sin^2\theta}{\lambda^2} \tag{4-45}$$

所以，比较式(4-44) 和式(4-45) 两式得

$$\overline{u}^2 = \frac{9h^2 T}{4\pi^2 m_s k \Theta^2} \left[\phi(x) + \frac{x}{4} \right] \tag{4-46}$$

表 4-4　某些金属的 Θ 值

金属	Θ	金属	Θ	金属	Θ	金属	Θ
Li	510	Mn	350	Rh	370	W	310
Be	900	Fr	430	Pd	275	Re	300
Na	150	Co	410	Ag	210	Cs	250
Mg	320	Ni	375	Cd	155	Ir	285

金属	Θ	金属	Θ	金属	Θ	金属	Θ
Al	390	Cu	320	In	100	Pt	230
Si	790	Zn	220	Sn	130	Au	175
K	00	Sr	170	Sb	140	Hg	95
Ca	230	Zr	230	La	150	Tl	93
Ti	350	Mo	330	Hf	213	Pb	88
Cr	485	Ru	400	Ta	245	Bi	100

表 4-5　在不同 x 下的德拜函数

x	$\phi(x)$	$\phi(x)+\dfrac{x}{4}$	x	$\phi(x)$	$\phi(x)+\dfrac{x}{4}$
0.0	1.000	1.000	3.0	0.483	1.233
0.2	0.951	1.001	4.0	0.388	1.388
0.4	0.904	1.004	5.0	0.321	1.446
0.6	0.860	1.010	6.0	0.271	1.771
0.8	0.818	1.018	7.0	0.234	1.984
1.0	0.778	1.028	8.0	0.205	2.205
1.2	0.740	1.040	9.0	0.183	2.433
1.4	0.704	1.054	10.0	0.164	4.664
1.6	0.669	1.069	12.0	0.137	3.137
1.8	0.637	1.087	14.0	0.114	3.614
2.0	0.607	1.107	16.0	0.103	4.103
2.5	0.540	1.164	20.0	0.082	5.083

当 $T>\Theta$，即 $x=\dfrac{\Theta}{T}<1$ 时，从表 4-5 可以看出，$\left[\phi(x)+\dfrac{x}{4}\right]\approx1$。则

$$\overline{u}^2=\frac{9h^2T}{4\pi^2 m_s k\Theta^2}$$

特征温度 Θ 可以根据同一条衍射线在不同温度下的强度变化来求出。知道 Θ 之后，便可通过式(4-46)计算出原子的均方位移 $\overline{u}^2$。

在已知 Θ 和 $\phi(x)$ 的情况下，可以计算出温度因子的数值。附录8给出了德拜-瓦洛温度因子数据表。

考虑温度因子的影响后，衍射强度公式(4-40)可以改写为：

$$I=\frac{1}{32\pi R}I_0\,\frac{e^4}{m^2 c^4}\frac{\lambda^3}{V_0^2}VPF_{\mathrm{HKL}}^2\,\frac{1+\cos^2 2\theta}{\sin^2\theta\cos\theta}\mathrm{e}^{-2M} \tag{4-47}$$

原子热振动的另一个影响是产生相干漫散射，使衍射花样的背底升高，这种升高程度随 θ 角的增大而愈甚。把这种漫散射称为"热漫散射"，它的能量等于原子热振动引起衍射线强度降低的能量。

4.6.4　吸收因子

影响衍射线强度的另一个因素是试样本身对 X 射线的吸收。为了校正试样吸收对衍射线强度的影响，通常是在衍射强度公式(4-47)乘上一个吸收因子 $A(\theta)$，它表示试样吸收对衍射强度影响的百分数。当没有吸收的影响时，$A(\theta)=1$。由于试样吸收而引起的衍射强度

衰减得愈厉害，$A(\theta)$ 的数值就愈小。

在考虑了试样吸收对衍射线强度的影响之后，可将式(4-47) 写成为：

$$I=\frac{1}{32\pi R}I_0\frac{e^4}{m^2c^4}\frac{\lambda^3}{V_0^2}VPF_{HKL}^2\frac{1+\cos^2 2\theta}{\sin^2\theta\cos\theta}e^{-2M}A(\theta) \qquad (4\text{-}48)$$

在衍射仪法的衍射几何中，入射线和衍射线与试样表面始终保持着相同的掠射角 θ，因此入射线和衍射线在试样中所经过的路程是相同的，如图 4-15 所示。

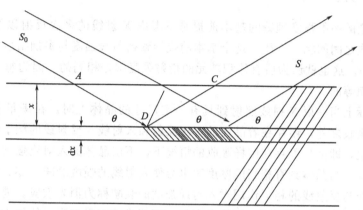

图 4-15　平板试样的吸收情况

一束横截面积为 S、强度为 I_0 的入射线以与试样表面成 θ 角的方向投射到平板试样上，衍射线与试样表面的夹角亦为 θ，现在来讨论离开表面深度为 x 的一个薄层 dx 的衍射情况。入射线进入试样之后在到达薄层之前要经过一段路程 AD，被吸收一部分能量，因此参加薄层衍射的入射线强度被衰减，根据吸收定律，它应为 $I_0e^{-\mu AD}$，其中 μ 为线吸收系数。同样，衍射线在离开试样表面之前也要经过一段路程 DC 的吸收，因此衍射线强度也要乘一个衰减因数 $e^{-\mu DC}$。

根据衍射强度理论，衍射线的强度应等于入射线强度、单位体积的反射本领和参加衍射的试样体积的乘积，在考虑试样吸收的情况下，薄层的衍射强度应为：

$$dI=QI_0e^{-\mu AD}e^{-\mu DC}dV=QI_0e^{-\mu(AD+DC)}dV$$

从图 4-15 得知：$AD=DC=\dfrac{x}{\sin\theta}$；$dV=\dfrac{S}{\sin\theta}dx$

所以，$dI=I_0QSe^{-\frac{2\mu x}{\sin\theta}}\dfrac{1}{\sin\theta}dx$

将薄层的衍射强度对可能参加衍射的厚度积分就得到试样的衍射强度。由于试样厚度对衍射而言是足够的，故积分极限可取 0 到无穷大。

所以

$$I=I_0QS\int_0^\infty e^{-\frac{2\mu x}{\sin\theta}}\frac{1}{\sin\theta}dx=I_0QS\frac{1}{2\mu} \qquad (4\text{-}49)$$

衍射仪法平板试样的吸收因子 $\left[A(\theta)=\dfrac{1}{2\mu}\right]$ 与衍射角无关，在同一衍射花样中对各衍射峰，它是固定不变的常数。因此，在衍射仪法中计算衍射峰相对强度变化时可以不必考虑吸收因子的影响。

将吸收因子代入衍射积分强度式(4-48) 中，可以得到使用平板试样时，衍射仪的衍射积分强度为：

$$I=\frac{1}{32\pi R}I_0\ \frac{e^4}{m^2c^4}\frac{\lambda^3}{V_0^2}VPF_{HKL}^2\ \frac{1+\cos^2 2\theta}{\sin^2\theta\cos\theta}\mathrm{e}^{-2M}\ \frac{1}{2\mu} \tag{4-50}$$

此公式是粉末衍射仪上使用平板样品时，测得的衍射峰的强度。

如果采用圆柱试样，吸收情况比较复杂，可查阅附录9。

4.6.5 消光效应

前面所讨论的衍射强度理论的基本前提是不考虑 X 射线的多次反射以及经多次反射后反射线与入射线之间的相干作用。这个基本前提导致衍射线强度与参加衍射的试样体积成正比，见式(4-50)。这也就认为所有体积单元的衍射强度都是相同的，因为每个体积单元的入射线强度都是相等的。

可是，实际上当一束 X 射线照射到具有一定尺寸的晶体上时，在满足布拉格定律的条件下，除试样吸收之外，还存在着晶面的多次反射和入射线与反射线的相干作用对入射线强度的衰减。因此，即使是不存在试样吸收的情况下，下层晶体的入射线强度也要比上层晶体的入射线强度弱，当晶体具有相当的厚度时也会使入射线的强度衰减到零。这种由于晶面多次反射和入射线与反射线的相干作用对入射线强度的衰减称为消光效应。消光效应与试样的吸收不同，试样吸收在任何情况下都是存在的，而消光效应只有当晶体处于反射位置时才能产生，否则等于零。晶体的反射本领愈强，消光效应愈显著。

消光效应可分为初级消光和次级消光两种。

（1）初级消光

如图 4-16 所示。在理想完整晶体中，入射线每通过一个晶面时，都会产生透射的和反射的两个波。每经一次反射就从入射线中损耗一部分能量，并且造成 $\frac{\pi}{2}$ 的相位差。二次反射

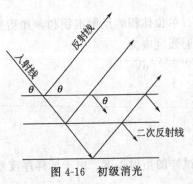

图 4-16　初级消光

波的方向又与入射波方向相同，但二次反射波与入射波之间存在着半波（π）相位差，故两者的相位相反。因此，二次反射波消减入射波的振幅，使入射线的强度衰减。把这种消光效应称为"初级消光"。很明显，入射线通过的晶面愈多，初级消光愈显著。当晶体很薄时，初级消光可忽略不计。

（2）次级消光

实际晶体是由许多嵌镶块组成的，初级消光效应只能在嵌镶块内产生。当嵌镶块很小时，可以认为初级消光实际上是不存在的。但这并不是说没有消光效应，而是产生另一种消光效应。各嵌镶块之间均有很小的取向角差，在这许多嵌镶块中总会有一些取向相同。当这些同取向的嵌镶块处于反射位置时，则入射线每通过一个处于反射位置的嵌镶块就会有一部分能量被反射，从而使入射线强度衰减，这种消光效应称为"次级消光"。对次级消光，虽然也能产生二次反射波，但是由于嵌镶块之间没有固定的位置关系，因此，二次反射波与入射波之间不可能有一定的相位关系，所以不会产生振幅的消减。

（3）理想不完整晶体

消光效应的存在和晶体的结构状态有关。在理想完整晶体中只有初级消光，没有次级消光。在实际晶体中由于嵌镶结构的存在，所以在一般情况下，两种消光效应都可能存在。但是，当嵌镶块很小时，实际上初级消光很小，可以忽略不计。当嵌镶块之间的取向角差很大时，次级消光也可以忽略不计。如果上述两种情况同时存在于同一晶体中，即嵌镶块很小，而且它们之间的取向角差又很大时，则可以认为这样的晶体中不存在消光效应。既不存在初级消光也不存在次级消光的晶体称为理想不完整晶体。

在理想不完整晶体的基础上发展起来的衍射强度理论称为运动学理论。在理想完整晶体的基础上发展起来的衍射强度理论称为动力学理论。这两种衍射理论的根本区别在于，动力学理论考虑了多次反射的反射线与入射线的相互作用，而运动学理论则并不考虑这种作用。实际晶体不可能是理想状态，它们总是介于二者之间。所以说，这两种理论哪一个也不可能完全准确地表达实际晶体的真实情况。但是，理想状态是从实际晶体中概括出来的，各种类型的实际晶体总是或者更接近于理想完整晶体，或者更接近于理想不完整晶体。对前者，要用衍射强度的动力学理论，而对后者，则要用衍射强度的运动学理论。

大多数实用金属及合金都具有嵌镶块结构，消光效应影响不大，例如，嵌镶块尺寸为 $100\sim1000nm$ 的粉末多晶体可以近似地看成是理想不完整晶体。因此，衍射强度的运动学理论可以给出与实验符合较好的结果。当需要校正消光效应的影响时，可以在运动学理论的衍射强度公式中引入初级消光或次级消光效应的因子。

对于那些发育完整的晶体，如硅、锗等半导体，则需要考虑衍射的动力学效应，最好应用衍射强度的动力学理论。

在这一章中，从电子散射使 X 射线产生偏振开始，一步一步地从电子散射到原子散射到单胞散射再到小晶体散射，最后考虑实际的实验方法，推导出了粉末 X 射线衍射方法中衍射强度的计算公式，这个公式是衍射强度的实用公式。应当注意到的是，在公式的推导过程中，学习了电子散射方式、原子散射、原子种类和原子坐标，以及晶体的尺寸效应对强度的影响。这些对于理解衍射强度是非常重要的。

练　习

练习 4-1：原子散射因子的物理意义是什么？某元素的原子散射因数与其原子序数有何关系？

练习 4-2：洛伦兹因子是表示什么对衍射强度的影响？其表达式是综合了哪几方面考虑而得出的？

练习 4-3：计算结构因子时，基点的选择原则是什么？如计算面心立方点阵，选择（0，0，0）、（1，1，0）、（0，1，0）与（1，0，0）四个原子是否可以，为什么？

练习 4-4：某斜方晶体晶胞含有两个同类原子，坐标位置分别为（3/4，3/4，1）和（1/4，1/4，1/2），该晶体属何种布拉菲点阵？写出该晶体（100）、（110）、（211）、（221）等晶面反射线的 F^2 值。

练习 4-5：CuK$_\alpha$ 辐射（$\lambda=0.154nm$）照射 Ag(fcc) 样品，测得第一衍射峰位置 $2\theta=38°$，试求 Ag 的晶胞参数。

练习 4-6：实际晶体、理想完整晶体、理想不完整晶体在消光效应上有何差异？

练习 4-7：从物相的衍射强度出发，说明为什么同一物相中各衍射峰的强度并不相同；而且有些晶面的面间距大小满足布拉格定律，却并不会出现这些晶面的衍射？再解释一下，在相同的衍射角度范围和相同的入射波长的条件下，对称性高的物相的衍射线数目多还是对称性低的衍射线数目多。

练习 4-8：某单质属于简单立方晶体结构，其点阵参数 $a=0.2nm$。如用 CuK_α X 射线（$\lambda=0.1540nm$）照射其多晶样品时，可以得到多少个衍射峰？若加入某种元素后形成面心立方的固溶体（晶胞参数基本不变），可以得到哪些衍射峰？请分别写出这些衍射峰的干涉面指数。

练习 4-9：闪锌矿（ZnS）的晶体结构与金刚石非常相似，只不过金刚石是由同一种原子组成，而闪锌矿（ZnS）是由两种原子组成，当金刚石立方单胞内的 C 原子换成 S 原子，顶点和面心处的 C 原子换成 Zn 原子时，就是闪锌矿结构。此时 Zn 原子的占位为（0，0，0）、（0.5，0.5，0）、（0，0.5，0.5）、（0.5，0，0.5），S 原子的点位为（0.25，0.25，0.25）、（0.75，0.75，0.25）、（0.75，0.25，0.75）、（0.25，0.75，0.75）。若 ZnS 的晶胞参数为 5.4，试讨论当用 Cu 辐射时，而且不考虑温度影响的情况下，闪锌矿（ZnS）晶体前 3 条衍射线的相对强度。

练习 4-10：分析菱面体点阵用六角坐标表示和不用六角坐标表示时的消光规律。

第5章

X射线衍射仪和数据采集方法

通过前面的学习，已经掌握了 X 射线衍射的基本原理和方法。在这一章中讨论衍射实验的 3 个问题：首先介绍 X 射线衍射仪的组成原理和硬件组成，然后结合硬件构成说明粉末衍射数据采集的实验参数设置方法，最后介绍粉末衍射样品的制备方法及数据采集方法。实验的成败往往在于样品的制备方面，只有样品制备正确才可能得到正确的实验结果；为了得到合格的实验数据，必须根据具体的实验目的来设置实验参数，实验参数的设置依赖于硬件（主要是测角仪）条件的改变。从这个关系来上说，本章的学习对于掌握 X 射线衍射实验技术并运用于科学研究至关重要。

5.1 X射线衍射仪的基本组成

X 射线衍射仪是按照晶体对 X 射线衍射的几何原理设计制造的衍射实验仪器。在测试过程中，由 X 射线管发射出的 X 射线照射到多晶体试样上产生衍射现象，用辐射探测器接收衍射线的 X 射线光子，经测量电路放大处理后在显示或记录装置上给出精确的衍射线位置、强度和线形等衍射信息。这些衍射信息作为各种实际应用问题的原始数据。

1912 年布拉格（W. H. Bragg）首先使用了电离室探测 X 射线衍射信息的装置，此即最原始的 X 射线衍射仪。近代 X 射线衍射仪是 1943 年在弗里德曼（H. Fridman）的设计基础上制造的。20 世纪 50 年代 X 射线衍射仪得到了普及应用。随着技术科学的迅速发展，促使现代电子学、集成电路、电子计算机等先进技术进一步与 X 射线衍射技术结合，使 X 射线衍射仪向强光源、高稳定、高分辨、多功能、全自动的联合组机方向发展，可以自动地给出大多数衍射实验工作的结果。

X 射线衍射仪的基本组成及各部分的功能如下。

① X 射线发生器　由高压发生器提供灯丝电流，并在光管的阴极和阳极之间加载数万伏特的电压，使 X 射线管发出 X 射线。

② 衍射测角仪　是 X 射线衍射仪的核心部分，由样品台、X 射线管、计数器以及光路中的各种狭缝组成。当样品保持不动时，X 光管与计数器作匀速相向运动。二者与样品表面均呈 θ 角。在每一个计数步长（$\Delta 2\theta$）角位置上，X 光管发出的 X 射线经过光阑系统后照射到粉末多晶体试样表面而产生衍射。衍射光经过光阑和滤波系统后进入计数器，计数器将衍射光强度信号转换成电信号，经甄别、放大后记录下来，并绘制出以衍射角（2θ）为横坐标、以计数强度（Intensity）为纵坐标的 X 射线衍射谱。

③ 测量控制电路　由衍射仪的控制电路和测量数据前级处理电路组成。
④ 控制操作系统　安装在计算机上的控制软件对仪器各种软硬件管理。
⑤ 数据测量软件　在计算机上设置各种实验参数，并执行测量。
⑥ 数据处理软件　测量出来的数据使用专业软件进行处理，得到需要的处理结果。

图 5-1　Rigaku SmartLab 型 X 射线衍射仪

图 5-1 是日本理学株式会社生产的 SmartLab 型粉末 X 射线衍射仪。图 5-2 绘出的是 X 射线衍射仪基本结构的方框图。在仪器控制系统的驱动下，高压发生器给光管灯丝加载灯丝加热电流，给光管加载高压，X 射线从光管发出，照射在样品上。在数据采集系统的驱动下，保持样品不动，光管和计数器作相向运行，从而测量到不同衍射角位置的衍射强度，得到一张衍射谱图。

在衍射仪上配备各种不同功能的测角仪或附件，并与相应的控制和计算软件配合，便可执行各种特殊功能的衍射实验。例如，四圆单晶衍射仪、微区衍射测角仪、小角散射测角仪、织构测角仪、应力分析测角仪、薄膜衍射附件、高温衍射和低温衍射附件等。除此以外，还可以搭载其他的测量设备共享一个样品，以获得 X 射线衍射和其他原位数据，如电池充放电原位附件、热分析（DSC）等。本章以 X 射线粉末衍射仪为例，介绍其基本工作原理。

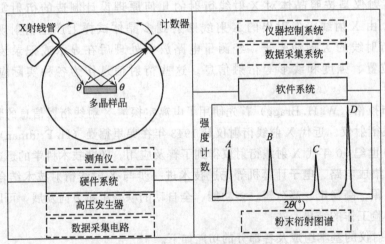

图 5-2　衍射仪基本结构方框图

5.2　测角仪的工作原理

测角仪是 X 射线衍射仪的核心组成部分。图 5-3 是 SmartLab 型粉末 X 射线衍射仪的测角仪。测角仪主要由光管、计数器、样品台、光路系统组成。图 5-4 绘出的是测角仪的结构示意图。试样台位于测角仪中心，试样台的中心轴 ON 与测角仪的中心轴（垂直纸面）O 垂直。现代衍射仪采用 θ-θ 模式，保持样品台不动。在试样台上装好试样后，要求试样表面严格地与测角仪中心轴重合。衍射实验中，通常采用线焦点窗口发射出 X 射线。入射线从 X 射线管焦点 F 发出，经入射光阑系统 S_1、H 投射到试样表面产生衍射，衍射线经接收光阑系统 M、S_2、G 进入计数器 D。X 射线管焦点 F 和接收光阑 G 位于同一圆周上，把这个圆周称为测角仪（或衍射仪）圆，把该圆所在的平面称为测角仪平面。光管焦点 F 和计数器 D 分别固定在两个同轴的圆盘上，由两个步进马达驱动。在衍射测量时，试样保持不动，光管 F 和探测器 D 作同角速度的相向运动，不断地改变入射线与试样表面的夹角 θ 和计数器与试样表面的夹角 θ，接收各衍射角 2θ（入射线和衍射线的夹角）所对应的衍射强度。现代衍射仪设计为光管、试样台和探测器可以独立转动，以适应其他特殊的需要。

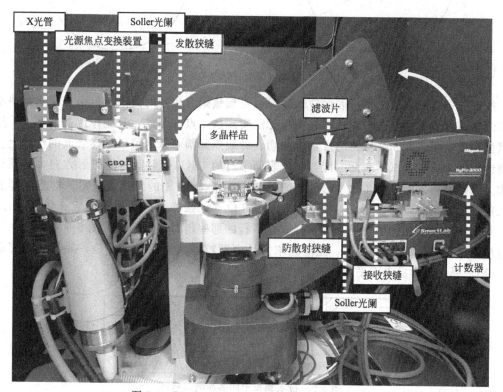

图 5-3　Rigaku SmartLab 型粉末 X 射线衍射仪

　　测角仪的衍射几何是按着 Bragg-Brentano 聚焦原理设计的。如图 5-4 所示，采用准聚焦 X 射线（为减小光强度损失，一般情况下不采用平行光）。X 射线管的焦点 F、计数器的接收狭缝 G 和试样表面位于同一个聚焦圆上。因此可以使由 F 点射出的发散束经试样衍射后的衍射束在 G 点聚焦（图 5-4）。从图 5-4 可以看出，除 X 射线管焦点 F 之外聚焦圆与测角仪圆只能有一点相交。这也就是说，无论衍射条件如何改变，在一定条件下，只能有一条衍射线在测角仪圆上聚焦。因此，沿测角仪圆移动的计数器只能逐个地对衍射线进行测量。当计数器沿测角仪圆扫测衍射花样时，聚焦圆半径将随之改变。聚焦圆半径 l 与 θ 角的关系可由图 5-5 得出：

$$\frac{R}{2l} = \cos\left(\frac{\pi}{2} - \theta\right) = \sin\theta$$

$$l = \frac{R}{2\sin\theta}$$

(5-1)

式中，R 为测角仪圆半径。

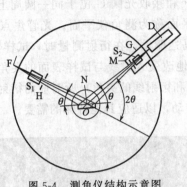

图 5-4　测角仪结构示意图

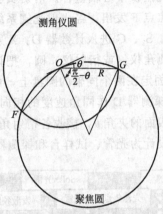

图 5-5　测角仪的衍射几何

　　按聚焦条件的要求，试样表面应永远保持与聚焦圆有相同的曲面。但由于聚焦圆曲率半径在测量过程中不断变化，而试样表面却无法实现这一点。因此，只能作近似处理，采用平板试样，使试样表面始终保持与聚焦圆相切，即聚焦圆圆心永远位于试样表面的法线上。为了使计数器永远处于试样表面（即与试样表面平行的 HKL 衍射面）的衍射方向，必须让光管焦点和计数器同时绕测角仪中心轴相向转动，并保持 1：1 的角速度关系。即当试样表面与入射线成 θ 角时，计数器正好处在 2θ 角的方位（计数器与样品表面也成 θ 角）。由此可见，粉末衍射仪所探测的始终是与试样表面平行的那些衍射面。例如，图 5-6 中，绘制了各个晶粒中某 {hkl} 晶面的取向。虽然粉末样品中颗粒的数量巨大，但是，并不是全部晶粒的 {hkl} 晶面与样品表面平行。

图 5-6　粉末颗粒中同名晶面的取向

　　测角仪的光路布置如图 5-7 所示。

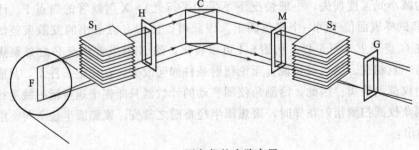

图 5-7　测角仪的光路布置

　　测角仪要求与 X 射线管的线焦斑连接使用，线焦斑的长边与测角仪中心轴平行。使用线焦斑可使较多的入射线能量投射到试样。但在这种情况下，如果只采用通常的狭缝光阑便

无法控制沿狭缝长边方向的发散度，从而会造成衍射~~象，在测角仪光路中采用由狭缝光阑和梭拉光阑组成的联~~

（1）发散狭缝光阑 H

狭缝 H 是用来限制入射线在测角仪平面方向上的发散度，同时~~的投射能量和照射面积。发散光阑狭缝宽度的选择应以入射线的投射面~~表面为原则。在光阑尺寸不变的情况下，2θ 角愈小，入射线对试样的照射~~发散狭缝的宽度应以测量范围内 2θ 角最小的衍射峰为依据来选定。由衍射几何~~在测角仪半径 R 一定的情况下，试样表面被照射的宽度 A 与光阑的发散角 β、衍射~~关系式为：

$$A = \left[\frac{1}{\sin\left(\theta + \frac{\beta}{2}\right)} + \frac{1}{\sin\left(\theta - \frac{\beta}{2}\right)} \right] R \sin\frac{\beta}{2} \approx \frac{R\beta}{\sin\theta} \tag{5-2}$$

于是，有

$$\beta° = \frac{180}{\pi}\frac{A}{R}\sin\theta \tag{5-3}$$

式中，β 的单位为度，(°)。可以利用式(5-2)，根据试样尺寸和要测量的初始 2θ 角来选择发散狭缝光阑。

例如，对热焦斑尺寸为 $1\times10\mathrm{mm}^2$（有效投射焦斑为 $0.1\times10\mathrm{mm}^2$）的 X 射线管，当采用 $1°$ 的发散狭缝光阑，$2\theta=18°$ 时，试样被照射的宽度为 20mm，被照射面积为 $20\times10\mathrm{mm}^2$。随着 2θ 角增大，被照射的宽度（或面积）减小，而照射深度增加。如果只测量高衍射角的衍射线时，可选用较大的发散狭缝，以便得到较大的入射线能量。例如，对 $R=200\mathrm{mm}$，$A=20\mathrm{mm}$，测量的初始 $2\theta=20°$ 的情况，应选用 $1°$ 的发散狭缝光阑。

（2）接收狭缝 G

狭缝 G 是用来控制衍射线进入计数器的能量。它的大小可根据实际测量的具体要求选定。接收狭缝的宽度对衍射峰的强度、峰背比和分辨率都有明显的影响。增大接收狭缝时，可以增加衍射强度，但同时也降低峰背比和分辨率，这对测量弱峰和分辨相邻的衍射峰都是不利的。在一般情况下，只要衍射强度足够时，应尽可能地选用较小的接收狭缝。当然也不能过分，如果选用过小的接收狭缝，虽然可以提高分辨率和降低峰背比，但由于衍射强度太弱，会使本来可以出现的衍射信息反而探测不到。所以，接收狭缝要根据测试任务的主要要求，恰如其分地选择。

（3）防寄生散射光阑 M

狭缝 M 的作用是挡住衍射线以外的寄生散射（例如自然光），它的宽度等于或稍大于衍射线束的宽度，对衍射线本身没有影响，只影响峰背比。一般选用与发散狭缝相同的光阑。

（4）梭拉光阑

梭拉光阑由一组互相平行、间隔很密的重金属（Ta 或 Mo）薄片组成。安装时要使薄片与测角仪平面平行，这样可将垂直测角仪平面方向的 X 射线发散度控制在 $3°$ 左右。

5.3 滤波方法

X 光管发出的光包括连续谱和特征谱，一般衍射实验中必须把连续谱光强度和 K_β 滤

原面 K_α。

（1）滤波片法

滤波的方法包括滤波片和单色器。滤波片已经在第 1 章中作过介绍。由图 1-19 可以看出，滤波片可以有效地去除绝大部分的连续谱造成的背景强度和 K_β 强度，得到比较纯净的 K_α。这些残留强度的大小与滤波片的厚度密切相关。滤波片越厚，滤波越纯净，但同时对 K_α 的吸收也越强烈。因此，必须选择一个合适的滤波厚度。表 5-1 列出了几种阳极靶材对应的滤波片材料和相应合适的厚度值。

表 5-1 各种阳极材料对应的滤波片及其厚度

阳极靶				滤波片				
靶材	原子序数	K_α 波长/Å	K_β 波长/Å	材料	原子序数	λ_K/Å	厚度① mm	$I/I_0(K_\alpha)$
Cr	24	2.2909	2.08480	V	23	2.2690	0.016	0.50
Fe	26	1.9373	1.75653	Mn	25	1.8964	0.016	0.46
Co	27	1.7902	1.62075	Fe	26	1.7429	0.018	0.44
Ni	28	1.6591	1.50010	Co	27	1.6072	0.013	0.53
Cu	29	1.5418	1.39217	Ni	28	1.4869	0.021	0.40
Mo	42	0.7107	0.63225	Zr	40	0.6888	0.180	0.31
Ag	47	0.5609	0.49701	Rh	45	0.5338	0.079	0.29

①滤波后的 K_β/K_α 强度比为 1/600。

（2）单色器法

为了消除衍射花样的背底，最有效的办法是利用晶体单色器。通常的做法是在衍射线光路（也可以在入射光路）上安装弯曲晶体单色器，如图 5-8 所示。由试样衍射产生的衍射线（一次衍射线）经光阑系统投射到单色器中的单晶体上，调整单晶体的方位使它的某个高反射本领晶面（高原子密度晶面）与一次衍射线的夹角刚好等于该晶面对 K_α 辐射的布拉格角。这样，由单晶体衍射后发出的二次衍射线就是纯净的与试样衍射线对应的 K_α 衍射线。

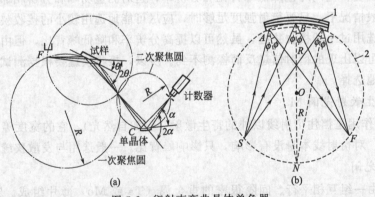

(a)　　　　　　　　　(b)

图 5-8　衍射束弯曲晶体单色器

晶体单色器既能消除 K_β 辐射，又能消除由连续 X 射线和荧光 X 射线产生的背底。但是，通常使用的衍射束石墨弯曲晶体单色器却不能消除 $K_{\alpha2}$ 辐射，所以经弯曲晶体单色器聚焦的二次衍射线，由计数器检测后给出的是 K_α 双线（$K_{\alpha1}$ 和 $K_{\alpha2}$）衍射峰。

石墨晶体单色器选用（0002）反射面。使用石墨弯曲晶体单色器，对 CuK_α 辐射而言，其衍射强度与不用单色器时相比大约降低 36%。这相当于使用抑制 K_β 辐射的滤波片时，衍射强度降低的程度。使用 CuK_α 辐射测试铁基样品时，由于强烈的荧光效应，导致衍射强度很低而背景很高的"低峰背比"现象，对于数据的分析极为困难。在 CuK_α 辐射上使用石墨单色器测试铁基试样，可使背底降到 10cps（每秒计数），得到满意的结果。但是对与 X 射线管靶元素相同的试样，使用单色器去除荧光的效果不大。这是因为由连续 X 射线激发试样而产生的荧光 X 射线与 X 射线管发射的标识 X 射线具有同样波长的缘故（图 5-9）。

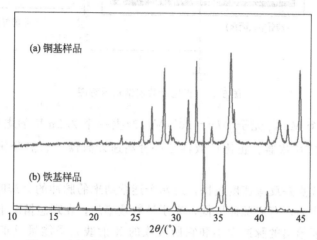

图 5-9　铜辐射衍射束弯曲晶体单色器的单色化效果

由于试样和晶体单色器都能使衍射线偏振，因此在衍射束上加入晶体单色器时，衍射强度的偏振因子 $\dfrac{1+\cos^2 2\theta}{2}$ 应改为 $\dfrac{1+\cos^2 2\theta \cos^2 2\alpha}{2}$，式中的 2α 为晶体单色器的衍射角。

5.4　辐射探测器

X 射线衍射仪可用的辐射探测器有正比计数器、盖革计数器、闪烁计数器、Si（Li）半导体探测器、位敏探测器等。闪烁计数器一般作为现代衍射仪的标准配置，先进的衍射仪通常配置一维阵列探测器和二维面探测器。

（1）正比计数器

正比计数器以辐射光子对气体电离为基础，它的基本结构如图 5-10 所示。

在计数器中，由一个 ϕ25mm 左右的金属圆筒作阴极，用一根细钨丝安置在阴极圆筒的轴心上，作为阳极，两极间加 1～2kV 的直流电压。计数器内注入一个大气压的氩气（90%）和甲烷（10%）的混合气体。X 射线衍射仪一般使用封闭型正比计数器。计数器窗口由对 X 射线透明度很高的铍箔制成。当一个 X 射线光子进入计数器时，使计数器内气体电离。在电场的作用下，电离后的电子和正离子分别向两极运动，在电子向阳极运动过程中逐渐被加速而获得更高的动能。这些电子与气体分子碰撞时，将引起进一步的电离，产生大量的电子涌到阳极，即发生一次所谓电子"雪崩效应"，把这种现象称为气体放大作用。就这样，每当有一个光子进入计数器时就产生一次电子雪崩，在计数器两极间就有一个易于探测的电脉冲通过。在电压一定时，正比计数器所产生的电脉冲值与被吸收的光子能量呈正比。例如，吸收一个 CuK_α 光子（$h\upsilon = 9keV$）产生一个 1.0mV 的

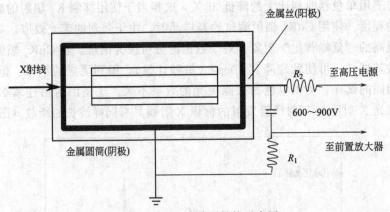

图 5-10　正比计数器结构示意图

电压脉冲；吸收一个 MoK_{α} 光子（$h\nu = 20keV$）产生一个 2.2mV 的电压脉冲。所以，这种计数器被称为正比计数器。正比计数器是一种高速计数器，它能分辨输入率高达 $10^6/s$ 的分离脉冲。

正比计数器的优点是反应速度极快，对两个连续到来的脉冲的分辨时间只需 $1\mu s$；它性能稳定，能量分辨率高，背底脉冲极低，光子计数效率高，在理想情况下可以认为没有计数损失；正比计数器所给出的脉冲大小和它所吸收的 X 射线光子能量成正比，故用作衍射强度测定比较可靠，而且还可与脉冲高度分析器联用。其缺点也很明显，它对于温度比较敏感，由于雪崩引起的电压瞬时降落只有几毫伏，计数管需要高度稳定的电压。

（2）闪烁计数器

闪烁计数器是利用固体发光（荧光）作用的计数器，它的基本结构如图 5-11 所示。

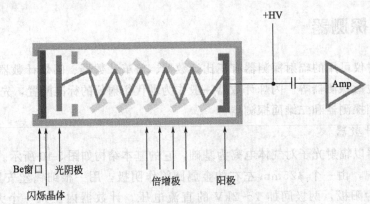

图 5-11　闪烁计数器结构示意图

发光体一般是用少量（0.5％左右）铊活化的碘化钠（NaI）单晶体。这种晶体经 X 射线照射后能发射可见的蓝光。碘化钠晶体紧贴在光电倍增管的光敏阴极上，除铍箔窗口外，其他部分均与可见光隔绝。光敏阴极由光敏物质（铯锑的金属间化合物）制成。当晶体吸收一个 X 射线光子时，便产生一个闪光，这个闪光射到光电倍增管的光敏阴极上激发出许多电子。光电倍增管内一般装有 10 个联极，每个联极递增 100V 正电压，最后一个联极与测量电路连接。每个电子通过光电倍增管在最后一个联极可倍增到 $10^6 \sim 10^7$ 个电子。这样当晶体吸收一个 X 射线光子时，便可在光电倍增管的输出端收集到巨大数目的电子，从而产生一个像正比计数器那样高（几毫伏）的电脉冲。这个倍增作用的整个过程所需要的时间不到 1ms。因此，闪烁计数器可在高达 10^5 脉冲/每秒的计数速率下使用，不会有漏计损失。

在闪烁计数器中，由于闪烁晶体能吸收所有的入射光子，在整个 X 射线波长范围内，其吸收效率都接近 100%，所以闪烁计数器的主要缺点是背景脉冲过高。即使在没有 X 射线入射时，依然会产生"无照明电流"（或称暗电流）的脉冲。这种无照明电流的主要来源是光敏阴极因受热离子影响而产生的电子，即所谓热噪声。所以这种计数器应尽量保持在低温下工作。有时为了降低热噪声的影响，采用循环水冷却的闪烁计数器。

（3）位敏正比计数器

位敏正比计数器简称位敏探测器。在 X 射线衍射仪上一般使用一维丝状位敏正比计数器。它是在一般正比计数器的中心轴上安装一根细长的高电阻丝而制成的。因为正比计数器在接收 X 射线光子时，只在其接收位置产生局部电子雪崩效应，所形成的电脉冲向计数器两端输出，不同位置产生的脉冲与两端距离不等，因此不同脉冲之间产生一定的时间差。这个时间差使正比计数器在芯线方向具有位置分辨能力。利用一套相应的电子测量系统可以同时记录下输入的 X 射线光子数目和能量以及它们在计数器被吸收的位置。这就是位敏正比计数器的工作原理。

位敏正比计数器的接收窗口与芯丝平行。窗口的长度随着要探测的角范围而各异。例如，利用 50mm 长芯丝（阳极）的窗口，在计数器位置不动的情况下，能同时测量 $12°$ (2θ) 角范围的衍射花样。如果需要测量更大的角范围，还可以让位敏正比计数器沿测角仪圆运动。当然也可以利用更长（例如 $90°$ 或 $150°$）窗口的位敏正比计数器。

位敏正比计数器是一种高速测量的计数器。它适用于高速记录衍射花样，测量瞬时变化的研究对象（如相变），测量那些易于随时间而变的不稳定试样和容易因受 X 射线照射而损伤的试样，测量那些微量试样和强度弱的衍射信息（如漫散射）。

（4）能量探测器

最常用的能量探测器是 Si(Li) 和 Ge(Li) 漂移固体探测器，其为 P/N 结构。当这种探测器上加 $300\sim400V$ 电压时，无电流通过。但若有一个 X 射线光子射入半导体的本征层（I）而被吸收，则形成若干电子-空穴对，电子和空穴在 P-N 结两端电压的作用下，迅速地分别奔向 P 层和 N 层，形成一个脉冲，并被外电路中的电容 C_d 收集。若收集到的电量为 ΔQ，在 C_d 两侧则形成一个电压 Δu，$\Delta u=\Delta Q/C_d$，对应一个入射 X 射线光子，就有一个对应脉冲输出。从输出的脉冲高度可判别入射 X 射线光子的能量（波长）。从输出的脉冲数目可测出输入光子的数量（强度）。故 Si(Li)、Ge(Li) 固体探测器是能分别测量入射 X 射线不同能量和对应强度的能量探测器。使用能量色散固体探测器，通过调节能量窗口，可以使探测器只对特定的 X 射线光子能量敏感，即只接受 K_α 波段的 X 射线通过，所以就可通过电子手段实现 X 射线的单色化。很明显，这种方法的最大优点是不会造成能量损失。

（5）一维阵列探测器

这种探测器由若干个并排排列的象元构成，每个象元是一个独立的半导体探头，配备有自己的计数系统，在扫描过程中，每一个方向都被每一个象元测量一次。如这个方向正好是衍射方向，则这若干个固体探测器都要记录这个衍射方向一次。很明显，它记录到的总强度是这若干个探测器记录的总和，记录强度就是单个探测器的若干倍。一维阵列探测器的独立探头数一般设置在 $100\sim256$ 之间，因此，衍射强度相对于点探测器将提高 200 左右。

图 5-12 中给出了一维阵列探测器的转动方向，与之对应的瞬间划过倒易球的范围和方向。一维阵列探测器并不能扩展与倒易球相交的范围，收集的数据范围与点探测器相同，但是，瞬时收集的强度是一个 2θ 范围内［一般可同时收集到 $15°$（2θ）的范围］的强度。当一维探测器向 2θ 高角度转动时，需要将各个瞬时强度 $I_{2\theta_i}$ 累加。

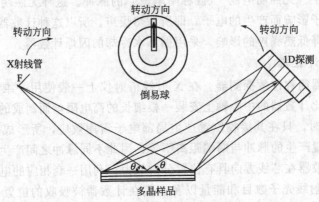

图 5-12　一维阵列探测器示意图

（6）二维阵列探测器

将阵列探测器的探头布满一个平面，就形成了二维探测器，目前常规粉末衍射用的二维探测器如 Rigaku hypix-3000 是新一代的二维半导体探测器，有效面积约 3000mm^2，像素大小 $100\mu\text{m}^2$，具有高空间分辨率。hypix-3000 是一种单光子计数高的 X 射线探测器，计数率大于 10^6cps/像素，读出速度快，基本上没有噪音。如图 5-13 所示，二维探测器相当于一个移动的小型快速相机，其瞬时接收窗口为一个长方块区域。因此，随着探测器沿 2θ 方向移动，在纵向上它与阵列探测器的功能相同，实现在 2θ 方向的强度累加；而在横向上切过倒易球上的一段，接收到衍射圆环上一个弧段上的强度。二维探测器测量的衍射圆弧段可以反映样品的多种信息：弧段的亮度即样品的衍射强度，弧段上亮度的不均匀性反映出样品的织构，弧段的变形程度反映了样品是否存在宏观内应力（如果没有应力则弧段为正圆形），而弧段的宽度则可以反映出材料的微观结构（晶粒尺寸与微观应变）。

二维探测器具有 3 种记录模式："微分"模式可以用来抑制样品元素或背景荧光或自然

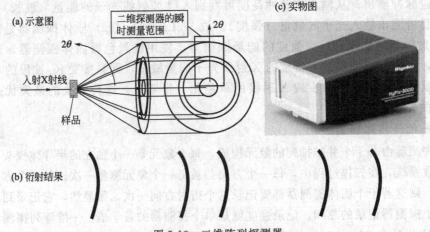

图 5-13　二维阵列探测器

光。"1-bit"模式用于实验中一个很宽的动态范围。"0-dead time"模式可以执行极快的数据
收集。

5.5　计数测量中的主要电路

计数器的主要功能是将 X 射线的能量转换成电脉冲信号。为了确保计数器能在最佳状态下输出电脉冲信号，必须为它提供重复性好的、高稳定性的高压（0.5～2.0kV）电源。另外，还要将计数器输出的电脉冲信号转变成为操作者能直接读取或记录的数值。

所谓计数测量电路就是指为完成上述信息转换所需要的电子学电路。

（1）脉冲高度分析器

在衍射测量时，射入计数器的除了试样衍射的标识 X 射线外，还有连续 X 射线、荧光 X 射线等各种波长的干扰脉冲。脉冲高度分析器就是利用计数器产生的脉冲高度（指脉冲电压）与 X 射线光子能量呈正比的原理来辨别脉冲高度，利用电子学电路方法剔除那些对衍射分析不需要的干扰脉冲，由此可达到降低背底和提高峰背比的作用。

脉冲高度分析器由线性放大器、下限甄别电路、上限甄别电路和反符合电路组成。

由计数器产生的几毫伏脉冲经线性放大器后进入甄别电路。低于下限值的脉冲不能通过下限甄别器，所以不产生输出信号。高于上限值的脉冲虽然能通过下限甄别器，也能通过上限甄别器，但它不能通过反符合电路，所以也不产生输出信号。因为反符合电路只有当脉冲通过下限甄别器而不能通过上限甄别器时才工作。因此，只有那些脉冲高度介于上、下限甄别器之间的脉冲才能通过反符合电路，有输出信号给后续的计数电路。

脉冲高度分析器的基线和道宽值由操作者根据实际要求（阳极靶）设定。在脉冲高度分析器上设置有"微分"和"积分"选择开关，供操作选用基线和道宽的设置方法。微分法要求同时设定基线和道宽值，而积分法只要求设定基线值。

（2）定标器

定标器是对设定时间内输入脉冲进行计数的电路。由脉冲高度分析器传送来的脉冲信号以二进制或十进制形式将脉冲适当地衰减之后，进入定标器。定标器能以定时计数和定数计时两种方式工作。在通常情况下都使用定时计数工作方式。定标器每次计数的预置时间由定时器控制。用定标器读取的数值以数字形式输出。

由于 X 射线光子到达计数管的时间是无规律的，因此在给定时间内，各次测量的脉冲数 N 总是围绕其多次测量的平均值按统计规律变化，一般为高斯分布。根据统计误差理论，标准误差 σ 和相对标准误差 $\sigma(\%)$ 可表达为：

$$\sigma = \sqrt{N} \tag{5-4}$$

$$\sigma(\%) = \frac{\sigma}{N} \times 100 = \frac{1}{\sqrt{N}} \times 100 \tag{5-5}$$

式（5-5）表明，每次测量的脉冲数 N 愈多，相对标准误差 $\sigma(\%)$ 才能愈小。例如，要得到 2% 的相对标准误差，每次测量的脉冲数要达到 2500。要将相对标准误差由 2% 降低到 1%，每次测量的脉冲数就要达到 10^4。

从式（5-5）可以看出，相对标准误差 $\sigma(\%)$ 只取决于每次测量的脉冲数 N，而与测量速率无关。可见，为了使各次测量的误差相同，选用定数计时工作方式更为合理。这样，不

论对高衍射强度区还是对低衍射强度区都可以得到相同的精确度。但是，用定数计时方式测量衍射峰尾的弱衍射强度区要花费相当长的时间。因此，除了作精确的衍射线形分析，以及漫散射测量等特殊需要外，一般不用定数计时测量方式。

（3）计数率计

计数率计的功能是把脉冲高度分析器传送来的脉冲信号转换为与单位时间脉冲数成正比的直流电压值输出。它由脉冲整形电路，RC（电阻，电容）积分电路和电压测量电路组成。输入脉冲经整形电路整形后，形成具有一定高度和宽度的矩形脉冲，然后输送到 RC 积分电路，将单位时间内输入的平均脉冲数转变成平均直流电压值，再由电子电位差计测量并输出这些直流电压值，绘出相对强度随衍射角的变化曲线，即衍射花样。

计数率计的核心部分是 RC 积分电路。每当有一个脉冲到达时，就给电容器充电，同时通过电阻放电。这种电路在充电和放电时都有一个时间滞后，其滞后时间取决于电阻 R 和电容 C 的乘积。若 R 的单位为兆欧，C 的单位为微法拉，则 RC 乘积的单位为秒。因此，把（RC）的乘积称为积分电路（或计数率计）的时间常数。时间常数（RC）愈大，滞后愈严重，对输入脉冲速率变化的反应就愈不灵敏，但对反应输入脉冲的平均性愈好。时间常数（RC）愈小，对反应脉冲速率的统计起伏愈灵敏。但时间常数过小，会使这种统计起伏过大，给测量带来不方便。在使用计数率计测量衍射花样时，要由操作者根据需要设定合适的时间常数。

5.6 数据采集参数的选择

5.6.1 扫描方法

根据实验目的不同，扫描方法多种多样。下面介绍几种常用衍射方法。

（1）广角衍射

广角衍射是指用于物相分析的常规衍射方法，在保持样品不动的情况下，X射线管焦点与辐射探测器作相向同角度速转动，称为 θ-θ 扫描。当使用铜辐射时，一般设置如下参数。

① 开始角　一般 2θ 从 5°或 10°开始。特殊情况下，如药品、黏土矿物、有机材料等因为其分子单胞大，则 2θ 从 3°开始。而 Cu 合金和钢铁（不含氧化物），则 2θ 从 20°开始。

② 结束角　一般物相分析只需要采集前反射区（$2\theta<90°$）的数据，选择 $2\theta=90°$ 即可。开始角小，相应的结束角也会小；反之，开始角大，则结束角也大。如 Cu 合金和钢铁（不含氧化物），其结束角 2θ 应当选择 100°。用于 Rietveld 方法精修处理的数据一般需要测量到 $2\theta=130°$。

③ 步长　步长是指计数的 2θ 间隔（$\Delta 2\theta$）的大小，步长根据衍射峰宽度来定，一般取衍射峰宽度的一半到 1/5。步长过大时，在相同衍射角范围内采集的数据点数少，容易使衍射峰轮廓重叠，而步长过小时，采集的数据个数多，但每个数据点收集到的强度计数小，使衍射强度降低，衍射数据质量下降。一般样品采用步长=0.02°是正常设置。

（2）掠入射衍射

这是针对薄膜材料的一种衍射方法。因为薄膜的厚度小，若采用常规的 θ-θ 模式，则会击穿样品，照射到基体上。为避免这种现象，通过固定掠射角来固定入射深度。此时选择的

扫描模式为 2θ 扫描，同时设置掠射角（offset）值。offset 根据膜的厚度设置（约 3°）。采用聚焦光路做掠入射扫描时，衍射峰的形状会变形，而且高角度（$2\theta > 60°$）的衍射峰可能不会出现。所以，一般只测量 $2\theta < 60°$ 的衍射范围。

（3）小角衍射

小角衍射是指衍射角从接近 0° 开始的测量（不能从 0° 开始测量），常用于介孔材料的衍射。衍射角扫描范围通常为 0.5°～10°。这是针对特别大分子的一种衍射，因为其面间距特别大，衍射角 2θ 接近 0°。需要调整狭缝到非常小的值，否则，因为直射光太强，会损坏探测器。例如，小角衍射的入射狭缝、防散射狭缝从常规的 1° 改为 0.05mm，接收狭缝从常规的 0.3mm 改为 0.15mm。扫描范围为 $2\theta = 0.5°～10°$，采用步进扫描，计数时间为 1s，这些为常用小角衍射条件。对于具体的衍射仪来说，应当根据具体的衍射强度来设置，避免光线太强导致探测器损坏。

5.6.2 扫描方式

粉末多晶体衍射仪的计数测量方式有连续扫描和步进扫描两种。

（1）连续扫描

这种测量方法是将计数器与计数率计连接，让测角仪的 θ/θ 角以 1:1 的角速度联合驱动，在选定 2θ 角范围，以一定的扫描速度扫测各衍射角对应的衍射强度。

连续扫描的主要优点是扫描速度快，工作效率高。例如，利用 8°/min 的扫描速度测量一个 2θ 角为 5°～100° 的衍射花样，只要 10min 就可完成。所以，当需要对衍射花样进行全扫描测量时（例如作定性相分析），一般选用连续扫描测量方法。连续扫描的测量精度受扫描速度和时间常数的影响，因此在测量前要合理地选择这两个参数。

1）扫描速度

采用连续扫描测量时，扫描速度对测量精度有较大的影响。随扫描速度的加快，同样会导致滞后效应的加剧，由此而引起衍射峰高度下降、线形向扫描方向拉宽，这使峰形不对称、峰位向扫描方向偏移。为了保持一定的测量精度，不宜选用过高的扫描速度。

2）时间常数

时间常数对测量精度的影响和扫描速度类似，随时间常数的增加，滞后效应加剧，导致衍射峰高度下降，峰形向扫描方向拉宽而不对称，峰位向扫描方向偏移。可见，当选用较快扫描速度时，应适当地选用较小的时间常数，以平衡对滞后效应的影响。虽然用小的时间常数会造成线形的锯状轮廓，但只要选用适当，就能更准确地反映真实计数。

与时间常数和扫描速度有关的还有接收狭缝宽度。从协调时间常数（RC）、扫描速度 V 和接收狭缝宽度 F 的相互关系出发，让时间常数等于或小于接收狭缝的时间宽度 W 的一半时，就会得到最佳分辨率的衍射花样。所谓接收狭缝的时间宽度是指在给定的扫描速度下，接收狭缝跨过自身宽度所需要的时间，它的表达式为：

$$W = 60 \frac{F}{V}$$

时间常数应为：

$$(RC) = \frac{W}{2} = 30 \frac{F}{V}$$

(RC) 的单位为秒，例如，$F = 0.15°$，$V = 2°/min$，$(RC) = 2.25s$。在这种情况下，应

当选取计算值的整数，即（RC）＝2s。

3）衍射强度单位

采用连续扫描时，衍射强度用单位时间内的强度计数为单位（CPS），即每秒计数。这种表示方法中，计数强度与扫描速度无关。

（2）步进扫描

这种测量方法是将计数器与定标器连接，首先让计数器停在要测量的起始 2θ 角位置，按定时器设定的计数时间（例如1秒）测量脉冲数，将所测得的脉冲数除以计数时间即为该处 2θ 角对应的衍射强度，然后让计数器按预先设定的步进宽度（例如0.02°）和步进时间（例如1s），每前进一步都重复一次上述的测量，给出各步 2θ 角对应的衍射强度。步进扫描每步停留的测量时间较长，测量的总脉冲数较大，从而可减小脉冲统计波动的影响。另外，步进扫描不使用计数率计，没有滞后效应，所以，它的测量精度是很高的，能给出精确的衍射峰位、衍射线形、积分强度和积分宽度等衍射信息，适合作各种定量分析。步进扫描的精确程度取决于步进宽度和步进时间，所以，在测量前要根据实际需要选定合适的步进宽度和步进时间。

1）步进宽度

在步进扫描测量时必须事先设定步进宽度（$\Delta 2\theta$）。选择步进宽度时，主要考虑两个因素：①步进宽度一般不应大于接收狭缝宽度；②对衍射线形变化剧烈的情况，要选用较小的步进宽度，以免漏掉衍射细节。

2）步进时间

步进时间是每步停留的测量时间。选取的步进时间愈长，统计误差愈小，因此可提高准确度和灵敏度，但是会延长测量时间，降低工作效率。从获得高分辨率、高准确度和高灵敏度的观点来看，当然是步进宽度愈小，步进时间愈长所测得的衍射信息质量愈高。但是，步进扫描测量是相当费时间的，应考虑工作效率，因此，在满足测试任务要求的前提下，不应选用过小的步进宽度和过长的步进时间。

3）衍射强度单位

在步进扫描方法中，衍射强度通常用每步长累积计数为单位（Counts），它表示的是一个步长的时间内的累积计数。对于同一个样品来说，它与计数时间成正比。一个样品在相同的扫描角度范围内，耗费的扫描时间越长，每个步长累积的计数自然就大，所测的数据统计误差就较小，图谱较为平滑。

5.7　X射线衍射仪的操作

现代X射线衍射仪由电子计算机控制运行。X射线衍射仪的总体控制和计算软件系统应包括：操作系统软件、控制系统软件、数据采集系统软件、数据处理系统软件和应用计算系统软件。这里只对衍射数据采集和数据处理的自动化过程作简要的介绍。

衍射测量数据采集和数据处理的联机运行是由若干个能被单独调用的计算机程序完成。它们包括的内容如下。

5.7.1　衍射仪的启动与关机

X射线衍射仪必须在常温常湿度的环境中工作，相对湿度通常保持在50%左右，不能高于 80％。

开机前检查实验室电源、温度和湿度等环境条件。当电压稳定、室温为（21±5）℃左右、湿度≤65％才能开机。

高功率转靶 X 射线衍射仪光管的真空系统由前级机械泵和第二级分子泵组成。实验前要先打开真空系统，确保真空系统正常工作并在 10^{-5}Pa 的真空度以下，才可以开启 X 射线。

下面以 Rigaku SmartLab 3kW 型 X 射线衍射仪为例说明操作步骤。

打开循环水系统，注意水流正常。

打开开机软件，系统自动初始化，进入到数据测量界面。

打开 X 射线：自动打开高压系统，X 射线管自动老化。

数据测量结束后，执行 X 射线关闭程序，自动冷却 10min 后，即可关机。

最后关闭冷却水系统。

即使不使用也需要经常开机，长时间不开机电路板容易结露变形。

应当保持室内干燥，即使不用也需要经常开启射线并使用探测器，否则，碘化钠晶体容易受潮解，失效。

5.7.2　仪器参数设置程序

软件包括硬件配置程序，初始化程序等。

使用新的衍射仪之前或者更换配件之后，必须熟悉所配置的各种附件。如当前仪器的靶材类型、测角仪半径、附加配件（如高温配件、原位配件）等。通过这些参数的设置生成当前仪器的各种系统参数文件。例如：为计算机操作系统、硬件配置和数据文件分配定义参数的系统参数文件；外存储器中各种数据文件的目录文件；为衍射仪设定实验参数的实验参数文件。在后续程序运行时，根据需要可调用这些文件。当系统配置、文件结构、实验参数发生变动时，应随时以人机对话方式通过计算机对上述文件中的参数进行修改或输入新的参数，以便与后续的实验测量相适应。

当硬件配置完成后，必须对硬件参数进行初始化处理。初始化处理完成后，还需要进一步完成实验参数的测量，并保存这些参数。

需要说明的是，现代先进的衍射仪系统，如日本理学公司（Rigaku）生产的通用型 X 射线衍射仪都有硬件自动识别和光路自动调整功能，为操作者带来极大的方便。

5.7.3　测量参数设置

在正式测量数据前必须设置好测量参数，并生成测量参数文件，为测量数据时调用。测量参数文件中的内容如下。

① 测量范围：起始 2θ 角，终止 2θ 角。一般常规测量终止 2θ 角不必大于 90°。

② 测量方式：选择步进扫描或连续扫描，采用步进扫描时，要输入步进宽度和步进时间，采用连续扫描时，要输入扫描速度。

③ 狭缝参数：包括发散狭缝、接收狭缝、防寄生狭缝以及梭拉光阑。

④ 靶材及光管电流电压：根据不同的阳极材料以及实验需要，选择光管的电压和电流。晶体衍射用 X 射线管的阳极材料常用的金属有 Mo、Cu、Fe、Co、Cr 五种，这些元素的特征 X 射线波长正好在晶体衍射适用的范围内：0.0709nm（Mo）～0.228nm（Cr），其中以 Cu

和 Mo 为靶材的 X 射线管可以实现的功率为最大，也最为常用。选靶规则是：X 射线管靶材的原子序数要比样品中最轻元素（钙及比钙元素更轻的元素除外）的原子序数小或相等，最多不宜大于 1。常见的阳极材料及其用途见表 5-2。

表 5-2　常见的阳极材料及其用途

靶材	主要特长	用　　途
Cu	适用于晶面间距 0.1～1nm 的测定	几乎全部测定，采用单色器滤波时，测量含 Cu 试样时有高的荧光背底；如采用 K_β 滤波，不适用于 Fe 系试样的测定
Co	Fe 试样的衍射线强，如用 K_β 滤波，背底高	最适宜于用单色器方法测定 Fe 系试样
Fe	Fe 试样的背底小	最适宜于滤波片方法测定 Fe 系试样
Cr	波长长	包括 Fe 试样的应用测定，利用 PSPC-MDG 的微区（反射法）测定
Mo	波长短	奥氏体相的定量分析，金属箔的透射方法测量（小角散射等）
W	连续 X 射线强	单晶的劳厄照相测定

由于在增大光管电压提高特征射线强度的同时，连续谱的增长速度更快，因此，必须选择合适的光管电压（见表 5-3）以获得合适的强度"峰背比"。

表 5-3　几种靶材的激发电压和工作电压常用值

靶	最低激发电压/kV	最佳电压/kV		
		强度最大	峰背比最大	常用值
Mo	20.0	60	45～55	55
Cu	8.86	40～55	25～35	40
Co	7.71	35～50	25～35	35
Fe	7.10	35～45	25～35	35
Cr	5.98	30～40	20～30	30

表 5-4 列出了各种实验目的的常用扫描参数。

表 5-4　常用的扫描参数

实验目的	方法和步长	扫描速度/时间	狭缝	扫描范围及其他条件
定性	连续扫描（0.02°）	扫描速度 4～10°/min	1°	2°～90°
有机定性	连续扫描（0.02°）	扫描速度 4～10°/min	1/2～1°	2°～60°
微量检测	连续扫描（0.02°）	扫描速度 1～2°/min	1°	主衍射峰区域
一般定量	连续扫描（0.02°）	扫描速度 1～10°/min	1°	定量衍射峰，使用旋转试样台
晶胞参数，晶粒尺寸与微应变	步进扫描（0.01～0.02°）	计数时间 1～8s/step	1°	保证 4～8 个衍射峰
结晶度	步进扫描（0.02°）	计数时间 1～2s/step	1/2°	3°～60°
径向分布函数	步进扫描（0.1～0.2°）	计数时间 4～20s/step	1/6～2°	3°～150°
Rietveld 精修	步进扫描（0.01～0.02°）	计数时间 1～10s/step	1/2～1°	5°～130°

要注意的是，表 5-4 中的数据只是在 D/max 2550 型衍射仪的情况下使用的参数，该衍射仪的使用实际光管功率为 40kV，250mA，闪烁探测器。实际选择衍射参数时，还需要根据具体的衍射仪和样品状态来确定。如使用 SmartLab 3kW＋D/Tex 一维阵列探测器时，其

扫描速度可以更快一些。

5.8 样品的制备方法

粉末 X 射线衍射仪的基本特点是所用的测量试样是由粉末（许多小晶粒）聚集而成的，要求试样中所含小晶粒的数量很大。小晶粒的取向是完全混乱的，则在入射 X 射线束照射范围内找到任一取向的任一晶面（HKL）的概率可认为是相同的。故相对衍射强度可以反映结构因子的相对大小。这是一切粉末衍射的基础。

使用聚焦衍射几何时，能满足准聚焦几何的试样的表面应当平整紧密，应准确与测角器轴相切，以准确位于聚焦圆上。如表面不平整，试样的颗粒处于不同的平面上，那些不在聚焦圆上的试样颗粒产生的衍射线就不会落在聚焦点上，就会增加衍射峰宽度，降低分辨率。位于低处颗粒产生的衍射线会被高处的颗粒所吸收，降低衍射强度；另外，试样最好有较大吸收率，若吸收率小，X 射线的透入深度大，会在试样的深度方向产生衍射，也偏离了聚焦条件。

5.8.1 块体样品的制备

（1）取样

使用块体样品时，要注意样品应当具有表征的代表性，一些边角余料是不具有代表性的。另外，也要注意取样的方向应当一致。虽然，一般材料都是多晶材料，但或多或少会存在择优取向的。特别是一些经过加工的金属板材、丝材，存在严重的择优取向。同方向取样才具有可比性。

（2）样品大小

块体样品一般都用带空心样品槽的铝样品架（图 5-14）固定测量，块体样品只需要一个测量面。不同衍射仪使用的样品框大小略有不同，为获得最大衍射强度，样品大小应与样品框大小一致，样品表面积至少不小于 $10\text{mm} \times 10\text{mm}$。衍射强度与样品参与衍射的体积成正比。当厚度一定时，实际上与测量面的面积成正比（在高衍射角时会小于样品面积）。当样品确实无法增大时，为了获得与大样品同样的实验结果，必须延长样品的测量时间。

(a) 铝合金样品架　　　　(b) 玻璃样品架　　　　(c) 粉末样品台

图 5-14　样品架和样品台

（3）样品研磨

测量面必须是一个平板面，在研磨过程中不得有弧面形成。研磨过程中应当采用"湿磨"。干磨会产生高温而发生相变、氧化和应力。研磨时先用粗砂纸粗磨，然后再用不低于 $320^{\#}$ 砂纸研磨。

（4）块体样品的固定

将铝空心样品架的正面（光滑平整面）（朝下）倒扣在玻璃板上，将块体样品放入样品框的中间位置，测量面朝下倒扣在玻璃板上。再取"真空胶泥"粘住样品架和样品。

如果样品很薄而且样品很小时，要特别注意胶泥不能露出测量面，否则，胶泥也会参与衍射，测量到的衍射谱中有附加的胶泥衍射峰。

（5）块体样品的应用范围

块体样品由于存在各向异性。因此，一般只适用于物相的鉴定，而不适用于物相定量分析。但残余应力测量、织构测量和薄膜样品测量则必须是块体样品。

5.8.2 粉末样品的制备

X射线衍射的粉末样品要求是：①粒度均匀；②粒度在 $0.1\sim10\mu m$ 之间；③样品用量不少于 $0.5g$。

（1）制粉

为了保证样品的代表性，首先要取多一些的样品制粉。对于矿物样品和金属合金样品，可以采用矿物制粉机研磨成颗粒直径为约 $45\mu m$ 的粉体。

（2）研磨与分筛

在含有多种材料的混合物样品的研磨过程中，有些材料首先达到要求的粒度，而有些则很难达到要求的粒度。比如，石墨和金刚石混到一起去研磨，肯定不可以研磨好一个样品。因此，在粉末的研磨过程中要分步研磨、分筛，不可"一磨到底"，否则的话，一些材料的粒度早已过细，而有些材料的颗粒还没有达到要求。小于 $10\mu m$ 的材料会产生对X射线的微吸收，使衍射强度降低。如果太细，达到 $100nm$ 以下，则会造成衍射峰宽化。相反，颗粒太粗时，参与衍射的晶粒数目不够，也会降低衍射强度。在计算混合物中各种材料的质量分数时，结果会低于实际的质量分数。

5.8.3 粉末样品的固定

对于不同的实验目的，粉末样品的固定方法有很多种。

（1）正压法

取 $0.5g$ 粉末样品撒入玻璃样品架的样品槽 [图 5-14(b)]，使松散样品粉末略高于样品架平面；取毛玻璃片（如载玻片在砂纸上磨成粗糙表面）轻压样品表面；将多余粉末刮掉；反复平整样品表面，使样品表面压实而且不高出玻璃样品架平面。

实验室一般都配有两种深度样品槽的玻璃样品架。当样品量较多时使用深槽（0.5mm）样品架，当粉末很少时，使用浅槽（0.2mm）的，可获得更大的样品面积。如果样品量填不满样品槽时，应当将粉末撒在槽的中间位置。

正压法的优点是制样简单，缺点是所制粉末样品存在一定的择优取向，衍射强度不匹配；如果样品中夹杂有粗颗粒，则不易制出平整的样品。

正压法一般只适用于物相鉴定，不能用于定量分析。

如果粉末的颗粒较粗，容易流动，可在样品槽底部抹一点石蜡油（化工店有售），或者在粉末样品中加入少量的挥发性液体也是可以的。

（2）背压法

将带空心框的铝样品架倒扣在一块磨成粗糙表面的平板玻璃片上，或在平板玻璃板上放一张 320$^{\#}$ 砂纸再扣上空心样品架；将粉末从样品框的背面撒入框中，用拇指轻压样品，将粉末压实；将样品架翻转过来，取走平板玻璃片。

背压法的最大优点是样品测量面紧密平滑光洁，与样品架表面严格平齐，可获得准确的衍射峰位置。要特别注意的是，如果使用光滑的平板玻璃作垫底，将产生严重的择优取向，但采用毛玻璃或高标号砂纸作垫底时，粉末在自由落下时不会滚动，与正压法相比，可减少所制粉末样品的择优取向，强度匹配性较好。此方法既能获得好的峰位角又可用于定量分析。另外，如果样品中夹杂有粗颗粒或者粉末流动性较好，则便于制样；缺点是制样稍麻烦，而且样品用量较多。

（3）侧装法（NBS 装样法）

该方法由美国国家标准局（NBS）提出。将铝样品架的一侧顶端切除掉，然后用两块玻璃片夹紧样品架，将粉末从样品架切口处轻轻倒入、压紧，移去两侧的玻璃片即可。

侧装法的最大优点是样品没有择优取向，满足定量分析的需要。缺点是样品难以压实，移去玻璃片时要注意样品撒落。

（4）撒样法

撒样法要求"无反射"样品架，这种样品架既不能像玻璃样品架一样会在低衍射角区形成散射峰的非晶体，也不能是有衍射峰的材料。一般使用非晶硅片、非晶石英片或者高指数点阵平面的单晶硅片或其他类似材料制成的一个平板。对于前者，非晶散射峰不明显可以忽略，对于后者，虽然是可产生衍射的晶体，但高指数点阵的衍射峰在很高的角度不在测量范围内（一般测量角度小于 90°）。

撒样法用于样品量极少的情况，直接将粉末撒在无反射样品板上，不加压。一般做法是，试样板面用少量水或酒精湿润（起黏结作用），然后用合适目数（300～350 目）的分样筛将试样均匀筛落在试样板上（注：分样筛的目数指 1in 长度上筛孔的数目，数目越大，筛孔越小，325 目的分样筛孔径约为 45μm）。

撒样法用于样品量很少的情况，样品的厚度可以控制。由于试样量很少，衍射强度很低，分辨率较差，需要降低扫描速度、延长扫描时间以获得好的实验效果。

（5）喷雾干燥法

将试样以约 50% 的比例与某种不会与样品发生化学作用及不会溶解试样但较易挥发的液体与少量黏合剂（聚乙烯）和悬浮剂混合成浆状，然后将浆状物喷入一个加热室，形成雾状。浆状物中的液体在加热室中挥发，试样颗粒则自然沉降到置于加热室底部的一块无反射样品板上，得到可用的试样板。这样得到大小约为 50μm、由许多小晶粒聚集成的球形颗粒，在球形颗粒内的小晶粒的取向是随意的。

（6）气溶胶法

将空气冲进一个装有粉末试样的抽空了的管子，试样被冲起形成气溶胶，然后让其自由沉降在事先置于管子底部的无反射试样板上，获得可用的试样。此方法的样品用量只要 300～1000μg。

（7）沉降分离法

将样品与某种不会与样品发生化学作用及不会溶解样品的液体在容器中混合成悬浮液，

在容器底部放一块试样板，样品自然沉降到试样板上，不同颗粒大小的样品的沉降速度不同，故可进行粒度分离。若试样是不同材料的混合物，要注意不同材料密度不同而造成的分离。若要做物相鉴定，可用此法浓缩低含量相，有利于其检出。若做定量分析，由于不同物相的密度不同，沉降速度不同，可能得出错误的结论。

5.8.4 试样制备注意事项

（1）试样制备中带入的缺陷

X射线衍射要求结构完美的试样。即不存在使衍射线加宽或位移的各种缺陷，如应力、位错等。若试样经过研磨处理，则需要做适当时间的退火处理，以消除或减少各种缺陷。但是，如果退火处理会改变试样化学和物理性状，则不可做退火处理。一般物相鉴定的样品也不需要退火处理。

（2）样品的厚度对衍射峰位的影响

填样深度是为了保证在样品整个 θ-θ 扫描范围都能满足无穷厚度的要求，以保证在整个扫描范围的衍射体积不变。对X射线具有不同吸收系数的试样，对样品的厚度要求不同。

$$\tau = \frac{2.302\sin\theta}{\mu_m\rho}$$

式中，ρ 为试样的密度；μ_m 为试样对X射线的质量吸收系数；τ 为掠射角为 θ 时需要的填样深度。

对于同一实验样品的实验，所有试样对布拉格反射的填样深度应当相同。有机物主要由C、H、O、N等轻元素构成，对射线的吸收很小，故射线透入样品的深度较深。在高角度区，X射线在样品中的透入深度可达到2mm左右。因此，不应当使用带样品槽的玻璃样品架制样，可采用背压法制样，或者采用无反射样品架装样，以保证衍射谱不受样品架的影响。

另外，由于X射线在有机样品中的透入深度很深，衍射线信号不仅仅来自样品表面，深层试样产生的衍射线是不聚焦在聚焦圆上的，这使衍射峰加宽，降低分辨率，2θ 测量不准确。可在有机样品中加入填料（如在低角度不会产生衍射峰的重金属粉末）以降低X射线在样品中的透入深度。但是，由于样品中参与衍射的有机试样量减少，衍射强度降低，需要降低扫描速度以获得高衍射强度。

（3）易氧化潮解的样品处理

易氧化和潮解的样品应当使用防潮气密性样品架装样（图5-15），并在手套箱中完成制样。否则的话，一般方法是在样品表面用透明胶带封住。透明胶带的强衍射峰在 2θ =

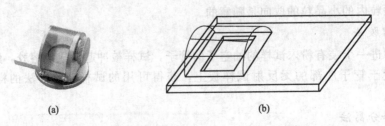

(a)   (b)

图5-15 防潮气密性样品架（a）及其示意图（b）

21°处，对于衍射范围高于此角度的样品，透明胶带不会影响实验结果。如果样品衍射范围正好包含此角度，可做一个透明胶带（空白样品）的衍射谱，两者相减可得到待测样品的实验谱。

在粉末样品中添加石蜡油也可以起到与空气隔绝的作用。但会产生一个非晶散射峰。可以通过去背景扣除掉。

（4）微量样品的处理

上面谈到一些少量样品的处理方法。但这些方法操作起来太麻烦，如果不是为了定量分析也没有必要。一般情况下只希望获得高衍射强度和较平滑的谱线。一般 X 射线光管的射线光斑为 $1mm\times10mm$，投射到样品表面时垂直于射线方向的长度不变，固定为 10mm，而平行于入射方向的宽度则随衍射角的增大而减小。为获得高角度较高的强度，一般将粉末样品固定于样品槽的中心部分，垂直于入射方向的长度为 10mm。但是，如果实验目的是为了定量分析，则不宜这样做，因为此时衍射峰的强度比与标准相对强度 I/I_0 是不匹配的。做定量分析时必须做强度校正。

为避免玻璃样品片带来的高非晶峰背底，可以选用高面指数的单晶硅片作为衬底。这样的样品架称为"无反射样品架"，见图 5-16。

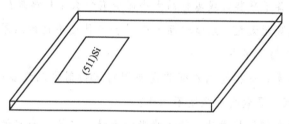

图 5-16　单晶硅高指数晶面样品衬底

（5）待测相富集方法

当某些物相含量较少时，它的衍射峰强度低，衍射峰数量也较少，查索引和核对衍射卡片，不易准确地判断。利用它们不同的化学和物理性质，对物相含量较少的矿物进行富积（除去杂质成分，使某一种矿物在样品中的质量分数提高的方法），再测量衍射图，能够得到物相较完整的衍射图，是准确地进行物相分析的有效方法。

1）挑选法

不同的矿物，它的各种物理性质不同，如外观、形状、颜色，利用这些特点，用工具把少数外观、形状和颜色不同的颗粒分别挑出，使少量的矿物富积。

2）水解法

对黏土类矿物，利用它结晶尺寸小、遇水分解的特点，把黏土加水放入超声波振荡器中振荡，黏土中的高岭石变成很细的颗粒。把样品放入沉降管中，加入适量的水，让其自由沉降，定时移出细料浆，反复作若干次，可将大部分高岭石除去，而含量较少，对水不分解和不溶解的矿物可以富积。

3）破碎分离法

做刚玉的物相分析时，由于杂质矿物含量少，并且分散较均匀，杂质和刚玉相互联在一起，而刚玉和杂质矿物硬度差别大，研磨样品时，硬度低和有缺陷的部位容易裂开，故细粒度颗粒杂质矿物含量较多，把研细的样品放入沉降管中自由沉降，定时移出细料浆，反复操作若干次，把细粒分离出来，可富积杂质矿物。

4）煅烧法

作有机磨具的填料定性分析时，填料含量较少，且与树脂、磨料黏结在一起。把样品放入 700℃ 马弗炉内煅烧 1h，有机材料分解、燃烧、氧化，变成气体，仅剩下磨料和填料，而它们的粒度和密度不同，进一步分离，使填料富积。

在实际工作中，应根据样品的不同情况，采用适当的方法，使少量矿物富积，以便准确地进行物相分析。

本章介绍了粉末 X 射线衍射仪的基本原理和组成，对于理解粉末衍射谱的形成过程有了清楚的认识。获得有用的正确的实验数据是科学研究的重要环节，因此，关于样品制备和实验参数的设置的实践是非常重要的。

练 习

练习 5-1：样品制备不平整时或者样品太小时会有什么不良结果？

练习 5-2：样品的颗粒太粗，或者样品太少时会有什么不良的结果？一般来说，粉末衍射时，需要的样品量大约是多少？

练习 5-3：利用倒易矢量和厄瓦尔德球说明用粉末衍射仪测量多晶样品衍射谱的原理。有哪些不正确的仪器因素导致衍射强度不正确？

练习 5-4：采集多晶衍射花样时，若保持光管不动，在样品台与计数器保持联动的情况下，如果试样表面转到与入射线成 30°角时，计数管与入射线所成角度应该是多少？能产生衍射的晶面与试样的自由表面是何种几何关系？

练习 5-5：分析说明在多晶衍射谱中，背景的主要来源有哪些？

练习 5-6：在 X 射线衍射时，可以采取哪些措施降低衍射谱的背景？

练习 5-7：试述 X 射线粉末衍射仪由哪几部分组成，它们各自有哪些作用？

练习 5-8：请简单说明多晶衍射仪中发散狭缝、防散射狭缝和接收狭缝的作用。如果希望得到准确的衍射峰位置，应当增大还是减小狭缝的大小？

练习 5-9：简述步进扫描和连续扫描的区别；如何根据样品晶粒大小来决定扫描步长和计数时间？

练习 5-10：常规扫描方式中，保持样品不动，使光管和计数器作相向等速运行，测量到与样品表面平行的晶面的衍射信息。现在，若使光管固定在 0.5°的位置上不动，只让计数器单独转动，是否可以得到衍射信息？这样做的好处是什么？

练习 5-11：找到一种材料，将其研磨成 100~1000nm 粒度大小，将其制备成一个平板样品，设计好测量参数，了解仪器的结构，熟悉仪器的操作过程，上机测量其数据，记录实验现象，提出注意事项。通过实验操作，填写如下表格。

项目	数值	项目	数值
室内温度		室内湿度	
冷却水温度		制冷机型号	
样品名称		样品的元素组成	
样品重量		实际使用重量	
仪器型号		靶材	
光管电压/kV		电流/mA	
扫描范围		步长	
扫描方式(连续扫描/步进扫描)		扫描速度/计数时间	
发散狭缝尺寸		防散射狭缝尺寸	
梭拉光阑尺寸		接收狭缝尺寸	
滤波方式		计数器类型	
衍射峰个数		最大衍射强度	

描述数据测量过程及所观察到的现象:

你认为实验过程中应当有哪些注意事项:

第6章

数据的基本处理方法

数据处理程序的主要任务是将原始数据文件中的数据作进一步的数据处理，从而得到更精确的衍射信息。数据处理的主要内容包括：对原始数据的平滑处理，背底的计算和扣除，$K_{\alpha 2}$ 峰的剥脱，衍射峰的检索。可以放大某一选定范围的衍射花样，进行峰位角 2θ 或 d 值和衍射强度的测定。还可以在所测得的衍射花样中插入衍射峰或删除衍射峰，进行 K_{α} 双线分离和重叠峰分离，对单个衍射峰作线形函数拟合和精化处理，最后给出经数据处理后的衍射峰序号，2θ 角，d 值，相对积分强度，积分强度，强度最大值，半高宽和积分宽度等衍射信息。

现代 X 射线衍射数据分析都是通过专业分析软件，这一章先介绍一种通用专业软件——Jade 的基本操作，然后，通过该软件进行各种基本数据处理。

6.1 X 射线粉末衍射谱

一个样品（物相）的衍射谱由衍射角＋衍射强度组成。当计数器从开始角按一定步长（$\Delta 2\theta$）不断改变衍射角（2θ）的过程中，记录下每个衍射角位置的强度（Intensity）。把这些强度数据用直线连接起来就形成一个如图 6-1 所示的衍射谱曲线。

图 6-1 的衍射图谱以衍射角为横坐标，坐标名称为 2θ 或 Two-Theta，单位为（°）。有时，也可以根据布拉格公式换算成其他名称，有时可以用面间距（d）来作为横坐标。

衍射谱的纵坐标为衍射强度（Intensity），也称为强度计数。在衍射数据处理软件中，

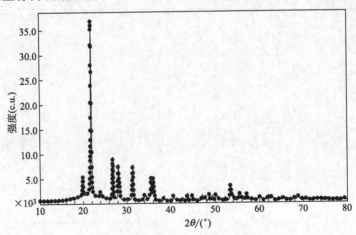

图 6-1　一个粉末样品的衍射谱

通常采用以下几种强度单位：①CPS：为每秒计数，表示单位时间内的强度计数，常用于连续扫描的强度单位。②Counts：它表示一个采样步长内的累计计数。对于一个样品来说，延长扫描时间，即增加了扫描一个步长宽度的时间，累积衍射强度必然会增大。但是，并不会改变 CPS 的数值。需要真实反映测量计数时，应当使用 Counts 作为计数单位。③对于一个样品来说，强度计数除了与样品本身的性质相关外，更多地与实验参数相关。因此，不同实验条件下测得的强度计数比较被认为是没有意义的，有时，常采用"相对强度"的概念，纵坐标不标注强度数值，是被允许的，而其单位标注为 a. u. ，即 Arbitrary Unit，称为任意单位。

从图 6-1 曲线的变化情况来看，在某角度范围内，如果不满足衍射条件，则无衍射强度，只有背景强度。当某（HKL）满足衍射条件时，探测器接收到衍射强度，出现一个衍射峰，每一个衍射峰对应一个一定面间距的晶面族。每个衍射峰都有特定的衍射角、高度和宽度。

从样品衍射峰的数量、角度位置、高度或面积以及衍射峰的宽度等信息，可以开展多种应用。

图 6-2 示意地说明了多晶材料 X 射线衍射的基本应用。对于一个样品来说，最基本的应用是物相的鉴定（或对于新物质来说，完成指标化和晶体结构解析），在物相确定的情况下，可以进一步完成物相定量分析、晶胞参数的修正、结晶度的计算、晶粒尺寸与微观应变的计算、宏观残余应力、织构的分析等工作。这些应用有两种计算方法，一种是根据衍射谱某一方面或几个方面的信息变化直接分析，另一种是运用 Rietveld 全谱拟合精修的方法。后一种方法还可以对物相晶体结构进行修正。

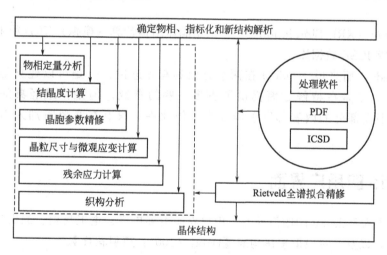

图 6-2　多晶材料 X 射线衍射的基本应用

图 6-2 也说明，X 射线衍射数据分析离不开分析软件和数据库。X 射线衍射数据处理软件有很多。虽然有与具体衍射仪配合使用的专用软件，如日本理学公司的 SmartLab Stido Ⅱ，虽然其功能非常强大，但是，只能分析该公司各型号衍射仪产生的数据（或者通过格式转换软件转换格式后使用）。而 Jade 软件不但功能强大，而且可以读取各种衍射仪产生的数据，又与国际衍射数据中心的 PDF（粉末衍射文件）一起发布，可以配合使用，极大地方便了科研工作者。

6.2 Jade 软件简介

Jade 有多个版本，目前最高级的版本是 Jade standard 2020 和 Jade Pro 2020。其经典版本是 Jade6.0 和 Jade 9.0。根据用户需求，可以配置不同的功能模块。

Jade 的主要功能如下。

① 物相检索（Search/Match）——通过建立 PDF 文件索引，Jade 具有优秀的物相检索界面和强大的检索功能。

② 图谱拟合（Profile fit）——可以按照不同的峰形函数对单峰或全谱拟合，拟合过程是结构精修、晶粒大小、微观应变、残余应力计算等功能的必要步骤。

③ 晶粒大小和微观应变（size and strain）——计算当晶粒尺寸小于 100nm 时的晶粒大小，如果样品中存在微观应变，同样可以计算出来。

④ 残余应力（stress）——测量不同 ψ 角下某（HKL）晶面的单衍射峰，计算残余应力。

⑤ 物相定量（easy quantitative）——传统的物相定量，通过 K 值法、内标法和绝热法计算物相在多相混合物中的质量分数和体积分数。

⑥ 晶胞参数精修（cell refinement）——对样品中单个物相的晶胞参数精修，完成晶胞参数的精确计算。对于多相样品，可以一个相一个相地依次精修。

⑦ 全谱拟合精修（WPF refinement）——基于 Rietveld 方法的全谱拟合结构精修，包括晶体结构、原子坐标、微结构和择优取向的精修；使用或不使用内标的无定型相定量分析。

⑧ 图谱模拟（XRD Simulation）——根据晶体结构计算（模拟）XRD 粉末衍射谱，可以直接访问 FIZ-ICSD 数据库。

相对于 Jade 6 而来说，Jade 9 在两个方面具有先进性：一是可以建立与最新粉末衍射文件的关联，二是在精修方面提供了更多一些的参数。但是，最经典的版本是 Jade 6。所以，本书大部分的内容都以 Jade 6 为操作软件，只有在必要时加入 Jade 9 新功能的应用。

6.3 Jade 的用户界面

图 6-3 是进入 Jade6.0 的用户界面。用户界面由菜单栏、主工具栏、编辑工具栏、全谱窗口和缩放窗口以及一些边框按钮构成【Data：01005：衍射花样】。

（1）窗口功能

在 Jade 主界面中，有两个窗口。

上面的窗口总是显示全谱，便于用户对整个衍射谱的全局观察，称为"全谱窗口"。全谱窗口可以通过窗口右上角的黑方块按钮显示或隐藏起来，以使工作窗口更大。

下面的窗口为工作窗口。往往关心的不是整个衍射谱，而只是关心整个衍射谱中提供关键信息或主要信息的部分图谱。可以使用鼠标拖曳方法在上面的窗口中选择部分图谱显示在工作窗口中。也可以通过菜单命令"View-Zoom Windows"选择和锁定一个角度、强度范

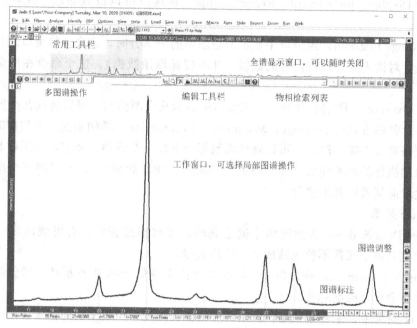

图 6-3 Jade 6 的用户界面

围的图谱显示在工作窗口中。工作窗口也称为"缩放窗口"或"局部窗口"。

在图谱打印、数据保存时,只保存工作窗口中的内容。

(2)菜单功能

一些基本操作功能的菜单如下。

1)File 菜单

Patterns 和 Thumbnail:读入 XRD 数据文件。

Read:功能比前两个命令更强大,可以自动识别数据文件类型,可以读入多种格式的文件,包括".SAV"文件。

Load:调入保存的".SAV"文件。

Save:保存命令。这个命令具有下级菜单,其中主要的如下。

Save-Primary Pattern as ＊.txt:将当前窗口中显示的图谱数据以文本格式(＊.txt)保存。特别要说明的是保存的是"工作窗口中显示的图谱"。如果工作窗口中显示的仅是图谱的一小部分,或者图谱经过了平滑(Smooth),或者经过了修改(Data Editing),则保存的仅仅是这些修改后的数据,而非原始数据。

Save-Setup Ascii Export:这个命令的作用是设置 Jade 保存数据的格式(Export)和读入数据的格式(Import)。这个命令打开一个设置对话框。

Save current work as ＊.SAV:这个功能非常重要。它的作用是将"当前工作"保存为一个文件。"当前工作"就是对数据文件所做过的分析,或者说是一个"现场保存"。Jade 可以重新打开这个 SAV 文件,并且进入到保存前的分析状态。比如,分析完一个样品的物相后,可以保存下来,如果需要重新分析,但又不想一切从头开始,希望以上次的分析为基础,需要调用以前做过的分析,这时候就可以通过"File-Read"来读入这个工作文件(.SAV)。

2)Edit 菜单

Preferences:Preferences 是程序参数设置命令。打开一个对话框,这个对话框共有 4

页。分别为 Display、Instrument、Report、Misc。在这里可以设置显示、仪器、报告和个性化的参数。

Trim Range to Zoom：当窗口中显示的是图谱的一部分时，该命令将窗口之外的数据截除掉（只是针对读入到计算机内存的数据，并不破坏原始数据）。这个命令在做全谱拟合精修时用到。

Merge Overlays：图谱合并命令。当窗口中显示几个图谱时，可以将这几个图谱合并成一个图谱。合并的方式有 Average、Maximum、Summation。举例来说，在扫描时仅扫描了一段，发现需要加扫描一段时，可以将两段数据合并成一个图谱。还有，如果样品存在择优取向，可以扫描样品的不同面（如轧制板材的轧面、横面和侧面），然后将三个图合并成一个图，择优取向就可以基本消除。

3）Filter 菜单

Remove Data Spikes：去除图谱中的毛刺峰。在扫描过程中，有可能出现一种很窄的"异常峰"，这是由于仪器不稳定造成的，应当去除。

Sample Displacement：样品位移。样品表面高于或低于测量平面时，都会造成衍射峰的位移，用该命令来校准峰位。

在 Filter 菜单中，主要是校准、校正角度位置、强度，但很多功能都不会用到。

4）View 菜单

这个菜单中主要有 Zoom Window-Full Range 和 Zoom Windows-Display Range 命令，前者设置 Zoom 窗口显示全谱，后者设置该窗口中的显示范围。另外，还有窗口颜色设置，工具栏设置。

5）Report 菜单

这个菜单的作用是显示/打印/保存各种处理后的报告，如寻峰（Find Peaks）报告、物相检索报告、峰形拟合报告、晶粒尺寸和微观应变计算报告等。这些报告既可以打印出来，也可以保存为文件，有些报告保存格式为纯文本文件，但有的报告以其他格式保存。报告统一以样品名作为文件名，但不同报告文件的扩展名不同。

（3）主工具栏和编辑工具栏

菜单下面显示在窗口中的工具栏称为"主工具栏"，而一个悬挂式的工具栏，作为主工具栏的辅助工具栏称为"编辑工具栏"，见图 6-4。

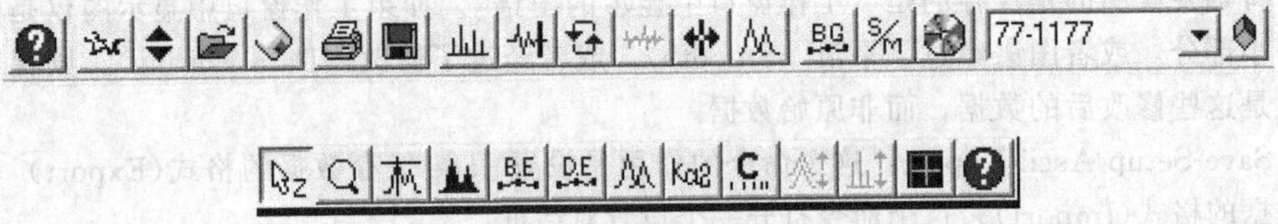

图 6-4 主工具栏（上）和编辑工具栏（下）

需要特别说明的是，Jade 中的所有按钮都有两种功能。对于命令按钮，用鼠标左键点击时，一般为直接执行一个命令。用鼠标右键点击时，会弹出一个菜单或对话框，用于参数设置、预览。对于动作按钮，按下鼠标左键和按下右键操作功能刚好相反。下面直接用"左键"和"右键"来说明它们的功能。

主工具栏和编辑工具栏中的按钮及其作用如下。

　　：读入图谱工具。打开文件读入对话框。左键：相当于菜单命令 File｜Pattern；右键：相当于 File｜Read 命令。

　　：右键：打开"打印预览"对话框。左键：直接打印当前窗口的视图。

　　：左键：当前工作保存成.SAV 文件。右键：弹出一个保存菜单。例如，可以保存 TXT 文档。

　　：寻峰按钮。左键：直接自动寻峰。右键：打开寻峰对话框。

　　：图谱平滑。左键：用已经设置好的参数直接对图谱平滑。右键：打开平滑参数设置窗口。

　　：扣除背景。背景是由于样品荧光等多种因素引起的，在有些处理前需要作背景扣除。左键：显示一条背景线，再次左击会删除掉背景线以下的面积。右键：显示背景设置对话框。

　　：计算峰面积（涂峰：Paint Peak）。单击计算峰面积的按钮，这个按钮被按下，然后在峰的下面选择适当背景位置画一横线，所画横线和峰曲线所组成的部分的面积被显示出来。

　　：删除峰。在衍射仪用久了以后，或者因为偶然的电压跳动等原因，在图谱中会出现异常的、很窄的峰，从图谱的峰形对比可知它们并不是样品的衍射峰，需要删除掉。此时可以用删除峰的功能，选择该按钮后，在峰下的背景线位置划线，峰被删除。对于图谱中的毛刺峰也可以用 Filter-Remove Data Spikes 菜单命令来自动删除。

　　：原始图和导出图之间交换。所谓导出图就是经过了某些操作（如平滑、扣背景等）之后得到的图。如果希望撤销这些做过的操作，用此按钮返回到原始状态。

　　：显示/隐藏原始图和导出图之间的误差线。误差大小用 R 因子显示在窗口右上角的状态栏中。

$$R\%=100\times\dfrac{\sqrt{\dfrac{\sum[I(r)-I(d)]^2}{I(r)}}}{\sum I(r)}$$

。求和遍及所有数据点。式中，$I(r)$ 和 $I(d)$ 分别为各衍射角下的测量强度和计算强度。

　　：可能执行三种任务：①如果预先建立了校正曲线，则使用它对当前图谱进行外标角度校正。②如果存在 PDF 卡片，则把它作为参考标准，或者通过校正对话框指定标准，建立校正曲线。③如果右键单击，则激活校正对话框。

（4）弹出菜单

Jade 6 将工作窗口分为左、中、右三个区域。当用鼠标右键在缩放窗口的不同区域点击时，会弹出如下三种不同的菜单。其中左边的菜单功能是打印不同的报告；中间区域的菜单是删除不同的图层；而右边弹出的菜单是关于窗口的设置。Jade 9 则将工作窗口分为十多个区域，在不同的区域右击时会显示不同的菜单。

（5）基本显示操作按钮

1）图谱缩放与移动按钮

在局部窗口右下角有一组竖列的按钮如下。

■：左键：返回到前一显示窗口。右键：弹出显示范围设置窗口。

◀▶：当局部窗口中显示的是图谱的局部时，向左或向右移动图谱（按下鼠标左键时向左移动，按下鼠标右键时向右移动图谱）。

◀▶：左右缩放局部窗口中的图谱。

↕：垂直缩放局部窗口中的图谱。

↑：垂直缩放到局部窗口满格。Shift+↑：上下移动图谱的基线位置。

⌃：当局窗中显示了几个图谱时，缩放图谱的垂直间隔。

2）图谱标记按钮

在窗口的右下角有一横排按钮：⊢÷ n % h # I v ▣ CF X ⊦← →⊦ #⊦

当做过寻峰、拟合这种基本操作以后，会显示这组按钮，见图6-5。

n：显示面间距 d；%：峰相对强度；♯：峰的序号；I：显示峰标记竖线；v 表示垂直显示；上下箭头则可以改变显示的字体大小。

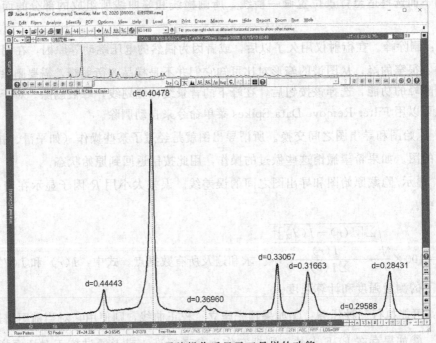

图 6-5　寻峰操作后显示工具栏的功能

当完成了物相检索后，这一组按钮的功能会发生变化，见图6-6。

n：物相名称；h：衍射面指数；CF：显示化学式。

建议阅读者试着按下这些按钮，了解这些按钮的作用。

（6）状态栏

窗口的底端为状态栏，用于显示当前操作的一些信息。

无论是按钮还是状态栏，当鼠标在某位置上停留一会，就会显示出这个按钮的详细信息，以了解这些按钮的作用。

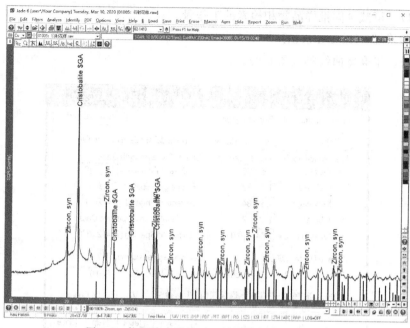

图 6-6　物相检索后显示工具栏按钮的功能变化

6.4　程序设置

命令：Edit | Preferences。

Preferences 命令打开一个对话框，这个对话框共有 4 页。分别为 Display、Instrument、Report、Misc。在这里可以设置显示、仪器、报告和个性化的参数。

（1）显示设置（Display）（图 6-7）

① Scale New PDF Overlays to Peaks：自动标度新添加 PDF 的 d-I 线，使其 100% 线高度与最近的衍射峰匹配。

② Keep PDF Overlays for New Pattern File：保存前一图谱的物相检索结果到下一个打

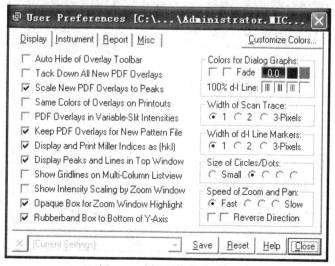

图 6-7　窗口显示参数设置

开的文件窗口。可减少同批样品物相检索的工作量。

（2）仪器参数（Instrument）

包括波长、半高宽曲线等（图6-8）。

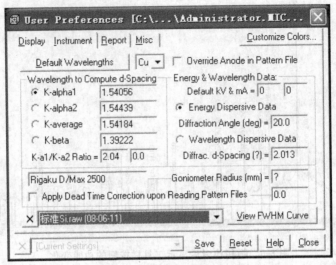

图 6-8　仪器参数设置对话框

在计算晶粒尺寸和微观应变时都要用到仪器固有的半高宽。Jade 的做法是测量一个无应变和无晶粒细化的标准样品，绘出它的"半高宽-衍射角"曲线，保存下来，以后在计算晶粒尺寸时，软件自动扣除仪器宽度。Jade 默认的仪器半高宽为一个常数（Constant FWHM），与通常的衍射仪不符。因此，建议在开始使用 Jade 时就应当测量所用衍射仪的半高宽曲线。

图6-9是用 Si 粉末校正的仪器半高宽（FWHM）-2θ曲线，从图中可以看出，衍射角不同，仪器的半高宽是有很大差别的。

如果没有自己测量衍射仪半高宽曲线，建议选择"NBS Silicon-1"作为仪器半高宽曲线。曲线变化规律与一般衍射仪的相同，但半高宽值比实测值略小（图6-10）。

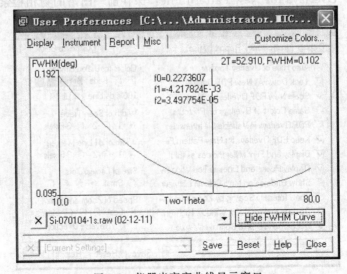

图 6-9　仪器半高宽曲线显示窗口

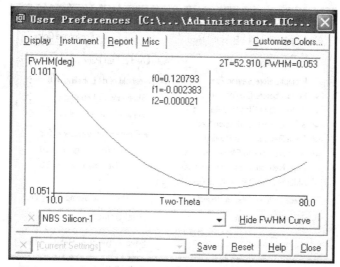

图 6-10　程序自带的与衍射仪半高宽曲线相当的半高宽函数

（3）报告内容设置（Report）

Estimate FWHM in Peak Search or Paint 和 Estimate Crystallite Size from FWHM Values：前者是在寻峰、计算峰面积（手动涂峰）时估计峰宽，后者是根据峰宽估计晶粒尺寸。Jade 使用 FWHM＝SF * Area/Height 来估计峰宽。这里 SF 为峰形参数，默认为 0.85（图 6-11）。

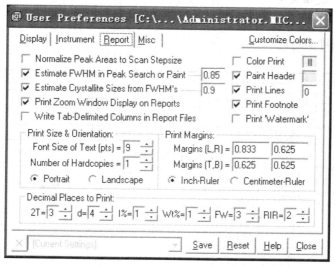

图 6-11　输出报告的参数设置

（4）个性化设置（Misc）

Write Output Files to Data Folder：保存各种输出结果在数据文件夹下。如果不选择，则保存在 Jade 默认的文件夹下（图 6-12）。

Save Current Work upon Exist：关闭 Jade 时，不提示用户自动保存当前工作（.SAV）。这个很重要，在需要重新对一个数据进行分析时，可读入（File-Read）该工作文件。

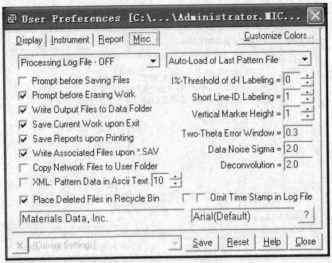

图 6-12　软件的个性化设置

Short Line-ID labeling＝：显示物相名称时的字符个数。0 表示全称，1 表示首字母，2则表示用前二字母。

6.5　读入数据文件

（1）读入衍射数据文件

命令：File｜Patterns...，打开一个读入文件的对话框，见图 6-13。

工具 ⬚ 具有同样的功能。

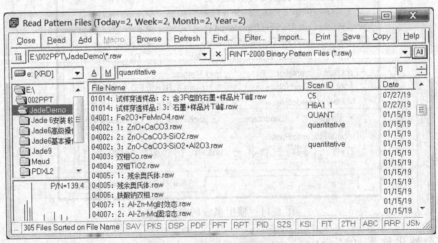

图 6-13　数据文件读入窗口

1）文件类型的选择

窗口右上角的文件下拉列表中列出了 Jade 可自动识别的数据类型，主要如下。

MDI ASCII Pattern Files（*.mdi）：Jade 的默认数据格式，这是一种通用的纯文本格式，被很多其他软件所使用。第一次进入 Jade，所见到的就是这种文件。Jade 也附带了很多这种类型的文件作为学习的实例，这些文件保存在 "Jade \ demofiles" 文件夹下。初学者最好试试这些文件的物相分析，它们的数据非常标准，很容易检索出物相来。

RINT-2000 Binary pattern files（＊，raw）：日本理学仪器数据二进制格式。

衍射数据文件一般都以 ".raw" 作为类型名，这是一种二进制格式的数据文件。但是，不同型号的衍射仪测量的 raw 文件格式有些不同，应当正确选择文件类型。如果选择不正确，Jade 会提示是否要修改仪器类型。

Jade import ascii pattern files（＊.TXT）　通用文本格式，这种格式的文件可由 Jade 产生，也可读入到 Jade 中。

如果不知道文件类型，或者不愿意选择文件类型，可选文件类型为 "＊.＊"。

2）文件的读入方式的选择

文件的读入方式有两种，一种是读入（图 6-13），另一种是添加。

Read：读入单个文件或同时读入多个选中的文件。读入时，原来显示在主窗口中的图谱被清除。

Add：添加文件显示。如果主窗口中已显示了一个或多个图谱，为了不被新添加的文件清除，使用添加的方式读入文件。在做多谱图对比时，用这种方式。

如果需要有序地排列多个图谱，建议一个一个地添加衍射谱，这样在后面的图谱排列一直有序，否则，Jade 按默认的方式排列图谱。

（2）**读入文件的参数设置**

1）数据文件的保存路径

在这个窗口中，可以通过改变路径来显示不同文件夹下的文件。如果新的文件没有显示，可以按下 "Refresh" 来刷新当前文件夹下的目录。

2）读入参数选择

按下按钮 "M"，会弹出一个菜单，见图 6-14。

这些命令用于改变数据的显示方式。

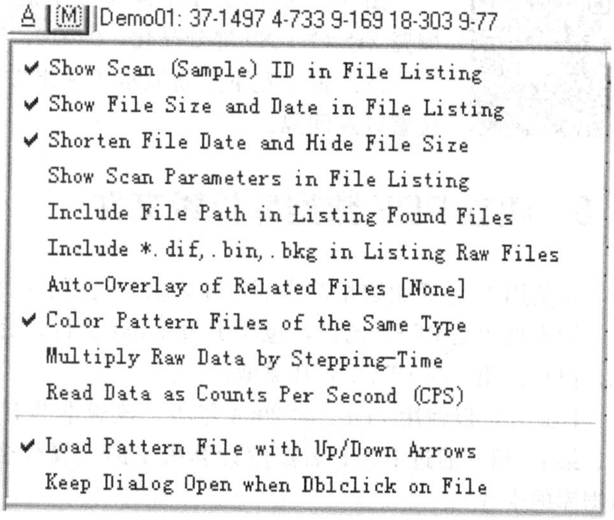

Read Data as Counts Per Second（CPS）：选择读入强度的单位。Jade 默认的强度单位是 Counts，即 counts per step（每一扫描步长内的计数）。如果选中了该选项，则单位为 CPS。例如，按 8°/min 扫描，步长 0.02°，相当于 0.15s/step。若 intensity(CPS)＝10000，则 intensity(Counts)＝1500。相反地，用步进扫描，步长 0.02°，计数时间 2s，则相当于 0.6°/min 扫描。如果 intensity(Counts)＝1500，则 intensity(CPS)＝750。这就说明，当扫描

图 6-14　文件读入窗口中的参数设置菜单

速度快时，用 CPS 作单位时，强度的数值较大；扫描速度慢时，用 Counts 作单位时强度数值大。实际上，强度数值的大小一方面与样品性质有关，另一方面是对衍射仪计数能力的表

征。选用哪种单位并无本质区别，一般文献的作者对多图谱对比时用 a.u（arbitrary unit）作强度的单位，即"无单位"，或者"相对强度"值。

3）多谱读入

通过同时选择并读入（Read）几个文件（图谱），或者逐个选择再添加（Add）文件，可以在工作窗口中同时显示多个衍射图谱以作比较。图 6-15 是一个同时显示多个图谱的例子。

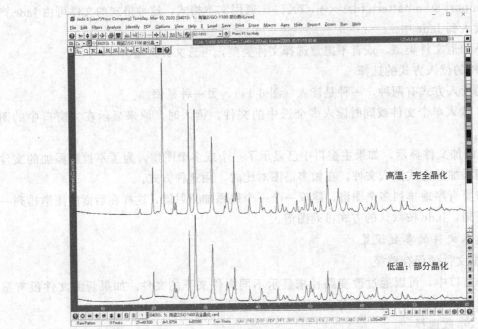

图 6-15 通过"Add"添加方式读入文件时，窗口中显示新加入的图谱

图 6-15 显示了在不同温度下制备的陶瓷产品对比【data：04010：1：陶瓷 ZrSiO-1180 部分晶化，04010：5：陶瓷 ZrSiO-1400 完全晶化】。

注意窗口左下角新显示了一组按钮，用于调整谱图之间的高度，水平位置以及间隔。

6.6 建立 PDF 数据库检索文件

在使用 Jade 开始物相检索等工作之前，需要有一张 PDF 卡片光盘。

最常见的是 PDF2 光盘，包含 PDF2.dat 文件；另一种是 PDF4，采用 Access 数据库格式。但在使用上与 PDF2 非常类似。

Jade 6 可以使用 PDF2 的 2004 年版。该版本共有 1-54 组（ICDD 收集的卡片）实验卡片、第 65 组（通过 NIST 数据库计算出来的金属合金相卡片）、70-89 组卡片（引用 ICSD 数据库的卡片）。

Jade 也可以使用 NIST 数据库，这个数据库大约有 20 万张卡片，是一个无机物和有机物晶体结构数据库。在 Jade 中，它的使用方法和 PDF 卡片相同。

Jade 并不直接访问 ICDD-PDF 数据库，而是要利用 Jade 的命令建立 Jade 读取卡片的一个索引文件。

建立 PDF 卡片索引的方法如下。

① 将 PDF 光盘内容复制到一个容量较大的硬盘分区上。

② 选择菜单 PDF | Setup 命令，见到索引建立窗口，见图 6-16。

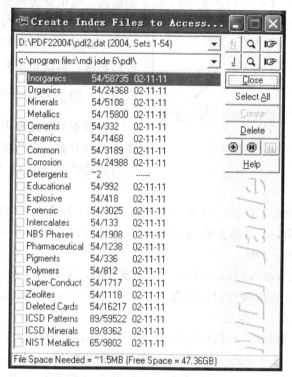

图 6-16　PDF 卡片索引的建立

③ 输入 PDF2 光盘中 PDF2.DAT 文件所在位置，这里设置为 D：\PDF22004\Pdf2.dat。

④ 选择保存索引文件的位置。这里选择为 C：\Program files\mdi Jade6\PDF \。这个文件夹是系统自动设置的，一般不需要修改。系统将在 mdi Jade6 的安装文件夹下建立一个 PDF 文件夹用于保存将建立的索引文件。

⑤ 选择 PDF2 子库（"Select All"）。PDF2 中共有 26 万多张卡片，这些卡片按类保存在不同的子库中，这些子库的名称列出在对话框的左下端。

⑥ 按下 "Create"，开始建立索引，建立索引需要大约 10min 的时间。

6.7　基本数据处理方法

用衍射仪扫描测量的衍射峰是衍射线束自身的衍射强度随衍射角（2θ）的分布。如果将其展宽，就会有一个平滑的峰顶，见图 6-17。

一般情况下，粉末衍射峰由 $K_{\alpha 1} + K_{\alpha 2}$ 双峰组成（图 6-17），由于二者有固定的波长差关系，对应的衍射角度差则因衍射角不同而不同，在低衍射角度，双峰的衍射角度差较小，二者分离不明显，随着衍射角的增大，二者分离越来越明显。

基本数据处理的目的，就是要对谱图进行平滑处理、扣背景处理，并在此基础上确认出

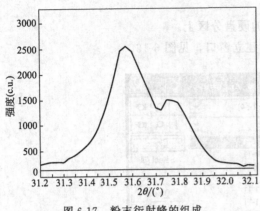

图 6-17 粉末衍射峰的组成

谱图中的衍射峰，并计算出衍射峰的衍射角、积分强度以及宽度。

传统的衍射峰确定方法包括：峰顶法、切线法、弦中点法和函数拟合法。

现代 X 衍射数据分析都采用专门软件来处理，通过峰顶法和函数拟合法来标定衍射峰的角度、强度和宽度。

6.7.1 数据平滑处理

在数据测量过程中，由于光子到达探测器的时间具有一定的随机性，当扫描速度过快时，会产生一定的"噪声"。可以通过平滑处理来消除。

平滑处理的一般操作方法是：取 N 个数据点作平均，用这个平均值替换这 N 个数据点中第一个数据的原始值，最后将丢弃 N 个数据点。N 值越大，平滑后图谱光滑性越好，失真性越大，可能会丢失一些峰。

Jade 使用改进的 Savitzky-Golay 最小二乘法滤波器，N 可选 5~99，一般选择 $N=9$。

两种平滑函数中，在保留衍射峰尖角方面，Quartic Filter（四次滤波器）比 Parabolic Filter（抛物线形滤波器）效果更好。

平滑也可以选择平滑整个图谱（Smooth Whole Pattern）、平滑但保护峰顶（Smooth and Preserve Peaks）或只平滑背景（Smooth Background only）。

图 6-18 显示了 RuO_2 衍射谱平滑前后的对比【data：04018：纳米 RuO2.raw】。由于 RuO_2 样品的晶粒尺寸非常小，导致衍射峰变宽同时衍

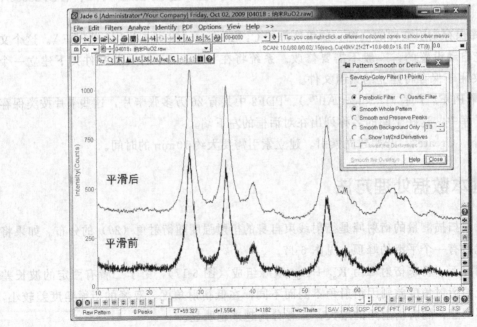

图 6-18 衍射谱的平滑处理

射强度低，谱图噪声非常明显。

基于以上的原因，建议尽可能不做平滑。对于一些含有非晶、有机物、高聚物的样品衍射谱，实在需要做平滑，也只能做一次平滑，或者在做完分析之后在输出结果前再作平滑处理。

6.7.2　背景处理

背景主要由 3 部分产生。首先，在很低角度区（$2\theta < 10°$），由于光管出光口和探测器接收口基本上是成直线关系，光管产生的光会有部分直接进入到探测器。此时，背景主要是直射光的影响。其次是非相干散射的影响。与 2θ 的关系是随 $\sin\theta/\lambda$ 的增大而增大。还有就是样品荧光的影响。当 X 光子的能量大于（其临界值等于）击出样品中某个原子的一个 K 层电子所做的功时，会产生样品的荧光。当样品中存在多种原子时，可能会产生多种荧光。

但是，无论背景如何变化，一般总会符合一个变化缓慢的函数，不会出现随 2θ 急剧变化的情况。因此，通过手动调整，是完全可以依据实际背景情况和函数规律来调整好的。

按下 BG 按钮，在紧贴着图谱下端出现背景曲线。见图 6-19 衍射谱的背景处理【Data：01003：1：含铜样品的背景-石墨单色器.raw】。这个样品含铜量很高，而且采用铜辐射和石墨弯晶单色器，所以，谱图中出现向上的高背景。

背景曲线的种类有 Linear、Parabolic、Cubic 三种选择。每一种选择还有点数选择。

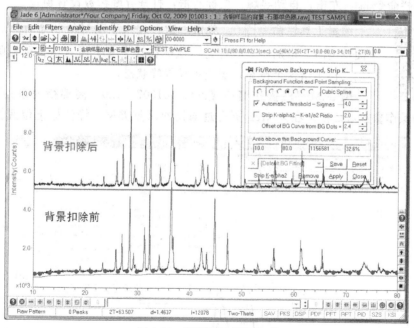

图 6-19　衍射谱的背景处理

调整参数 Offset of BG Curve from BG Dots 值，使其稍低于谱图强度最小值（避免出现负强度）。

一般情况下，自动选择的背景线都需要手动调整。用编辑工具栏中的 按钮来调整背景线的位置。通过调整背景线关键点（圆点）的位置，删除关键点和增加关键点来调整背景线。

Strip K-alpha2-K-a1/a2 Ratio 2.0：一般 X 射线衍射都是使用 K 系辐射，K 系辐射中包括了两小系，即 K_{α} 和 K_{β} 辐射。由于二者的波长相差较大，K_{β} 辐射一般通过"石墨晶体单色器"或"滤波片"被仪器滤掉了，接收到的只有 K_α 辐射。但是，K_α 辐射中又包括两种波长差很小的 $K_{\alpha1}$ 和 $K_{\alpha2}$ 辐射，它们的强度比一般情况下刚好是 2/1。可以通过扣除背景的功能同时扣除掉 $K_{\alpha2}$。

由于扣除背景的工作经常会加入许多人为因素，也许会导致数据的失真。建议不要预先扣除背景和 $K_{\alpha2}$，让 Jade 自动识别背景可能更好一些。在物相检索、图谱拟合、精修等每一项操作过程中，都含有自动扣除背景的功能，不需要操作者手动扣除。

如果自动扣除不是很理想，有两种办法可以解决。一种办法是排除掉部分低角区数据，即选择部分衍射角范围的图谱显示在局部窗口中，再用菜单命令"Filter-Trim to Zoom Window"来排除窗口以外的部分。另一种办法是显示背景线而不扣除背景。当选择了背景线后，尽管没有真正扣除掉，但在各种操作（如拟合）中会以显示的背景线为背景（固定背景），而不是 Jade 自动选择背景。如果发现拟合不好时，还可以手动调整背景线。

6.7.3　峰顶法定峰

峰顶法在软件操作中叫做"寻峰"。寻峰是一种纯粹的数学运算过程。通常的做法取 N 个数据点，求其二阶导数来判断 N 个数据点的最大值是"峰顶"还是"拐点"。因此，自动寻峰有"漏寻"和"误寻"。自动寻峰后一般都要用手动寻峰 ⌐ 进行检查、删除、增加一些峰。

命令：

主工具栏命令 ⊥⊥：左击，自动寻峰；鼠标右击：打开寻峰参数设置窗口；

编辑工具栏命令 ⌐：单击一次，进入手动寻峰状态，然后在某个峰下面单击时，增加一个峰标记，鼠标在某个峰下面右击，则删除一个寻峰标记。再单击这个按钮，退出手动寻峰状态。

图 6-20 寻峰操作窗口【data：01007：120：高温衍射系列图谱.raw】显示了寻峰操作参数对话框，在 Search 页有过滤器的函数类型、峰位标记位置设置、窗口

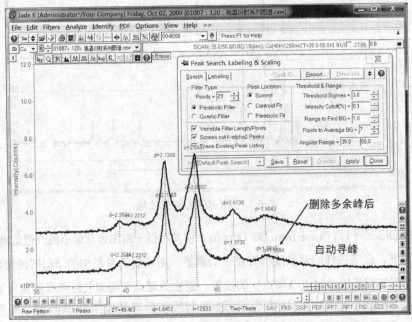

图 6-20　寻峰操作窗口

和范围设置。图谱的信噪比较低时，希望排除一些弱峰标记，通过改变这些设置会有不同的寻峰结果。

图 6-20 中"Labeling"页是寻峰后将显示的项目，例如峰标记、峰强等。右边的参数可设置面间距 d 值的单位为 Å（Angstrom，埃）或 nm（纳米）。

按图 6-20 中的"Report"按钮，将弹出图 6-21 的寻峰报告。报告寻峰报告显示在对话框的下端，从左到右依次是 2θ、面间距（d）、背景高度（BG）、峰高（Height）、相对高度（%）、衍射峰面积（Area）、面积相对值（%）、衍射峰半高宽（FWHM）和利用谢乐公式按半高宽计算出来的晶粒尺寸（XS）。

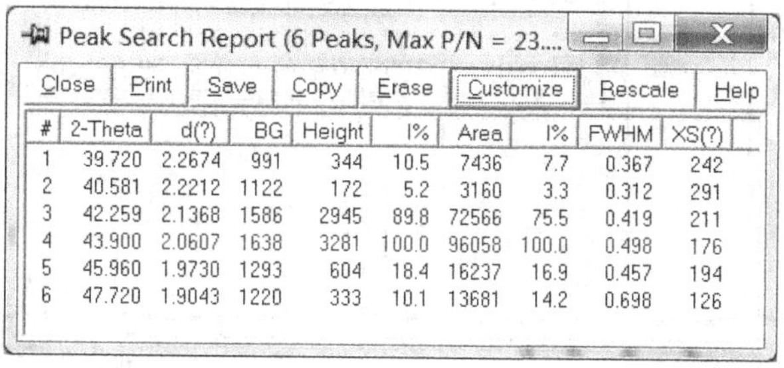

Peak Search Report (6 Peaks, Max P/N = 23....

Close　Print　Save　Copy　Erase　Customize　Rescale　Help

#	2-Theta	d(?)	BG	Height	I%	Area	I%	FWHM	XS(?)
1	39.720	2.2674	991	344	10.5	7436	7.7	0.367	242
2	40.581	2.2212	1122	172	5.2	3160	3.3	0.312	291
3	42.259	2.1368	1586	2945	89.8	72566	75.5	0.419	211
4	43.900	2.0607	1638	3281	100.0	96058	100.0	0.498	176
5	45.960	1.9730	1293	604	18.4	16237	16.9	0.457	194
6	47.720	1.9043	1220	333	10.1	13681	14.2	0.698	126

图 6-21　寻峰报告

报告内容可以直接打印（Print）或者保存（Save）成一个纯文本格式的文件，保存文件时，文件名与衍射数据文件同名，而扩展名为".Pid"。

"寻峰"就是把图谱中的峰位标定出来，鉴别出图谱的某个起伏是否一个真正的峰。寻峰并不是一开始就要做的。有些操作，如物相鉴定过程中会自动标定峰位。每一个衍射峰都有许多数据来说明，如峰高、峰面积、半高宽、对应的物相、衍射面指数、由半高宽计算出来的晶粒大小等。

自动寻峰操作有可能有误判或者漏寻，需要结合编辑工具栏中的手动寻峰按钮 来完成。

6.7.4　图谱拟合

衍射峰一般都可以用一种"钟罩函数"来表示，拟合的意义就是把测量的衍射曲线表示为一种函数形式。在作"晶胞参数精确测量""晶粒尺寸和微观应变测量"和"残余应力测量"等工作前都要经过"图形拟合"的步骤。

（1）拟合操作

主工具栏命令：左击，自动拟合窗口中的所有衍射峰；鼠标右击：打开拟合参数设置窗口；

编辑工具栏命令：单击一次，进入手动拟合状态，然后在某个峰下面单击时，对该峰拟合，鼠标在某个峰下面右击，则删除一个峰的拟合。再单击这个按钮，退出手动拟合状态。

图 6-22 图谱拟合【Data: 06002：WC.raw】显示了拟合参数设置窗口和拟合结果。拟合参数设置介绍如下。

（2）拟合函数和误差

Jade 6 有两种峰形函数，Pearson-VII 和 Pseudo-Voigt 函数。这两个函数都是对称型钟罩形函数（高斯函数、柯西函数）的复合形函数，非常接

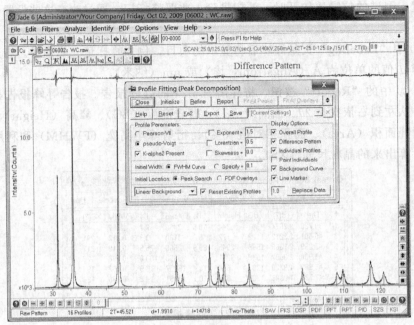

图 6-22　图谱拟合

近衍射仪数据峰形。但是，不同的衍射仪的数据可能更接近于其中一种，需要仔细地观察和正确地选择峰形函数，以使拟合误差（R）值最小。

1）拟合函数

Pearson Ⅶ 函数：

$$I(i) = \frac{I(p)}{\left[1 + k\,\Delta 2\theta(i)^2\right]^n}$$

Pseudo Voigt 函数：

$$I(i) = I(p)\left[\frac{r}{1 + k\,\Delta 2\theta(i)^2} + (1-r)\mathrm{e}^{-0.6931k\,\Delta 2\theta(i)^2}\right]$$

式中，$I(i)$ 为在 $\Delta 2\theta = 2\theta(i) - 2\theta(p)$ 数据点计算的峰形强度；$I(p)$ 为峰高；$2\theta(p)$ 为峰位置；n 为 Pearson Ⅶ 中的指数参数；r 为 Pseudo Voigt 中的 Lorentzian 成分（混合因子）。

Pearson Ⅶ 函数中：

$$k = \frac{4 \times (1 \pm S) \times (2^{\frac{1}{n}} - 1)}{\mathrm{FWHM}^2}$$

pseudo Voigt 函数中：

$$k = \frac{4(1 \pm S)}{\mathrm{FWHM}^2}$$

式中，S 是歪斜因子，它表征峰形的对称性，它在 $\Delta 2\theta > 0$ 时为正，反之为负。

2）拟合误差因子 R

拟合时，窗口中出现一条拟合误差线（difference pattern），见图 6-22，拟合误差线的波动表示误差的大小和出现误差的位置，误差的数值用 R 表示，一般情况下，拟合误差需要小于 9%。但是，R 值的大小和所选的拟合范围、背景线的平整状态相关，有时即使 R 值很大，但从谱图上看实际拟合较好，也是可取的。

R 的定义为：

$$R\% = \sqrt{\dfrac{\sum \dfrac{(I_o - I_c)^2}{I_o}}{\sum I_o}}$$

式中，I_o 为测量强度；I_c 为计算强度。

（3）背景线选择（图 6-22）

Fixed——固定背景，如果已经绘出了背景线而且没有删除背景线，则自动以此背景线为背景；

level——水平背景线；

linear——线性背景线；与 Level 不同的是，它可以是一条倾斜的直线；

Parabolic，3rd-ord 和 4th-ord polynomial——分别为 2 次、3 次和 4 次函数曲线背景。

默认的是 Linear。对于一般的衍射曲线是不适应的。因此，正确选择背景曲线也是很重要的。

（4）初始位置选择（Initial Location）（图 6-22）

如果是按寻峰结果进行拟合，则初始位置（Initial Location）选择为 Peak Search；如果是按物相检索结果初始化，则选择 PDF Overlays。

对话框的右边为显示参数，分别是误差线、涂峰方式、线标记等。选择不同的选项，可以试着看看显示内容的不同。

实际上，很少用到左键直接点击工具栏中的拟合命令做全谱拟合。一般的操作是选择好拟合参数，然后再用编辑工具栏的拟合按钮来选择峰和拟合峰。

（5）手动拟合方式（图 6-22）

选定一个或几个峰，使其在工作窗口中放大，单击编辑工具栏中的 按钮，进入到拟合编辑状态，见图 6-23。在需要拟合的峰下面单击，作出选定，依次选定所有需要拟合的

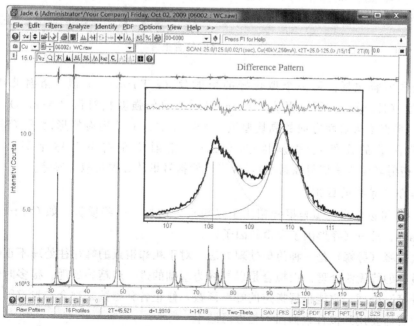

图 6-23　峰形拟合的编辑

峰后，再次单击此按钮，开始拟合。如果要取消一个峰的拟合，在该峰下用鼠标右键单击。

在实际图谱处理中，往往并不关心全部衍射数据，而只是关心衍射角的一个区段中的数据。这个区段中的数据有较平的背景、有较好的峰形、有较少的重叠和有较高的强度。而那些与这些参数相反的数据往往是带入严重误差的来源，往往不去理会它们。

拟合峰时，同样地，只选择关心的衍射角区段中的数据进行拟合，建议不要做"全谱拟合"。因为，"全谱拟合"时，背景往往拟合不好，重叠峰分离时有很大的任意性。

当谱图中的衍射峰数量较多时，因为涉及的变量太多而进行不下去。解决这一问题的办法是选择一个峰一个峰地拟合，或者分段拟合，当所有参数调整得差不多时，再进行整个衍射谱的整合。当出现重叠峰分离不好时，也可以将图放大，针对单个重叠峰进行拟合调整。

（6）拟合报告

按图 6-22 中的"Report"按钮，拟合报告显示出来，见图 6-24。

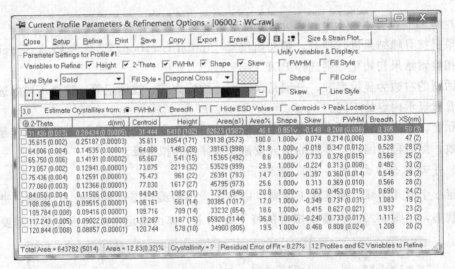

图 6-24　峰形拟合报告

拟合报告内容包括：每一个拟合峰的衍射角（2-Theta）、d 值、衍射峰中心（Centroid）、高度（Height）、积分强度［Area(a1)］、积分强度相对值（Area%）、半高宽度（FWHM）、垂直于衍射面方向的晶块厚度（XS，nm）。其他还有峰形因子（Shape：高斯函数和柯西函数的比例）、歪斜因子（Skew：衍射峰左右不对称比例）、积分宽度（Breadth：衍射峰面积÷衍射峰高度）。数据后面括号里的数据是拟合误差。

（7）拟合与寻峰的区别

从图 6-24 可以看出，拟合报告相比于寻峰报告增加了一些项目，如 Centroid（衍射峰中心）、Shape、Sker（峰形因子和歪斜因子）。

峰顶法定峰（寻峰）是一种简单处理方法，对于相邻很近的峰往往处理不正确，特别对于部分重叠的峰无法处理。而拟合是以寻峰为基础的进一步精确处理。很多时候将图谱拟合称为"分峰"处理，它能根据指定的峰形函数，修正各种参数来吻合测量谱图。在后面的很多计算中都需要用到拟合数据而不是寻峰结果。

6.8　打印预览

（1）打印预览窗口

1）进入打印预览窗口（图 6-25）

主工具栏工具 ：左击，直接打印窗口中的视图；右击，出现打印预览窗口，见图 6-25。

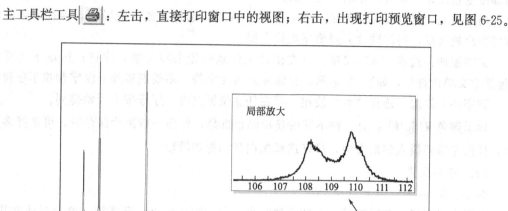

图 6-25　打印预览窗口

2）图片输出按钮

左边竖列的一排按钮的功能分别如下。

Print：打印图谱到 Windows 默认打印机上。

Copy：以矢量图（wmf）或位图（bmp）格式复制到剪贴板，这是直接将图片复制到 Word 的方式。其中矢量图比 bmp 图更清晰一些。

Save：以 bmp、jpg、wmf 方式保存当前窗口的视图。其中，wmf 格式的图片文件为矢量图，在将图片插入到 Word 文档时，建议使用该格式。

Setup：设置打印和显示方式以及内容。

3）显示布局按钮

接下来四个方块图标功能是改变显示布局。

：测量谱和 PDF 卡片线列表在同一框图中显示；

：测量谱和 PDF 卡片线列表在上下两个框图中显示；

， ：测量谱图分段显示。

图中选择了第二种显示布局 ，即图的上部为测量图谱，下面为检索出的物相图谱。

4）图谱编辑按钮

在窗口的顶部有一排按钮，用于在图片上添加、删除和编辑符号、文字，以及放大/缩小图片和图片颜色调整。

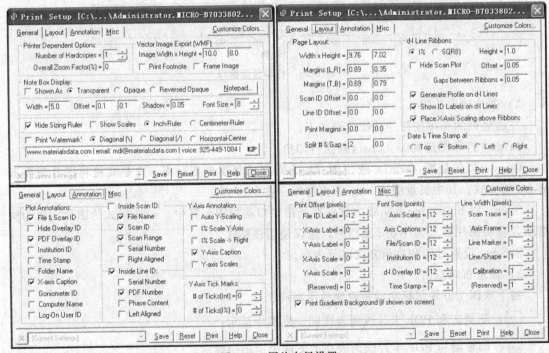

⊕：通过鼠标拖动可将当前的图框拖动位置或改变大小。

↑ Q：垂直放大和局部放大。

垂直放大：选择窗口左上角左起第二个按钮，然后，在需要垂直放大的局部向上拉伸，局部被垂直放大，放大后显示放大倍数。

局部放大：选择放大镜按钮，然后按住 Ctrl 键，选择要放大的局部，再在适当的空白位置画出放大框，局部被放大到填充此放大框。

文字添加：选择"A"按钮，可在图片上任意位置书写文字，注意，Jade 不支持汉字（包括中文单位符号，如℃。）显示，只能显示英文字符，不要期望加入汉字和拉丁字符。

数字序号添加：选择"♯"按钮，可在任意位置点击，序号按 1 开始排列。

显示颜色 ■ ▨ ▤：有三种不同的显示颜色选择，作为一般图片保存时，可选择多色显示，如果是需要插入到论文中，最好选择黑白显示更加清晰。

（2）**布局设置**

命令：Setup。

设置图谱显示的各种参数。参数设置较多，包括图片大小、字体等。这个对话框共有 4 个页面，见图 6-26。

图 6-26　图片布局设置

1）General

一般设置"Hide Sizing Ruler"，隐藏标尺。否则在窗口顶端显示一个标尺。

矢量图大小设置：Vector Image Export（WMF），Image Width×Height=10×8。当 Misc 中坐标标题设置大小为 17 时，矢量图的大小以 10×8 为宜。此时，从 Jade 预览窗口中复制到 Word 文档中的矢量图尺寸合适，字符清晰。

2）Layout

Generate Profile on d-I Lines：将 PDF 图谱（d-I Lines）显示成峰形，否则显示成竖线。

Show ID Labels on d-I Lines：显示 d-I Lines 标记。

Place X-Axis Scaling above Ribbons：将横坐标角度放到测量谱图下面，否则放在最下面。

Height＝1.0，Offset＝0.05：这是 d-I Lines 框的显示高度和间隔。

如果只想显示 PDF 标准图谱，可以选中"Hide Scan Plot"，则测量谱图不被显示出来。

3）Annotation

这里设置要显示的项目。有些项目，如仪器 ID、文件夹名称没有必要显示。

4）Misc

字体大小设置。一般需要加大字体，以便将图片放入 Word 文档并被缩小时不至于看不清坐标和标记。

文件 ID 用负偏值，表示离开边框多一点，到 Word 中便于剪裁。

本章系统介绍了 Jade 6 软件的基本操作和 X 射线数据的基本处理方法。内容并无深奥之处，容易理解，通过软件操作实践，比较容易掌握。建议自学本章内容，为后续实验作准备。

练　习

练习 6-1：衍射峰的位置由什么决定？如何确定衍射峰的位置？哪种方法更加准确？

练习 6-2：在一定波长的 X 射线照射下，测量相同角度范围的衍射谱时，什么情况下会得到更多的衍射峰？

练习 6-3：衍射峰包含被测样品哪些方面的信息？有哪些应用？

练习 6-4：扣背景、平滑和寻峰处理过程中有哪些数据失真？

练习 6-5：请读入一个数据【Data：01003：1：含铜样品的背景-石墨单色器.raw】，依次对图谱进行背景处理、平滑处理、寻峰处理和拟合处理。每次处理完成后，将数据保存成文本格式的文件，并与原始数据进行比较。

① 读入数据后，立即将数据保存为文本格式的文件（1.txt）。

② 对图谱进行背景扣除，立即保存为文本文件（2.txt），比较两组数据有什么变化。

③ 对图谱进行平滑处理，保存为文件（3.txt），比较与（2.txt）的不同。

④ 对数据寻峰处理，将寻峰数据保存成 1.Pid。

⑤ 对数据进行拟合处理，将数据保存成 1.fit。然后与 1.pid 文件比较两种报告的不同信息。

⑥ 将以上操作写成实验报告。

第7章

物相定性分析

前面已经学习了 X 射线衍射实验技术的原理和方法，并掌握了 X 射线衍射数据分析软件的基本操作。从这一章开始，将利用粉末 X 射线衍射技术，借助分析软件的功能，逐个解决科研工作中的各种结构表征问题。

在多晶体材料 X 射线衍射分析中，物相鉴定是最基本也是最常用的方法，当一个样品的衍射图谱测量出来，经过基本数据处理后，首先要确定的是样品中含有什么物相，即当一个试样中存在多种不同结构的物质时，通过 X 射线衍射方法来分辨出各种成分。

7.1 物相的含义

所谓物相，是指具有某种稳定晶体结构的物质。就其元素组成及元素赋存状态来说，物相包括物质形成的如下四种情形。

① 单质 如 Fe，Cu 等，它们是由同一种原子构成的晶体。

② 化合物 如 NaCl 晶体，由至少两种异类原子构成。化合物包括具有稳定化学计量比元素组成和非化学计量的化合物。

③ 固溶体 如 (Fe，Ni)。在金属中常见两种固溶形式：间隙式固溶体和置换式固溶体。前者是一些小半径原子进入到某种金属的原子间隙中，如 C 原子进入到 Fe 的原子间隙。后者则是一种原子取代另一种原子的位置。无论哪一种固溶体，一般都会保持溶剂物质的晶体结构，但会使晶格畸变而导致晶胞参数的变大或变小。

另一种常见的固溶形式是自然界形成的各种矿物，特别是黏土矿物中最为常见。例如 $(Ca，Na)(Al，Si)_2Si_2O_8$ 中，Ca，Na 原子可以互换，而部分 Si 原子位置也可以被 Al 原子所置换。但是，这种置换不会改变晶体结构。

还有一种固溶体是人为掺杂而形成的。例如，在 $LiCoO_2$ 的晶体结构中，掺入 Ni、Mn 等元素而形成多元化合物 $Li(Co、Mn、Ni)O_2$。掺杂量在一定范围内时，掺杂化合物仍然保持着溶剂化合物的晶体结构，只有因为异类原子的引入导致的晶胞参数变化。当然，掺杂量超过一定范围时，则会引起质的变化而形成另一种晶体结构的物质。

④ 金属间化合物 例如 Al_3Zr。若在铝中添加微量的 Zr，部分的 Zr 可以溶入 Al 基体中而形成固溶体，多余的 Zr 则会形成一种稳定化学计量的金属间化合物 Al_3Zr。这种金属间化合物与普通的化合物不同，不是通过离子键或共价键结合的，而是通过金属键结合。

物相的另一个定义是：以化学组成和结构相区别的物质被称为不同的物相。这就说明，化学成分不同的物质固然是不同的物相，化学成分相同而晶体结构不同的也是不同的物相。

如 α-Al$_2$O$_3$ 和 γ-Al$_2$O$_3$ 是化学组成相同而晶体结构与性能差异明显的两个物相，称为同质异构体；同质异构体的立方 Co 和六方 Co 也是两种不同的物相；再比如 SiO$_2$，从化学组成看起来是由两个 O 原子和一个 Si 组成，但是，在不同的温度下可以转变成不同晶体结构的 α-石英（Hexagonal）、柯石英（Monoclinic）、方石英（Tetragonal）、菱石英（Monclinic）、超石英（Tetragonal）、沸石（Cubic 或 Orthorhombic 等）或者玻璃（非晶体）等。其中，有些虽然点阵类型相同，但它们的晶胞大小不同，它们都是不同的物相。

　　值得注意的是，任何非晶体，包括非晶固体、液体和气体，没有特定的晶体结构，它们的原子对 X 射线的散射都不可能有固定的位向关系，都不会对 X 射线产生衍射，因而，X 射线衍射方法无法区别它们究竟是哪一种物相。也就是说，X 射线衍射物相鉴定的对象只能是晶体物质，而对非晶体物质是无能为力的，尽管有时候可以根据它们的散射峰位置的微小差异而判断它们是不同的物质。

7.2　物相定性分析原理

　　X 射线入射到结晶物质上，产生的衍射花样具有两个方面的基本信息：

$$\begin{cases} 2d_{hkl}\sin\theta_{hkl} = n\lambda \\ I = \dfrac{1}{32\pi R}I_0\,\dfrac{e^4}{m^2c^4}\dfrac{\lambda^3}{V_0^2}VPF_{HKL}^2\,\dfrac{1+\cos^2 2\theta}{\sin^2\theta\cos\theta}e^{-2M}\,\dfrac{1}{2\mu} \end{cases}$$

　　组合公式中的布拉格定律确定了衍射的方向。在一定的实验条件下（波长 λ 一定），衍射方向取决于晶面间距 d。而 d 是晶胞参数和衍射面指数的函数。反过来说，具有一定晶胞参数的物质产生的衍射峰位置（2θ）具有一定的规律。这个公式说明两个问题：第一，并非任何晶面都可以产生衍射，因为 $\sin\theta_{hkl} \leq 1$，所以，能产生衍射的晶面间距 d 有一定的范围，不能获得太小晶面间距的和太大晶面的衍射；第二，如果两个晶面的面间距相同，则它们的衍射角是相同的。例如立方结构中的（333）和（511）是两个不同的晶面，但是，它们的面间距是相同的，所以，它们产生的衍射处于同一个衍射角，实际测量到的是这两个晶面衍射的叠加。更多的例子是那些等价晶面，如立方结构中的（110）、（011）、（101）……，这样的晶面共有 12 个，它们的衍射角位置是相同的。

　　第二个公式表示衍射强度与结构因子 F_{hkl} 的关系。衍射强度正比于 F_{hkl} 模的平方。F_{hkl} 的数值取决于物质的结构，即晶胞中原子的种类、数目和排列方式。反过来说，具有特定原子种类、数目和排列方式的晶体物质，每个衍射峰的强度具有一定的规律。这一个公式也说明了两个问题：首先，它决定了在满足布拉格公式的条件下，哪些衍射会出现或是被消光（不能出现）。例如，简单点阵的全部都会出现，而体心点阵要求 $H+K+L$ 为偶数，面心点阵要求 H、K 和 L 全部为奇数或偶数，底心点阵则要求 H 和 K 全为奇数或全为偶数，否则就不会出现衍射而被消光；其次，结构因子是影响衍射强度大小的因素之一，结构因子大则衍射强度高，否则可能会很低。

　　X 射线衍射谱的衍射峰位置和衍射强度的分布规律，称为物质的衍射花样。决定 X 射线衍射谱中衍射方向（衍射峰位置）和衍射强度的一套 d 和 I 的数值是与一个确定的晶体结构相对应的。这就是说，任何一种物相都有一套 d-I 特征值，两种不同物相的结构稍有差异，其衍射谱中的 d-I 组合将有区别。这就是应用 X 射线衍射分析和鉴定物相的依据。

　　若被测样品中包含有多种物相时，每个物相产生的衍射将独立存在，该样品衍射谱是各个单相衍射图谱的简单叠加。因此应用 X 射线衍射可以对多种物相共存的体系进行全分析。

一种物相衍射谱中的 $d-I/I_0$（I_0 是衍射图谱中最强峰的强度值，I/I_0 是经过最强峰强度归一化处理后的相对强度）的数值取决于该物质的组成与结构，其中 I/I_0 称为相对强度。当两个样品 $d-I/I_0$ 的数值都对应相等时，这两个样品就是组成与结构相同的同一种物相。因此，当一未知样品的衍射谱 $d-I/I_0$ 的数值与某一已知物相（假定为 M 相）的 $d-I/I_0$ 数据相吻合时，即可认为未知物即是 M 相。由此看来，物相分析就是将样品的衍射谱，考虑各种其他因素的影响，经过去伪存真获得一套可靠的 $d-I/I_0$ 数据后，与已知物相的 $d-I/I_0$ 相对照，再依照晶体和衍射的理论对所属物相进行肯定与否定。物相分析的过程也称为"物相检索"。

7.3 ICDD PDF 卡片

为完成物相检索，首先要建立一整套已知物相的衍射数据文件，然后将被测样品的 $d-I/I_0$ 数据与衍射数据文件中的全部物相的 $d-I/I_0$ 数据一一比较，从中检索出与被测样品谱图相同的物相。保存已知物相的 $d-I/I_0$ 数据的数据库称为"粉末衍射文件"（PDF，powder diffraction file）。

PDF 最先由 J. D. Hanawalt 等人于 1938 年首先发起，以 $d-I$ 数据组代替衍射花样，制备衍射数据卡片工作。1942 年"美国材料试验协会（ASTM）"出版了大约 1300 张衍射数据卡片，称为 ASTM 卡片，这种卡片逐年增加。1969 年成立了"粉末衍射标准联合委员会（Joint Committee on Powder Diffraction Standards，JCPDS）"，它是一个国际性组织，由它负责编辑和出版粉末衍射卡片，制作的卡片称为 JCPDS 卡片。现在由设在美国的"国际衍射数据中心"（ICDD，The International Centre for Diffraction Data）负责这项工作，制作的卡片称为 ICDD-PDF 卡片，现在虽然也印制纸质卡片，但使用最多的是以电子版形式发行的 PDFx。其中 x 表示数据库包含内容的多少。最常使用的是 PDF2 和 PDF4。PDF4 相对于 PDF2 有更多的晶体结构信息，包括电子衍射图片、晶体结构图等。

下面以 PDF2 为例，说明 PDF 卡片所载的信息。

图 7-1 是一张电子版的 PDF 卡片，包括以下数据。

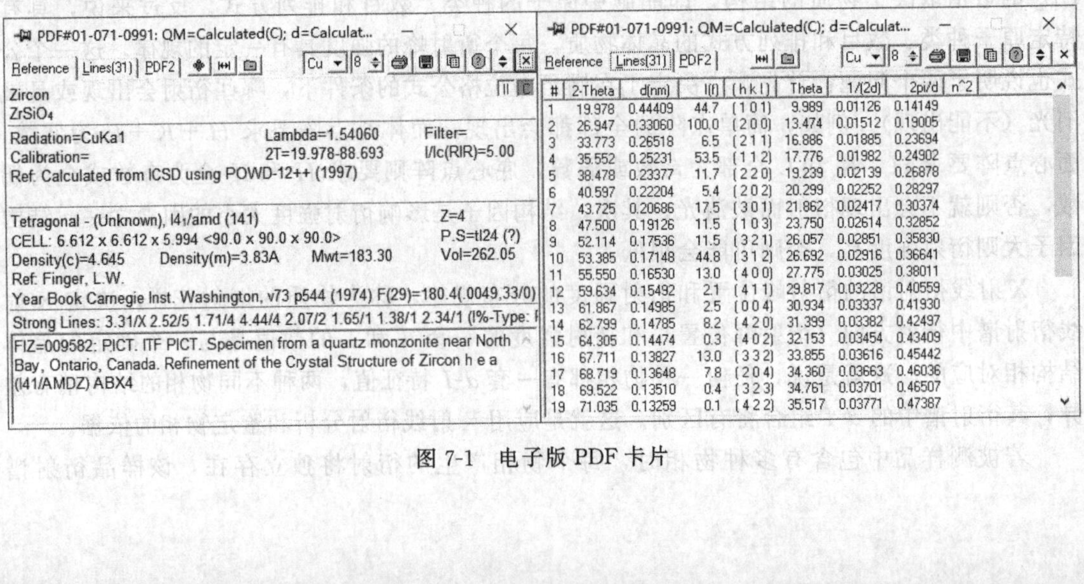

图 7-1 电子版 PDF 卡片

第一栏：卡片号和数据来源。

每一张 PDF 卡片都有唯一的一个编号。如图 7-1 中的卡片编号为"01-071-0991"。可以理解为"大区号-小区号-小区内编号"组成。早期的编号方法则只有"小区号（××）-小区内编号（××××）"，如"60-8325"。近年来，因为卡片数量增长非常快，必须升号，即在原来的编号前面增加 2 位数字（大区号）。原来的所有卡片都归并到现在的一个"01 大区"内。若将卡片号"01-071-0991"还原成原来的编号就是"71-0991"。现在，新旧版数据库都在使用。

数据来源 Ref 是指卡片数据是由实验测得还是通过计算得来的。早期建立的卡片都是实验测得的数据，称为"实验卡片"。现在很多卡片数据是由无机晶体结构数据库卡片（The Inorganic Crystal Structure Database，ICSD）或其他数据库中的晶体结构转换过来的，称为"计算卡片（C）"。卡片的可靠程度用一个符号或字符表示。"S"表示最高可靠性；"I"表示重新检查了衍射线强度，但数据的精确度比星级低；"C"表示用计算方法得到的数据；"O"表示可靠性低的数据；"?"表示可能存在疑问；没有标记的说明没有作评价；"D"则表示该卡片已被删除，被删除的原因可能是该卡片的数据不正确或者不精确而有新的卡片代替。

第二栏：物相的化学组成、化学名称和矿物名称。其中 Syn 表示是人工晶体。有些矿物名后还有晶型说明，如 3R、6H 等。

第三栏：测量条件和 RIR 值以及数据引源（数据的原始出处或参考文献 Ref＝……）。01～59 组卡片的数据都是实测出来的，这些数据测量时使用的衍射条件被一一列出。除此以外，还有 I/I_c，称为"参考比强度，Reference Intensity Ratio"，这个数据是传统定量分析中需要的一个参数。最后是参考文献，即该卡片的数据引自于哪个文献报道。

第四栏：点阵结构数据。包括晶型、晶胞参数、Z 值（一个单胞内含有的结构单元数）。图中的 $Z＝4$ 表示一个单胞中包含 4 个 $ZrSiO_4$ 结构基元。

第五栏：8 强线数据。即该物相衍射谱中最强的 8 条线位置和相对强度。

第六栏：衍射谱图或者对物相的进一步说明。

右上角的几个按钮 🖨 💾 📋：PDF 卡片可以保存成一个文件名，以"PDF"开头的文本文件，可以被打印出来或复制到剪贴板。

图谱显示：如果按一下"C"左边的双线按钮，则会在下面显示出该卡片的谱线图。

PDF 卡片的第二页就是物相的 d-I/I_0 列表。物相一定时，面间距 d 值、I/I_0 值 $I(f)$ 以及衍射面指数（HKL）就一定。选定一种靶材（如 Cu 靶）后，衍射角（2-Theta）也就确定了。卡片中面间距 d 的单位是纳米（nm）。相对强度 $I(f)$ 是指固定狭缝时的相对强度。（hkl）表示产生衍射的衍射面指数。有些卡片上还标出了 n^2 的值，它等于 $H^2+K^2+L^2$。对于简单、体心、面心等不同的点阵类型有不同的消光规律，由此可以观察该物相的消光规律而判断是何种晶型。

需要说明的是，PDF 卡片的收集经历了几十年的发展，其数据来源出自两个方面：一种是由科学家用各种方法实验检测得到的衍射数据并被 ICDD 公司校验、确认为正确的数据。另一种是通过国际晶体学数据库发表的晶体结构换算出来的衍射数据（级别为"C"）。当同一种物相有多次发表的数据时，ICDD 公司可能都收录进来了。因此，同一物相可能在 PDF 库中有许多张卡片，而这些卡片上的数据并无本质的不同，只是由于测量条件、计算精度不同而存在微小的差别。

图 7-2 中仅仅是 ICDD-PDF2 数据库中部分石英（α-Quartz）的卡片，从这些卡片的基本数据来看，它们的化学组成和空间群（晶型）是相同的，不同的是它们的晶胞参数稍有不同，这可能是由于测量误差导致的；其次，*RIR* 值也有不同，但是，除极个别的相差较大外，基本上都趋于一个"中间值"。之所以这些数据都被收录到 PDF 库中，是因为这些数据都是由不同的科学家测量出来的，不能肯定哪组数据是"完全精确"的。针对这一问题，每年都会删除掉一些老旧的错误卡片，用最新的结果来取代。所谓删除卡片，只是给卡片做个"Deleted"标记，记录仍然在数据库中，但在选择卡片的时候不允许选用。

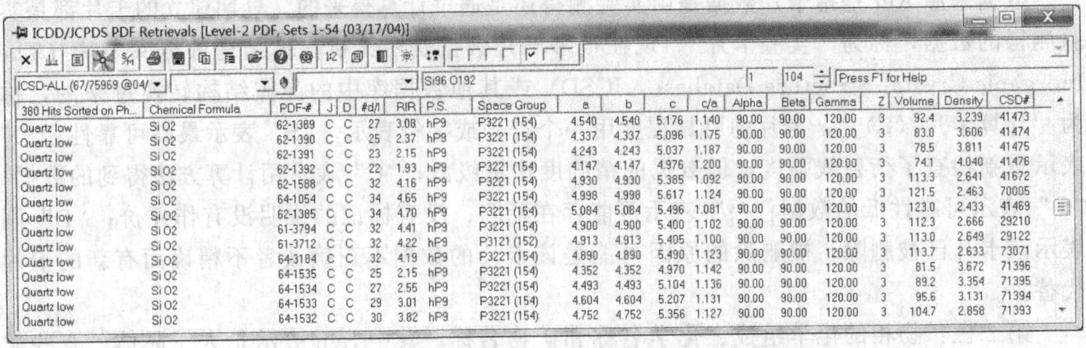

380 Hits Sorted on Ph...	Chemical Formula	PDF-#	J	D	#d/I	RIR	P.S.	Space Group	a	b	c	c/a	Alpha	Beta	Gamma	Z	Volume	Density	CSD#
Quartz low	Si O2	62-1389	C	C	27	3.08	hP9	P3221 (154)	4.540	4.540	5.176	1.140	90.00	90.00	120.00	3	92.4	3.239	41473
Quartz low	Si O2	62-1390	C	C	25	2.37	hP9	P3221 (154)	4.337	4.337	5.096	1.175	90.00	90.00	120.00	3	83.0	3.606	41474
Quartz low	Si O2	62-1391	C	C	23	2.15	hP9	P3221 (154)	4.243	4.243	5.037	1.187	90.00	90.00	120.00	3	74.1	4.040	41475
Quartz low	Si O2	62-1392	C	C	21	1.93	hP9	P3221 (154)	4.147	4.147	4.976	1.200	90.00	90.00	120.00	3	70.3	4.261	41476
Quartz low	Si O2	62-1588	C	C	32	4.16	hP9	P3221 (154)	4.930	4.930	5.385	1.092	90.00	90.00	120.00	3	113.3	2.641	41672
Quartz low	Si O2	64-1054	C	C	34	4.65	hP9	P3221 (154)	4.998	4.998	5.617	1.124	90.00	90.00	120.00	3	121.5	2.463	70005
Quartz low	Si O2	62-1385	C	C	34	4.70	hP9	P3221 (154)	5.084	5.084	5.496	1.081	90.00	90.00	120.00	3	123.0	2.433	41469
Quartz low	Si O2	61-3794	C	C	32	4.41	hP9	P3221 (154)	4.900	4.900	5.400	1.102	90.00	90.00	120.00	3	112.3	2.666	29210
Quartz low	Si O2	61-3712	C	C	32	4.22	hP9	P3121 (152)	4.913	4.913	5.405	1.100	90.00	90.00	120.00	3	113.0	2.649	29122
Quartz low	Si O2	64-3184	C	C	32	4.19	hP9	P3221 (154)	4.890	4.890	5.490	1.123	90.00	90.00	120.00	3	113.7	2.633	73071
Quartz low	Si O2	64-1535	C	C	25	2.15	hP9	P3221 (154)	4.352	4.352	4.970	1.142	90.00	90.00	120.00	3	81.5	3.672	71396
Quartz low	Si O2	64-1534	C	C	27	2.55	hP9	P3221 (154)	4.493	4.493	5.104	1.136	90.00	90.00	120.00	3	89.2	3.354	71395
Quartz low	Si O2	64-1533	C	C	29	3.01	hP9	P3221 (154)	4.604	4.604	5.207	1.131	90.00	90.00	120.00	3	95.6	3.131	71394
Quartz low	Si O2	64-1532	C	C	30	3.82	hP9	P3221 (154)	4.752	4.752	5.356	1.127	90.00	90.00	120.00	3	104.7	2.858	71393

图 7-2 PDF 卡片数据库中关于石英（Quartz）的部分卡片

7.4 物相分析方法

PDF 卡片检索的发展已经历了 4 代，第 1 代是通过检索工具书来检索纸质卡片。随着计算机的应用普及，第 2 代是通过一定的检索程序，按给定的检索误差窗口条件对光盘卡片库进行检索，如 PCPDFWin 程序。现代 X 射线衍射系统都配备有自动检索匹配软件，通过图形对比方式检索多物相样品中的物相。从 PDF 库中检索出与被测图谱匹配的物相的过程称为"检索与匹配（Search and Match）"。第 3 代则是基于 *d-I* 数据组的检索与匹配（S/M）。目前正发展并开始部分应用的是第 4 代，它是基于全谱拟合进行全图对比的检索（S-W）。目前成熟应用的是第 3 代程序，第 4 代作为选项在一些软件中开始运用，本书第 II 册 4.9.5 有简单介绍。

具体的检索匹配过程可以概括为：根据样品情况，给出样品的已知信息或检索条件，从 PDF 数据库中找出满足这些条件的 PDF 卡片并显示出来，然后，由检索者根据匹配的好坏确定样品中含有何种卡片对应的物相。

（1）物相检索的步骤

① 给出检索条件，检索条件主要包括检索子库、样品中可能存在的元素等。

检索子库：为方便检索，PDF 卡片按物相的种类分为：无机物、矿物、合金、陶瓷、水泥、有机物等多个子数据库。检索时，可以按样品的种类，选择在一个或几个子库内检索，以缩小检索范围，提高检索的命中率。

样品的元素组成：在做 X 射线衍射实验前应当先检查样品中可能存在的元素种类。在 PDF 卡片检索时，选择可能存在的元素，以缩小元素检索范围。可以这样说，X 射线衍射物相检索就是根据已知样品的元素信息来确定这些元素的赋存状态（存在形式）。这也说明，那种通过 XRD 来检测样品元素组成的做法是不科学的和错误的。

其他检索条件：包括 PDF 卡片号、样品颜色、文献出处等几十种辅助检索条件。检索时应当尽可能利用这些检索条件，以缩小检索范围，提高检索的命中率。

② 计算机按照给定的检索条件对衍射线位置（面间距 d）和强度（I/I_0）进行匹配，计算匹配品质因数（FOM）。匹配品质因数的定义为：完全匹配时，$FOM=0$，完全不匹配时，$FOM=100$。将匹配品质因数最小的前 100 种（或设定的个数）物相列出一个表。

FOM 值的计算方法可以参考如下的算法。

假设样品某 PDF 卡片上登录有 N 条衍射线，衍射谱中有 M 条衍射线与之匹配，计算出匹配数量的匹配率：

$$L_M = \frac{M}{N}$$

设置一个衍射峰的面间距与 Δd 的匹配率：

$$EW = int\left(\frac{1000}{d} - \frac{1000}{d+\Delta d}\right)$$

各衍射线面间距测量值 d_O 与 PDF 卡片对应晶面的面间距 d_P 之间的匹配：

$$F_D = 1 - \frac{\sum|d_O - d_P|}{EW \times M}$$

各衍射线强度测量值 I_O 与 PDF 卡片对应晶面的相对强度 I_P 之间的匹配：

$$F_I = 1 - \frac{\sum|I_O - I_P|}{\sum I_P}$$

最后计算出总匹配率：

$$FOM = 100 - [(L_M \times F_D)w - (1-w)F_I] \times 100$$

其中 w 是衍射角与衍射强度在匹配率计算中的相对权重。实际的算法更复杂一些，但基本原理就是从能匹配的衍射线数量、衍射角匹配情况和强度匹配情况来计算。由于一般更注意衍射角的匹配，因此，软件设置一个比例因子 w。

③ 操作者观察列表中各种物相（PDF 卡片）与实测 X 射线谱的匹配情况作出判断，检定出一定存在的物相。

④ 观察是否还有衍射峰没有被检出，如果有，重新设定新的检索条件，重复上面的步骤。直到全部物相被检出。

（2）判断一个物相是否存在的三个条件

1）PDF 卡片中的峰位与测量谱的峰位是否匹配

一般情况下 PDF 卡片中出现的峰的位置，样品谱中必定有相应的衍射峰与之对应。即使三条强线对应得非常好，但有另一条较强线位置明显没有出现衍射峰，也不能确定存在该相。所以说，三强线匹配是物相检索的必要条件而非充分条件，除非能确定样品存在明显的择优取向，此时需要另外考虑择优取向问题。

2）PDF 卡片的峰强比（I/I_0）与样品峰的峰强比（I/I_0）要大致相同

由于样品本身的原因和制样方法的原因，被测样品或多或少总存在择优取向，从而导致峰强比不会完全一致。因此，物相检索时峰强比仅可作参考。例如加工态的金属样品、黏土矿物样品、一些薄膜样品、定向生长的样品，某些衍射峰是不会出现的，应当考虑这些因素的影响。

3）检索出来的物相包含的元素在样品中必须存在

如果在检索时没有限定样品的元素，则检索出来的物相可能仅仅是"结构相似"的物相，会检索出很多与实测样品元素风马牛不相及的物相。例如：如果检索出一个 FeO 相，但样品中根本不可能存在 Fe 元素，则即使其他条件完全吻合，也不能确定样品中存在该物相。此时可考虑样品中存在与 FeO 晶体结构大体相同的某相。换句话说，X 射线衍射物相检索是一种"结构检索"而不是"元素分析"。

对于无机材料和黏土矿物，一般参考"特征峰"来确定物相，而不要求全部峰的对应，因为同一种黏土矿物中可能包含的元素可能不同。例如，长石的分子式为 $(Na,Ca)Al(Si,Al)_3O_8$，表示 Na、Ca 是可以互换的，长石还有另一种分子式 $NaAlSi_3O_8$，表示结构中不含有 Ca，而称为钠长石。是否存在有钙元素，对结构的影响并不明显。如果没有事先做元素分析，确定样品中并不存在 Ca 元素，则选择哪一种物相都是可以的。实际上，对于一般的物相分析来说，选择哪一种"长石"并不那么重要。这也说明，虽然任何两种不同的物相（如钠长石和钙长石）的衍射谱不可能完全相同，但它们极有可能是"相似的"。对于这种结构极为相似的物相，它们的衍射谱似乎没有多少区别（区别当然是有，但并不一定能观察出来），这就给物相分析的"准确性"带来困难。解决的方法只能是元素分析，并且做进一步的"结构精修"。

7.5　物相定性分析的实验方法

（1）图谱扫描

这里以一个矿物粉末样品为例来说明物相检索的基本步骤。

物相定性分析的依据主要是衍射峰位的准确性，要求测量范围较大，即需要测量样品的全谱。所谓"全谱"，并不是真正意义上的全部谱线，是指包含样品全部特征信息的谱图。任何物相的特征信息都是在低衍射角度区，因此，不一定要扫描很高角度的图谱。物相鉴定的扫描除 Cu、Fe 一类的金属外，一般不需要扫描 $90°(2\theta)$ 以上的图谱。

由于不同的材料其衍射峰位区域不同。应当根据材料选择测量范围 (2θ)。一般来说，有机材料、水泥等无机材料和黏土矿物的晶面间距大，应选择较低的衍射区域，使用 Cu 辐射时，选择从 3°开始扫描（一般粉末衍射仪广角扫描的最低角为 3°，更低的衍射角会使直射光进入计数器而可能引起计数器的损坏）；而金属材料的晶面间距小，应当选择较高和较宽的衍射角范围，从 10°开始扫描就可以了，特别是采用 Cu 靶时，Fe 的衍射峰从 $40°(2\theta)$ 开始，低衍射角的扫描就不重要了，但是，如果需要考察其中的碳化物，则需要从 $20°(2\theta)$ 开始扫描。总的来说，为了节省实验时间又能保证实验数据的正确性，实验前应当查找 PDF 卡片，考察样品中可能物相的衍射角范围。总的选择原则是不能漏掉低角度的特征衍射峰。

扫描方式采用 $\theta-\theta$ 连续扫描，采样步长可取 $0.02°\sim0.03°$，扫描速度以 $10°/min$ 为宜。但对于黏土矿物等衍射峰位较集中于低角度区的样品，宜采用 $1°/min$ 的速度扫描。狭缝可放宽，发散狭缝和防散射狭缝一般取 1°、1°，接收狭缝 0.3mm，以获得较大的衍射强度。而有机物的峰主要集中在低角度区，为了获得良好的角度分辨，应当使用小一些的狭缝。

数据测量完成后，系统自动保存到设置好的文件夹下，数据以二进制格式的 .raw 文件格式保存。

当然，不同的衍射仪要根据光管功率和探测器的性能作调整。例如，如果采用一维阵列探测器可能测量一个样品只需要 3min。

样品假定已经做过元素分析，是一种铁矿石产品。所以选择扫描范围为 $10°\sim90°(2\theta)$，扫描步长 $0.02°(2\theta)$，扫描速度 $10°/min$，数据在 Rigaku Dmax 2550 型 X 射线衍射仪上测得，数据保存为：【data：04001：Fe2O3＋Fe3O4.raw】

（2）Jade 物相检索的条件设置

打开一个图谱，不作任何处理（一般不需要平滑和扣除背底，以保持数据的真实性），鼠标右键点击"S/M"按钮，打开检索条件设置对话框，见图 7-3。

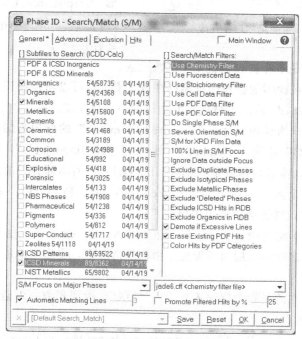

图 7-3 物相检索条件设置对话框

1）检索子库

在这个对话框中，左侧为 PDF 子数据库选择框。应当根据样品的情况选择不同的 PDF 子库。一般选择原则是尽可能少选子数据库，以提高检索命中率。

对于矿物样品，一般只选择"Minerals"和"ICSD Minerals"。这是因为矿物数据库是非常全的，不需要加上其他子数据库。

对于有机物样品，则应当只选择"Organics"。

对于一般样品，则在选择"Minerals"和"ICSD Minerals"的同时，还应当加上"In-organics"和"ICSD Patterns"。

对于合金样品，还需要加上"Metallics"子库。

对于其他样品，也应当选择相应的数据库。

2）元素限定

对话框的右边框中列出了多个"过滤器（Filters）"。其中最重要的是"Use chemistry filter"选项。选中该项，将进入到一个"元素周期表"对话框，见图 7-4。

元素选择方法如下。

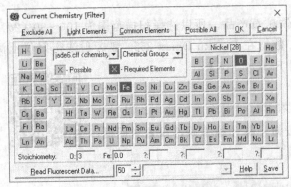

图7-4　元素限定的选择方法

"Exclude All"：排除所有元素。即不选择任何元素。

"Light Elements"：选择所有轻元素。

"Common Elements"：选择常见元素。

"Possible All"：选择所有元素。

在化学元素选定时，有三种选择，即"Impossible（不可能）" "Possible（可能）"和"Required Elements（一定存在）"。

"Impossible"就是不存在，也就是不选该元素。

"Possible"就是被检索的物相中可能存在该元素，也可以不存在该元素。

"Required Elements"表示了被检索的物相中一定存在该元素。

"Possible"的标记为蓝色字体，"Required Elements"的标记为绿色背景。图7-4中的选择中，"Fe"和"O"选定为Required，而"H"为"Impossible"，而且限定了"O"原子的个数为3。这样，检索目标就是Fe_2O_3、$Fe(OH)_3$，而不理会其他价态的Fe的氧化物。如果不限定"O"的个数，则还可检索出FeO、Fe_3O_4、Fe(OH)。如果不限定"O"为"Required Elements"，则还会检索出单质铁"Fe"。

有些情况下，虽然材料中不含非金属元素O、N、C、Cl等，但由于样品制备过程中可能被氧化或氯化，在多种尝试后尚不能确定物相的情况下，应当考虑加入这些元素，尝试金属盐、酸、碱的存在。

将样品中可能存在的元素全部输入，点击"OK"，返回到前一对话框界面。

3）限定检索的焦点

对话框的左下有一个列表，"Search Focus on Major/Minor/Trace/Zoom window/Painted"。这里共有5种选择，它们分别表示检索时主要着眼于"主要相/次要相/微量相/全谱检索/选定的某个峰"。

4）其他过滤器

在元素限定下面还有很多其他过滤器。

• Exclude Duplicate Phase：排除重复的相。同一物相有很多张PDF卡片，如果找到了一张，其他卡片不被显示出来。一般情况下都不用勾选，除非重复相太多，在S/M窗口中显示不了其他相。

• Exclude Isotypical Phase：排除同类型的相，$MnFe_2O_4$和Fe_3O_4是同类型的，如果找到其中一个，其他卡片不被显示。一般不勾选。

• Exclude "Deleted" Phase：排除被删除的相，否则那些被删除的卡片被显示出来。

这些勾选项要根据情况来选择，不同的选择会导致不同的检索结果。

5）扩展选择条件

图7-5是Search/Match的条件设置对话框的第二页。左边的上面也是一个过滤器，一般选择"Exclude None"。下面"S/M"过程中的分析方法，一般选择"不作分析"（No Analysis after S/M），因为分析可能会让一些物相被过滤掉而不显示出来。右边则是"窗口"

设置，选择默认的方式是可以的。但是，对于一些特殊的样品，可能会要做些调整。例如 "Solid Solution range（％）" 表示固溶范围，该选项允许谱线的左右移动范围。在一些固溶度大的样品检索时，可能会需要设置为 "5"。

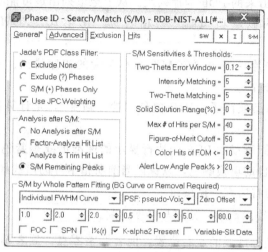

图 7-5　检索条件的扩展设置

当检索条件设置好时，点击对话框右下角的 "OK" 按钮，进入 "Search/Match Display" 窗口。

（3）Search/Match Display 窗口

"Search/Match Display" 窗口分为三块，见图 7-6。

窗口的最上面是工具栏。这些工具包括检索工具和显示方式设置工具。关于这些工具的使用，可以试着单击或右击，观察它们的作用。

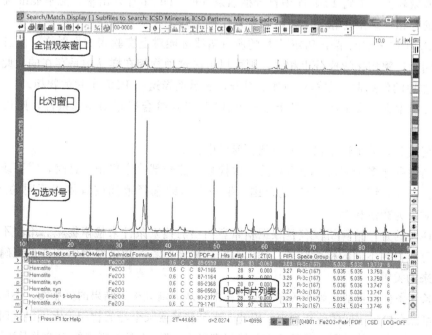

图 7-6　物相检索窗口

然后是全谱显示窗口，可以观察全部 PDF 卡片的衍射线与测量谱的匹配情况。

中间最大的窗口是局部窗口，可观察局部匹配的细节，通过窗口右边的按钮可调整窗口中图谱的显示范围和放大比例，以便观察得更加清楚。

窗口下面显示检索出来的 PDF 卡片列表。从上至下列出最可能的 100 种物相。

在这个表中主要的显示项包括：物相名称、化学式、FOM 值、J 值、PDF♯ 和 RIR 值。

检索出来的 PDF 卡片一般按"FOM"由小到大的顺序排列。FOM 是匹配率的倒数，数值越小，表示匹配性越高。

J 值是 PDF 卡片的品质因子。RIR 值是"参比强度"，是计算物相含量时需要用到的系数。

在这个窗口中，鼠标所指的 PDF 卡片行显示的标准谱线是蓝色，已选定卡片的谱线显示为其他颜色，软件会自动更换颜色，以保证当前所指卡片的谱线颜色一定为蓝色。

在 PDF 卡片列表的右边有一排按钮。

↕：用来调整标准线的高度，使之与强度匹配。

◄► 和 ↔：都可调整标准线的左右位置，前者调整零点，后者调整谱线位置。这个功能在固溶体合金的物相分析中很有用，因为固溶体的晶胞参数与 PDF 卡片的谱线对比总有偏移（因为溶剂原子的半径与溶质原子半径不同，造成晶格畸变，晶胞参数变化）。

在 S/M 列表中，最左边是一个勾选框，如果认为某个物相存在于样品中，就在这个勾选框中加上勾号。

列表的底部有一排按钮 v m n x p s r：它们的功能分别是：选择不同的方式重排列表（m）；寻找相似相（n）；删除一行（x）；重新搜索匹配（s）等。

（4）确定物相

物相检索软件只能将 PDF 库中符合检索条件的 PDF 卡片列出来，但不能准确地确定样品中存在的物相。确定物相是需要检索者自己确定的。

如果 S/M 列表中的某个 PDF 卡片的所有谱线都能对上实验谱的衍射峰，而且强度也基本匹配，同时，物相化学成分也相符，则可以考虑这种物相在样品中是存在的。此时，在该 PDF 卡片左边的勾选框（方框）中加上对号，表示选择这一 PDF 卡片的物相。

如果样品中含有多个物相，而且有多个 PDF 卡片符合确定物相的条件，则可以同时选择它们。

检索完成后，关闭这个窗口返回到主窗口中。

当样品中存在多个相时，很有可能一次检索不能全部检索出来。这时，需要改变检索条件再检索。例如，缩小 PDF 子库的范围，缩小元素的选择范围或者使用不同的元素组合，设定检索对象为微量相等。

需要说明的是，计算机仅仅是根据检索者给出的检索条件来检索物相。给出不同的检索条件时，可能得到不同的检索结果。如何有技巧地设置和运用这些检索条件是正确和完全检索出物相来的关键。

限定检索条件的目的是缩小程序的搜索范围，从而增大检索结果的可靠性。不同的限定条件，程序可能会检出不同的物相列表。因此，当某些峰或某个峰的物相检索不出来时，不妨试试这些条件的改变。其他限定条件还有"错误窗口大小"，也是值得熟练的检索者注意的。

限定条件越严格，程序的搜索范围越小，检索出来的物相可能越正确，但也可能出现某些物相检索不出来的结果。

限定元素时，原则上一次限定的元素不超过 4 个。当然，对于矿物样品例外。

（5）根据强峰检索物相

传统的物相检索方法是"三强线"检索法，即根据（剩余的）三条强线的 d 值来检索物相，在满足三强线的基础上再比对"八强线"（这就是为什么每张 PDF 卡片上都有三强线和八强线的原因），在八强线都存在的情况下再比对所有线是否都存在。

Jade 可以使用单峰搜索或多峰搜索来检索物相。单峰搜索即指定一个未被检索出的峰（的范围），在 PDF 卡片库中搜索在此处（范围内）出现衍射峰的物相列表，然后从列表中检出物相。

在主窗口中选择"涂峰"按钮（Peak Paint），在一个强度较高的剩余衍射峰下划出一条底线（并不需要平，可以是斜线），该峰被指定，然后再鼠标右键点击"S/M"，此时，检索对象变为灰色不可调。可以限定元素或不限定元素，软件会列出在此峰位置出现衍射峰的 PDF 卡片列表（图 7-7）。

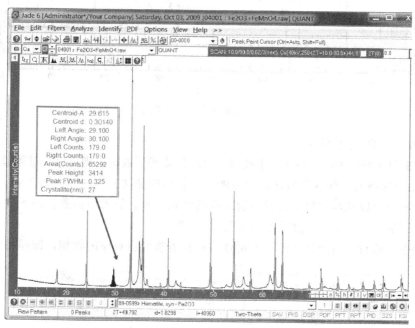

图 7-7　涂峰选定

这种方法的特点是：① 强峰搜索法也是一种限定条件的检索方法，它限定了在某衍射角范围内出现衍射峰的物相；②如果可以肯定某两个或三个峰应当是同一物相的峰，则可同时选择几个峰进行检索。

应当指出，正确地全面检索出物相不但需要熟练地掌握 Jade 物相检索的方法和技巧，而且，更重要的是需要研究课题方面的专业知识。除此以外，还要不厌其烦地反复尝试各种可能。在物相检索不能完成时，很可能是检索条件设置不正确，应当先去查阅相关的文献。另外，虽然 PDF 卡片每年都有更新，但并不是每个物相都一定能从卡片库中找到。这时应当考虑是否有新的物相产生，或者是检索中存在错误的确认。

（6）物相检索结果的输出

1）保存结果为图片文件（bmp/JPG）

检索完成后，鼠标右键点击常用工具栏中的"打印机"按钮 ⏚，转到"打印预览"窗口，可保存/复制/打印/编辑检索结果（图7-8）。

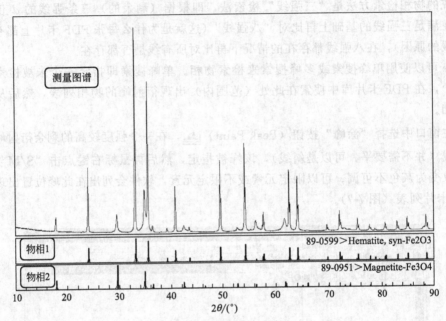

图7-8　物相分析结果输出

2）保存衍射峰-物相列表

如果需要每个峰的角度、强度、半高宽、对应的物相等数据，则可以通过菜单"Report｜Peak ID"命令来查看、保存和打印。这样的报告保存的是纯文本内容（图7-9）。

从这个报告可以观察到每个衍射峰所对应的物相名称、衍射面指数。按下"Export"可以保存这个列表为一个文件，文件扩展名为".ide"。

如果表中有些行中右边是空的，说明这些峰没有检索出对应的物相，即样品中可能还存

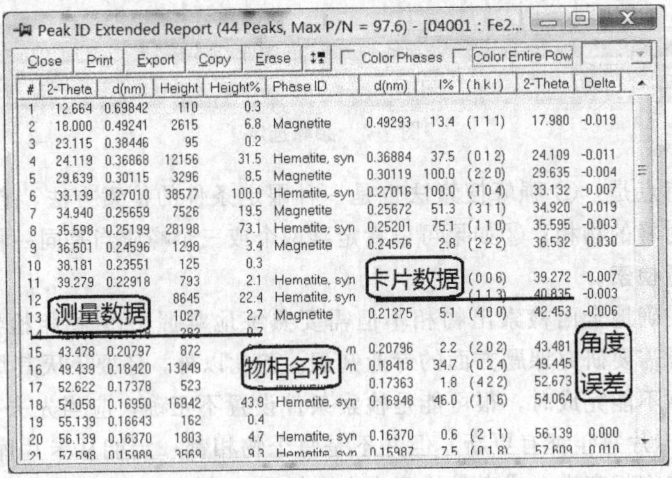

图7-9　衍射峰对应物相检查报告

在其他物相，但没有检索出来。也可能是这个峰已经被检索出物相，但物相的衍射峰位有移动。

出现这种情况的原因可能是：①样品中确实存在还没有检索出来的物相，需要进一步检索。②样品中虽然还有一些很小的峰没有检索出物相，但已经没有办法检索出来，因为这些峰实在太弱了，这种情况是很常见的。③样品中可能有新物相存在，是没有办法检索出来的。所谓新物相是指在 PDF 库中没有记录的物相。④有可能检索错误，需要重新检索。到底是哪一种情况，要具体情况具体分析。

如果这时再选择菜单：Report｜Peak Search Report 命令，则可看到另一个关于"峰"的报告，称为"寻峰报告"。它与上一个报告的内容是相对应的（图 6-20）。

在这个报告中有峰的 2-Theta、d 值、背景 BG 高度、峰的高度 Height、面积 Area、半峰宽 FWHM 和晶粒尺寸 XS 数据。

半峰宽是指峰的一半高度处的峰宽，是常用的表示峰宽度的一种方法。通过半峰宽和仪器宽度以及波长数据，根据谢乐公式可以计算出晶粒尺寸。

晶粒尺寸的单位是"nm"。要显示晶粒尺寸数据，需要预先在 Edit｜Preferences｜Report 菜单中选中"Estimate Crystallite Size from FWHM's-0.9"。其中的 0.9 表示仪器宽度为 0.9°。

3）保存检索过程

菜单命令：File｜Save｜Save Current Work as ＊.SAV。这个命令保存的内容包括两个方面，一是检索出来的物相列表，文件扩展名为".PDF"。这实际上是一个文本文件，保存下来供以后了解样品中存在哪些物相。另一个内容就是主窗口的"图像"。这里，加上引号的"图像"，不是一张简单的图片，而是当前窗口的所有信息，保存下来供以后复原当前的检索状态。举个简单的例子，有一个样品已经分析出来存在 3 个相，但还有其他峰没有检索出物相来，可以把"当前的工作"保存下来，待以后有机会再继续分析，而不需要重新从头开始分析。

7.6　物相定性分析的应用

下面通过一些实例操作来说明物相鉴定在各种领域中的应用。

▶ 例 1　Al-Zn-Mg 合金的物相分析

样品是一种时效处理后的 Al-7Zn-3Mg 合金，数据文件为【data：04007：3：Al-MgZn2 过时效态.raw】，需要检索出样品的主要物相。

步骤 1：先不限定任何检索条件，按 Major 相检索。

检索列表中显示了很多与样品元素不相干的物相。这是由于没有作"元素"检索限定，而这些物相的晶体结构（晶型为面心立方，晶胞参数 0.4049nm 左右），与 Al 的晶体结构非常相近，与实验谱是可以对得上的（所谓峰位匹配就是指 PDF 卡片的谱线位置有相应的衍射峰出现，否则就是不匹配）。根据样品的化学成分可知，样品的主相应当是 Al。在 Al 所在行的左边方框中加上对号，表示选中了这个物相，关闭这个窗口，返回到主窗口（图 7-10）。

这里，应当注意以下两点。

与实验谱对得上的物相可能不止一个，应当选择最可能的物相。

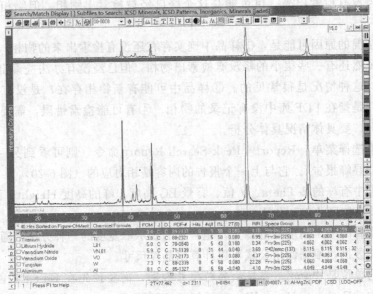

图 7-10　物相选择窗口

PDF 卡片上 Al 的相对强度（竖线高度）与实验谱强度并不匹配。所以，一般情况下，强度只作为参考。在不匹配的情况出现时，必须有理由解释。这里的理由是样品为轧制板材，存在严重的择优取向（织构）。有时则完全是由于制样的原因造成择优取向。

步骤 2： 按下 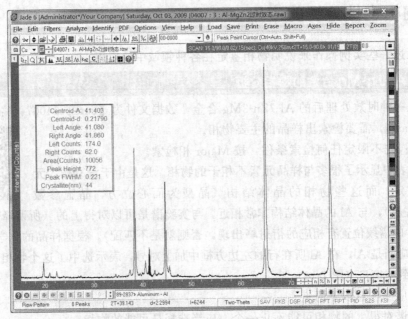 按钮，然后在 41°位置上的峰下划过，选择这个峰（图 7-11）。

这次选择几个子数据库，并且限定样品的元素（图 7-12）。可得到图 7-13 的检索列表。

共检索到 5 个 $MgZn_2$ 卡片，它们的晶胞参数基本上差不多。这里选择第 5 个，原因是第 5 个的品质因子高（C），它是一张计算卡片，而且有 *RIR* 值。

图 7-11　选择一个未检索出物相的"强峰"作物相检索

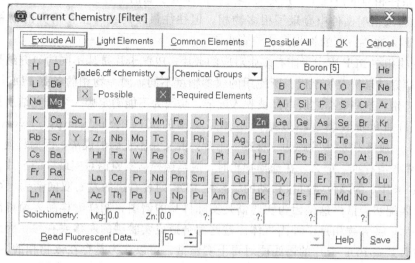

图 7-12 PDF 子数据库的选择和元素的限定检索

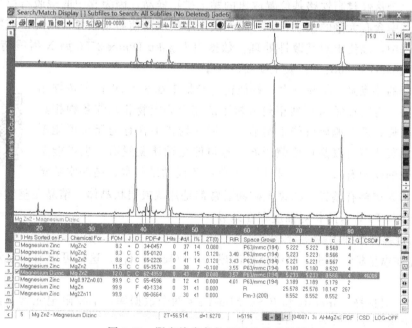

图 7-13 限定检索条件得到的检索结果

有几点需要说明如下。

① FOM：称为匹配因子。FOM＝0，表示完全匹配，FOM＝100，表示完全不匹配。即 FOM 值越小，PDF 卡片与实验谱匹配越好，应当尽可能选 FOM 小的物相。但是，FOM 匹配因子，仅仅作为确定物相的参考，不能因为某种物相的 FOM 值大而确定它是不存在的。在选定物相时还要考虑实际的实验条件、样品状态、固溶状况等很多因素。FOM 值仅仅是一个按公式计算出来的数据。

② J：PDF 卡片的品质因子，"＋"表示可信度最高（即星级质量）；"C"表示 PDF 卡片为计算出来的而非实测的；"D"表示该卡片已被删除，已有新卡片替代；"?"表示怀疑

的。在其他条件相当的情况下，应尽可能选择品质因子高的卡片。

③ 虽然粉末衍射文件中登录了很多物相，但往往最新的或者正在研究的物相还没有来得及登录，那么这些最新的物相无法检索出来。

④ 一种物相在 PDF 库中可能有多张对应的卡片。PDF 卡片是从不同的研究结果中收集起来的。由于研究结果发表的年代、所使用的仪器精度不同，同一物相的各张 PDF 卡片的数据存在很小的差别。这些数据之所以都被收入进来，是因为不能确定哪一个研究结果是最精确或最标准的。目前负责收集这些数据的团体是美国的 ICDD 公司（http：//www. icdd. com/index. htm）。一般将 PDF 卡片称为"标准"卡片，其实是不正确的说法，因为任何一种物相的晶体学数据都没有标准。那么，在选择物相时，应当选择与实验谱对应最好的卡片。

⑤ PDF 卡片上的峰位是可以移动的。按住 PDF 列表右边的左右双向箭头，可以将物相左右移动来匹配实验谱。这是因为实验谱是实际样品的谱图，制样时样品表面可能高于或低于样品架平面，或者物相是一种固溶体。这些都会造成实验谱的左移或右移。因此，如果通过左移或右移某一 PDF 卡片的谱线能对得上实验谱，可以认为是存在该物相的。

➡ 例 2　一个黏土矿物物相检索

样品是一个从修建高铁路基位置取出的黏土矿物样品，因为其中的蒙脱石成分很容易吸水，如果路基中含有大量的蒙脱石，可能在洪水中吸水而使路基破坏，因此，需要了解其否存在于路基中，以便于对其改性处理。数据用 Rigaku Dmax 2550 型 X 射线衍射仪采集，数据文件为【data：04008：0：黏土矿物. raw】。

黏土矿相的特点是：①晶胞大，特征衍射峰集中在 3°～30°；②各物相的衍射谱重叠，有时仅凭 X 射线衍射分析不能完全确定物相；③各物相具有特征的衍射峰，而其他峰可能不明显；④同一物相中含有的元素可能不完全相同，如蒙脱石可以是钙质蒙脱石，也可能是钠质蒙脱石，也可能是绿脱石（含铁的蒙脱石）；⑤同一物相可能带有不同的结晶水，结晶水数量不同而导致衍射谱略有差异；⑥黏土矿物通常都是片状或层状晶体，结晶完整性很差，实验谱的相对强度与 PDF 卡的相对强度存在差异。

S/M 的过程大致如下。

- 首先在纵坐标上双击，将纵坐标改成 Sqrt (Intensity)，这样可以突出显示含量较少的物相衍射峰；

- 其次，只选择 Minerals 和 ICSD Minerials 两个数据库，不要限定元素。让软件自动检索，可以检索出大部分物相（图 7-14）；

- 然后，进行单峰检索。从左到右，依次选择未标注的强峰进行检索。可能得到如下的结果（图 7-15）。

这个分析结果似乎比较满意，但是，还需要进一步检验。

(1) 绿泥石（Clinochlore）与蒙脱石（Montmorillonite）的主峰是重叠的

区别它们的方法有两个。一是从峰形来观察，蒙脱石的峰比较宽，这是因为蒙脱石的结晶性比绿泥石差。另一个方法是用 80℃ 热盐酸来溶解样品中的绿泥石。

(2) 鉴别样品中有没有蒙脱石

在高铁路基建设、水库大坝建设以及要求很高的建筑地基建设中，蒙脱石的存在与否是至关重要的。蒙脱石又名"膨润土"，是一种遇水膨胀的黏土。

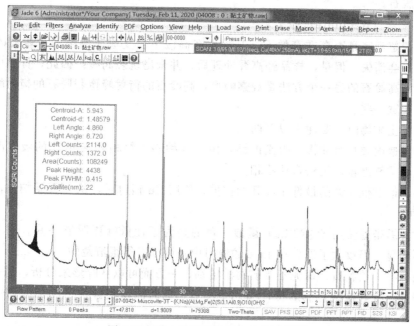

图 7-14　黏土矿物样品的初步检索结果

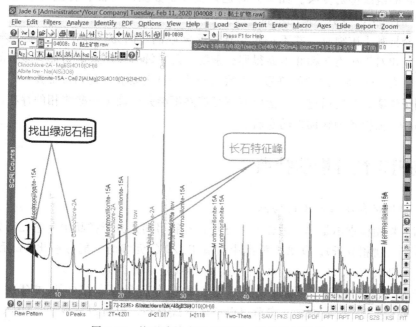

图 7-15　按强峰检索法得到进一步的检索结果

根据图 7-15 的分析，样品去掉绿泥石后，①峰位置似乎有一个宽峰显现出来，因此，有必要鉴别是否有蒙脱石。

蒙脱石可以被水和甘油浸润而发生膨胀，其晶胞可膨胀到 18Å，则①峰位置将向小角度方向移动。

样品经甘油饱和后得到的衍射谱，发现在原来①峰位置的左侧形成了一个宽峰。说明样品中存在蒙脱石。

（3）高岭石（Kaolinite）的鉴定

必须弄清楚到底是否存在高岭石。高岭石在高温下会变成非晶态的"烧高岭"，此时，相应的衍射峰会消失。但是，样品经高温处理后，并未出现烧高岭。因此，样品中并不存在高岭石。判断高岭石的另一个方法是观察峰形，高岭石的衍射峰像蒙脱石的衍射峰一样，比其他物相的要宽一些。

在检测黏土矿物时，要注意以下两点。

一是扫描速度要尽可能慢，否则的话，由于各种黏土物相对 X 射线的吸收严重，峰强不高，而且峰重叠严重，无法辨认物相。

二是要从衍射仪允许的最低角度开始扫描。使用 Cu 辐射时，从 3°开始扫描，只需要扫描到 65°即可。

分析时，纵坐标使用 $SQRT(x)$ 函数，目的是为了让低峰更明显一些。图中，蒙脱石的峰非常不明显，但放大了看，在 Jade 的窗口中是可以看得很清楚的。

对于高岭石、蒙脱石、绿泥石等矿物的鉴别，一方面可以从峰形来分析，另一方面为了分析的准确性，最好根据它们的特性做几个实验，同时测量实验前后的衍射谱作进一步的验证。

另外，在做矿物分析时，不需要选择除矿物外的其他 PDF 子库，因为矿物的组成，特别是黏土矿物的组成特别复杂。如果同时选择很多子数据库可能会得到并非自然界形成的"自然矿物"的物相，与实际情况不符。

最后，分析黏土矿物时，并不一定要选择元素限制，因为这些矿物的成分本来就很复杂，元素组成相对于矿物名称并不显得那么重要；几乎每一种黏土矿物都有多种晶型，矿物名称后面常带有 2M、3T 之类的符号。到底选择哪一种还要看匹配情况而定。

这个例子说明，单纯通过一个衍射谱图可能并不能完全确定一些物相的存在，为了准确地鉴定出物相，需要各种辅助性的实验。

7.7 物相定性分析的特点

（1）X 射线衍射物相检索的特点

粉末衍射物相检索不是单一地作元素分析，实验目的是分析样品中各组元所处的化学状态（成分分析、物相分析）。例如，样品中含有 Fe 和 O 元素时，能分析出 Fe 元素的价态，即形成的是何种氧化铁（FeO、Fe_2O_3、Fe_3O_4 甚或是单质 Fe）。

当试样由多成分构成时，能区别是以混合物状态还是以固溶体形式存在。例如 Al、Mg、Zn 三种元素共存时，三种元素可以以单质形式存在，也可以形成 Al_8Mg_5、$MgZn_2$ 等多种金属间化合物。

可区分物质的同素异构态。例如，不同温度下 Co 可以以六方或立方结构形式存在，因为它们虽然元素相同，但是同素异构体，即它们的晶体结构不同，所以，可以分析出样品中的 Co 以何种晶体结构形式存在。

可以用少量试样进行分析，试样调整比较简单，而且分析并不消耗试样，是一种非破坏分析。分析一个样品只需要 0.1g 的粉末或者更少。

试样可以是粉末状或块状，也可以是板状或线状，只不过有时需要改变测试方法。

（2）X 射线衍射物相分析的局限性

试样必须是结晶态的（如粉末、块体金属或液体中晶体悬浮物）。气体、液体、非晶态固体物质都不能用 X 射线衍射分析方法作物相分析。

难以检测出混合物中的微量相，检测极限依被检测对象而异，一般为 0.1%～5%。有些元素对 X 射线的吸收强，反射弱，则难以检测出来；而有些则相反，对 X 射线的反射强。例如样品中含有 0.01% 质量分数的单质 Ag 都可能检测出来，而有些物相含量达到 5% 质量分数时却都难以检测出来。所以，X 射线衍射物相分析只能判断某种物相的存在，而不能确定一种物相是否"真正"不存在。为了更好地检测出微量物相，一方面需要提高光管的功率（转靶光管）和接收效率（高能探测器），另一方面需要延长扫描时间。

当粉末样品中含有低含量物相需要确认时，可以采用"物理提纯"的方法来富集。例如：硬质合金中 Co 作为黏结相含量较低，为了判断 Co 的晶型及其相对含量时，可以萃取掉 WC 相。又例如铝合金溶剂中的主要成分是 NaCl、KCl 等，其他成分含量都很低，可以用"水洗法"分离可溶性和不溶性成分，待干燥后，含量低的成分得到富集，再分别测量两种成分的物相。

当 X 射线衍射强度很弱时难以作物相分析。单纯依靠 X 射线衍射作物相分析时，对于含量低的物相是难以完成的，因为微量相的衍射强度很弱，某些衍射峰可能不会出现。这时，可结合其他测定的信息，如荧光 X 射线分析测得的元素信息，则能比较容易地作相分析。

对于没有登录 ICDD 卡片内的物质无法作相分析。粉末 X 射线衍射物相检索是一种"对卡"过程，如果数据库中没有记录下该物相的数据，当然无法检索出来。这一问题对于新材料、新药物的检测存在实际困难。对于这种情况，如果有标准试样，可把标准试样的衍射数据当做标准数据登录，有可能根据这个登录的数据进行相分析。例如，一些新的药物，在粉末衍射文件中还没有来得及收集，但已经有这种药的标准物质，而且这种标准物质的结构已经解析出来。那么，可以将该标准物质的衍射数据登录到粉末衍射文件中（即自制 PDF卡），然后，根据这一新的 PDF 卡来检索物相。另外，"粉末法从头解晶体结构"也已有许多实例。通过高强度高分辨率的粉末衍射数据解出新物质的晶体结构并不是不可能的。

7.8　PDF 数据库的检索

样品物相检索命令"S/M（Search/Match）"是针对窗口中样品图谱的一种检索与匹配，与图谱不匹配的物相不会显示在"S/M"窗口的列表中。

当需要知道某一种物相的 PDF 卡片，而并不针对测量图谱；或者，样品图谱中有物相不能检出，而凭经验可能是某种物相，则需要从 PDF 光盘中检索出来。这就是检索 PDF 光盘的作用。

单击菜单"PDF-Retrievals"命令，会弹出图 7-16 的窗口。

选择检索库：Jade 6 的光盘检索不能在整个 PDF 库中检索，而只能在选定的子库中检索（窗口左上角），当在一个子库中检索不到需要的物相时，可以换一个子库检索。

单击 🔯 按钮，显示元素周期表，选择正确的元素组合，即按元素进行检索。

当选择"Zr、O"两种元素都为"Required Elements（同时存在的组合，即 Zr 的所有

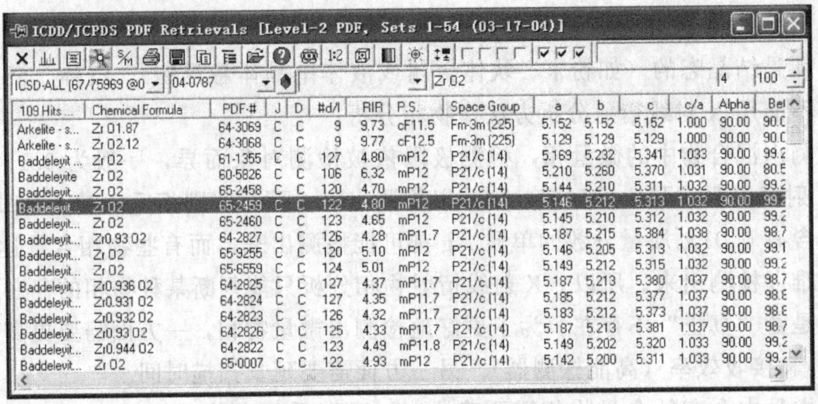

图 7-16　根据元素检索 PDF 卡片

氧化物）"时，会显示上面的列表，列出了在当前所选子数据库"ICSD-ALL"中所有的氧化锆卡片。

　　鼠标在列表的不同行上单击时，主窗口中会显示该物相的衍射线，如果物相的衍射谱与样品图谱相吻合，按回车键可将该物相加入主窗口的物相检索列表中。

　　除了按元素检索外，在上面的窗口中还可以按 PDF♯、化学式、矿物名称（如 Quartz）等方法检索。如果记不清矿物名的写法，还可以利用下拉菜单来显示和选择矿物名（图 7-17）。

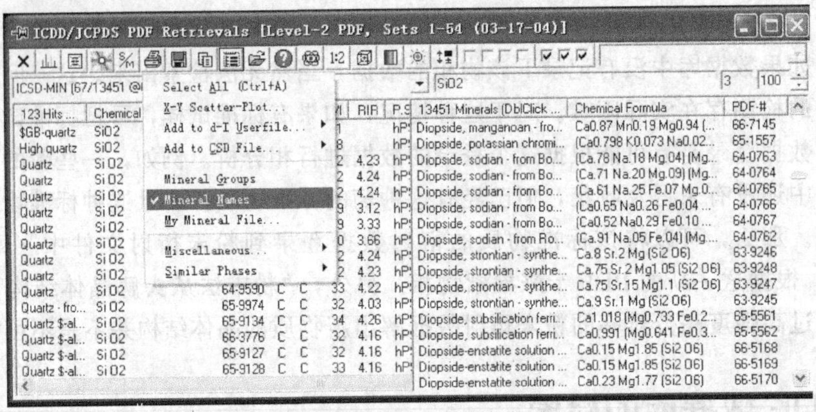

图 7-17　按矿物名称的 PDF 卡片检索

　　🔘 66-2836　▼：鼠标右击主工具栏中的光盘按钮，也可以按元素进行 PDF 光盘检索。直接从 PDF♯框中输入 PDF♯可直接调出相应的 PDF 卡片并显示在主窗口中。

PDF 光盘检索的作用如下。

　　① 可以为非衍射的目的了解某种物相的晶体结构和衍射谱，或者在做衍射实验前了解样品中那些可能存在的物相，从而决定衍射扫描的范围。

　　② 在检索物相时，有某种物相通过"S/M"检索不出来，而凭其他经验或实验数据大致了解样品中可能存在的物相，从而从光盘中调出该物相的衍射卡片，再与图谱对比（人工匹配，而非 S/M 匹配）。这一方法在矿物样品的物相鉴定中显得特别有用。特别是对于一些黏土矿物相，很难通过"S/M"正确地检索出来，不如直接找出某种物相的 PDF 卡片，再与图谱去对比。

练　习

练习 7-1：物相定性分析的原理是什么？小刘从地里面捡到一块石头，为了要知道是什么矿物，是先做物相分析呢还是先做其他何种分析？

练习 7-2：小李是一名化学老师，某次旅游时，在导游的劝说下购买了一包便宜的珍珠粉。他有点怀疑珍珠粉的纯度，因此，回家后做了元素分析，从元素组成来看，正好是珍珠粉（文石，成分为 $CaCO_3$）的成分才放心。你认为他的实验有什么漏洞没有？请你设计一个实验来验证其真假，说出其原理和实验步骤。

练习 7-3：采用铜靶辐射（$\lambda_{K\alpha} = 0.154nm$），测得的衍射谱经物相分析为单质铝，查 PDF 卡片可知，其晶胞参数为 0.40497nm，其衍射峰排列为（111）、（200）、（220）、（311）、（222）。问：为什么衍射谱中没有（001）衍射峰？衍射谱中晶面间距最大的是哪个晶面？其理论值是多少 nm（保留 4 位小数）？测试完成后发现样品表面低于样品架平面，导致衍射峰整体发生了移动。那么，是向低角度移动还是向高角度移动了？若测得（222）的衍射角为 82.00°，那么（111）的衍射角将会是多少？（311）和（222）衍射峰离得很近，因此，其角因子和温度因子对强度的影响可以视为相同，但是，PDF 卡片上显示它们的相对强度分别为 24 和 7，请解释它们的强度为什么差别这么大？如果衍射仪的最大测量衍射角为 140°，可以测量出（111）的 3 级衍射峰吗？如果需要测量该晶面的衍射，有什么办法？查 PDF 卡片可知（111）的相对强度为 100，为什么？但是，为什么实测衍射强度反而是（200）的衍射峰强度高于（111）的衍射强度呢？

练习 7-4：请简单说明什么是"物相"，什么是"衍射花样"。为什么说"不同的物相有不同的衍射谱"？由此说明粉末 X 射线衍射有什么基本应用。

练习 7-5：为什么说物相分析前必须对样品做元素分析？

练习 7-6：一个黏土矿物中含有大量的石英等"大矿物"，为了要检测出矿物中是否有蒙脱石存在，你有什么好的建议？

练习 7-7：分析合金相样品时，你有什么好的建议？

练习 7-8：数据【Data：04010：1】是以 SiO_2 和 ZrO_2 按一定比例混后，在 1200℃ 煅烧一定时间后得到的产物。请分析其中的物相组成，并猜想当煅烧温度提高到 1400℃ 后，物相会有什么变化？

第8章

物相定量方法

如果样品中存在几个物相，往往需要计算出样品中各个物相的含量。物相的含量（也就是物相在样品中所占的体积分数）与该物相的衍射强度成正比例关系。在这一章中，将根据这种关系，推导出内标法、外标法、标准添加法和 *RIR* 方法，并介绍钢铁材料中残余奥氏体含量的测定方法。

其中 *RIR* 方法是一种通用的方法，其他方法都有其特定的应用背景，在实际应用中应当注意。

8.1 质量分数与衍射强度的关系

当一个样品中存在若干种物相时，其中某个物相 j 的某个衍射面（HKL）的衍射峰强度 I_{HKL} 与该物相被 X 射线照射的体积 V 之间的关系为：

$$I_{HKL} = \left[\frac{1}{32\pi R}I_0 \frac{e^4}{m^2 c^4}\lambda^3\right]\left[\frac{F_{HKL}^2}{V_0^2}P_{HKL}\frac{1+\cos^2 2\theta}{\sin^2\theta\cos\theta}e^{-2M}\right]\frac{1}{2\mu}V \tag{8-1}$$

式中，第一个方括号中的参数与测量仪器有关，而与样品和物相无关，令：

$$C = \frac{1}{32\pi R}I_0 \frac{e^4}{m^2 c^4}\lambda^3 \tag{8-2}$$

第二个方括号中的数据与具体的物相有关，令：

$$K_j = \left(\frac{1}{V_0^2}F_{hkl}^2 P_{HKL}\frac{1+\cos^2\theta}{\sin^2\theta\cos\theta}e^{-2M}\right)_j \tag{8-3}$$

K_j 值涉及物相的单胞体积 V_0、结构因子 F_{HKL}、指定衍射面的多重性因子 P_{HKL} 和与之相应的衍射角（洛伦兹-偏振因子、温度因子 e^{-2M}）。

式(8-1)中，方括号外的因子是样品的线吸收系数 μ 和该物相被 X 射线照射的体积 V。

式(8-1)中，设样品被照射的总体积为 1 个单位。那么，对于一个多物相的混合物来说，一个物相被 X 射线照射的体积是其在样品中所占的体积分数，因此，将式(8-2)和式(8-3)代回到式(8-1)中，多相混合物中任何一个相 j 在混合物中所占体积分数与该相的衍射强度（为书写方便，省略衍射面指数 HKL，下同）的关系可表示为：

$$I_j = CK_j \frac{1}{2\mu}v_j \tag{8-4}$$

在式(8-4)中，K 值加上了一个物相的下标。公式中的 μ 为混合物对 X 射线的线吸收系数。

$$\mu = \rho\mu_m = \rho\sum_{j=1}^{n}w_j(\mu_{mj}) \tag{8-5}$$

式中，ρ 为混合物的密度；μ_m 为混合物对 X 射线的质量吸收系数；μ_{mj} 为 j 相的质量吸收系数；w_j 为 j 相的质量分数。因此，混合物中任一物相 j 的衍射强度可表示为：

$$I_j = CK_j\frac{v_j}{2\rho\sum_{i=1}^{n}w_i(\mu_{mi})} \tag{8-6}$$

或

$$I_j = CK_j\frac{w_j}{2\rho_j\sum_{i=1}^{n}w_i(\mu_{mi})} \tag{8-7}$$

注意式(8-6) 和式(8-7) 中，某一物相 j 的衍射强度和相应的质量分数（或体积分数）的关系。j 相的质量分数不但出现在分子中，而且出现在分母中。这就说明，物相 j 的质量分数与其衍射强度并非完全呈线性关系。

式(8-6) 和式(8-7) 是物相定量分析的基本公式，按照对公式右边系数的处理方法不同（特别是处理求和项），形成了多种实际的定量方法，下面介绍几种常用的方法。

8.2　外标法

假设一个样品中只存在两个相 i 和 j，需要求两相的质量分数。

（1）实验原理

如果一个样品中只有两个相，则两相的质量分数之和为 1。将式(8-7) 转换一下再相加，可以得到：

$$I_j = CK_j\frac{w_j}{2\rho_j(w_i\mu_{mi}+w_j\mu_{mj})} \tag{8-8}$$

假设有若干个这样的两相样品，而且每个样品中两相的质量分数为已知，测量这一组样品（称为外标样品）中 j 相的某一条衍射线的强度。则这一组强度值是 j 相在各样品中质量分数的函数：

$$I_j = aw_j^2 + bw_j + c \tag{8-9}$$

通过最小二乘法拟合校正曲线求得 a、b、c。利用该校正曲线，从质量分数未知的样品的积分强度求得质量分数的方法称为"外标法"。

如果两相是同素异构体，则两相的质量吸收系数相同，定标曲线呈直线。

（2）外标法的应用

一个生产 ZnO 的企业，需要测量 ZnO 的纯度（除 ZnO 外其他的成分均为杂质）。在选择定量方法时，使用外标法。先测量一组 ZnO 质量分数分别为 20%、40%、60%、80% 的标准样品。每个样品只需要测量 ZnO 的某一条高强度衍射线，见图 8-1 (a)，通过对衍射峰拟合，得到各个样品的积分强度见表 8-1。

以 ZnO 含量为横坐标，以所测强度为纵坐标，绘制定标曲线 [图 8-1 (b)]。

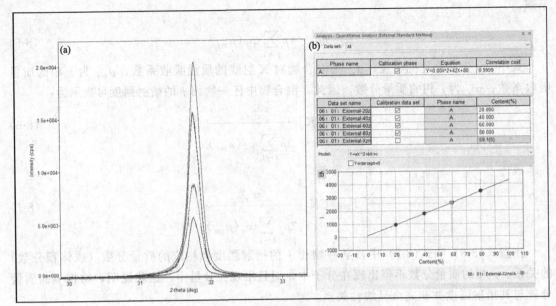

图 8-1　外标法的衍射强度和定标曲线

表 8-1　各样品 ZnO 的含量和积分强度

样品	ZnO/%（质量分数）	衍射峰高度/计数	衍射峰面积
标准样品 1	20	4519	915
标准样品 2	40	6688	1771
标准样品 3	60	12351	2585
标准样品 4	80	15951	3459
待测样品	未知	12300	2563

注：【06：定量：外标法】，数据引自 Rigaku 软件演示示例，数据用 PDXL2 软件处理。

通过对数据的拟合，可求出定标曲线方程为：

$$I = 42w_j + 80$$

将未知样品的衍射强度代入上式，可得未知样品中 ZnO 的含量为（59.1±0.5）%。也就是说，在定标曲线上找到未知样品所测衍射强度的点［图 8-1(b)中大圆点位置］，所对应的横坐标就是产品的含量。

从上面的讨论可知，这种方法应用面不广，因为它只能分析双相样品。但是，一旦定标出线做好以后，一直可以沿用。而且由于只需要测量样品的一个衍射峰，可以在很短的时间内准确地测量出衍射强度，计算结果非常准确，特别适合于企业对产品纯度的质量控制。

8.3　内标法

这种方法是在被测试样中加入一种含量恒定的标准物质制成复合试样。通过测量复合试样中待测相的某一条衍射线强度与内标物质某一条衍射线强度之比，来测定待测相的含量。

（1）实验原理

假设一个多相样品中含有 j 相，而不含 S 相。需要定量待测成分 j 的含量 w_j（质量分数）。

　　向该待测样品中加入质量分数为 w_S 的内标物质 S。此时待测相的含量变为 w'_j。三者的关系为：

$$w_j = \frac{w'_j}{1-w_S}$$

把 j 相和 S 相的相应量代入式（8-8）中。得到：

$$I_j = CK_j \frac{w'_j}{2\rho_j \sum\limits_{i=1}^{n} w_i(\mu_{mi})} \tag{8-10}$$

$$I_S = CK_S \frac{w_S}{2\rho_S \sum\limits_{i=1}^{n} w_i(\mu_{mi})} \tag{8-11}$$

两式相除，可得

$$\frac{I_j}{I_S} = \frac{K_j \rho_S w'_j}{K_S \rho_j w_S} = \frac{K_j \rho_S (1-w_S)}{K_S \rho_j w_S} w'_j \tag{8-12}$$

　　若在一组 j 相不同的样品中各加入恒量的 w_S，则式（8-12）中的系数 $\dfrac{K_j \rho_S (1-w_S)}{K_S \rho_j w_S}$ 为一定值，所测两相的衍射强度之比是 w'_j 的线性函数。

　　（2）实验方法

　　找一组 w_j 不同的样品，往每个样品中加入恒量的 w_S，测量两相各一条衍射线的积分强度，以两相积分强度之比为纵坐标，以 w_j 为横坐标作出"定标直线"。

　　在待测样品中加入同量的 w_S，以同样的实验条件和方法测出两相的强度之比。

　　在定标直线上找到待测样品强度比的点，对应的横坐标就是待测样品中 j 相的含量。

　　（3）内标法的应用

　　用内标法计算企业 ZnO 产品的纯度。

　　① 选择 4 个已知 ZnO 含量的样品，加入相同质量（10%）的 Si（原样品中不含有 Si，Si 作为内标物相加入）。加入 Si 的各个样品中 ZnO 含量分别为 20%、40%、60% 和 80%。测得的图谱见图 8-2(a)。

　　② 选择 28.4° 及 31.7° 附近的衍射峰扫描（分别是 Si 和 ZnO 的各一个衍射峰），拟合得到表 8-2 的数据。

表 8-2　各样品 ZnO 的含量和两相的衍射强度

样品	w(ZnO)/%（质量分数）	Si 衍射峰强度(a.u.)	ZnO 衍射强度(a.u.)
标准样品 1	20	1908	891
标准样品 2	40	1796	1715
标准样品 3	60	1871	2536
标准样品 4	80	1927	3381
待测样品	未知	1896	2524

注：【05：定量：内标法】，数据引自 Rigaku 软件演示示例，数据用 PDXL2 软件处理。

　　③ 用这 4 个样品作出定标曲线［图 8-2(b)］。求得定标曲线方程为：

$$I_{\text{ZnO/Si}} = 0.022 w'_{\text{ZnO}} + 0.04$$

　　④ 在待测样品中加入同样质量分数（10%）的 Si，以同样的实验条件

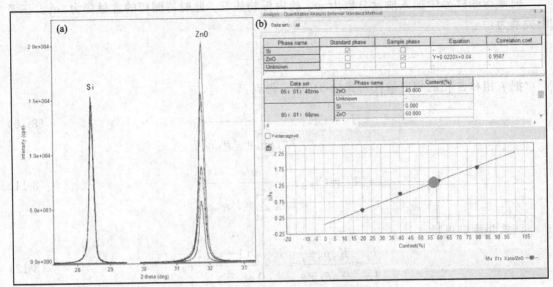

图 8-2　内标法的测量图谱与定标曲线

和方法测出两相的强度之比。

⑤ 在定标曲线上找到对应的质量分数，或者按方程求出 w_j'，再由 $w_j = \dfrac{w_j'}{1-w_s}$ 换算成原始质量分数 w_j。

从以上讨论可知，这种方法是一种普适的方法。与外标法相比，也需要预先制作定标曲线，一旦定标曲线确定好了，一直可以沿用。因为所测量的数据少，是一种测量准确而且花时较少的方法。但是，当样品中有很多种物相时，只能确定一种物相的含量，所以它也很适合企业作为质量控制使用。

8.4　标准添加法

(1) 标准添加法原理

假设样品中含有某种物相 i，需要确定其含量。若向样品中分几次添加不同量的测试物相 i，其衍射强度发生改变。

现在来分析针对不同添加量的 i 相衍射强度与另外一个相 j 的衍射强度变化规律。

若除 i 外的某个成分 j 含量为 w_j。将待测成分 i 的纯物质 $x(g)$ 添加到该待测样品 $1(g)$ 中，添加后的待测成分 i 和成分 j 的质量分数分别变为 $(w_i+x)/(1+x)$、$w_j/(1+x)$。此时，成分 i 和 j 的积分强度比 $I_i(x)/I_j(x)$ 为

$$\frac{I_i(x)}{I_j(x)} = \frac{K_i}{K_j}\frac{w_i+x}{w_j} = \frac{K_i}{K_j w_j}x + \frac{K_i w_i}{K_j w_j} = ax+b \tag{8-13}$$

以 $I_i(x)/I_j(x)$ 为纵坐标，以添加量 x 为横坐标，可绘制出变化直线。从直线的斜率 a 与截距 b 求得待测成分的质量分数 w_i 为

$$w_i = b/a \tag{8-14}$$

(2) 微量相的标准添加法原理

假定当样品中 i 相的含量本来就低，而且加入 x 量很小时，对含量多的 j 相的衍射强度

影响不大。

该方法在定量微量成分时，不测试参比成分 j 的积分强度 $I_j(x)$，只从添加的相 i 的积分强度 $I_i(x)$ 可以近似地求得质量分数 w_i。具体用等式表示 $I_i(x)$

$$I_i(x) = K_i \frac{\dfrac{w_i+x}{\rho_i(1+x)}}{\dfrac{\mu_i}{\rho_i}\dfrac{w_i+x}{1+x} + \sum_{l \neq i}\dfrac{\mu_l}{\rho_l} \times \dfrac{w_l}{1+x}} = K_i \frac{\dfrac{w_i+x}{\rho_i}}{\dfrac{\mu}{\rho} + \dfrac{\mu_i}{\rho_i}x}$$

$$= K_i \frac{w_i}{\rho_i}\frac{1/\mu}{\rho}\left[1 + \left(\frac{1}{w_i} - \frac{\mu_i/\rho_i}{\mu/\rho}\right)x + \frac{\mu_i/\rho_i}{\mu/\rho}\left(\frac{\mu_i/\rho_i}{\mu/\rho} - \frac{1}{w_i}\right)x^2 + O(x^3)\right]$$

$$(8\text{-}15)$$

该等式中，对 x 通过直线进行近似的条件为

$$\left|\frac{\mu_i/\rho_i}{\mu/\rho}\left(\frac{\mu_i/\rho_i}{\mu/\rho} - \frac{1}{w_i}\right)x^2\right| \ll 1 \tag{8-16}$$

假设待测成分的质量吸收系数 μ_i/ρ_i 和平均质量吸收系数 μ/ρ 大致程度相同，式(8-16)成为

$$w_i \ll 1 \tag{8-17}$$

假设待测成分的质量分数 w_i 为 1% 左右，1g 的样品，需要添加的量 x 需要远小于 0.1%（即小到 0.01g 左右）。在满足该条件的范围内，改变 x 进行测试，求直线的倾斜度和截距的比 b/a 的公式如下。

$$\frac{b}{a} = \frac{1}{\dfrac{1}{w_i} - \dfrac{\mu_i/\rho_i}{\mu/\rho}} = w_i + \frac{\mu_i/\rho_i}{\mu/\rho}w_i^2 + O(w_i^3) \tag{8-18}$$

由 $w_i = b/a$ 求得的定量值，含 $\dfrac{\mu_i/\rho_i}{\mu/\rho}w_i^2 + O(w_i^3)$ 左右的误差。

比如，假设质量分数 $w_i = 0.01$ 时，误差大约 0.0001 左右。w_i 越大精度越低，需要使用参比成分 j 的强度进行规格化。

（3）标准添加法的应用

某样品中含有微量的 ZnO，现需要精确定量其含量。

分析：因为 ZnO 的含量非常少，其衍射强度非常低，用其他方法不可能精确定量，故采用标准添加法。

① 将待测样品称取 1 份，每份中各自分别加入 ZnO 为 1%、2%、3%、5% 和 10% 的量（表 8-3）。

② 测量 5 个样品中 ZnO 的一条衍射线的积分强度（图 8-3）。

表 8-3　各样品 ZnO 的添加量和衍射强度

添加次序	ZnO 添加量/%（质量分数）	ZnO 衍射强度(a.u.)
1	1	242
2	2	302

续表

添加次序	ZnO 添加量/%（质量分数）	ZnO 衍射强度（a.u.）
3	3	376
4	5	496
5	10	827

注：【07：定量：标准添加法】，数据引自 Rigaku 软件演示示例，数据用 PDXL2 软件处理。

③ 以物相添加量为横坐标，以衍射强度为纵坐标，绘制定标直线。求得直线方程为 $I = 65.1w_i + 175$。

④ 求出直线的斜率与截距，物相原始含量即为：$w_i = b/a = 2.69 (8)\%$。

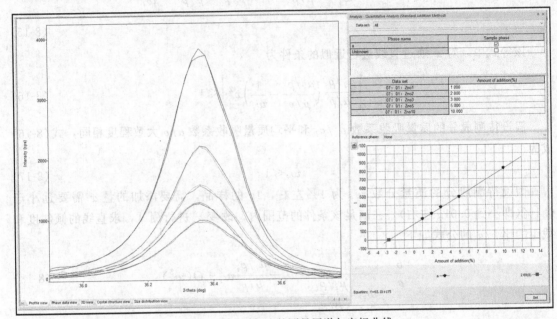

图 8-3 标准添加法的测量图谱与定标曲线

从上面的讨论可知，假设待测成分的质量分数 w_i 为 1% 左右，则对样品 1g 的添加量 x 必须远远小于 0.1%（不能超过 0.01g）。在满足这一条件的范围内改变 x 进行测试之后，求得直线的斜率与截距之比 b/a。假设质量分数 $w_i = 0.01$，误差便为 0.0001 左右。w_i 越大则精度越低，所以，当 w_i 较大时需要采用以参比成分 j 的积分强度 $I_j(x)$ 对待测成分的积分强度 $I_i(x)$ 进行归一化的方法。

简化后的标准添加法特别适合多相样品中含量很低的物相含量测量。一方面，通过添加以增大待测样的含量，使其衍射强度增大，有利于强度的准确测量；另一方面，只需要测量待测相的一个衍射峰数据，可以在较短的时间内准确测得其衍射强度。两个方面都会提高微量相的定量精度。该方法一般用于确定微量有害杂质的质量控制。

8.5 残余奥氏体定量方法

(1) 分析原理

假设样品中存在 n 个相，它们的体积百分数为 v_i，各相百分含量总和为：

$$\sum_{i=1}^{n} v_i = 1 \tag{8-19}$$

根据式(8-6)，每个物相都可以写出一个衍射强度与含量的关系式，这种方程共有 n 个。

$$I_i = CK_i \frac{v_i}{2\rho \sum\limits_{j=1}^{n} w_j (\mu_{mj})} \tag{8-20}$$

用其中一个方程去除其他 $n-1$ 个方程，解方程组可得：

$$v_i = \frac{I_i}{K_i \sum\limits_{j=1}^{n} \dfrac{I_j}{K_j}} \tag{8-21}$$

现在的问题归结为计算所有各相 K 的问题。K 值可根据式(8-3)求得。

对于钢铁材料来说，经淬火后形成以马氏体（α，体心正方）为主相，奥氏体（γ，面心立方）为残留相的合金相组成，二者均是铁-碳固溶体，可以认为它们是同素异构体。由于两相的体积分数之和为 1，式(8-21)可简化为：

$$v_\gamma = \frac{I_\gamma K_\alpha}{I_\gamma K_\alpha + I_\alpha K_\gamma} \tag{8-22}$$

如果试样中除马氏体外还有碳化物（其体积百分数为 V_C），这时 $V_\alpha + V_\gamma + V_C = 1$。可得到如下的计算公式：

$$v_\gamma = \frac{I_\gamma K_\alpha K_C}{I_\gamma K_\alpha K_C + I_\alpha K_\gamma K_C + I_C K_\gamma K_\alpha} \tag{8-23}$$

（2）测量方法

在残余奥氏体测定时，要注意以下几点：①用衍射仪测量衍射线积分强度时，建议用 Cu 靶加石墨单色器，或者用 Co 靶或 Fe 靶辐射，以便消除荧光辐射，增加峰背比。YB/T 5338—2006《钢中残余奥氏体定量　X 射线衍射仪法》规定用 Co 靶测量数据。②由于材料存在织构，不能采用单一衍射峰的测量数据作为计算结果，应当选择奥氏体的（200）、（220）和（311），马氏体的（200）和（211），两相的衍射线组成线对计算出 $2 \times 3 = 6$ 种结果，最后取平均值。

（3）残余奥氏体测量方法的应用

某钢材经热处理后有残留奥氏体，需要准确测量奥氏体的含量。

（a）选择指定衍射角范围，只测量 5 个衍射峰的强度。测量时可以分段测量，也可以连续测量一个衍射角度范围（图 8-4）。

（b）对各衍射峰求出积分强度，见表 8-4。

表 8-4　各衍射峰的测量强度和 K 值

相名称	$2\theta/(°)$	测量强度/cps	正常相对强度	K
$\gamma(200)$	22.72	1018	29.01	35.4
$\alpha(200)$	28.56	1203	53.89	15.9
$\gamma(220)$	32.40	438	13.48	20.8
$\alpha(211)$	35.24	2278	100.00	29.2
$\gamma(311)$	38.14	442	13.04	21.9

注：【003 定量：残余奥氏体】：数据引自 Rigaku 软件演示示例，数据用 SmartLab Ⅱ 软件处理。

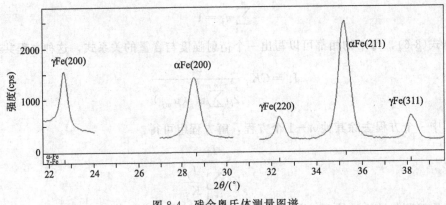

图 8-4　残余奥氏体测量图谱

（c）按标准计算或选择各衍射峰对的 K 值，计算得到 6 个计算结果，见表 8-5。

表 8-5　各衍射峰对残余奥氏体体积分数的计算值

γ(200)-α(200)	γ(200)-α(211)	γ(220)-α(200)	γ(220)-α(200)	γ(311)-α(200)	γ(311)-α(211)
24.4%	23.93%	19.06%	18.89%	17.53%	17.37%

（d）以 6 个结果的平均值作为最终结果为 20.2%。由于计算值没有经过择优取向校正。采用软件计算时，参照表 8-4 中的正常强度值进行校正后为 $(17\pm2)\%$。

8.6　RIR 法

（1）RIR 值

如果混合物中有两相 i、j，根据式(8-10)，两相的衍射强度之比可写成：

$$\frac{I_j}{I_i}=\frac{K_j\rho_i}{K_i\rho_j}\frac{w_j}{w_i} \tag{8-24}$$

定义：

$$R_i^j=\frac{K_j\rho_i}{K_i\rho_j} \tag{8-25}$$

当 $w_i=w_j$ 时，有：

$$R_i^j=\frac{I_j}{I_i} \tag{8-26}$$

由此看来，R_i^j 值就是质量分数相等时两相的强度之比。它是一个相对量。

如果 i 相是确定的，那么 R_i^j 值就是一个具有常数意义的物理量。如果对于任何物相，都选定同一种结构稳定的物相来作为标准相（i），则可求出任何相相对于这个 i 相的 R_i^j 值。

事实上，从 1978 年开始，PDF 卡片上开始附加有 R_i^j 值。它是取样品重量与 Al_2O_3（刚玉）按 1∶1 的质量分数混合后，测量的样品最强峰的积分强度/刚玉最强峰的积分强度。

可写为 $R_{Al_2O_3}^j=\dfrac{K_j\rho_{Al_2O_3}}{K_{Al_2O_3}\rho_j}=\dfrac{I_j}{I_{Al_2O_3}}$。称为以刚玉为内标时 j 相的 R_i^j 值。

R_i^j 值就是某物相的强度与参考物质刚玉的强度比，简称为"参比强度"。在 PDF 卡上通

常表示为 I/I_C（RIR，Reference Intensity Ratio）。后面采用"RIR 值"，或称为"R 值"。

但是，并非所有 PDF 卡片上的物相都标有 RIR 值。RIR 值也可以通过实验来计算：将物相粉末与刚玉粉末按质量比 1∶1 混合均匀，测量两相各自最强峰的积分强度之比即为 RIR 值。

（2）RIR 法原理

若一个样品不含有非晶相，含有 n 个相，而且这 n 个相都被鉴定出来，每个相的 RIR 值都可以从 PDF 卡上查到，或者可以通过配制混合样品测量出来。现在，选用混合物中的 i 相作为参考物质。可以写出 $n-1$ 个这样的方程：

$$\frac{I_j}{I_i} = R_i^j \frac{w_j}{w_i}，\text{或改写成：}$$

$$w_j = \frac{I_j}{I_i} \frac{w_i}{R_i^j} (j=1,2,\cdots N) \tag{8-27}$$

由于 $\sum w_j = 1$，从而有：

$$\sum_{j=1}^{N} \frac{I_j}{I_i} \frac{w_i}{R_i^j} = 1，\quad w_i = \frac{I_i}{\sum\limits_{j=1}^{N} \dfrac{I_j}{R_i^j}}，\text{回代到式(8-27)，可得任意物相的质量分数为：}$$

$$w_j = \frac{I_j}{R_i^j \sum\limits_{j=1}^{N} \dfrac{I_j}{R_i^j}} \tag{8-28}$$

这就是 RIR 法的定量方程，其中的 j 可以表示为样品中任何一种物相。

现在的问题是，选用的是样品中任意一个相 i 作为参照物，而 i 并不一定是刚玉，如何将以 i 为参照物的 RIR 值更换成以刚玉为参照物的 RIR 值？

假设有 i、j 两相的 RIR 值（刚玉为参照物 Al_2O_3，设为 s）都可以从 PDF 卡上查到。

根据 RIR 值的定义：

$$\frac{R_S^i}{R_S^j} = \frac{\dfrac{R_i \rho_s}{R_S \rho_i}}{\dfrac{R_j \rho_s}{R_S \rho_j}} = \frac{R_i \rho_j}{R_j \rho_i} = R_j^i$$

可推导出：

$$w_j = \frac{I_j}{RIR_i \sum\limits_{i=1}^{n} \dfrac{I_i}{RIR_i}} \tag{8-29}$$

式(8-29)就是不加内标物的 RIR 定量方法，其中的 RIR_i 表示 PDF 卡片上 i 相的 RIR 值。

从式(8-29)可以看出以下 3 点。

① 欲求出 j 相的质量分数时，需要得到两组数据：一是每一个相的 R 值，二是每一个相的衍射强度（即每一个相最强峰的面积）。之所以使用每一个相的最强峰是因为测量 R 值时使用的是最强峰的强度之比）。

② 当这些条件满足时，可以同时计算出样品中全部物相的质量分数。

③ 实验方法如下。

第一步：扫描待测样品的全谱（至少要包含样品中每个物相的最强峰）；

第二步：鉴定出各个物相（必须全部鉴定出来，如果样品中含有非晶相或某相不能确定，则不能用此方法）；

第三步：测量出全部物相的最强峰积分强度；

第四步：查找全部物相的 PDF 卡片，获得每个物相的 R 值；

第五步：按式(8-29)计算出各个物相的质量分数。

以上的实验步骤是一般的手工计算步骤，现代 X 射线数据处理软件都能自动计算结果来。

(3) RIR 定量方法的应用

➡ 例1　双相 TiO₂ 的质量分数计算

有一种 TiO_2 产品，不含非晶相，需要鉴定出样品中存在哪几种氧化物，并计算出各个物相的含量。下面是该样品的实验过程。

1) 第一步：图谱扫描。实验条件为，采用日本理学 D/max 2550 型 X 射线衍射仪，CuK_α 辐射，电压 40kV，电流 250mA，步进扫描，步长 0.02°，计数时间 1s，入射狭缝 1°，防散射狭缝 1°，梭拉光阑 0.3mm，接收狭缝 0.45°，石墨单色器。扫描了全谱用于物相鉴定和定量分析（图 8-5）。数据文件为【Data：04004：双相 TiO2.raw】。

2) 第二步：物相鉴定。打开 Jade 软件，经物相分析得知，样品由 Anatase 和 Rutile 两相组成，不含有非晶相和未知相，满足 RIR 法定量的条件。从 PDF 卡片可查到两相的 RIR 值分别为：4.99 和 3.63。

3) 第三步：计算衍射强度。选择图中两相的最强峰做拟合。得到两相的衍射强度分别为：54021(685)、5050(234)（括号中的数字为拟合误差）。

4) 第四步：计算质量分数（%）：选择菜单命令 "Options-Easy Quantitative"，打开计

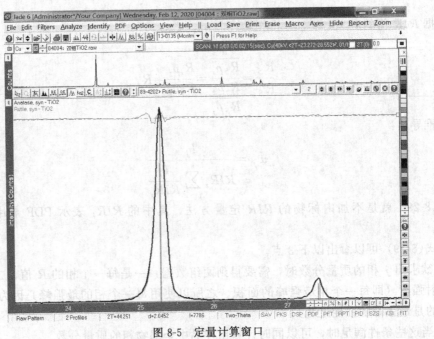

图 8-5　定量计算窗口

算窗口，按下"Calc Wt％"按钮，结果就出现在窗口（图 8-6）。

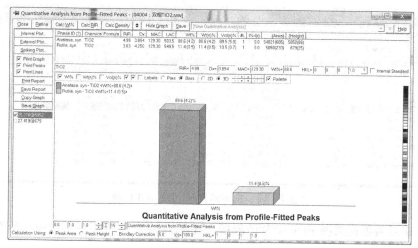

图 8-6 定量计算结果窗口

计算结果为 Wt(n)％和 Vol(n)％，软件中前者表示质量百分数，后者表示体积百分数。

如果希望以图形表示各相的量，按下 Show Graph 按钮即可。如果在 Wt(n)％和 Vol(n)％勾选框前加上勾号，则同时图示质量分数和体积分数。

5）第五步：调整计算数据

① 如果衍射峰面积计算误差是一个问号，则 Calc Wt％按钮是灰色的。要返回主窗口重新分峰。

② 如果某个相的 RIR 值是一个问号，则 Calc Wt％按钮是灰色的，要返回主窗口查到该物相的其他 PDF 卡片，以求得其 RIR 值。如果 PDF 库中该物相的所有 PDF 卡片上的 RIR 值都没有记录，则需要自己测量一个 RIR 值。

③ 半定量分析。如果出现②的情况，而又不想自己测量物相的 RIR 值，可以在此窗口中选定该物相，然后根据经验在"RIR＝ "框中输入一个认为"差不多"的值。此时，定量计算工作虽可进行，但计算结果的正确与否完全依赖于所填写的 RIR 是否正确。这种计算结果称为"半定量"结果。

④ 如果某物相的峰面积数据不存在，则 Calc Wt％按钮是灰色的。这种现象往往出现在样品中的物相极多的情况下，由于物相太多，衍射峰互相重叠，分离出来的某个物相的主峰被软件视为另一个物相的峰数据。此时需要人工确认峰面积数据的归属。

以上是一个利用 RIR 法计算物相质量分数的实例。这个样品的特点是：a. 物相种类不复杂，仅有两个相；b. 物相衍射峰重叠不多，可以通过分峰来得到每个相最强峰的面积；c. 样品中不含有非晶相，而且每个相的 R 值都可以查到。另外，还有一个特点是样品为粉体材料，样品不存在明显的择优取向。

例 2 Al-Zn-Mg 合金中析出相 MgZn$_2$ 的质量分数计算

试样是一种 Al-Zn-Mg 合金，共有两相，经图谱扫描得到数据文件【Data：04007：3：Al-MgZn2 过时效态.raw】。

打开 Jade 软件，进行物相鉴定。从"S/M"检索到的两种相的 PDF 卡片都列出来，见图 8-7。

每一种物相都有多个重复卡片。

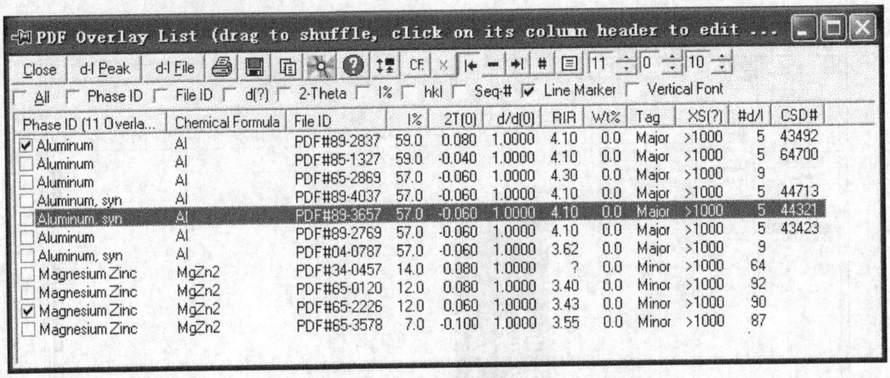

Phase ID (11 Overla...	Chemical Formula	File ID	I%	2T(0)	d/d(0)	RIR	Wt%	Tag	XS(?)	#d/I	CSD#
☑ Aluminum	Al	PDF#89-2837	59.0	0.080	1.0000	4.10	0.0	Major	>1000	5	43492
☐ Aluminum	Al	PDF#85-1327	59.0	-0.040	1.0000	4.10	0.0	Major	>1000	5	64700
☐ Aluminum	Al	PDF#65-2869	57.0	-0.060	1.0000	4.30	0.0	Major	>1000	9	
☐ Aluminum, syn	Al	PDF#89-4037	57.0	-0.060	1.0000	4.10	0.0	Major	>1000	5	44713
☐ Aluminum, syn	Al	PDF#89-3657	57.0	-0.060	1.0000	4.10	0.0	Major	>1000	5	44321
☐ Aluminum	Al	PDF#89-2769	57.0	-0.060	1.0000	4.10	0.0	Major	>1000	5	43423
☐ Aluminum, syn	Al	PDF#04-0787	57.0	-0.060	1.0000	3.62	0.0	Major	>1000	9	
☐ Magnesium Zinc	MgZn2	PDF#34-0457	14.0	0.080	1.0000	?	0.0	Minor	>1000	64	
☐ Magnesium Zinc	MgZn2	PDF#65-0120	12.0	0.080	1.0000	3.40	0.0	Minor	>1000	92	
☑ Magnesium Zinc	MgZn2	PDF#65-2226	12.0	0.060	1.0000	3.43	0.0	Minor	>1000	90	
☐ Magnesium Zinc	MgZn2	PDF#65-3578	7.0	-0.100	1.0000	3.55	0.0	Minor	>1000	87	

图 8-7 同一物相的多张 PDF 卡片比较

首先，来看看如何选择 PDF 卡片的问题。在 PDF 卡片库中，一个物相一般都有好多张卡片。

在选择卡片的时候要选哪一个呢？有 3 个原则：一是有 *RIR* 值，二是 *RIR* 值比较适中，三是选择新的或者是计算卡片。对于 Al 相来说，*RIR* 值基本上都是 4.1，但也有 4.3 和 3.62 的。显然应当选择 *RIR* 为 4.10 的。对于 $MgZn_2$ 来说，应当选择 *RIR*＝3.43 的，因为较适中。因为 PDF 卡片是“收集起来的实验数据”，所以，任何一张卡片上的数据都不能算作“标准”。实际上，有些 PDF 卡片上的数据并不完全可信。*RIR* 值的正确或准确度直接影响定量分析的结果的正确性和准确度。这一问题并不能在计算结果中体现出来。如果 *RIR* 值选择不正确，那么结果可能就完全不对了。可以发现，同一物相，可能存在多张 PDF 卡片，这些卡片建立于不同的年代，有的有 *RIR* 值，有的没有。而且不同卡片上 *RIR* 所列数据不同。*RIR* 值不同的原因多种多样，比如晶体结构差异、密度、研磨程度等。个别物相的 *RIR* 值可以从零点几到十几，差别如此之大，选用需要慎重。如果实在没有把握，则需要自己来测定 *RIR* 值。

再来看看衍射峰强度的问题，见图 8-8。

样品是一个经过加工的合金样品，从 PDF 卡片强度匹配的情况来看，样品存在明显的织构。对于 Al 相来说，所选 PDF 卡上 5 个衍射峰的强度依次为 100、45、23、22.7、6.2。根据 *RIR* 值的定义，Al 的 *RIR* 值是以（111）面强度来计算的。

物相定量公式中并没有考虑样品的择优取向因素。因此，如果不在计算之前对数据进行“纠错”处理，传统的定量公式就不再适用。解决样品择优取向的问题有如下两种办法。

① 从制样方法上解决　定量分析的样品必须是粉末样品而不应当直接使用这种“块体样品”，而且在压片过程中要注意减少择优取向。实际的样品即使是粉末样品也总是或多或少地择优取向。“背压法”和“侧装法”制样，是定量分析要求的制样方法。（5.8.3 节）。

② 应用多峰强度法　一个物相的衍射强度要多取一些“强峰”的数据，可以将相对强度大于 50%以上的峰都拟合进来。软件通过一定的“纠错计算”来获得比单峰更准确的积分强度，见图 8-9。

这里，$MgZn_2$ 选择了 6 个较强的峰，而 Al 选择了 5 个峰（图 8-10）。

(4) *RIR* 法定量操作中可能的问题

从图 8-10 可以看到，Al(111) 峰的相对强度标准值 $I(r)$ 为 100，而实际测量的 Al 峰

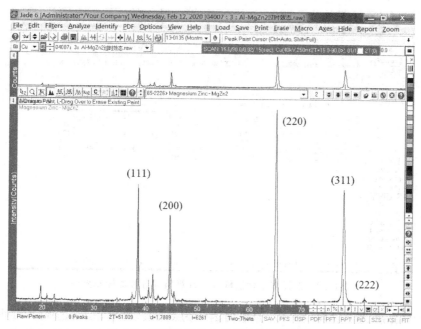

图 8-8 实际物相各个衍射峰的强度拟合

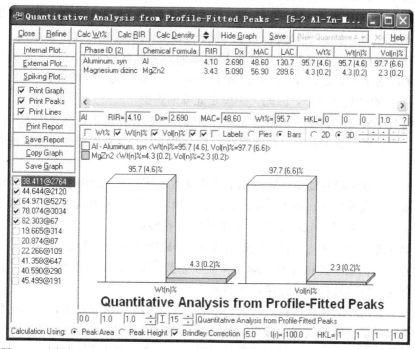

图 8-9 选择物相的多个衍射强度校正择优取向对质量分数（和体积分数）的影响

所有峰强归一化以后得到的（111）峰相对强度 $I\%$ 为 46％"（Area％）。两者之差 $I\%-I(r)$ 为 -54。

Jade 使用 March 函数校正择优取向。在图 8-10 中的右下角窗口第一行数据上单击（共 5 行数据），再单击窗口中间部分的"HKL="标签，"HKL＝1 1 1"显示，然后单击右边

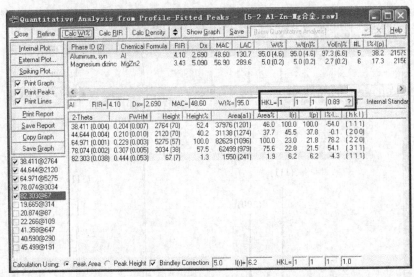

图 8-10 选择多个衍射峰强度计算质量分数的操作界面

的问号，可计算出此衍射面（111）的取向因子为 0.89。再单击 Calc Wt% 可重新计算出 Wt%（MgZn₂）=5.1%。取向因子越小（小于 1），表示沿此方向排列的晶面数越多，反之越少。这个例子中 Al(111) 方向的取向因子为 0.89，表示与随机取向相比，有多出 10% 的晶粒沿此方向取向。Al(200) 取向为 1.15，表示与随机取向相比，少出 15% 的晶粒是沿此方向取向。而 Al(220) 方向的取向为 0.5，表示多出 50% 的晶粒沿此方向取向。

在校正择优取向时，只要校正主峰的择优取向。可以试验一下，在上面的"HKL="处输入不同的晶面指数并进行校正后，再按下 Calc wt% 会得到不同的计算结果。在此例中，Al 的 I(r)=100 的峰是（111），因此，应校正此峰的数据。

采用多峰时不要把"弱峰"数据加进来。弱峰强度的计算结果往往误差大于强度。计算结果不但不正确，而且适得其反。在观察峰形拟合报告时，注意把那些不正确的拟合数据删除掉。

微吸收校正：如果混合物中不同物相的吸收系数不同，且混合物粉末的平均粒径（指粉末颗粒尺寸而不是微晶尺寸）小于 10μm 时，不同物相微粒对 X 射线的吸收会改变各物相衍射峰相对强度。Jade 采用 Brindley 吸收校正微粒吸收效应。选中"Brindley correction"并在数据框中填写混合物的平均粒径（默认为 5μm），观察结果会发生变化。

Jade 根据物相的化学式和密度自动计算吸收系数（MAC-质量吸收系数），并根据质量吸收系数对强度计算结果自动进行校正（图 8-11）。

用于定量分析的样品要求颗粒均匀，大小为 10μm 左右。颗粒过粗，参与衍射的晶粒数减少，衍射强度过低；颗粒太细，微吸收增加。当颗粒小于 1μm 后，会造成峰形宽化，引起衍射强度降低和峰形重叠，在粉末研磨过程中产生的微应变也不可忽略。

当样品中每个物相的峰宽都相等时，可以认为峰高与峰面积是等比例的。因此，有时候也用峰高来表示衍射强度。但是，要注意，并不总是等比例，如果物相的微结构（晶粒尺寸与微观应变）不同时，不同物相的峰宽是有很大差别的，而且，不同衍射角的峰宽并不一样。总的来说，以衍射峰面积表示衍射强度要更精确一些。窗口最下端的"Calculation using Peak Area/Peak Height"选项一般选择"Peak Area"。

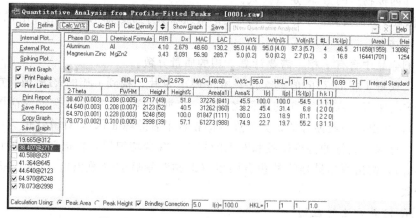

图 8-11　校正物相微吸收对质量分数的影响

如果某个物相的衍射强度特别低，以至于进行峰形拟合时，衍射峰面积的拟合误差总是拟合不出来，这时，可以用峰高作为衍射强度来计算物相的含量。

如果出现衍射峰重叠的问题，可以考虑使用拟合方法来分峰。建议在选用峰时，尽可能避免重叠峰的分峰，可以舍弃重叠峰数据，以减小实际的计算误差（这种误差在计算结果的数据中不会体现出来）。

实际的样品是多种多样的。传统的物相定量方法并没有考虑样品物理性状不同引起的实验结果的变化，都是按"理想"值计算的。当样品存在严重的择优取向、晶粒细化（小于 $1\mu m$）、微观应变、化学成分的细微变化、晶体结构的细微变化、结晶度变化时，都会影响衍射强度的变化。而衍射强度是定量计算的依据，当存在这些现象时，建议采用 Jade 的 "WPF-Whole pattern Fit" 方法来做定量分析（本书 II 册第 3～5 章）。

8.7　加内标的 RIR 法

（1）加内标的 RIR 定量法原理

这种方法作为 RIR 法的一个特例，用于样品中含有非晶相或未知相的情况。

假设被测混合物中含多个相，且包括 j 相，但不含有 S 相。可在混合物中加入一定量的 S 相的物质混合成一个复合样品，此时，由于 S 相物质的加入，j 相被稀释。假定 j 相在原始样品中的质量分数为 w_j，那么，经稀释后，j 相的质量分数变为 w_j'。二者关系为：

$$w_j' = w_j(1 - w_S) \tag{8-30}$$

由于加入混合物中的 S 相的质量分数是已知的。根据

$$\frac{I_j}{I_S} = R_S^j \frac{w_j'}{w_S} \tag{8-31}$$

可求出 w_j'。

$$w_j' = \frac{I_j w_S}{R_S^j I_S} \tag{8-32}$$

将式（8-30）代入式（8-32）可得：

$$w_j = \frac{I_j w_S}{R_S^j I_S} / (1 - w_S) \tag{8-33}$$

这就是加内标物质的 RIR 定量公式。

这种方法最少只需要测量 j 相和 S 相各自的最强峰积分强度就可以计算出 j 相的质量分数。

（2）实验方法

假设待测样品中含有 j 相，需要计算 j 相的质量分数。

第一步：获得 j 相的 RIR 值。查找 j 相的 PDF 卡片，找到 j 相的 RIR 值。或者取 j 相的纯物质粉末与刚玉粉末按 1∶1 的质量比配制一个混合样品，扫描混合物的谱图（包含两相的最强峰），测出两相最强峰的积分强度（即扣背景后的峰面积），计算比值 RIR。

第二步：称取一定量的待测样品和刚玉的粉末，混合均匀后，扫描新样品的谱图（包含两相的最强峰），测出两相最强峰的积分强度（即扣背景后的峰面积）。按式（8-33）计算 j 相的质量分数。

（3）RIR 定量方法的应用

问题：玻璃是一种非晶体物质，将玻璃加热到超过玻璃熔化温度后，部分晶体从玻璃中析出，这一过程称为玻璃的析晶。若玻璃中有部分氧化硅以晶体形态析出，请鉴定出氧化硅的晶型并计算其含量。

① 称取该物质 0.5g，加入 0.5g 刚玉（Al_2O_3）混合均匀。则刚玉含量为 50%。

② 扫描复合样品的衍射谱，图谱文件为【Data：04043：1：Quartz-Al2O3＝50.raw】。经物相检索，样品中原含有石英结晶相（图 8-12）。

③ 在图 8-12 中，选择方框区域的衍射谱进行拟合，得到 3 个衍射峰的积分面积。

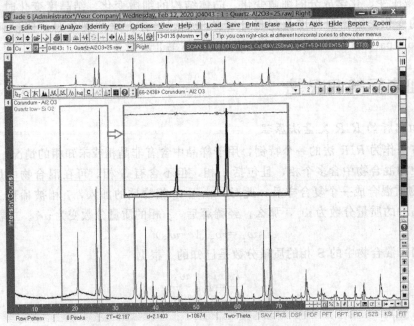

图 8-12　加入 50% 刚玉的复合样品衍射谱

④ 选择 Options-easy Quantitative。

⑤ 单击图 8-13 中物相列表中的 Al_2O_3 相，在 Wt% ＝ 标签处输入 Al_2O_3 的质量分数（50%），然后在 Internal Standard（内标）标签前加上勾。

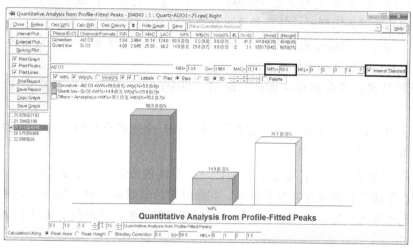

图 8-13 用 R 值法计算多相样品中某一物相含量的方法

⑥ 按下 Calc Wt％，可以看到石英的 Wt％＝14.9，Wt(n)＝29.8。前者是 SiO_2 在加入 Al_2O_3 后混合物中的含量，后者则是 SiO_2 在原始样品中的含量。

在选择物相的峰作拟合时，最好选用主峰，但是，当其主峰（一个物相的最强峰）与其他物相的某个峰有重叠时，也可以选择次强峰或其他峰。这里，选择了 Al_2O_3 的 $I(r)＝$ 58.8 的峰。在软件中，会自动换算成主峰强度。

当样品中存在不需要计算的未知相、非晶相或实验目的只是为了计算混合物中某一个或几个已知相的含量时，用加内标的 R 值法是很好的选择。即使使用 Rietveld 全谱拟合，也未必能得到更好的结果。

参考物质并不一定要选择 Al_2O_3。当 Al_2O_3 的衍射谱与要计算的物相的衍射谱主强峰重叠或部分时，可以选择其他任何结构稳定的物质作为参考物质。$CaCO_3$、SiO_2 也是很好的参考物质。

8.8 定量方法的评价

（1）传统定量分析的优点

① 传统定量方法易于理解和操作，每一种方法都有明确的物理解释和操作步骤；

② 传统定量方法适用于物相种类不多的样品、结晶性好的粉末样品；

③ 针对具体的样品情况和要求，可以制定不同的测量方法；

④ 数据采集时间较短，不需要特别严格的实验条件和强的衍射强度数据；

⑤ 可以对晶体结构未知的样品进行定量，这是全谱拟合精修方法无法实现的。

（2）传统定量分析的缺点

① 样品中含有多种物相、衍射峰重叠严重时，分峰操作复杂，分峰结果可能不正确，从而造成计算结果的很大误差，传统定量的相对误差可能大于 5％以上。

② RIR 法虽然可以解决样品中含非晶相的问题，但是，向样品中添加标准物质会稀释样品中的物相含量，计算结果误差较大。

③ 实际物相的衍射强度与物相的物理状态有很大的关系，一种物相由微米级晶粒减小

至纳米级晶粒时，实际 R 值的变化可能超过 10 倍之多。因此，传统定量方法用于解决不同晶粒级别的样品的定量问题时，计算结果可能会有想象不到的误差。

④ 实际样品中的择优取向或多或少地存在，虽然软件能采用一些算法解决部分的择优取向问题，但是，不能完全很好地解决。

⑤ 实际样品或多或少都存在固溶、缺陷、残余应力，这些问题都是传统定量不能解决的。

基于以上原因，对于复杂样品建议采用"Rietveld 全谱拟合精修"的方法做定量分析。

（3）传统定量方法的应用

① 物相定量的方法尽管有很多，但是，一些传统的方法，特别适合于一些企业使用。例如使用"内标法"很容易建立检测标准，在做好定标曲线后，对于每一个待测样品，只需要测量 2 个衍射峰的数据，就可以将衍射强度测量得很准确，从而使测量结果保持一致性和准确性。

② 样品中微量相的衍射峰一般都难以测量出来，对其定量更是无法做到精准。目前来说，唯有"标准添加法"通过添加待测的微量相物质，使其衍射强度增大，能达到需要的精度。

③ "残余奥氏体测定"方法是目前钢铁企业普遍采用的方法。其方法有国际标准和国内标准可供参考。随着 Rietveld 全谱拟合方法的推广，有望得到更准确的结果。

练 习

练习 8-1：在定量分析的过程中有哪些可用的方法？都有什么特点？

练习 8-2：非晶玻璃粉 SiO_2 在某温度范围内可以转化成结晶物质方石英（Cristobalite）。小明将刚玉（$\alpha-Al_2O_3$）和非晶玻璃粉按 1∶1 混合均匀后进行烧结，第一次实验得到了完全结晶的刚玉和方石英。此时，刚玉与方石英的衍射强度比为 1∶2。在另一次实验中，却得到了 1∶1 的衍射强度，衍射谱中还出现了一个馒头峰。请通过计算说明为什么会这样？如果还是想得到完全的结晶物质，你能给出什么好的建议？

练习 8-3：已知一个样品中只有 3 个物相，分别是 A、B 和刚玉 S。已知其中 S 相的质量百分数为（$W_S = 20\%$）。A 相的参考强度比 $I/I_c = 2$。①若测得 A 相的衍射强度为 4000CPS，S 相的衍射强度为 1000CPS，计算 A 相的质量分数；②若 B 相的衍射强度为 2000CPS，计算 B 相的 RIR 值。

练习 8-4：某陶瓷烧结由 $\alpha-Al_2O_3$、MgO 和石英 SiO_2 组成。$\alpha-Al_2O_3$（刚玉）的最强峰计数强度为 1000，MgO 的最强峰强度为 5000，SiO_2 的最强峰计数强度为 3000。已知 MgO 的参比强度值为 5，SiO_2 的参比强度值为 3。在不考虑是否完全晶化的情况下，计算出各结晶物相的相对质量百分比；如果实际上 $\alpha-Al_2O_3$（刚玉）的含量是 20%，那么未结晶的成分的质量分数是多少？

练习 8-5：SiC 产品中发现了未合成的 C 和 Si。查 PDF 卡片可知，SiC、C、Si 的 RIR 值分别为 5、3 和 2，测得各相最强峰的面积分别为 5000、1800 和 2800CPS。问：产品中各物相的质量百分数分别是多少（结果保留 1 位小数）？你可以为生产厂家提供什么样的建议？有没有必要更改配方？

　　练习 8-6：打开数据文件【data：04005：残余奥氏体】。这是一个用 Cu 辐射加石墨单色器测得的钢材产品的衍射谱。测量范围 40°～100°，扫描步长 0.02°，计数时间 1s。共测得 8 个衍射峰。①确定物相，选择合适的 PDF 卡片；②拟合所有 8 个峰，得到各个峰的积分强度，按 RIR 法计算出奥氏体的含量；③去掉前 2 个峰的拟合数据，再计算；④去掉最右侧的一个峰拟合数据，再计算结果；⑤记录余下 5 个峰的积分强度，按残余奥氏体测量方法，计算出残余奥氏体含量。最后写出报告，说明：选择不同的衍射峰数据对结果有什么影响？标准法和 RIR 法结果有什么不同？

第9章

结晶度计算方法

9.1 结晶度的概念

结晶度可以描述为结晶的完整程度或完全程度。这里包含两个层面的意义：一个层面是结晶的完全性。物质从完全非晶体转变为晶体的过程是连续的。理想的晶体产生衍射，理想的非晶体产生非晶散射。试样中的晶体占多数时，衍射增强而非晶散射减弱，结晶度高；反之则结晶度低。另一个层面的意思是结晶的完整性。畸变的结晶将导致本应产生的衍射转变为程度不同的弥散散射。结晶完整的晶体，晶粒较大，内部质点的排列比较规则，衍射峰高、尖锐且对称，衍射峰的半高宽接近仪器测量的宽度。结晶度差的晶体，往往是晶粒过于细小，晶体中有位错等缺陷，使衍射线峰形宽而弥散。结晶度越差，衍射能力越弱，衍射峰越宽，直到消失在背景之中。

根据全倒易空间 X 射线散射守恒原理（full-reciprocal-space X-ray scattering conservation principle，FRS-XRSCP），对一个给定原子集合体，则不论其凝集态如何（气态、液态、非晶固态、晶态、不同取向态或不同晶相与非晶相的混合态等），当受到相同强度的 X 射线照射时，其相关散射在全倒易空间里总值保持守恒。当然，在全倒易空间里相关散射的强度分布可以因原子凝聚态的不同而不同，但散射的总强度保持守恒。这一原理说明，X 射线总的散射强度，或者说，除康普顿散射外的相干散射强度，不管晶态和非晶态的数量比如何，总是一个常数。

在这一章中，来讨论晶态和非晶态转变过程中结晶度的变化及其计算方法，不涉及晶体物质中缺陷导致的结构紊乱。

9.2 结晶度计算方法

（1）绝对结晶度测量

1）纯样法

若需要测量某种物质的结晶度，而且有该物质 100% 的晶态样品（或 100% 非晶态样品），那么可以先测出该物质纯晶态或纯非晶态整个扫描范围内的全部衍射峰的积分强度 $\sum I_{c100}$ 或测出纯非晶态的全部散射强度 I_{a100}。

绝对结晶度可由下面的公式计算出来：

$$X_c = \left(1 - \frac{I_a}{I_{a100}}\right) \times 100\% \tag{9-1}$$

$$X_c = \frac{\sum I_c}{I_{c100}} \times 100\% \tag{9-2}$$

式中，I_a、$\sum I_c$ 是从实测样品的衍射（散射）谱中分离出来的非晶散射强度和晶体衍射强度（各衍射峰之积分强度之和）。

这一方法适用于从非晶态中析出化学成分不同的晶相的情况。例如，从玻璃态中析出多种微晶相，这一方法也是适用的。

这种方法计算结果由于有 100% 纯态标样的标定，因此，计算结果精度高。

2）差异法

要得到完全非晶态或完全晶态的物质是困难的。例如，淀粉总是由多种状态的成分组成，无法将它们变成纯非晶或纯晶体。很多有机物和高聚物都是这样。

假定结晶相百分数正比于扫描范围内的衍射峰积分强度之和，非晶相百分数正比于非晶散射峰积分强度。即：

$$X_c = P\sum I_c$$
$$X_a = QI_a$$

式中，P 和 Q 是系数。两式相除，整理可得：

$$X_c = \frac{\sum I_c}{\sum I_c + kI_a} \tag{9-3}$$

式中，$k = Q/P$，对于同一种试样来说，是一个常系数。

假设有两个结晶度为 X_{c1} 和 X_{c2} 的试样，相应的非晶度为 X_{a1} 和 X_{a2}。两样品的结晶度和非晶度之差为：

$$\Delta X_c = X_{c2} - X_{c1}$$
$$\Delta X_a = X_{a2} - X_{a1}$$

由 $X_c = P\sum I_c$ 和 $X_a = QI_a$ 可得：

$$\Delta X_c = P(\sum I_{c2} - \sum I_{c1})$$
$$\Delta X_a = Q(I_{a2} - I_{a1})$$

且有 $\Delta X_c = -\Delta X_a$，$k = Q/P$，从而有：

$$k = \frac{\sum I_{c2} - \sum I_{c1}}{I_{a1} - I_{a2}} \tag{9-4}$$

求出 k 值后，可代入式(9-3)计算绝对结晶度。

（2）相对结晶度的测量

假定从非晶态形成的晶态物质化学组成相同，没有择优取向，晶相和非晶相对 X 射线的衍射和散射能力相同。可令式(9-3)中的 $k = 1$。

此时可采用简单的计算公式：

$$X_c = \frac{\sum I_c}{\sum I_c + I_a}$$

例如，一个样品的衍射谱中，晶体部分的衍射强度加上非晶体的散射强度之和为 100，而所有衍射峰的强度之和为 75，那么结晶度为 75%。这显然是一个不精确的近似。但是，如果扫描范围比较宽，样品不存在择优取向，晶相和非晶相的化学组成基本相同（对 X 射线的吸收系数基本相同），可以认为此方法具有相对比较意义。实际上，为求得纯晶相和纯非晶相是非常困难的，使用混合法求 k 值也不一定计算得准确。这种方法计算相对结晶度是目前普遍使用的一种方法。

9.3 结晶度计算的应用

（1）陶瓷析晶过程中的结晶度计算

将陶瓷样品分别在1180℃、1250℃和1400℃温度下加热保温一段时间，使其晶化。其中，前二种温度下为部分结晶，1400℃烧结的样品已完全晶化。

下面用几种方法来计算结晶度。

1）3个样品的数据拟合

① 读入0#样品的数据文件【Data：04010：5：陶瓷 ZrSiO-1400 完全晶化.raw】，选定 10°～40° 为拟合范围（非晶散射峰 $2\theta < 40°$）。然后选择菜单命令"Eidt——Trim Range to Zoom"，从窗口中删除多余范围的数据（图 9-1）。

② 选择线性背景，并调整好背景线位置使背景线与图谱底部相切。

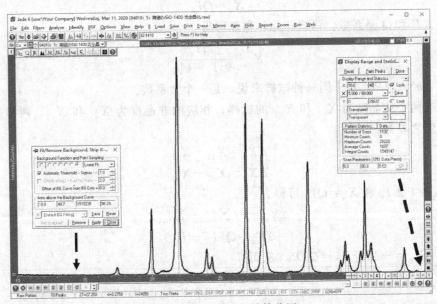

图 9-1　0#样品选择计算范围

③ 拟合所选范围内的所有衍射峰。

④ 打开菜单"Report-Peak Profile Report"，记录衍射峰总面积（9-2）。

⑤ 读入1#样品的测量谱【Data：04010：3：陶瓷 ZrSiO-1250 部分晶化.raw】，按同样的步骤进行数据拟合（图 9-3）。

⑥ 按同样方法读入2#样品【Data：04010：1：陶瓷 ZrSiO-1180 部分晶化.raw】，并按同样的方法进行背景扣除和拟合（图 9-4）。

2）相对结晶度计算

从上面的 3 个报告中可以看到，非晶散射峰会用钩号标记出来，软件将半高宽度（FWHM）大于3°的峰当作非晶峰。"3"这个参数可以通过上面的窗口来选择。

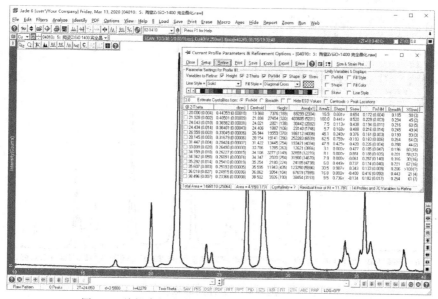

图 9-2　从拟合报告中观察衍射峰总面积（Total Area）

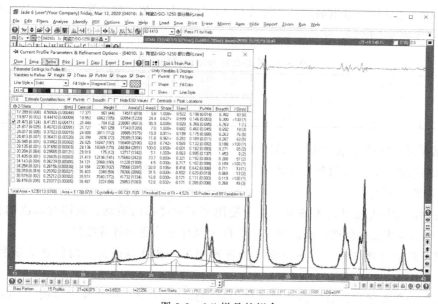

图 9-3　1＃样品的拟合

在 3 个报告的最下面分别了显示："Crystallinity＝?，80.73 和 77.96"。0＃样品没有非晶，因此结晶度为 0，显示为 "?"。后面 2 个样品显示了具体的数据，这个数据就是相对结晶度。

3）纯样法计算结晶度

因为有完全结晶的纯样品。因此，可以按照式(9-2)来计算绝对结晶度，计算结果分别为：

1＃样品：

$$X_c = \frac{I_c}{I_{c100}} \times 100\% = \frac{1235113-238061}{1488110} \times 100\% = 67.0\%$$

2＃样品：

$$X_c = \frac{I_c}{I_{c100}} \times 100\% = \frac{1206699-265984}{1488110} \times 100\% = 63.2\%$$

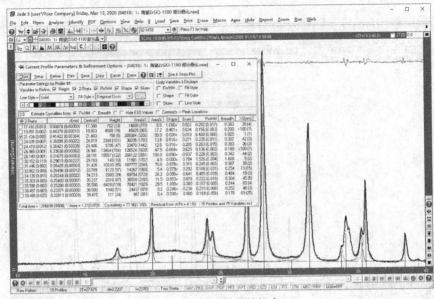

图 9-4　2♯样品的拟合

4）差异法计算结晶度

利用 1♯、2♯ 样品数据的差异，按式(9-4) 计算出 k 值，然后按式(9-3) 计算绝对结晶度，结果列于表 9-1 中。

表 9-1　差异法计算结晶度的结果

样品编号	$\sum I_c + I_a$	I_a	$\sum I_c$	K	X_c
1♯	1235113	238061	997052	2.018	67.5
2♯	1206699	265984	940715		63.7

5）结晶度计算的注意事项与结果分析

① 从结果来看，由于计算出的 k 值大于1，所以，相对结晶度计算值较高。两种绝对结晶度的计算值相差不多。

② 使用绝对结晶度计算方法时，由于使用了不同样品的数据，制样时每次的样品量或者样品的照射体积必须保持一致。所以，实际上制样方法影响计算结果。

③ 结晶度的计算结果与衍射角范围的选择相关，选择范围大，则包含的结晶峰越多，结晶度越大。

④ 对同一数据多次拟合时会发现每次拟合的数据有变化。应当反复地按下 Refine 按钮，直到误差 R 不再变小。对 1♯、2♯ 数据各进行二次拟合时，得到表 9-2 结果。

表 9-2　对 1♯和 2♯数据各进行二次拟合的结果

测量次数	$\sum I_c + I_a$	I_a	$\sum I_c$	数据对	K	$X_{C1♯}$	$X_{C2♯}$
1♯-1	1235161	238033	997128	1♯-1～2♯-1	2.018	67.5	63.7
1♯-2	1235113	238061	997052	1♯-1～2♯-2	2.127	66.3	62.5
2♯-1	1206699	265984	940715	1♯-2～2♯-1	2.018	67.5	63.7
2♯-2	1204543	265206	939337	1♯-2～2♯-2	2.126	66.3	62.5
		平均值				66.9	63.1

从平均结果来看，拟合操作对计算结果有影响，可以多次拟合，并选择计算值偏差不大

的平均结果为最终结果。

⑤ 背景处理非常关键，选择好拟合范围以后，一定要用菜单命令 "Edit——Trim Range to Zoom" 命令去掉非选范围的数据。选择拟合背景线为 "Fix Background"，这样才不会将背景拟合到非晶散射峰中来。选择背景时不要人工干预，保证选择参数一致。

⑥ 拟合操作并非自动完成，需要不断地人工干预和调整。

对于有机物和高聚物，结晶部分的成分与非晶成分可能基本相同，k 值接近 1，可以忽略 k 值的影响。而对于陶瓷、玻璃和其他无机材料，从玻璃态中的析出物具有不同的化学组成和物相结构，k 值不可以视为一成不变的系数。例如，在上面实验中的陶瓷材料，在不同的温度下可能会析出不同的物相，在低温下晶相主要是 ZrO_2 和 $ZrSiO_4$，温度升高时，还会析出方石英、菱石英和石英。当析出不同的晶相时，非晶体（剩余部分）的化学组成也随之改变，当然 k 值也随之改变。K 值的改变势必造成结果的不准确性。

（2）单个样品相对结晶度计算

问题：计算炭原丝的结晶度。

数据是一个炭原丝【Data：05004：炭原丝.raw】衍射谱。扫描范围为 $5°\sim60°$，步进扫描，步长 $0.02°$，计数时间 1s。

数据处理步骤如下。

① 读入文件。

② 不作图谱平滑，选择 Liner BG（直线背景）。调整背景线位置，以适应全部数据点都在背景线之上并与背景线相切（图 9-5）。

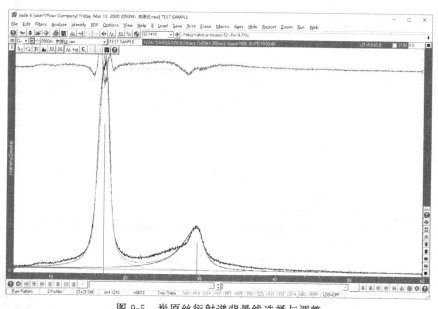

图 9-5　炭原丝衍射谱背景线选择与调整

③ 炭原丝由完全非晶、亚微晶和微晶三种成分组成。在结算结晶度时，将后二者都视为结晶相。软件可能不能自动识别并拟合好，可以在两个峰之间加入一个峰，再拟合（图 9-6）。

④ 发现在第 1 个峰位置处拟合不理想，可以认为第一个峰实际上是由 2 个峰重叠而成，加一个峰并作位置调整后，拟合结果非常理想。

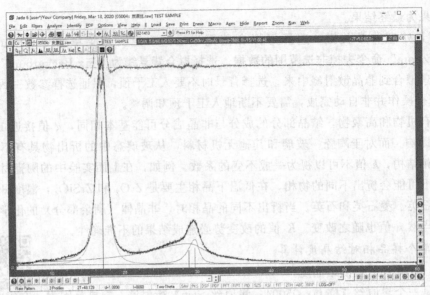

图 9-6　非晶峰的加入

注意观察 Difference Pattern 线是否平了。注意上图中在 21.5°处 Difference Pattern 线上有一个尖峰，说明在此位置还应当加上一个峰（图 9-7）。

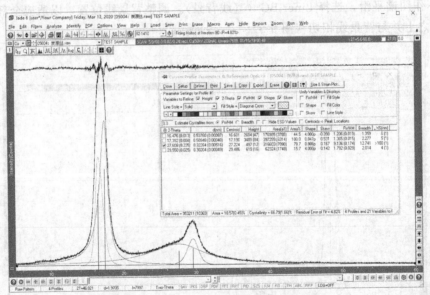

图 9-7　逐个加入晶体衍射峰并拟合

（3）多个高聚物样品的相对结晶度计算

问题：有一组不同生产条件下的共 5 个高聚物的样品，请计算它们的相对结晶度。

实验步骤如下。

① 选择用相同的实验条件扫描 5°～70°的图谱，并按样品名称编号。保证每个样品的扫描范围相同。数据文件保存在文件夹【data：05003：5 个高聚物】中，每个样品的测量数据为一个文件。

② 读入样品1，做好拟合，得到其结晶度（图9-8）。

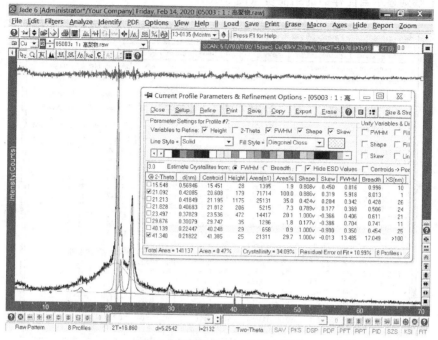

图9-8　高聚物样品1的拟合结果

③ 在图9-8中，一个一个地选定晶体峰，去掉（2-Theta）项目前面的勾选符号。

④ 用"Add"方式添加其余4个样品的衍射谱到窗口中。

⑤ 在拟合窗口中，按下"Refine"按钮，重新对第1个样品进行拟合。拟合完成后，将出现"Fit All Overlays"按钮。按下"Fit All Overlays"按钮将自动拟合所有5个样品（图9-9）。

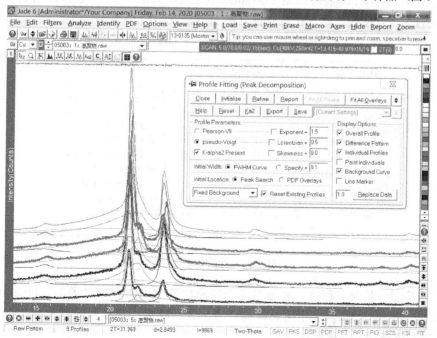

图9-9　高聚物5个样品的拟合结果

打开拟合报告，在报告的最右边添加了1列样品编号♯，在不同的编号行上面点击鼠标时，报告下端则显示当前样品的结晶度（图9-10）。

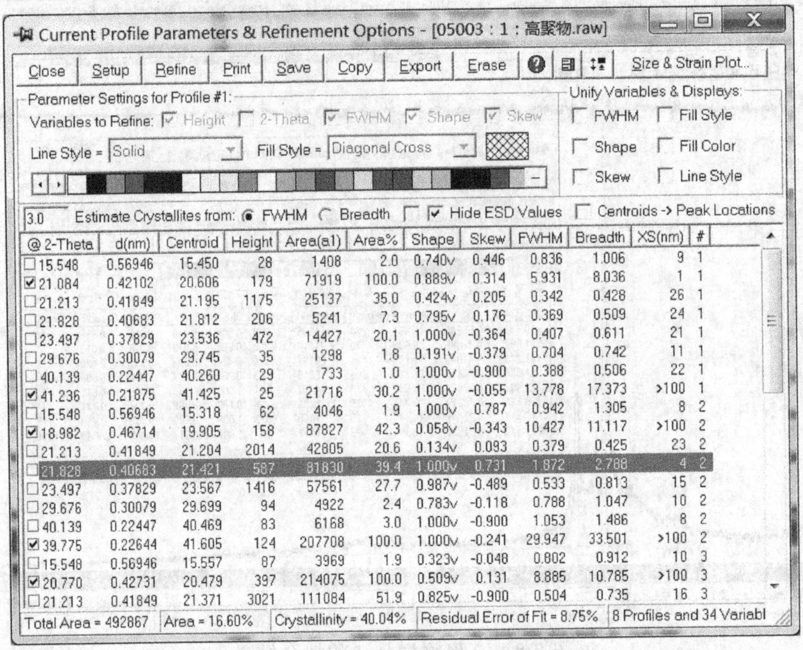

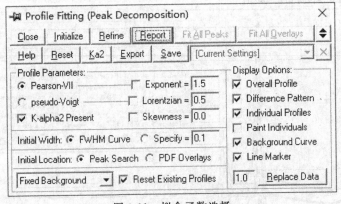

图9-10　高聚物5个样品的结晶度报告

整个拟合报告可以保存。但是，单个样品的结晶度数据并不能保存，必须记录下来。

上面步骤解释了对于一组多个样品结晶度的计算方法。下面来说明这种方法的注意事项。

① 拟合函数　拟合函数可以在 Pearson-VII 和 Pseudo-Voigt 中选择，结晶度计算时通常选择 Pearson-VII 函数，峰形比较对称（图9-11）。

拟合背景：选择 Fixed Background。也就是说，在拟合前先要做好线性背景。

图9-11　拟合函数选择

② 拟合变量　拟合过程中，是通过5个变量的修正来吻合衍射谱的：Height、2-Theta、FWHM、Shape、Skew，分别是峰高、峰位置、峰宽、峰形和峰对称性。如果某个变量不被勾选则该变量不会被修正。

为了保证一组多个数据计算的结晶度具有可比性，关键的操作方法是先选择其中一个结晶度较高的样品进行拟合，得到样品中各个衍射峰的准确位置（2-Theta），然后，去掉变量 2-Theta 的勾选，即固定各个衍射峰的 2-Theta 值，最后读入其他样品数据，使所有数据都按相同的 2-Theta 值来进行拟合，以保证计算结果的可比性。

③ 变量的同值　图 9-10 中，Unifying Variable & Displays 选择项包括 FWHM、Shape、Skew 和 Fill Style、Fill Color、Line Style。后 3 个选项是显示风格选择，前 3 个选项则是变量同值选择，即在整个衍射谱中保持某变量的值相同。

9.4　其他结晶度计算方法

结晶度的计算方法多种多样，不同原理和实验方法取得的结果具有不可比性。XRD 结晶度计算方法也有很多，以上介绍的只是一些简单分峰方法。结晶度不能简单地理解为结晶相的相对含量，它既不是结晶相的质量分数也不是体积分数。如果需要计算结晶相的质量分数或体积分数，应当使用定量分析方法。如果一个样品中含有多个结晶相，可以用 RIR 值法将各种结晶相的质量分数都计算出来，剩下的就是非晶相的质量分数。

以上实验中所涉及的结晶度着重于非晶相和结晶相的相对比例这一层面的意思，其特点是试样中含有明显的非晶和结晶部分，在 XRD 中有明显的非晶散射峰。

结晶度另一层面的意思是结晶的完整性。如黏土矿物一般都是结晶不完整的。高岭土、蒙脱土结构中都含有结构"不确定"的部分。这种情况的结晶度计算一般根据峰形、峰宽、峰位来确定。下面介绍几种计算结晶度的经验方法。

（1）高岭土的结晶度指数

高岭土有无序和有序两种，无序和有序高岭土的结构非常相似，只是各层平行 L 轴任意排列。其典型的 α 三斜角也就由结晶完好时的 91.6° 转变为 90°，成为假单斜晶系。Hinckley 用高岭石的 $(1\bar{1}0)$ 和 $(11\bar{1})$ 晶面反射弧度来衡量其结晶度。

高岭土的结晶度指数 CI（非定向样品）的计算是以 $(1\bar{1}0)$ 晶面的峰高 A 和 $(11\bar{1})$ 晶面的峰高 B 以及 $(1\bar{1}0)$ 峰尖至背景高度 A_t 作为计算公式的：

$$CI = \frac{A+B}{A_t} \tag{9-5}$$

（2）分子筛的结晶度

分子筛的结晶度是衡量分子筛质量的一项重要指标。分子筛晶相组分是在催化剂制备过程中逐渐形成的。有人利用待测试样的衍射强度、峰宽数据与已知结晶度的标准试样的衍射强度和峰宽数据之比来计算分子筛的结晶度：

$$X_i = \frac{\sum I_i W_i}{\sum I_k W_k} X_k \tag{9-6}$$

式中，X 为结晶度；I 为单峰峰高；W 为单峰峰宽；下标 i、k 为待测试样和标样。

这种方法不难理解，如果将衍射峰近似地看成抛物线，单个衍射峰面积实际上就是 IW。

（3）石英的结晶度指数

石英的结晶度常采用五指峰法。村太（K. J. Murata）在 1975 年提出，对石英 2θ 值为 67°～69°范围内的五指峰进行 XRD 扫描，并测定其 (212) 峰的 a、b 值，由此算得石英的结晶度指数。

五指峰是石英的特征峰，只有结晶情况比较理想的石英才能十分完美地展现出其特有的五指峰。结晶度不同，五指峰的形状就不同，所测得的（212）峰的 a、b 值也不同。

需要指出的是，五指峰的形状也受所用衍射仪器的调试精度和分辨率的影响。这个参数也常用于检定衍射仪的性能。但是，对于一台具有足够精度的衍射仪来说，五指峰的形状主要由石英样品本身的结晶度来决定。

石英结晶度指数的计算公式为：

$$CI = 10F\frac{a}{b} \tag{9-7}$$

式中，CI 为结晶度指数；F 为比例因子；a 为（212）的敏锐峰高；b 为（212）的总峰高。

实验选用 Cu 靶，并配有单色器和自动发散狭缝，扫描速度为 $0.25°/\text{min}$。

比例因子 F 对于不同的衍射仪来说是不同的，必须逐一标定。标定时一般采用人造水晶，将其结晶度指数定为 10。

例：石英粉末结晶度指数的测量

① 选择完全结晶态石英样品，测量 $67°\sim69°(2\theta)$ 的衍射峰。实验数据保存在【Data：05002：石英的五指峰】文件夹中。

② 读入原始样品（假定其为标准样品）的衍射谱，用寻峰方法计算出 a、b 值（图9-12）。

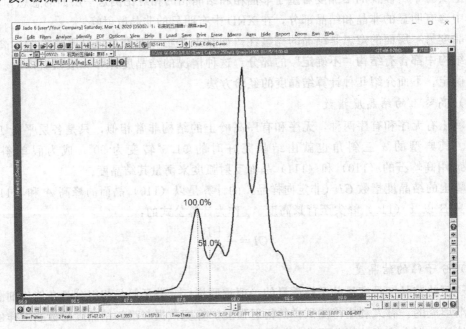

图 9-12　完全结晶态石英的敏锐峰高和总峰高

得到 $b=100$，$a=100-51=49$。

令 $CI=10$，得到：

$F=b/a=100/49$。

③ 将石英粉研磨 3min，则得五指峰的衍射谱如图9-13所示。

得到 $b=100$，$a=100-55.7=44.3$。

$$CI = 10 \times F(a/b) = 10 \times \frac{100}{49} \times \frac{44.3}{100} = 9.04。$$

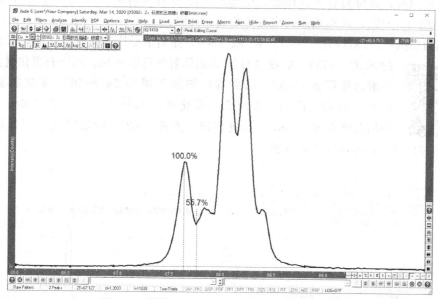

图 9-13　研磨 3min 后石英的敏锐峰高和总峰高

从这里可以看出，对于样品的破碎和研磨都可能造成样品结晶性的破坏。

（4）石墨化度测量

无定形碳转变成石墨的"石墨化"过程是一个由非晶向晶体转变的过程，其结晶度的计算常用所谓"石墨化度"来测量。

理想石墨的晶体结构为密排六方，晶胞参数 $a = 0.2461$ nm，$c = 0.6708$ nm，即使是天然石墨，其晶体结构中也存在很多缺陷，晶胞参数与理想石墨的相比也有差别。实际应用的碳素材料大多是人造的，其石墨化程度受制造工艺和原材料的影响很大。所谓石墨化度，即碳原子形成密排六方石墨晶体结构的程度，其晶格尺寸愈接近理想石墨的点阵参数，石墨化度就愈高。富兰克林推导出人造石墨材料的晶格常数与石墨化度的关系：

$$g = \frac{0.3440 - \dfrac{c_0}{2}}{0.0086} \times 100\% \tag{9-8}$$

式中，g 为石墨化度，%；c_0 为六方晶系石墨 c 轴的晶胞参数，nm。

由式中可以看出，$c_0 = 0.6708$ nm 时，$g = 100\%$；当 $c_0 = 0.6880$ nm 时，$g = 0\%$。

实际操作时，需要精确测定碳峰（002）面的面间距，因此，对于所测数据必须经过校正，否则，制样误差和仪器误差将掩盖石墨化引起的面间距变化。

例：在人造石墨的生产工艺中，石墨化度的测量是其直接的性能指标之一。例如飞机刹车片用石墨材料，其石墨化程度较低，一般为 65% 左右，而用于电池负极的人造石墨，其石墨化度非常高，一般大于 90%。

下面介绍石墨化度的测量方法。

实验步骤如下。

① 标样制备：将高纯单晶 Si（质量分数 > 99.9%）用玛瑙研钵研细，过 0.046mm 标准筛，经 1100℃、1h 真空退火后，作标样备用。

② 试样制备：在待测石墨试样粉末中加入少许 Si 标样粉末（约 5%～15%，石墨化度高的试样应多加一些），在玛瑙研钵中混研均匀，待测。

③ 图谱扫描：在测量石墨（002）和/或（004）晶面衍射线的同时，一起记录在其附近的 Si 的（111）和/或（311）2 条衍射线见图 9-14。对于石墨化度低的样品一般选择测量（002）衍射峰，扫描范围为 24°～29°，步进扫描，步长 0.02°，计数时间 1s。而对于石墨化度高的样品，则选择（004）衍射峰，扫描范围为 52°～58°，步进扫描，步长 0.02°，计数时间 1s。数据文件为【Data：05001：4：石墨化度计算数据.raw】

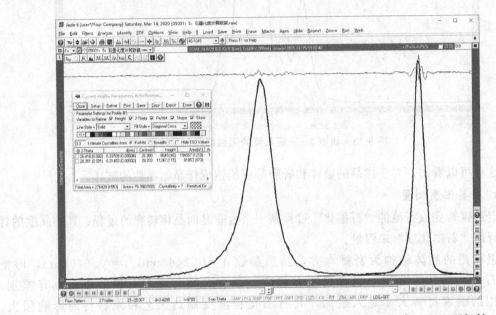

图 9-14 在待测样品中加入一定量标准硅粉后，测量碳（002）面和硅（111）面衍射

④ 标记背景线：按下 BG 按钮，标记背景线。可以将图谱放大，仔细调整背景线位置。将背景线标记好。背景线选择"Liner Fit"。注意不要删除背景线也不要直接扣除背景，便于下一步拟合时选择"Fixed Background"。

⑤ 分峰：将碳（002）和 Si（111）峰拟合。拟合时背景线选择"Fixed Background"。

⑥ 保存拟合报告：选择菜单"Report-Peak Profile Report"命令，查看拟合报表。

按下 Export 按钮，将结果保存为.FIT 文件。

⑦ 计算石墨化度

a.常数选择：采用 CuK$_{\alpha1}$ 辐射时，波长为 1.54056Å。标准 Si（111）的面间距为 5.431000Å（对应衍射角 28.44135°）。

b.峰位校正：将拟合得到的硅（111）峰位角和标准硅（111）的峰位角相减，得到仪器误差和制样误差值（$\Delta 2\theta$）。

c.校正石墨（002）峰的峰位：用测量得到的石墨（002）峰的峰位角减去上一步得到的仪器误差，校正测量误差。

d.计算 C（002）的面间距：以校正后的峰位角代入布拉格公式，计算得到 C（002）的面间距（即 $C_0/2$）。

e.将 $C(002)$ 面间距代入式(9-8)可计算出石墨化度,见表9-3。

表 9-3 石墨化度的计算值

物相名	波长	衍射角	测量误差	校正值	d	g
标准 Si		28.44				
测量 Si	1.54056	28.33	0.11	26.49	3.36	90.5
C		26.38				

很多时候,$C(002)$ 衍射线形是不对称的,不对称的原因是由于试样内有多种不同石墨化度的组分存在(非晶碳、部分石墨化碳、完全石墨化碳)。这时仅用一个峰的衍射角来计算试样的石墨化度不能反映其真实情况。对于这种不对称的线形,必须作多重峰分离处理(图 9-15)。

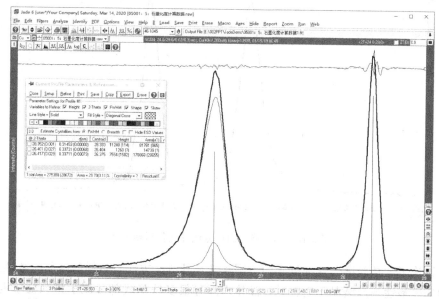

图 9-15 石墨化度低的样品,衍射峰漫散,可以将一个峰分离成几个衍射峰

多重峰处理后,可得到各个子峰的峰位和积分强度。

计算出各子峰的石墨化度后,以各子峰的积分强度为权重,归一化试样整体石墨化度为 90.08。

比较采用单峰拟合和多重峰分离得到的结果,可见两个结果相差不大。这是因为试样的石墨化度很高。如果试样的石墨化度很低时,单峰处理和多重分离的结果相差很大,多峰分离的结果更准确。

计算石墨化度时的注意事项如下。

① 必须采用标准的 Si 粉对测量误差进行校正。非晶碳石墨化转变过程中,晶胞参数 C_0 的变化量很小。仪器调整误差、制样时样品表面突出或陷入样品槽都会引起很大的测量误差(样品离轴误差)。这种误差完全可以掩盖实际样品结构变化引起的衍射角变化。不当的制样可能得出石墨化度大于 100% 或小于 0 的结果。

② 采用多峰分离时可以视具体情况将单峰分成两个或两个以上的子峰,分峰原则上以拟合误差最小为准。

③ 峰位数据采用峰中心数据。

④ 经过反复验证，石墨化度低（<70%）的样品采用（002）衍射峰，结果较准确。但是，石墨化度高的样品，特别是一些电池负极用石墨，其石墨化度很高，达到90%以上，建议采用（004）峰数据进行计算。

⑤ 当采用（004）峰计算石墨化度时，必须用槽深小于0.2mm的样品片，否则，导致衍射峰位移、不对称甚至分离。例如，数据【Data：01008：4：石墨化度不合格的制样：槽深5.raw】是用槽深0.5mm的样品片测量的数据，可以看到石墨衍射峰和硅衍射峰都分离成几个峰（图9-16），对应着在不同槽深位置处的衍射结果。

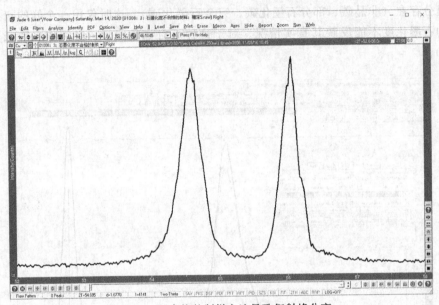

图9-16　不合格的制样方法导致衍射峰分离

本章讨论了"结晶度"这一概念的不同含义及其测试方法。试样的结晶完整性主要是指晶体结构的完整性。当结晶不完整时，晶体内部有很多缺陷或部分原子排列处于混乱状态。这些"变异"的结构影响衍射峰的形状、峰位以及峰强度。例如，某些衍射面的峰位移动、峰形歪斜和峰形宽化等信息是计算结晶度的依据。已有许多人从不同的影响角度出发研究结晶度与衍射谱的关系，从而总结出可操作的实验方法。这种研究工作一直在进行，但一般都局限于某一特定的材料或试样，带有很强的经验性。在此不一一叙述。

练　习

练习9-1：请查阅有关结晶度计算方法的相关资料，从原理、方法和结果方面讨论它们的不同和应用范围。

练习9-2：计算数据【Data：05005】中两个样品的结晶度。

第10章

指标化与晶胞参数精修

晶胞参数是晶体物质的重要参量，它描述了晶胞的大小和形状。它随物质的化学成分和外界条件而变化。晶体物质的键合能、密度、热膨胀、固溶体类型、固溶度、固态相变、宏观应力等，都与晶胞参数变化密切相关。所以，可通过晶胞参数的变化揭示晶体物质的物理本质及变化规律。例如，在实验中，在对一种合金的物相检索时，可能会发现很难精确地将衍射谱与 PDF 卡片标准谱对应起来，角度位置上总有一些差异。因为合金通常情况下都是固溶体，由于固溶体中溶入了异类原子，而这些异类原子的原子半径与基体的原子半径存在差异，从而导致了基体"均匀的晶格畸变"，也就发生了基体的晶胞参数扩大或缩小。一些硅酸盐类黏土矿物具有吸水性，如蒙脱石，由于层间电荷的作用，吸水前后的 d_{001} 值相差甚远。另外，晶胞参数还与温度有关，因为"热胀冷缩"的原因，对应着在微观上晶格的变大和变小。

在 X 射线衍射方法中，晶胞参数的变化反映在晶面间距的变化上，晶面间距的变化由衍射角测得。但是，这种变化非常细微，一般反映在 $10^{-2} \sim 10^{-3}$ nm 的数量级上。如果仪器的误差足够大，完全可以把这种变化掩盖起来。晶胞参数计算的误差来源于多方面，因此，必须对晶胞参数进行精密化测定。

在这一章中，学习晶胞参数的精确计算方法，通过晶胞参数的精修来消除测量过程中形成的各种误差影响。另外，对于未知物质，将对其指标化，确定其空间群并对其晶胞参数进行精修。

10.1 晶胞参数测量原理与误差来源

10.1.1 晶胞参数测量原理

用衍射仪法测定晶胞参数的依据是衍射线的位置，即 2θ 角，在衍射花样已经指标化的情况下，可通过布拉格方程 $2d_{hkl}\sin\theta = \lambda$ 和面间距公式（表 10-1）计算晶胞参数。

表 10-1　几种晶系的晶面间距计算公式

晶系	晶面间距计算公式
单斜	$1/d^2 = \left(\dfrac{H^2}{a^2} + \dfrac{L^2}{c^2} - \dfrac{2Hl\cos\beta}{ac}\right)/\sin^2\beta + \dfrac{K^2}{b^2}$
正交	$1/d^2 = \dfrac{H^2}{a^2} + \dfrac{K^2}{b^2} + \dfrac{L^2}{c^2}$

晶系	晶面间距计算公式
六方和三方	$1/d^2 = \dfrac{4}{3}\dfrac{H^2+HK+K^2}{a^2}+\dfrac{L^2}{c^2}$
四方	$1/d^2 = \dfrac{H^2+K^2}{a^2}+\dfrac{L^2}{c^2}$
立方	$1/d^2 = \dfrac{H^2+K^2+L^2}{a^2}$

表中 d_{hkl}（简写成 d）表示晶面簇（hkl）之间的距离，称面间距 a、b、c、α、β、γ 为晶胞参数。

以立方系为例，晶胞参数的计算公式为：

$$a = \frac{\lambda}{2\sin\theta}\sqrt{H^2+K^2+L^2} \tag{10-1}$$

式(10-1)说明，对于立方晶系，衍射花样中任何一条衍射线都可以计算出一个晶胞参数 a，但是，这些晶胞参数的计算值并不完全相同。

同样的方法，对于正方晶系或六方晶系，可以从一组（hk0）衍射线计算出一组晶胞参数计算值 a，从（00l）衍射线可以计算出一组 c。对于其他晶系可以用同样的原理来计算出晶胞参数。

这些晶胞参数计算值之所以不相同，是因为测量过程中不可避免地存在系统误差。这些误差与仪器的硬件精度、衍射仪本身的结构几何以及制样和样品本身的性质都有关系。所谓晶胞参数精修工作就是要利用数学关系消除这些误差的影响，从而得到真实精确的晶胞参数。

10.1.2　误差来源

（1）测角仪机械零点误差

实践表明，机械零点误差是晶胞参数测量误差的主要来源。现代衍射仪（如日本理学公司生产的衍射仪）一般都带有自动调整功能，可以减小测角仪机械零点误差。

（2）$2\theta/\theta$ 驱动匹配误差

这种误差对于同一台设备是固定不变的，误差随 2θ 而变化。可以用标准样品校正各个 2θ 角的误差。当样品保持不动时，X射线管与计数器由各自的马达驱动，二者实际转动速度不匹配时造成失配误差。最好选用晶胞参数大的立方晶系物质，如 LaB_6 作标准物质。如果没有，也可以用 Si 作标准物质。这种误差的函数形式为：

$$\Delta(2\theta) = \sum A_i(2\theta)^i, i=0,1,\cdots,N \tag{10-2}$$

式中，A_i 为常系数。

（3）计数测量滞后的误差

为减小这种误差，精确测量晶胞参数时必须使用步进扫描和长时间常数，一般采用步长 $0.01°\sim0.02°$，计数时间 1s 或更长。

（4）折射校正

X射线从空气中进入试样时产生折射，因折射率接近 1，所以在一般情况下都不予以考虑。但是，当晶胞参数的测量精度为 10^{-3} nm 数量级时，就要进行折射校正。

校正公式为：

$$d_o = d_c \left(1 - \frac{\delta}{\sin^2\theta}\right) \tag{10-3}$$

式中，d_o 为实测面间距；d_c 为校正后的面间距；δ 为 X 射线的折射率。

对于立方晶系有：

$$a_c = a_o \left(1 + 2.702 \times 10^{-6} \lambda^2 \rho \frac{\Sigma Z}{\Sigma A}\right) \tag{10-4}$$

式中，ρ 为物质密度；λ 为 X 射线波长；ΣZ 为晶胞中的总电子数（即原子序数之和）；ΣA 为晶胞中的总原子量。

（5）温度校正

晶胞参数的测量应在规定的标准温度（25℃）进行，否则，就要做温度误差校正。其校正公式为：

$$a_c = a_o [1 + \alpha(T_o - T_m)] \tag{10-5}$$

式中，α 为热膨胀系数；T_o、T_m 为测量温度和标准温度。

（6）平板试样误差

按测角仪聚焦原理的要求，试样表面应为与聚焦圆曲率相同的曲面。采用平板试样时，除了与聚焦圆相切的中心点外，都不满足聚焦条件。当一束水平发散角为 α 的 X 射线投射到平板试样时，衍射线发生一定程度的散焦和位移。

$$\frac{\Delta d}{d} = \frac{\alpha^2 \cos^2\theta}{12\sin^2\theta} \tag{10-6}$$

（7）试样表面离轴误差

由于试样表面不平整或安装不到位，使试样表面离开测角仪中心轴一定距离 S（高于试样架表面或低于试样架表面），衍射峰发生位移。

$$\frac{\Delta d}{d} = \frac{S}{R} \frac{\cos^2\theta}{\sin\theta} \tag{10-7}$$

式中，R 为测角仪圆半径。采用较大直径的衍射仪圆时，误差较小。

（8）试样透明度误差

由于 X 射线具有较强的穿透能力，随被测试样的线吸收系数 μ 的减小，穿透能力增大，因此，试样内表层物质都可以参与衍射。试样内表层物质的衍射线与离轴误差相似。

$$\frac{\Delta d}{d} = \frac{\cos^2\theta}{2\mu R} \tag{10-8}$$

（9）轴向发散误差

由于梭拉光阑的片间距离和长度有限，入射线和衍射线都存在一定的轴向发散。由此引起的测量误差为：

$$\frac{\Delta d}{d} = \frac{\delta_1^2 \cos^2\theta - \delta_2^2}{12\sin^2\theta} \tag{10-9}$$

δ_1、δ_2 分别为入射光路和衍射光路的有效轴向发散角（梭拉狭缝的片间距离/沿光路方向的片长）。

在这些误差中，有些误差可以通过调整仪器精度、用标准样品来校正；有些可以在制样时尽可能将误差降到最小。仪器零点误差、$\theta/2\theta$ 匹配误差、计数滞后误差、折射误差、温度误差这 5 种误差由仪器的制作精度或者外部因素引起，不可能用数据处理方法来消除，只能采用标准样品来校正。

后面 4 种误差的消除可以从两方面考虑：一方面，在实验方法上控制，如调小狭缝、增大梭拉光阑的片长、制备平整的样品、对于透明性大的样品采用薄层样品，都可以使测量误差降低；另一方面，可以根据误差的影响规律通过数学处理方法来部分消除。

数据处理的方法通常采用图解外推法和最小二乘法两种。

10.2 误差消除方法

10.2.1 图解外推法

对布拉格公式两边微分，可得：

$$\Delta d = -\Delta\theta d\cot\theta \tag{10-10}$$

可以看出，面间距的测量误差与衍射角的测量误差、$\cot\theta$ 以及面间距 d 本身三者都成正比。对于立方晶系来说，晶胞参数的测量误差与衍射角之间存在如下的关系：

$$\frac{\Delta a}{a} = -\Delta\theta\cot\theta \tag{10-11}$$

由此可见，当衍射角越大，衍射角的正切越小，测量误差相应减小。这是为什么精确测量晶胞参数时宜选用高衍射角衍射线的原因。

由式（10-11）可知，当 $\cot\theta=0$ 时，所测量的晶胞参数不受衍射角测量误差的影响。但是，受衍射仪硬件条件的限制，实际能利用的衍射线，其 θ 角与 90°总是有距离。所谓外推法消除系统误差，就是将若干条衍射线测得的晶胞参数，按一定的外推函数 $f(\theta)$ 外推到 $\theta=90°$，这时，系统误差为 0，即得到精确的晶胞参数。

例如，测出同一种物质的多条衍射线，并按每条衍射线的衍射角 2θ 计算出相应的 $a_{2\theta}$ 值。以 θ 为横坐标，a 为纵坐标，所给出的各个数据点可连接成一条光滑曲线。将曲线延伸使之与 $\theta=90°$处的纵坐标相截，则截点所对应的 a_0 值即为精确的点阵参数值。

由于外推函数 $f(\theta)$-θ 的关系并不呈线性关系，采用曲线拟合通常会带来较大的拟合误差，因此，实用的外推法一般采用线性外推方程。

综合式（10-6）～式（10-9）的系统误差，如果从其中提出不同的主体函数，可得到如下几种误差的表达式：

$$\frac{\Delta d}{d} = \cos^2\theta\left(\frac{A}{\sin^2\theta} + \frac{B}{\sin\theta} + C + \frac{D}{\sin^2\theta} - \frac{4E}{\sin^2 2\theta}\right) \tag{10-12}$$

$$\frac{\Delta d}{d} = \cot^2\theta\left(A + B\sin\theta + C\sin^2\theta + D - \frac{E}{\cos^2\theta}\right) \tag{10-13}$$

$$\frac{\Delta d}{d} = \cos\theta\cot\theta\left(\frac{A}{\sin\theta} + B + C\sin\theta + \frac{D}{\sin\theta} - \frac{E}{\cos^2\theta\sin\theta}\right) \tag{10-14}$$

式中，$A = \frac{\alpha^2}{12}$；$B = \frac{S}{R}$；$C = \frac{1}{2\mu R}$；$D = \frac{\delta_1^2}{12}$；$E = \frac{\delta_2^2}{12}$。

从式（10-12）～式（10-14）可知，从不同的角度来考虑误差的影响时，有不同的误差表达式。但是，上述 3 个式子中都有一个常数项，若以某种误差为主，忽略其他因素的影响时，上述 3 个式子可以统一表达为：

$$\frac{\Delta d}{d} = kf(\theta) \tag{10-15}$$

式中，k 为常数。此时，可将误差视为 $f(\theta)$ 的线性函数，$f(\theta)$ 称为外推函数；如果试样透明度是主要的系统误差时，应选用 $\cos^2\theta$ 作为外推函数；如果平板试样与水平发散度为主要系统误差时，宜选用 $\cot^2\theta$ 作为外推函数；如果试样表面离轴误差是主要系统误差时，则应选用 $\cos\theta\cot\theta$ 作为外推函数。需要说明的是，无论采用哪一种外推函数，都是一种一阶近似，外推法并不能完全消除全部系统误差。

在衍射仪法测量晶胞参数时，通常采用 $\cos^2\theta$ 作为外推函数。

结合式（10-11）和式（10-12），当 $\cos^2\theta$ 减小时，$\Delta a/a$ 亦随之减小；当 $\cos^2\theta$ 趋于零（即 θ 趋近于 90°）时，$\Delta a/a$ 趋于零，即 a 趋近于真值 a_0。

实测的晶胞参数可表示为：

$$a = a_0 \pm \Delta a = a_0 \pm bf(\theta) \tag{10-16}$$

式中，a 为实验晶胞参数；a_0 为真实晶胞参数；b 为包括 a_0 在内的常数。

$\cos^2\theta$ 外推函数只适用于 $\theta > 60°$ 的衍射线，并且至少要有一条 $\theta > 80°$ 的衍射线。利用这种外推函数可获得 2×10^{-5}cm 精度的晶胞参数。因为在推导过程中采用了某些近似处理，它们是以高衍射角为前提的。在很多场合下，要满足这些要求是困难的，故必须要寻求一种适合包含低角衍射线的直线外推函数。尼尔逊（J. B. Nelson）等用尝试法找到了外推函数 $f(\theta) = \frac{1}{2}\left(\frac{\cos^2\theta}{\sin\theta} + \frac{\cos^2\theta}{\theta}\right)$。它在很广的 2θ 范围内有较好的直线性。后来泰勒（A. Taylor）等又从理论上证实了这一函数。

对于非立方晶系，如正方和六方晶系，面间距公式中包含有 a 和 c 两个参数，因此不能用与 a 和 c 都有关的 (hkl) 面的衍射线条外推求 a_0 和 c_0，应该用与 a 相关的 $(hk0)$ 线条外推求 a_0，用与 c 相关的 $(00l)$ 线条外推求 c_0。由于高衍射角范围内 $(hk0)$ 和 $(00l)$ 型线条很少，故必须采用一些低 θ 角线条，并使用外推函数 $f(\theta) = \frac{1}{2}\left(\frac{\cos^2\theta}{\sin\theta} + \frac{\cos^2\theta}{\theta}\right)$。

10.2.2　最小二乘法

从对外推法的讨论可知，为了消除系统误差和偶然误差，可由一组实验数据作外推直线，并外推至 $\theta = 90°$，就可求得精确的点阵常数。但是，一组实验点因存在偶然误差并不刚好位于一条直线上。因此，作外推直线可能因人而异，这就导致同一组数据得出不同的结果。现代分析软件一般采用最小二乘法。

将布拉格方程写成平方形式：

$$\sin^2\theta = \frac{\lambda^2}{4d^2}$$

取对数：

$$\ln\sin^2\theta = \ln(\lambda^2/4) - 2\ln(d)$$

微分得：

$$\Delta\sin^2\theta = 2\frac{\Delta d \sin^2\theta}{d} \tag{10-17}$$

假如外推函数为 $f(\theta) = \cos^2\theta$，则由式（10-15）可得：

$$\Delta\sin^2\theta = 2k\sin^2\theta\cos^2\theta = G\sin^2 2\theta \tag{10-18}$$

式中，G 为常数。

对于立方晶系，每条衍射线的真实值 $\sin^2\theta_0$ 应为

$$\sin^2\theta_0 = \frac{\lambda^2}{4a_0^2}(H^2 + K^2 + L^2) \tag{10-19}$$

真实值 $\sin^2\theta_0$ 与测量值 $\sin^2\theta$ 之间存在一定的误差，于是有：

$$\sin^2\theta - \sin^2\theta_0 = \Delta\sin^2\theta \tag{10-20}$$

将式(10-18) 和式(10-19) 代入式(10-20) 可得

$$\sin^2\theta - \frac{\lambda^2}{4a_0^2}(H^2 + K^2 + L^2) = G\sin^2 2\theta \tag{10-21}$$

可将式(10-21) 写成

$$\sin^2\theta = A\alpha + D\delta \tag{10-22}$$

式中，$A = \frac{\lambda^2}{4a_0^2}$；$\alpha = H^2 + K^2 + L^2$；$D = \frac{G}{10}$；$\delta = 10\sin^2 2\theta$。在 D 和 δ 中引入因数 10 是为了使方程中各项系数有大致相同的数量级。D 称为漂移常数。

式(10-22) 中的 $\sin^2\theta$、α 和 δ 可由实验测得，A 和 D 是要求的未知量。当利用最小二乘法，通过若干高角度衍射线精确测定晶胞参数时，对每条衍射线都可按式(10-22) 写出一个方程：

$$A\alpha + D\delta - \sin^2\theta = 0 \tag{10-23}$$

由于每条衍射线的测量中都存在一定的误差，因此不可能严格地保持式(10-23) 的关系。方程等号右边应为一个微小的误差量 $f(A, D)$，即

$$f_i(A, D) = A\alpha + D\delta - \sin^2\theta \tag{10-24}$$

根据最小二乘方原理，获得最佳 A 和 D 值的条件是，各次测量误差的平方和 $\sum\limits_{i=1}^{n} f_i^2(A, D)$ 应为最小值。满足这个条件的数学关系是，$\sum\limits_{i=1}^{n} f_i^2(A, D)$ 对其变量 A 和 D 的一阶偏导数等于 0，即：

$$\begin{cases} \dfrac{\partial}{\partial A}\sum\limits_{i=1}^{n} f_i^2(A, D) = 2\sum\limits_{i=1}^{n}\alpha_i(A\alpha_i + D\delta_i - \sin^2\theta_i) = 0 \\[2mm] \dfrac{\partial}{\partial D}\sum\limits_{i=1}^{n} f_i^2(A, D) = 2\sum\limits_{i=1}^{n}\delta_i(A\alpha_i + D\delta_i - \sin^2\theta_i) = 0 \end{cases} \tag{10-25}$$

可得 2 个正则方程

$$\begin{cases} A\sum\limits_{i=1}^{n}\alpha_i^2 + D\sum\limits_{i=1}^{n}\alpha_i\delta_i = \sum\limits_{i=1}^{n}\alpha_i\sin^2\theta_i \\[2mm] A\sum\limits_{i=1}^{n}\alpha_i\delta_i + D\sum\limits_{i=1}^{n}\delta_i^2 = \sum\limits_{i=1}^{n}\delta_i\sin^2\theta_i \end{cases} \tag{10-26}$$

解方程组可得

$$A = \frac{\sum\limits_{i=1}^{n}\delta_i^2\sum\limits_{i=1}^{n}\alpha_i\sin^2\theta_i - \sum\limits_{i=1}^{n}\alpha_i\delta_i\sum\limits_{i=1}^{n}\delta_i\sin^2\theta_i}{\sum\limits_{i=1}^{n}\alpha_i^2\sum\limits_{i=1}^{n}\delta_i^2 - \left(\sum\limits_{i=1}^{n}\alpha_i\delta_i\right)^2} \tag{10-27}$$

然后，再将 A 代回到 $A = \dfrac{\lambda^2}{4a_0^2}$ 中，可求出点阵常数的精确值 a_0。

以上讨论，都是以外推函数 $f(\theta) = \cos^2\theta$ 为例进行的，如果选用其他外推函数，则要对正则方程做相应的改变。

利用最小二乘法精确测定点阵常数，特别是在低对称性情况下，计算工作量大。现代 X 射线衍射分析都是通过软件完成的。

10.3 晶胞参数精修的应用

采用最小二乘法消除系统误差的过程，称为晶胞参数的精修。下面介绍晶胞参数精修的实验方法。

具体的操作过程分为两个步骤：首先用晶胞参数已知的标准物质进行仪器零点以及样品位移的校准，然后，对所测的晶胞参数进行最小二乘优化。

10.3.1 内标法

内标法是用晶胞参数已知的标准物质与待测物质以适当的比例均匀混合，混合成样品进行 X 射线衍射，得到的 X 射线衍射图谱上将出现两套衍射花样，一套是属于标准物质的衍射谱，另一套是属于待测物质的衍射谱。由于实验条件完全相同，因此就可以用标准物质的 $\Delta\sin^2\theta$（或 Δd、$\Delta\theta$ 等）与衍射角的某种函数 $f(x)$ 关系图，来校正待测试样的 $\sin^2\theta$ 值或 d、θ 等。

内标法对标准样品的要求是：标准物质的晶胞参数要准确知道；衍射线分布均匀；容易获得纯物质；易磨成细粉，使标准物质与待测样品的细度不超过 $1\mu m$；两种物质能够均匀混合；标准物质的衍射线与待测试样的衍射线不要重叠。常用的标准样品有 Si、Al 等。

内标法比较适用于未知晶体结构的衍射位置，也适用于对称性较低的已知晶体结构的试样衍射线位置的校正。当样品的谱线较少，样品为粉体时，可以将标准物质（晶胞参数已经精确测定，而且不容易随环境变化的物质）粉末加入待测样品中，即使用内标法来修正仪器误差。

（1）实验方法与应用

掺杂 $LiMnO_2$ 是锂离子电池正极材料，它的晶胞参数大小与性能具有对应关系，所以，研究人员将其视为一项主要性能指标。下面来说明内标法晶胞参数精修的应用方法。

① 将标准硅粉掺入 $LiMnO_2$ 粉体中，在研钵中混合均匀。测量混合样品的"全谱"（【Data：09004：LiMnO2＋Si.raw】）。然后，通过物相检索，检索到两种物相。

② 拟合确定峰位。峰位校正时可以使用寻峰得到的峰位数据，但是，一般来说，拟合峰位比寻峰数据更准确一些，因此，对图谱进行拟合（图 10-1）。

③ 以硅峰为标准，校正曲线。

先要打开 PDF 检索列表，然后在 Si 相上单击，选定它为标准物质（图 10-2）。

④ 校正。按下 F5，显示峰位校正对话框，单击 Calibrate，显示出角度校正曲线（图 10-3）。

⑤ 再按下常用工具栏中的 按钮，峰位被校正到标准峰位置。

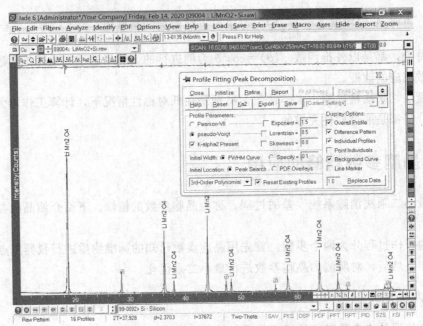

图 10-1　掺入标准 Si 粉的 $LiMnO_2$ 衍射图谱，对图谱进行拟合分峰

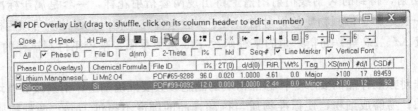

图 10-2　在 PDF 检索列表中选择 Si 作为内标物质，进行角度校正

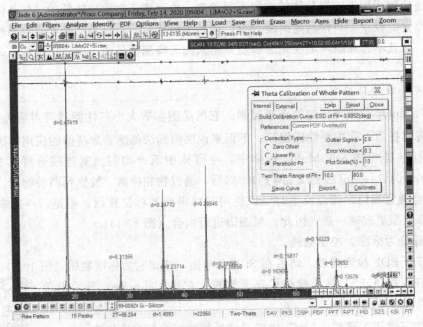

图 10-3　选择角度校正的曲线类型

⑥ 重新计算峰位。被校正后的峰与原来的拟合峰不再重叠。为了重新计算峰位，必须重新拟合一次。

⑦ 选择精修对象。因为样品为混合物，含有待测相和硅标物质，所以，在精确计算晶胞参数前，要先选定 $LiMnO_2$ 为晶胞参数精修对象。方法是，打开 PDF 检索列表，单击 $LiMnO_2$，选定它为精修对象。

⑧ 晶胞精修。打开菜单命令 "Options-Cell Refinement"，打开下面的对话框（图 10-4）。

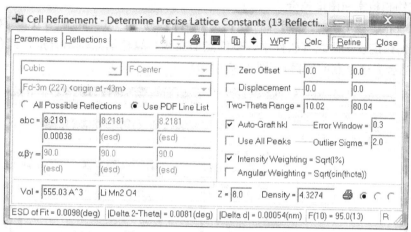

图 10-4　对 $LiMnO_2$ 的晶胞精修

⑨ 单击 "Refine" 按钮，精修完成，对话框中显示精修后的晶胞参数。"esd" 显示的是精修误差。可以将晶胞参数 a 写成 $a = 8.2181 \pm 0.00038$Å。

（2）内标法的使用方法

内标法就是将标准物质直接加入被测样品中，可以直接消除仪器零点误差（Zero Offset）和样品离轴误差（Displacement）这两种主要误差。因此，在图 10-4 中，"Zero Offset" 和 "Displacement" 两项都不能勾选。

其缺点是当样品存在多种物相或者样品本身的衍射峰较多时，再加入标准物质必然增加谱线重叠，准确分峰存在困难。

内标法主要用于待测样品的衍射线条少而且不与标准物质的衍射线条重叠的情况。

10.3.2　外标法

（1）外标法原理

外标法是先测量出一个标准物质的衍射谱，建立仪器的角度校正曲线，然后测量样品的衍射谱，利用已有的仪器校正曲线进行校正后再精修样品的晶胞参数。因此，外标法实验分为 3 个步骤完成。

第一步：测量一个标准物质的全谱，通过这个全谱建立起一个函数：

$$\Delta(2\theta)_{2\theta} = \sum A_i \times (2\theta)^i, i = 0, 1, \cdots N \tag{10-28}$$

式中，A_i 为常系数。

将这个函数保存成 Jade 的参数文件，那么在读入一个样品测量谱图时，可以使用这个函数来校正仪器误差。显然，外标法是为了 $\theta/2\theta$ 匹配误差而做的校正。

建立起来的函数称为 "角度校正曲线"。

第二步：测量样品的衍射谱，用角度校正曲线进行校正。

第三步：将校正过的衍射谱作最小二乘优化。得到精确的晶胞参数。

（2）角度校正曲线的制作

下面以 Si 为标准物质，说明角度校正曲线的制作方法。

① 测量标准物质（Si）的全谱，一般测量范围为 $20°\sim100°$（$2\theta \geqslant$ $100°$），数据文件保存为【Data：06001：仪器校正曲线 Si. raw】

② 完成物相检索和图谱拟合。

③ 峰位校正。按下 F5，显示峰位校正的对话框。选定"Parabolic Fit"，再单击 Calibrate，显示出角度校正曲线（软件中，带圆点的曲线，绿色圆点表示合适，红色圆点表示有误差，应当舍弃这个点的数据）（图 10-5 中①）。

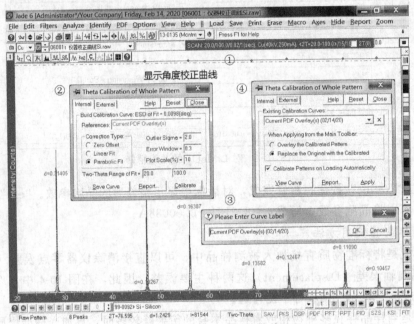

图 10-5　生成角度校正曲线

④ 图 10-5 中②，按下"Save Curve"，按钮，保存角度校正曲线，见图中③。

⑤ 选定外标曲线的使用方式。单击对话框中的"External"，显示"External"页（图 10-5 中④）。

在下拉列表中选定好刚刚保存的角度校正曲线，然后选定"Replace the Original with the Calibrated"和"Calibrate Patterns on Loading Automatically"，关闭对话框。

这样，在每次读入一个新的样品图谱时，软件将图谱进行自动校正，并用校正后的图谱替换原始图谱（只是对内存中的数据进行替换，并不修改磁盘中的数据）（图 10-5 中④）。

角度校正曲线保存好以后，当读入测量数据时，会自动进行角度校正。当仪器进行了重新调整后，需要重新测量标准样品并重新制作角度校正曲线。

另外，测量待测样品的图谱时，实验参数需要和测量标准样品的实验参数一致。

（3）外标法的应用

在 ZrB_2 的制备过程中，经常出现 ZrB 和 ZrB_2 两相共存的现象，下面以其为例说明外标法的应用方法和实验步骤。

① 用与测量角度校正曲线相同的实验条件扫描 Zr-B 的图谱，数据文件保存为【Data：04015：ZrB-ZrB2. raw】，并打开图谱（图 10-6）。

注意： 由于在上面的步骤中选中了 "Calibrate Patterns on Loading Automatically"，因此，在读入 Zr-B 的图谱时，Jade 会自动读入角度校正曲线，图谱被校正角度（图 10-6），并显示校正公式(图 10-6)。

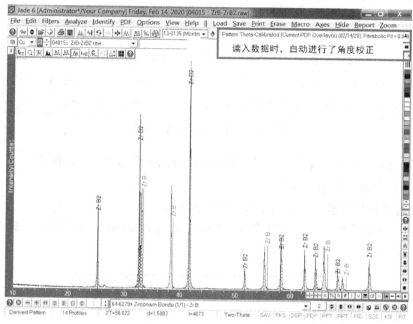

图 10-6　待测样品的衍射谱

② 物相检索。样品物相检索的结果为两相，即 ZrB_2 和 ZrB。注意前者的 PDF 卡片峰位线与测量谱图的角度吻合非常好，说明 ZrB_2 的晶胞参数变化不大。但是，ZrB 的 PDF 卡片峰位线偏离测量峰位很多，说明其晶胞参数比 PDF 卡片标注的晶胞参数要小很多。

③ 图谱拟合。将所有衍射峰都拟合好。

④ 打开物相检索列表，选中 ZrB_2 物相作为晶胞参数精修的物相（图 10-7）。

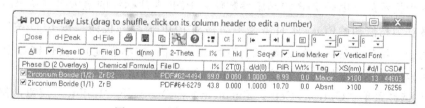

图 10-7　选择需要晶胞参数精修的物相

⑤ 晶胞参数精修。选择菜单 "Options-Cell Refinement" 命令，打开晶胞精修对话框。按下 "Refine" 按钮，就完成了晶胞参数的精确计算（图 10-8）。

注意： 因为使用的是外标法，标样的离轴误差与测量谱的离轴误差当然不一致，因此，应当勾选 "Displacement"。

⑥ 保存结果。

这三个按钮的功能分别是打印、保存和复制计算结果。观察并保存结果。

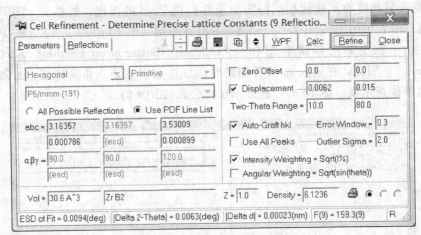

图 10-8　待测样品的晶胞精修

结果保存为纯文本文件格式，文件扩展名为 .abc。而按下 WPF 按钮则进入"全谱拟合精修"窗口，可以完成更精细的计算。

⑦ 再次打开物相检索列表，选择第 2 个物相 ZrB。

⑧ 移动 PDF 卡片峰位线。选择菜单"Options-Cell Refinement"命令。此时出现下面的提示（图 10-9）。

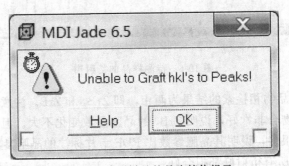

图 10-9　待测样品的晶胞精修提示

出现这个提示的原因是 ZrB 的晶胞参数偏离 PDF 卡片标注的值太多（精修时，以 PDF 卡片上的数据为精修初始值）。此时需要手动移动 PDF 卡片峰位线。按下 按钮后，峰位线可以被移动。按住某条峰位线，可以上下移动（增高/减小强度），按住键盘上的 Ctrl 键的同时，可以用鼠标水平拖动峰位线，将峰位线拖到测量峰位置。

⑨ 再次选择菜单"Options-Cell Refinement"命令，按下"Refine"按钮，就完成了第 2 个物相 ZrB 的晶胞参数精确。

外标法的特点是预先建立好角度校正曲线，在晶胞参数精修时样品中不需要加入内标物质，样品测量和处理简单。

样品中含有多个物相时，可以依次对每个物相的晶胞参数精修。

10.3.3　无标样法

如果在晶胞参数精修之前没有用标准样品校正仪器误差，直接进行晶胞参数精修，则称为无标样法。

无标样法的原理是利用同一晶面的高阶衍射和低阶衍射线之间面间距存在整数倍的关系来计算仪器零点的。

设某晶面（hkl）在衍射谱中存在一级衍射和 m 级衍射，则有

$$\begin{cases} \lambda = 2d_{hkl}\sin\theta_1 \\ \lambda = 2\dfrac{d_{hkl}}{m}\sin\theta_m \end{cases}$$

可此可得

$$m\sin\theta_1 = \sin\theta_m \tag{10-29}$$

若实测衍射角分别为 $2\theta_1$ 和 $2\theta_m$。两条衍射线具有相同的零点位移值 $2\theta_Z$。

$$\begin{cases} 2\theta_1 = 2\theta_1^o - 2\theta_Z \\ 2\theta_m = 2\theta_m^o - 2\theta_Z \end{cases}$$

式中，$2\theta_1^o$ 和 $2\theta_m^o$ 分别是一级衍射和 m 级衍射角的真实值。将式（10-29）代入上式，可得：

$$2\theta_Z = 2\arctan\frac{\sin\theta_m^o - m\sin\theta_1^o}{m\cos\theta_1^o - \cos\theta_m^o} \tag{10-30}$$

从而可得零点位移值 $2\theta_Z$ 的绝对值：

$$|2\theta_Z| = \left|\frac{m^2 - m\cos(\theta_m^o - \theta_1^o)}{m^2 + 2m\cos(\theta_m^o - \theta_1^o)}\right| |\Delta 2\theta_m| + \left|\frac{m\cos(\theta_m^o - \theta_1^o) - 1}{m^2 + 1 - 2m\cos(\theta_m^o - \theta_1^o)}\right| |\Delta 2\theta_1|$$

$$\tag{10-31}$$

通过以上讨论可知，无标样法仅仅通过计算方法校正仪器的零点位移，无法校正样品位移。

由于没有通过标准来校正，所以，在最小二乘优化时，"Zero Offsct" 和 "Displacement" 两个选上都要勾选（图 10-10）。

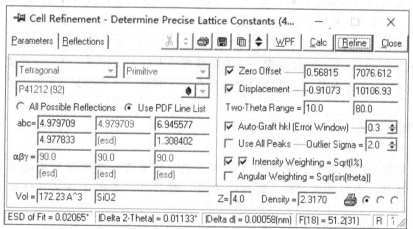

图 10-10　无标样法精修时的选择

10.3.4　方法选择与评价

① 如果样品中存在多个物相，可以分别计算各个物相的晶胞参数。具体操作方法是在主窗口中单击"PDF 卡片列表"右边的数字，打开 PDF 卡片表，将光标条放在需要计算晶

胞参数的物相所在的行，单击，再关闭该列表。计算不同物相的晶胞参数时选择（激活）不同的物相。

② 外标法主要去除仪器零点误差，但不可以去除制样引起的"样品表面离轴误差"。在实际制样过程中，特别是粉末样品的制备过程中，样品表面或多或少会高出或者低于样品架表面。这种误差在外标法中需要严格控制。一般认为粉体样品使用内标法校正角度更加精确。

③ 这种计算实际上是以指定的物相衍射数据为模型，进行最小二乘法优化处理的。如果样品的晶体结构相对于"模型"发生了严重变化，导致晶粒常数变化非常大，此时"Refine"按钮变成灰色不可用。有两种办法解决：一种是先确定晶面指数（用菜单命令 Options-Pattern indexing），然后再精修；第二种方法是找到同晶系而晶胞参数与样品的衍射谱更接近的 PDF 卡片为模型。这实际上是选择一个与实测谱图更接近的初始模型。

④ 虽然理论上衍射角度越高，晶胞参数变化引起的角度变化越大，但是，当高角度峰不明显时，并不建议使用衍射角度太高的数据，因为强度弱而导致的拟合误差可能更大。而且并不需要使用一个相的全部衍射峰来精修结构，晶体结构越简单，所需的衍射峰数越少，相反地，只有精修那些复杂晶胞时才会需要更多的衍射峰数据。因此，对于简单结构的精修，可以选择一些峰强度相对较高、形态较好而且重叠峰较少的一段谱图拟合来做精修。

⑤ 拟合分峰时，不建议使用自动拟合，认为对每个峰作单峰拟合可能更可以保证拟合的效果。如果其他相的衍射峰影响较小，可以采用手工拟合，即不重要的部分不进行拟合。

⑥ 如果使用内标法进行了角度校正，则不能选用"Zero Offset"和"Displacement"（零点偏移和样品位移）。内标法虽然可同时消除零点误差（Zero Offsct）和样品离轴误差（Displacement），但是，由于样品中加入了标准物质，将造成衍射谱重叠，影响拟合结果，因此，只有当样品衍射谱比较简单时使用最为合适，所以，通常使用最多的是外标法。采用标样校正仪器误差时，其结果对标准样品晶胞参数的精确性具有很强的依赖性。

⑦ 无标样法虽然不需要标样，但是仅仅能消除零点误差，效果不是最理想的。而且，因为零点误差与离轴误差具有很大的相关性，不建议同时修正这两个值。当衍射谱缺少高级衍射时不能使用。

⑧ Jade 的 Cell Refinement 功能，采用标准样品进行角度校正，在一定程度上可以降低测量误差，但是，各种误差还是或多或少地存在，所测得的晶胞参数还是有误差的。

10.4　指标化

在新材料开发过程中，如果发现了新的物质，通常需要解析新物质的晶体结构。晶体结构的解析是一个复杂的过程。简单的步骤一般就是：指标化→元素分析→分子结构式分析。

所谓指标化就是根据样品衍射线在衍射谱中出现的规律，结合消光规律、对称性等计算出样品的空间群（晶系和点阵类型），进而计算出晶胞参数 $(a, b, c, \alpha, \beta, \gamma)$ 的过程。

10.4.1　指标化基本原理

指标化的方法很多，下面仅介绍尝试法的基本原理。

对一个衍射谱按 θ 角从小到大的顺序，把各条衍射的 $\sin^2\theta$ 写出来为一个比值数列。先假定试样属于简单的晶系，若不是，再假定为更复杂的晶系，即按照立方晶系→正方晶系→六方晶系→菱形晶系→正交晶系⋯⋯的规则进行尝试。

（1）立方晶系

根据布拉格方程和立方晶系面间距表达式，可写出：

$$\sin^2\theta = \frac{\lambda^2}{4a^2}(H^2+K^2+L^2)$$

去掉常数项，可写出数列为：

$$\sin^2\theta_1 : \sin^2\theta_2 : \cdots = (H_1^2+K_1^2+L_1^2) : (H_2^2+K_2^2+L_2^2) : \cdots$$

式中，$\sin^2\theta$ 的角下标 1、2 等，是实验数据中衍射峰从左到右的顺序编号。

若比值序列为整数序列，可判定为立方晶系。根据不同点阵的消光规律进一步可判定其是简单、面心还是体心结构。根据 $\sin^2\theta$，可知 $H^2+K^2+L^2$，可计算出各衍射峰对应的干涉面指数。

若点阵类型为简单点阵，由于不存在结构因子的消光，因此，全部衍射面的衍射峰都会出现，$\sin^2\theta$ 比值数列应可化成：

$$\sin^2\theta_1 : \sin^2\theta_2 : \cdots = 1:2:3:4:5:6:8:\cdots$$

从左到右，各衍射峰对应的衍射面指数依次为（100）、（110）、（111）、（200）、（210）、（211）、（220）、⋯。

若为体心立方结构，$H+K+L$ 为奇数的衍射面不出现，因此，比值数列应可化成：

$$\sin^2\theta_1 : \sin^2\theta_2 : \cdots = 2:4:6:8:10:12:14:\cdots$$

对应的衍射面指数分别为（110）、（200）、（211）、（220）、（310）、（222）、（321）。

应当注意到，简单立方和体心立方前 6 条线 $\sin^2\theta$ 似乎是相同的，其区别在于第 7 条衍射线，简单点阵第 7 条衍射线的比值为 8，而体心立方的第 7 条线与第 1 条线的比值为 7。这是因为任何 3 个数的平方和不可能为 7。所以，收集衍射谱时应当收集到第 7 条线。

如果由于面间距太小收集不到第 7 条线，则可以根据衍射线的数量来判断。在同样的扫描范围内，因为没有消光的简单点阵的衍射线数量要比体心立方的衍射线数量多得多。

另外，由于不同晶面的多重因子不同，也可以根据衍射强度的匹配来区别它们。简单立方的第 1 条衍射线强度要比第 2 条弱，体心立方第 1 条衍射线要比第 2 条强。

如果为面心立方点阵，因为不出现 H、K、L 奇偶混杂的衍射，因此，数值列应为：

$$\sin^2\theta_1 : \sin^2\theta_2 : \cdots = 3:4:8:11:12:16:19:\cdots$$

相应的衍射面指数依次为（111）、（200）、（220）、（311）、（222）、（400）、（331）。

如果不能将 $\sin^2\theta$ 的比值约化成整数数列，则可以继续尝试对称性低的正方和六方点阵。

（2）正方和六方晶系

在正方和六方晶系中，衍射面间距不只与 a 有关，而且也与 c 有关。

对正方晶系：

$$\sin^2\theta_1 : \sin^2\theta_2 : \cdots = \left(\frac{H_1^2+K_1^2}{a^2}+\frac{L_1^2}{c^2}\right) : \left(\frac{H_2^2+K_2^2}{a^2}+\frac{L_2^2}{c^2}\right) : \cdots$$

对六方晶系：

$$\sin^2\theta_1 : \sin^2\theta_2 : \cdots = A(H_1^2 + H_1 K_1 + K_1^2) + CL_1^2 : A(H_2^2 + H_2 K_2 + K_2^2) + CL_2^2 : \cdots$$

式中，$A = \dfrac{\lambda^2}{3a^2}$；$C = \dfrac{\lambda^2}{4c^2}$。

从全部比例值来看，不可能得到全部为整数的比值数列。在所有衍射面中，选择 $L = 0$ 的衍射面，它们的面间距与 c 无关，单独写出它们之间的比值数列，必然可能化简为正整数的比值数列。

$$\sin^2\theta_1 : \sin^2\theta_2 : \cdots = 1 : 3 : 4 : 7 : 9 : \cdots$$

四方简单阵胞为：（100）、（110）、（200）、（210）、（220）、（300）……

四方体心阵胞为：（110）、（200）、（220）、（310）、（400）、（330）……

$$\sin^2\theta_1 : \sin^2\theta_2 : \cdots = 1 : 2 : 4 : 5 : 8 : 9 : 10 : 13 : \cdots$$

六方晶系指数序列为：（100）、（110）、（200）、（210）、（300）……

晶胞参数 a 的计算公式

对四方晶系：

$$a = \frac{\lambda}{\sin\theta}\sqrt{(H^2 + K^2)}$$

对六方晶系：

$$a = \frac{\lambda}{\sin\theta}\sqrt{\left(\frac{H^2 + HK + K^2}{3}\right)}$$

对于 $L \neq 0$ 的衍射，根据已有的衍射序列可以假定出 H、K，然后计算出 CL^2，如果所假定的 H、K 比值序列是正确的，则这些比值之间存在整数比关系，并可求出 L 序列，进而求得 c。如果所假定的 H、K 序列不正确，则比值序列不可能为整数比例。需要重新假定，重新尝试。

至于更复杂的晶系，计算更加复杂。在此基础上发展出赫耳-戴维（Hull-Davey）图解法和布恩（Bunn）图解法对正方和六方晶系的指标化有很好的解决。

由于低对称性晶系，用图解法标定是十分困难的，通常用以下解析法求解。

赫西-利普森（Hesse-Lipson）解析标定法：可以比较方便地标定正方、六方和正交晶系的粉末衍射花样，其原理是基于 $\sin^2\theta$ 实验值之间的差值 $\Delta\sin^2\theta_{ij} = \sin^2\theta_i - \sin^2\theta_j$ 出现的频度和找出各差值之间所存在的整数比关系。

伊滕（Ito）解析法：标定 X 射线粉末衍射谱时，对晶体的对称性和晶胞大小均未作假设。粉末相的每一条衍射线对应于倒易空间中的一个矢量，三个非共面矢量可作为组成基本单胞的棱边，附加三个矢量确定它们的轴间角，伊滕法试图用合适的 6 条粉末衍射确定相应的单胞，而后标定全部衍射线。

10.4.2　指标化软件

用计算机进行指标化，早在二十世纪六十年代就已普遍研究。最初的工作还局限于高对称性的晶系，以后逐渐解决了具有低对称性的晶体物质衍射花样的指标化问题。戈贝尔和威尔逊首先提出了正交晶系的衍射花样的指标化计算机程序，并得到了满意的结果。目前计算程序主要有三类：面指数尝试法、晶带分析法和二分法。计算机程序原则上可以标定任何晶系的面指数，对于低对称性晶系如三斜和单斜晶系衍射花样的指标化，一般采用伊滕法，但是，由于衍射线的密集和重叠，一般情况下其实际意义很小。

常用的软件如下。

① 面指数尝试法（TREOR90）　TREOR90 是一种半穷举试错索引程序，它是基于对最低布拉格角峰值的选定基集中的索引的排列。包括对优势晶向的分析（即 h00、0k0 和 00l）。这个程序适用于任何晶系，但它最有效的是高和中等对称性晶系，如立方、六方、正方、正交。

② 晶带分析法（ITO）　晶带分析法是在经典的伊滕解析法的基础上发展起来的。维塞（Visser）编写了全自动的计算程序，这个程序的运行步骤为：a. 找出晶带并加以约化。b. 检验所确定的基矢量是否有一个或两个可取半值。用最小二乘方法使参数优化，计算纯属偶然发现的晶带的概率（质量因素）。c. 找出具有共同倒易点阵的成对晶带，并确定这些晶带夹角。d. 约化所找到的点阵单胞，如有必要按标准化方法描述点阵，进行变换。e. 试行标定前 20 条衍射线的面指数，经最小二乘法修正点阵常数后，再标定前 20 条衍射线，记下实际被指标化的衍射峰数目，并试算品质因数。该程序需要至少 20 个最低的布拉格角峰才能找到一个合理的解决方案，并且在较少的布拉格峰下不能工作。总共推荐 30～35 个连续的布拉格反射。峰值的最大数量是 40。超过 20 的峰值仅使用找到的最佳解决方案进行索引。与 TREOR 相似，ITO 可以成功地指示出含有多个杂质峰的粉末衍射图样。跳过的未索引峰值的最大数量是用户指定的参数之一。ITO 可以检查潜在的零位移错误（默认情况下不执行检查），并允许在索引之前对所有峰值应用零位移校正。

③ 二分法（DICVOL92）　这一方法基于在正空间，以晶胞边的长轴间夹角作为变量，在有限区域内，如果存在可能解的话，用二分法逐步缩小范围，在 n 维空间无遗漏地寻找指标化结果。目前常用的 DICVOL92 程序可适用于所有粉末衍射谱的指标化。

其他软件还有综合使用多种方法的指标化工具 CRYSFIRE，它综合了几种常用指标化软件的结果，如倒易空间的二分法程序 X-Cell 和蒙特卡罗方法 McMaille 等。

10.4.3　指标化结果正确性判据

粉末衍射线指标化结果是否正确，不能简单地从计算值与观察值的符合程度来判断。因为只要晶胞体积足够大，所有的衍射线的观察值均可被指标化。再者，可能出现多解，这种情况在用计算机程序进行指标化时更容易出现，就需要从中选择正确的解。目前应用较多的主要有以下两种指标化结果正确性判据。

（1）品质因数

德沃尔夫（P. W. de Wolff）提出用品质因数 M 作为粉末衍射花样标定指数结果可靠性的判据。

令

$$Q_{hkl} = \frac{1}{d_{hkl}^2} = \frac{4\sin^2\theta_{hkl}}{\lambda^2}$$

$$M_{20} = \frac{Q_{20}}{2\bar{\varepsilon}N_{20}} \qquad (10\text{-}32)$$

式中，M_{20} 为根据 20 个 Q 值计算得到的品质因数；Q_{20} 为第 20 个标定实测反射线的 Q 值；N_{20} 为计算到 Q_{20} 时的不同 Q 值的数目；ε 为这 20 条线的值的平均偏差。对已经指标化结果的分析，如果在被标定 20 条衍射线内至多只有两条线未被指标化的情况下，当

$M_{20}=10\sim6$ 时，面指数标定结果可认为基本正确；若 M_{20} 低于 6，标定结果值得怀疑；当 $M_{20}<3$ 时，所得结果就没有意义。

（2）F_N 或 F_{20} 判据

这一判据是由史密斯（G. S. Smith）提出的，它综合了衍射数据的精确性和完备性，F_N 定义为：

$$F_N=\frac{1}{<\Delta2\theta>}\frac{N_{obs}}{N_{calc}} \tag{10-33}$$

或

$$F_{20}=\frac{1}{<\Delta2\theta>}\frac{20}{N_{20}} \tag{10-34}$$

式中，$<\Delta2\theta>$ 为 2θ 值的平均偏差；N_{obs} 为被观察的衍射线数目；N_{calc} 是计算到第 N 条观察衍射线位置所可能出现的衍射线数目；N_{20} 是计算到第 20 条衍射线时所得到的衍射线数目。在指标化过程中，当晶胞参数被不恰当地放大后，尽管绝对平均偏差 $|\Delta2\theta|$ 变小，但衍射线的完备性将会很差，$N_{obs}/N_{calc}\ll1$，F_N 值下降。F_N 值越大，其结果越可靠。一般情况下，F_{20} 和 M_{20} 的结果具有一致性。

对于未知物相的样品来说，需要计算晶胞参数前，首先要确定其空间群。因此，需要分两大步完成。即先做指标化，然后再精修。

10.4.4　指标化方法的应用

在新物质合成、化合物掺杂以及新药合成的研究中，经常需要指标化，以确定其晶型和晶胞参数。

对于异质同构物质的指标化可以使用同构物质的晶胞参数作晶胞参数精修，观察其吻合性。若已知某物质的空间群，也是可以利用的已知条件，只在一定范围内进行确认。但是，对于完全未知的新物质，则需要完全步骤的指标化。

例：在新药开发过程中，对于合成的新药来说，是没有 PDF 卡片参照的。实践表明，有些药物，虽然其化学组成相同，但是，由于晶型不同，而药效存在很大的差异甚至出现药性相反的现象。所以，对于每一种新研发的药品，中国药典规定，必须检测其晶型。

下面介绍晶型的鉴定过程。

① 对样品进行图谱扫描：样品要求为纯物质，一般含有杂相的样品在晶型鉴定中会出现指标化错误。样品数据在日本理学 SmartLab 3kW 型 X 射线衍射仪上完成，电压 40kV，电流 15mA，铜辐射，扫描范围 3°～90°，步进扫描步长 0.02°。数据保存为【Data：06005：indexingRing-146.raw】。

② 打开数据文件，对图谱进行寻峰（或拟合）后，可以得到各个峰的衍射峰位置（2θ）（图 10-11）。

③ 在图 10-11 中，选择菜单 "Options | Pattern Indexing"，打开衍射谱指标化对话框。

④ 单击图 10-11 中的 "Go" 按钮，进行指标化，得到与衍射谱相较吻合的多种空间群。

⑤ 选择空间群并进行精修。当鼠标单击指标化结果窗口中不同的行时，会在主窗口中以黄色的线标记该空间群的谱线。Jade 按照品质因子 M_{20} 和 F_N 或 F_{20} 等多种判断条件，

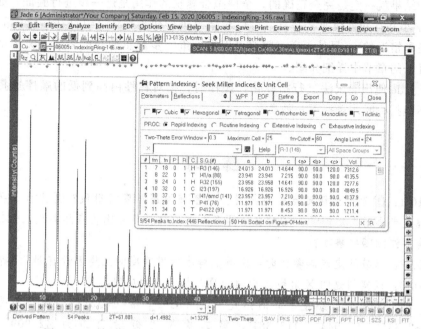

图 10-11 待测样品的衍射谱拟合，计算出各个衍射峰的角度（1）

将各种指标化结果按可能性进行排序。因此，选择第 1 种空间群，然后单击"Refine"按钮，得到精修后的晶胞参数为 2.401576nm。

⑥ 结果检验：按下图 10-11 中的"WPF"按钮，将出现全谱拟合精修界面，从残差 R 判断所选结果为正确（图 10-12）。

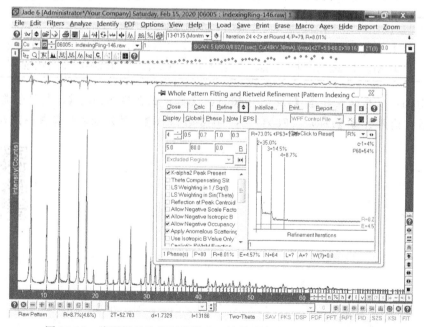

图 10-12 待测样品的衍射谱拟合，计算出各个衍射峰的角度（2）

需要说明的是，操作中的最后一步是对确认后的空间群进行吻合性验证。因为指标化完成后，软件会给出多种结果。这些结果已经根据指标化指标进行排序，但是，并不一定排列在最前面的结果就一定是完全正确的。全谱拟合修正的作用是进一步进行验证，如果拟合的残差 R 非常小并且残差线非常平直，可以对结果进行初步确认（也许在后续的晶体结构解析中发现还是错误的）。另外，通过精修可以得到进一步修正的晶胞参数。关于全谱拟合精修在本书Ⅱ册的章节中详细介绍。

另外，Jade 使用尝试法进行指标化，操作时，按对称性由高到低的顺序选择晶系，在上一晶系不能指标时才选择下一种晶系。

练 习

练习 10-1：①为什么测定点阵参数时要尽量使用高角度衍射线？②为什么要在工作电流电压下稳定半小时之后测量？③对自己的多个类似样品相互比较点阵参数，但部分测试隔有时日，需要注意哪些事项？

练习 10-2：精确测定点阵参数时，影响点阵参数准确度的主要因素有哪几类？

练习 10-3：以实例说明 X 射线法精确测量晶格常数的应用。

练习 10-4：某种金属经过不同的热处理，用 $Cu_{K\alpha1}$ 第一次测得衍射角组为 44.673°、65.022°、82.334°、98.944°、116.381°；第二次测得衍射角组为 42.909°、49.966°、73.351°、88.915°、94.029°、115.278°；第三次测得衍射角组为 42.909°、44.673°、49.966°、65.022°、73.351°、82.334°、88.915°、94.029°、98.944°、115.278°、116.381°。请分析三次测得的物相属于什么晶型和点阵类型并计算它们的晶胞参数。

练习 10-5：Au 和 Cu 都是面心立方结构的金属，将二者混合熔铸成合金后，有时测得的结果为下表中 1#，有时是 2#。请分析它们各自的点阵结构，并计算出它们的晶胞参数。

样品编号	衍射角 2θ(°)							
1#	23.688	33.748	41.648	48.472	54.639	60.364	70.975	76.012
2#	40.312	46.891	68.484	82.571	87.125	105.454	120.26	125.668

练习 10-6：以先读入数据【Data：06001：仪器校正曲线 Si. raw】，制作仪器角度校正曲线，然后，读入数据【Data：07004：4：7046-4P. raw】，用外标法计算其晶胞参数。

第11章

微结构分析

在一定的衍射条件下，一定物质的衍射峰都有一定的宽度。衍射峰的宽度与晶体结构无关，它来自两个方面：仪器参数和物质的微观结构。所谓物质的微观结构主要是指晶块的尺寸与微观应变的存在会使衍射峰变宽。

晶粒尺寸计算方法在纳米材料领域得到广泛的应用，而微观应变普遍存在于激冷激热的不均匀变化热力环境以及力或热力加工后的材料或构件中。

在这一章中，分析衍射峰宽化的原因和利用这种宽化效应解析物质晶粒尺寸与微观应变。

衍射峰宽化的解析方法有傅里叶解卷积法和近似函数法等。在现代分析软件中普遍采用近似函数法。

11.1 衍射峰的宽度

X射线多晶衍射仪的衍射谱由一组具有一定宽度的衍射峰组成，每个衍射峰下面都包含了一定的面积，也就是说，衍射峰具有一定的形状和宽度。

11.1.1 衍射峰宽度的组成

衍射峰的宽度有两种表示方法：①积分宽度：衍射峰面积除以衍射峰高度，称为积分宽度或劳厄宽度。②半高宽度：衍射峰扣除背景后的净高度一半位置处衍射峰的宽度。衍射峰宽度的单位通常用度（°）或弧度（rad）来表示。

衍射峰宽度由两部分构成：一部分是由于衍射仪的硬件或者实验参数带来的。这种宽度是由于光管的焦斑大小、X射线的不平行性、试样的吸收、光阑尺寸以及探测器的接收窗口大小等仪器因素造成的，故称为"仪器宽度"。这种宽度不因样品而异，只与实验参数相关。

另外，在有些样品的衍射谱中，衍射峰比其他样品的衍射峰更宽一些。这就是衍射峰的宽化效应。引起衍射峰宽度变大的原因有两种：一种是实际晶体是"嵌镶块结构"，晶体由许多嵌镶块组成，每个嵌镶块内是完整的，嵌镶块造成晶体点阵的不连续性。当样品的嵌镶块尺寸很小时，衍射峰会增宽；另外，当样品存在微观缺陷时，也会造成这种衍射峰的加宽效应。通常将由于样品微观结构的原因造成的衍射峰宽度（增宽部分）称为"物理宽度"。

11.1.2　仪器宽度

仪器宽度就是普通样品的衍射峰宽度，或者称为标准样品的宽度。仪器宽度理论上不因样品种类不同而变。

在 X 射线衍射仪中，不同仪器、不同狭缝参数对应的仪器宽度不同。而且不同衍射角下的仪器宽度不同。一般来说，衍射峰宽度（FWHM，半高宽）随衍射角的变化呈抛物线形状。

$$\mathrm{FWHM}(\theta)=f_0+f_1\theta+f_2\theta^2$$

或者，

$$\mathrm{FWHM}(\theta)=f_0+f_1\tan(\theta)+f_2\tan^2(\theta) \tag{11-1}$$

因为仪器宽度与所测样品的物相种类无关。因此，测量一个粗晶粒且无畸变的样品衍射谱，计算该样品所有衍射峰的宽度，绘出相对于衍射角的峰宽函数，就可以确定式（11-1）中的参数。这个方程称为仪器宽度曲线方程。从仪器宽度曲线上可测量出任意衍射角下的仪器宽度。

实际测量时，严格来说，最好选用与待测样品同质的粗晶退火样作为标样，为简化实验程序，一般实验室选用粗晶硅样品作为标准样品来计算仪器宽度。

11.1.3　晶粒细化引起的宽度

在多晶体试样中，当晶块尺寸 $D<100\mathrm{nm}$ 时，相当于相干散射区三维尺度上的晶胞数 $N_1N_2N_3=N$ 都很小。从干涉函数式（4-27）和式（4-23）的结论可知，三维尺寸都很小的晶体所对应的倒易阵点变为具有一定体积的倒易体元（图 4-11）。在多晶体衍射的厄瓦尔德图解中，倒易球成为具有一定厚度 Δr^* 的面壳层（图 3-25）。倒易球与反射球相交成一环带，从反射球心向该环带连线形成具有一定厚度的衍射圆锥，所以，得到宽化的衍射环。

利用光学衍射原理，可以推导出描述衍射线宽度与晶块尺寸的定量关系式。假设一个晶块在垂直（HKL）晶面方向上有 $m+1$ 个晶面间距为 d 的晶面，该方向的晶块尺寸 $D=md$，如图 11-1 所示。当入射线与晶面成 θ 角投射时，可以得到布拉格反射，相邻两条衍射线的光程差为 $\delta=2d\sin\theta=n\lambda$。当 θ 角变化一个很小的角度 ω 时，则相邻两条衍射线的光程差 δ 为：

$$\delta=2d\sin(\theta+\omega)=2d(\sin\theta\cos\omega+\cos\theta\sin\omega)$$
$$=n\lambda\cos\omega+2d\cos\theta\sin\omega$$

因为只有当 ω 很小时才能得到衍射线，所以可以近似地认为：$\cos\omega\approx1$，$\sin\omega\approx\omega$，于是有：

$$\delta=n\lambda+2\omega d\cos\theta \tag{11-2}$$

相应的相位差 ϕ 为：

$$\phi=\frac{2\pi}{\lambda}\delta=2\pi n+\frac{4\pi}{\lambda}\omega d\cos\theta=\frac{4\pi\omega d\cos\theta}{\lambda} \tag{11-3}$$

根据光学原理，如果有 n 个大小相等的振幅矢量 a，相邻矢量的相位差都一样（图 11-2），则其合成振幅 A 为：

$$A=an\frac{\sin\alpha}{\alpha} \tag{11-4}$$

式中，α 为合成振幅矢量与起始矢量间的夹角。

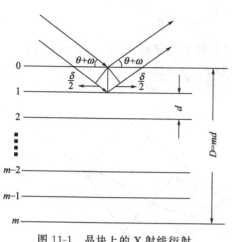

图 11-1　晶块上的 X 射线衍射

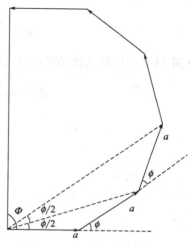

图 11-2　合成振幅的矢量

将式（11-4）应用到具体情况，第 m 个晶面反射线的合成振幅与初始晶面反射线振幅间的夹角 Φ 为：（如图 11-3 所示）

$$\Phi = \frac{m\phi}{2} = \frac{2\pi m\omega d\cos\theta}{\lambda} \tag{11-5}$$

利用式（11-4）可得：

$$A = am\frac{\sin\Phi}{\Phi} = am\frac{\sin\dfrac{2\pi m\omega d\cos\theta}{\lambda}}{\dfrac{2\pi m\omega d\cos\theta}{\lambda}} \tag{11-6}$$

当 $\omega = 0$ 时，所有晶面反射线位相均相同，因此有强度最大值：

$$A_{\max} = am \tag{11-7}$$

由于衍射强度与振幅的平方成正比，所以，半高处强度 $I_{1/2}$ 与强度最大值 $I_{\max}$ 的比为：

$$\frac{I_{1/2}}{I_{\max}} = \frac{A_{1/2}^2}{A_{\max}^2} = \frac{\sin^2\Phi}{\Phi^2} = \frac{1}{2} \tag{11-8}$$

从 $\dfrac{\sin^2\Phi}{\Phi^2}$ 与 Φ 的函数关系（图 11-3）可以求得，只有当 $\Phi = 0.444\pi$ 时，$\dfrac{\sin^2\Phi}{\Phi^2} = \dfrac{1}{2}$，

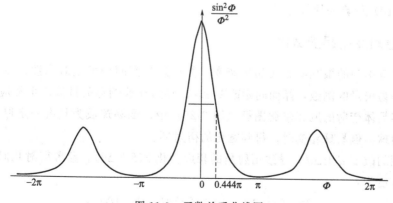

图 11-3　函数关系曲线图

所以：

$$\Phi = \frac{2\pi m \omega_{1/2} d \cos\theta}{\lambda} = 0.444\pi \tag{11-9}$$

从图 11-4 的衍射几何关系中可以得出，衍射线的半高宽度 $\beta = 4\omega_{1/2}$，于是有：

$$\beta = 4\omega_{1/2} = \frac{4 \times 0.444\lambda}{2md\cos\theta} = \frac{0.89\lambda}{md\cos\theta}$$

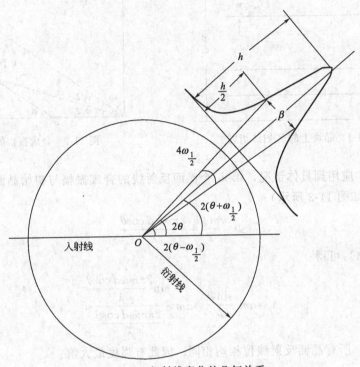

图 11-4　衍射线宽化的几何关系

或：

$$\beta = \frac{k\lambda}{D\cos\theta} \tag{11-10}$$

式(11-10) 称为谢乐方程。其中 $D = md$ 为反射面法向上晶块尺寸的平均值。系数 k 随着谢乐方程的推导方法不同可能等于 0.89 或 0.94。只要从实验中测得衍射线的加宽 β，便可通过式(11-10) 计算晶块尺寸 D。

11.1.4　晶格畸变引起的宽化

晶块尺寸范围内的微观应力或晶格畸变，能导致晶面间距发生对称性改变 $d \pm \Delta d$。晶面间距等于倒易矢量的倒数，晶面间距改变 Δd，必然导致倒易矢量值产生相应的波动范围 Δr^*，即在多晶体衍射的厄瓦尔德图解（图 3-25）中，倒易球成为具有一定厚度 Δr^* 的面壳层。当反射球与倒易球相交时，得到宽化的衍射环。

晶面间距的改变 $d \pm \Delta d$，导致衍射角的相应变化 $2(\theta \pm \Delta\theta)$。参考衍射几何图 11-4，衍射线的半高宽度为：

$$\beta = 2(\theta \pm \Delta\theta_{1/2}) - 2(\theta - \Delta\theta_{1/2}) = 4\Delta\theta_{1/2}$$

对布拉格方程微分可得：

$$\Delta\theta_{1/2} = -\tan\theta \frac{\Delta d}{d}$$

所以

$$\beta = 4\tan\theta \frac{\Delta d}{d} \tag{11-11}$$

如果用晶面间距的相对变化来表达晶格畸变，那么，只要从实验中测得衍射线的加宽 β 便可通过式(11-11)计算晶格畸变量 $\Delta d/d$ 值。

从其物理意义上来说，所谓晶格畸变是指不均匀的面间距变化。在晶粒尺寸范围内，有些晶面间距变大，而有些晶面间距变小。这里包括如微应变（晶体内的微应力造成的点阵畸变）、反相畴（相邻两畴中部分原子排列反向）、各种位错（局部原子排列位置发生错误）。图 11-5(a) 表示 3 个晶粒，同一面指数的晶面间距发生这种微小变化（±Δd）时，各晶粒产生的衍射角位置不同 [图 11-5(b)]，其统计结果使衍射峰变宽 [图 11-5(c)]。

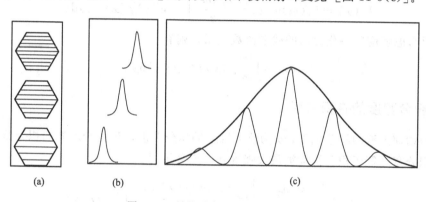

(a)   (b)   (c)

图 11-5　晶格畸变导致衍射线宽化

11.2　衍射峰宽度的卷积关系

由晶块细化和晶格畸变而引起的衍射线宽化统称为物理加宽。在实验测量中，即使没有物理加宽因素，衍射线本身也会其有一定的宽度。物理加宽不可能从实验中直接测得，它总是与仪器宽度共存。为了从实测衍射峰中分离出物理加宽，必须知道实测衍射峰是如何由仪器因素和物理因素叠合而成的。这三者之间遵循卷积合成关系，如图 11-6 所示。

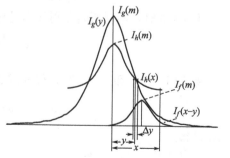

图 11-6　衍射峰的卷积关系

11.2.1　衍射线形的卷积关系

令 $g(y)$ 为仪器因素衍射峰的线形函数；$I_g(m)$ 为 $I_g(y)$ 峰的强度最大值；$I(x-y)$ 为物理加宽的线形函数；$I_f(m)$ 为 $I_f(x-y)$ 峰的强度最大值；$h(x)$ 为 $g(y)$ 和 $f(x-y)$ 合成峰的线形函数；$I_h(m)$ 为 $I_h(x)$ 峰的强度最大值。

当物理因素引起衍射峰加宽时，仪器因素衍射峰的每个强度单元 $I_g(y)\Delta y$ 都被展宽成 $I_f(x-y)$ 分布，但其积分强度不变。根据定义，$I_f(x-y)$ 的积分强度应等于它的强度最大值 $I_f(m)$ 与积分宽度 β 的乘积，所以

$$\beta I_f(m)=I_g(y)\Delta y=I_g(m)g(y)\Delta y$$

从而

$$I_f(m)=\frac{I_g(m)}{\beta}g(y)\Delta y \tag{11-12}$$

$I_h(m)$ 应等于仪器因素衍射峰各强度单元被物理因素展宽后，各 $I_f(x-y)$ 峰在 x 处的叠加

$$I_h(x)=\sum_{-\infty}^{+\infty}I_f(x-y)=\sum_{-\infty}^{+\infty}I_f(m)f(x-y)=\sum_{-\infty}^{+\infty}\frac{I_g(m)}{\beta}g(y)\Delta yf(x-y)$$

如果将 Δy 取成无限小时，可将上式写成积分形式

$$I_h(x)=I_h(m)h(x)=\frac{I_g(m)}{\beta}\int_{-\infty}^{+\infty}g(y)f(x-y)\mathrm{d}y \tag{11-13}$$

如果只考虑强度归一化之后的线形函数关系，则有

$$h(x)=\int_{-\infty}^{+\infty}g(y)f(x-y)\mathrm{d}y \tag{11-14}$$

11.2.2 积分宽度的卷积关系

令 β 为物理因素的积分宽度，b 为仪器因素的积分宽度，B 为合成峰的积分宽度。
根据积分宽度等于积分强度被最大强度除的定义可得：

$$\beta=\frac{\int_{-\infty}^{+\infty}I_f(x)\mathrm{d}x}{I_f(m)}=\frac{\int_{-\infty}^{+\infty}I_f(m)f(x)\mathrm{d}x}{I_f(m)}=\int_{-\infty}^{+\infty}f(x)\mathrm{d}x \tag{11-15}$$

$$b=\frac{\int_{-\infty}^{+\infty}I_g(x)\mathrm{d}x}{I_g(m)}=\frac{\int_{-\infty}^{+\infty}I_g(m)g(x)\mathrm{d}x}{I_g(m)}=\int_{-\infty}^{+\infty}g(x)\mathrm{d}x \tag{11-16}$$

$$B=\frac{\int_{-\infty}^{+\infty}I_h(x)\mathrm{d}x}{I_h(m)}=\frac{\int_{-\infty}^{+\infty}I_h(m)h(x)\mathrm{d}x}{I_h(m)}=\int_{-\infty}^{+\infty}h(x)\mathrm{d}x \tag{11-17}$$

当 $x=0$ 时，同时假定衍射线形是对称的，即 $f(y)=f(-y)$，由式(11-13) 可得

$$I_h(m)=\frac{I_g(m)}{\beta}\int_{-\infty}^{+\infty}g(y)f(y)\mathrm{d}y \tag{11-18}$$

将式(11-13) 和式(11-18) 代入式(11-17)，同时要注意到

$$\int_{-\infty}^{+\infty}f(x-y)\mathrm{d}x=\int_{-\infty}^{+\infty}f(x)\mathrm{d}x=\int_{-\infty}^{+\infty}f(y)\mathrm{d}y$$

可得

$$B=\frac{\iint\limits_{-\infty}^{+\infty}g(y)f(x-y)\mathrm{d}y\mathrm{d}x}{\int_{-\infty}^{+\infty}g(y)f(y)\mathrm{d}y}=\frac{\int_{-\infty}^{+\infty}g(x)\mathrm{d}x\int_{-\infty}^{+\infty}f(x)\mathrm{d}x}{\int_{-\infty}^{+\infty}g(x)f(x)\mathrm{d}x}$$

所以有

$$B = \frac{b\beta}{\int_{-\infty}^{+\infty} g(x) f(x) \, dx} \tag{11-19}$$

11.3　微结构求解的傅里叶变换法

11.3.1　物理宽化的傅里叶变换法求解

精确地求解衍射线形的卷积方程式(11-14)，并从中得出 $f(x)$ 表达式是困难的，因此，A. R. Stokes 提出由被测试样衍射线形 $f(x)$ 和标样（没有物理宽化因素）衍射线形 $g(x)$ 求物理加宽衍射线形 $f(x)$ 的傅里叶变换方法。

将 $h(x)$、$g(x)$、$f(x)$ 在 a 区间（$\pm a/2$ 之外强度为零）展开成傅里叶级数：

$$h(x) = \sum_{-\infty}^{+\infty} H(t) \exp\left(-2\pi i \frac{tx}{a}\right) \tag{11-20}$$

$$g(x) = \sum_{-\infty}^{+\infty} G(t) \exp\left(-2\pi i \frac{tx}{a}\right) \tag{11-21}$$

$$f(x) = \sum_{-\infty}^{+\infty} F(t) \exp\left(-2\pi i \frac{tx}{a}\right) \tag{11-22}$$

利用傅里叶变换的反演公式可求得相应的傅里叶系数：

$$H(t) = \frac{1}{a} \int_{-\frac{a}{2}}^{+\frac{a}{2}} h(x) \exp\left(2\pi i \frac{tx}{a}\right) dx \tag{11-23}$$

$$G(t) = \frac{1}{a} \int_{-\frac{a}{2}}^{+\frac{a}{2}} g(x) \exp\left(2\pi i \frac{tx}{a}\right) dx \tag{11-24}$$

$$F(t) = \frac{1}{a} \int_{-\frac{a}{2}}^{+\frac{a}{2}} f(x) \exp\left(2\pi i \frac{tx}{a}\right) dx \tag{11-25}$$

在实测计算时，通常将傅里叶系数写成三角函数的加和形式：

$$H(t) = \frac{1}{a} \sum_{-\frac{a}{2}}^{+\frac{a}{2}} h(x) \left(\cos 2\pi \frac{tx}{a} + i \sin 2\pi \frac{tx}{a}\right) = H_r(t) + iH_i(t) \tag{11-26}$$

$$G(t) = \frac{1}{a} \sum_{-\frac{a}{2}}^{+\frac{a}{2}} g(x) \left(\cos 2\pi \frac{tx}{a} + i \sin 2\pi \frac{tx}{a}\right) = G_r(t) + iG_i(t) \tag{11-27}$$

$$F(t) = \frac{1}{a} \sum_{-\frac{a}{2}}^{+\frac{a}{2}} f(x) \left(\cos 2\pi \frac{tx}{a} + i \sin 2\pi \frac{tx}{a}\right) = F_r(t) + iF_i(t) \tag{11-28}$$

将式(11-21) 和式(11-22) 代入式(11-24) 得

$$h(x) = \int_{-\frac{\alpha}{2}}^{+\frac{\alpha}{2}} g(y) f(x - y) \mathrm{d}y$$

$$= \int_{-\frac{\alpha}{2}}^{+\frac{\alpha}{2}} \sum_t G(t) \exp\left(-2\pi i \frac{ty}{\alpha}\right) \sum_{t'} F(t') \exp\left[-2\pi i \frac{t'(x - y)}{\alpha}\right] \mathrm{d}y$$

$$= \sum_t \sum_{t'} G(t) F(t') \exp\left(-2\pi i \frac{t'x}{\alpha}\right) \int_{-\frac{\alpha}{2}}^{+\frac{\alpha}{2}} \exp\left[-2\pi i \frac{y(t - t')}{\alpha}\right] \mathrm{d}y$$

由于 $\int_{-\frac{\alpha}{2}}^{+\frac{\alpha}{2}} \exp\left[-2\pi i \frac{y(t - t')}{\alpha}\right] \mathrm{d}y = \begin{cases} 0; & \text{当 } t \neq t' \\ \alpha; & \text{当 } t = t' \end{cases}$

所以

$$h(x) = \alpha \sum_{-\infty}^{+\infty} G(t) F(t) \exp\left(-2\pi i \frac{tx}{\alpha}\right) \tag{11-29}$$

比较式(11-29) 和式(11-20) 可得：

$$F(t) = \frac{1}{\alpha} \times \frac{H(t)}{G(t)} = \frac{1}{\alpha} \times \frac{H_r(t) + iH_i(t)}{G_r(t) + iG_i(t)} = \frac{1}{\alpha} \times \frac{[H_r(t) + iH_i(t)][G_r(t) - iG_i(t)]}{G_r^2(t) + G_i^2(t)}$$

$$= F_r(t) + iF_i(t)$$

经展开整理后得：

$$F_r(t) = \frac{1}{\alpha} \times \frac{H_r(t)G_r(t) + H_i(t)G_i(t)}{G_r^2(t) + G_i^2(t)} \tag{11-30}$$

$$F_i(t) = \frac{1}{\alpha} \times \frac{H_i(t)G_r(t) - H_r(t)G_i(t)}{G_r^2(t) + G_i^2(t)} \tag{11-31}$$

在求得 $F_r(t)$ 和 $F_i(t)$ 之后，可利用式(11-22) 绘制 $f(x)$ 的峰形

$$f(x) = \sum_{-\infty}^{+\infty} F(t) \exp\left(-2\pi i \frac{tx}{\alpha}\right)$$

$$= \sum_{-\infty}^{+\infty} [F_r(t) + iF_i(t)]\left(\cos 2\pi \frac{tx}{\alpha} - i\sin 2\pi \frac{tx}{\alpha}\right)$$

$$= \sum_{-\infty}^{+\infty} \left[F_r(t)\cos 2\pi \frac{tx}{\alpha} + F_i(t)\sin 2\pi \frac{tx}{\alpha} - iF_r(t)\sin 2\pi \frac{tx}{\alpha} + iF_i(t)\cos 2\pi \frac{tx}{\alpha}\right]$$

由于 $F(-t)$ 与 $F(t)$ 共轭，故 $F_r(-t) = F_r(t)$，$F_i(-t) = F_i(t)$。所以，对所有正负 t 值求和时，最后两个虚数项为零。$f(x)$ 式可简化为

$$f(x) = \sum_{-\infty}^{+\infty} F_r(t)\cos 2\pi \frac{tx}{\alpha} + \sum_{-\infty}^{+\infty} F_i(t)\sin 2\pi \frac{tx}{\alpha} \tag{11-32}$$

利用傅里叶变换方法获得物理加宽效应的实验测量和计算程序是：①对试样和标样进行衍射仪扫描测量，获得相应的衍射峰；②将其分割成若干等分 N 并采集每个分割单元的对

应强度 $I_h(x)$ 和 $I_g(x)$；③用强度最大值 $I_h(m)$ 和 $I_g(m)$ 去除 $I_h(x)$ 和 $I_g(x)$ 便得到线形函数 $h(x)$ 和 $g(x)$；④将 $h(x)$ 和 $g(x)$ 值代入式（11-26）和式（11-27）计算 $H_r(t)$、$H_i(t)$、$G_r(t)$、$G_i(t)$，再将它们代入式（11-30）和式（11-31）计算 $F_r(t)$ 和 $F_i(t)$；⑤利用式（11-32）绘制 $f(x)$ 峰形。

11.3.2　微结构的傅里叶求解

这种方法是在 Warren 和 Averbch 的傅里叶变换法的基础上发展起来的。他们曾指出，对这个问题的一般性处理与转化成正交晶系 001 反射能得到完全相同的结果。用正交晶系 001 反射处理，可大大地简化数学推导。

假定晶体中某个任意晶胞的位矢量为：

$$r = m_1 a_1 + m_2 a_2 + m_3 a_3 = \sum_{i=1}^{3} m_i a_i$$

由于晶格畸变而引起的附加位移矢量为：

$$\boldsymbol{\delta} = X_m a_1 + Y_m a_2 + Z_m a_3$$

因此，晶胞实际位置的附加位矢量为：

$$\boldsymbol{R}_m = \sum_{i=1}^{3} m_i a_i + \delta$$

根据衍射强度理论，一个晶块的相干散射振幅为：

$$A_c = A_e F_{HKL} \sum \exp\left(2\pi i \frac{\boldsymbol{S} - \boldsymbol{S}_0}{\lambda} \boldsymbol{R}_m\right) \tag{11-33}$$

其衍射强度为

$$I_c = I_e F_{HKL} \sum_m \sum_{m'} \exp\left[2\pi i \frac{\boldsymbol{S} - \boldsymbol{S}_0}{\lambda}(\boldsymbol{R}_m - \boldsymbol{R}_{m'})\right] \tag{11-34}$$

在衍射峰宽化的情况下，倒易矢量系数 h_1、h_2、h_3 应为连续变量，即

$$\frac{\boldsymbol{S} - \boldsymbol{S}_0}{\lambda} = h_1 a_1^* + h_2 a_2^* + h_3 a_3^*$$

于是式（11-34）可写成

$$I_c = I_e F_{HKL}^2 \sum_m \sum_{m'} \exp\{2\pi i[(m_1 - m'_1)h_1 + (m_2 - m'_2)h_2 + (m_3 - m'_3)h_3 +$$

$$\frac{\boldsymbol{S} - \boldsymbol{S}_0}{\lambda}(\boldsymbol{\delta}_m - \boldsymbol{\delta}_{m'})]\} = I_e F_{HKL}^2 \mid G \mid^2 \tag{11-35}$$

一个晶块的积分强度式（4-32）为

$$I_c = I_e F_{HKL}^2 \frac{\lambda^3}{V_0 \sin 2\theta} \iiint \mid G \mid^2 \mathrm{d}h_1 \mathrm{d}h_2 \mathrm{d}h_3 = \frac{\lambda^3}{V_0 \sin 2\theta} \iiint I_c \mathrm{d}h_1 \mathrm{d}h_2 \mathrm{d}h_3 \tag{11-36}$$

对多晶体粉末试样，需要引入多重因子 P 和参加衍射的晶块数 q，从而得到整个衍射环的积分强度式（4-38），然后再用衍射环周长除式（4-40），便可得到单位长度衍射环的积分强度：

$$I_u = \frac{Pq\lambda^3}{8\pi V_0 R \sin 2\theta \sin\theta} \iiint I_c \mathrm{d}h_1 \mathrm{d}h_2 \mathrm{d}h_3 \tag{11-37}$$

为了显示衍射线形变化将积分强度 I_u 通过衍射强度分布函数 $P(2\theta)$ 来表达，于是：

$$I_u = \int P(2\theta)\mathrm{d}(2\theta) = \frac{Pq\lambda^3}{8\pi V_0 R \sin 2\theta \sin \theta} \iiint I_c \mathrm{d}h_1 \mathrm{d}h_2 \mathrm{d}h_3 \tag{11-38}$$

对正交晶系 001 反射：

$$\frac{\boldsymbol{S} - \boldsymbol{S}_0}{\lambda} = h_1 \boldsymbol{a}_1^* + h_2 \boldsymbol{a}_2^* + h_3 \boldsymbol{a}_3^* = h_3 \boldsymbol{a}_3^* = \frac{2\sin\theta}{\lambda}$$

由此可得到 $\mathrm{d}h_3 = \dfrac{\cos\theta}{\lambda |\boldsymbol{a}_3^*|}\mathrm{d}(2\theta)$。

将式(11-38) 中 $\int \mathrm{d}h_3$ 积分用 $\int \mathrm{d}(2\theta)$ 积分取代，于是有

$$P(2\theta) = K(\theta)\iint I_c \mathrm{d}h_1 \mathrm{d}h_2 \tag{11-39}$$

式中，$K(2\theta) = \dfrac{Pq\lambda^2}{16\pi V_0 R |\boldsymbol{a}_3^*| \sin^2\theta}$。

在处理 $\dfrac{\boldsymbol{S} - \boldsymbol{S}_0}{\lambda}(\boldsymbol{\delta}_m - \boldsymbol{\delta}_{m'})$ 时，取 h_3 的平均值 $<h_3> = 1$，可得到：

$$\frac{\boldsymbol{S} - \boldsymbol{S}_0}{\lambda}(\boldsymbol{\delta}_m - \boldsymbol{\delta}_{m'}) = l(z_m - z_{m'})$$

将式(11-35) 代入式(11-39) 得：

$$P(2\theta) = I_e F_{\mathrm{HKL}}^2 K(\theta)\sum_m \sum_{m'} \exp\{2\pi i[(m_1 - m_1')h_1 + (m_2 - m_2')h_2 +$$
$$(m_3 - m_3')h_3 + l(z_m - z_{m'})]\} \tag{11-40}$$

为了能把 001 反射的全部衍射本领都包括进去，需将 h_1 和 h_2 在倒易空间的积分极限取 $-1/2$ 到 $+1/2$。完成积分后得：

$$P(2\theta) = I_e F_{\mathrm{HKL}}^2 K(\theta)\iint \sum_m \sum_{m'} \frac{\sin\pi(m_1 - m_1')}{\pi(m_1 - m_1')} \times \frac{\sin\pi(m_2 - m_2')}{\pi(m_2 - m_2')} \times$$
$$\exp\{2\pi i[(m_3 - m_3')h_3 + l(z_m - z_{m'})]\}$$

当 $m_1 = m_1'$, $m_2 = m_2'$ 时，正弦项等于 l，否则等于零，于是有

$$P(2\theta) = I_e F_{\mathrm{HKL}}^2 K(\theta)\sum_{m_1}\sum_{m_2}\sum_{m_3}\sum_{m_3'}\exp[2\pi i l(z_m - z_{m'})]\times$$
$$\exp[2\pi i(m_3 - m_3')h_3] \tag{11-41}$$

从式(11-41) 可以看出，各晶胞对之间的相干作用只在 a_3 方向进行。因此，可以把晶体看成是由许多晶胞柱组成，相干作用只在晶胞柱内进行，对 $m_3 m_3'$ 的双重求和可以用一个对 $n(= m_3 - m_3')$ 的单重求和取代。

令 $m_3 = m_3' = n$, $z_m - z_m' = z_n$；N_3 为晶胞柱中晶胞数的平均值，则 $N_1 N_2 N_3 = N$（晶块中的晶胞数）；N_n 为晶胞柱中具有第 n 个近邻的晶胞对数的平均值，$N_n = N_3 - n$。对 m_1 和 m_2 求和分别等于 N_1 和 N_2，于是式(11-41) 可简化为：

$$P(2\theta) = I_e F_{\mathrm{HKL}}^2 K(\theta)N\sum_{-\infty}^{+\infty}\frac{N_n}{N_3}<\exp(2\pi i l z_n)>\exp(2\pi i n h_3) \tag{11-42}$$

写成三角函数形式，归并成实部和虚部得：

$$P(2\theta) = I_e F_{\mathrm{HKL}}^2 K(\theta)N\sum_{-\infty}^{+\infty}\frac{N_n}{N_3}[<\cos 2\pi l z_n>\cos 2\pi n h_3 - <\sin 2\pi l z_n>$$
$$\sin 2\pi n h_3 + i(<\cos 2\pi l z_n>\sin 2\pi n h_3 + <\sin 2\pi l z_n>\cos 2\pi n h_3)] \tag{11-43}$$

因为 $n=m_3-m_3'$ 和 $-n=m_3'-m_3$，所以在每对晶胞 m 和 m_3' 求和时总是出现二次；由于 $Z_n=Z_m-Z_m'$ 和 $Z_{-n}=Z_m'-Z_m$，可得出 $Z_{-n}=-Z_n$，因此式(11-43)中的虚部项可以去掉。于是式(11-43)就变成傅里叶级数形式，引入傅里叶系数后可得：

$$P(2\theta)=I_e F_{HKL}^2 K(\theta)N\sum_{-\infty}^{+\infty}(A_n\cos2\pi nh_3+B_n\sin2\pi nh_3) \tag{11-44}$$

式中，
$$A_n=\frac{N_n}{N_3}<\cos2\pi lz_n>;B_n=\frac{-N_n}{N_3}<\sin2\pi lz_n> \tag{11-45}$$

式(11-45)和式(11-46)的平均值 $<\cos2\pi lz_n>$ 和 $<\sin2\pi lz_n>$，是对所有晶胞柱中第 n 个近邻晶胞对的平均。如果对一定的 n 值 $Z_n=-Z_n$ 时，则 $B_n=0$。在不考虑层错对衍射峰宽化的影响时，正弦系数 B_n 可忽略不计。因此，下面只对余弦系数 A_n 进行分析。

余弦系数由两部分组成，其中 N_n/N_3 只与晶胞柱长度有关，是表征晶块尺寸效应的系数，$<\cos2\pi lz_n>$ 仅与晶块内的畸变有关，是表征晶格畸变效应的系数。

令

$$A_n^S=\frac{N_n}{N_3}$$

$$A_n^D=<\cos2\pi lz_n>$$

当 $n=0$ 时，$N_n=N_3$，$Z_n=0$，故 $A_n^S=1$，$A_n^D=1$，因此在实测 A_n 时，必须于 $n=0$ 处对其进行归一化处理。

$$A_n=A_n^S\cdot A_n^D \tag{11-46}$$

取对数得：

$$\ln A_n=\ln A_n^S+\ln A_n^D \tag{11-47}$$

当 lz_n 很小时，可将 $<\cos2\pi lz_n>$ 展开成幂级数，只取到二次方项可得：

$$A_n^D=<\cos2\pi lz_n>\approx<1-\frac{1}{2!}(2\pi lz_n)^2>=<1-(2\pi^2 l^2 z_n^2)>\approx e^{-2\pi^2 l^2<z_n^2>}$$

取对数得：

$$\ln A_n^D=-2\pi^2 l^2<z_n^2> \tag{11-48}$$

这种展开结果与高斯分布是一致的。这也就是说，如果畸变属高斯分布，那么对所有的 l 和 n 值都将严格地满足方程式(11-49)。于是可将式(11-48)写成：

$$\ln A_n=\ln A_n^s-2\pi^2 l^2<z_n^2> \tag{11-49}$$

如果将 z_n 用它所对应的长度单位表达，那么 z_n 就是由于畸变而引起的间距为 $L_n=na_3$ 的晶胞对间距的变化量 $\Delta L_n=Z_n a_3$，即 $Z_n=\Delta L_n/a_3$。所以 $\varepsilon_n=\Delta L_n/L_n$ 的平均值就是 $\boldsymbol{a}_3$ 方向的晶格畸变。对正交晶系 001 反射，$\frac{\boldsymbol{S}-\boldsymbol{S}_0}{\lambda}=l\,\boldsymbol{a}_3^*=l\frac{1}{a^3}=\frac{2\sin\theta}{\lambda}$，所以，$\frac{2a_3\sin\theta}{\lambda}$。将式(11-50)中的 Z_n 和 l 用其相应的表达式取代，可将式(11-49)写成

$$\ln A_n=\ln A_n^s-\frac{8\pi^2<\Delta L_n^2>}{\lambda^2}\sin^2\theta \tag{11-50}$$

如果以 $\sin^2\theta$ 为自变量，以 $\ln A_n$ 为因变量，则式(11-50)为直线方程。$\ln A_n^S$ 为截距，$\frac{-8\pi<\Delta L_n^S>}{\lambda^2}$ 为斜率。为了从方程式的截距和斜率中求得 A_n^S 和 $\sqrt{<\Delta L_n^2>}$，需要列出两个

方程。为此，利用同方向的两级衍射 HKL 和 2H2K2L，写出两个方程：

$$\ln(A_n)_1 = \ln A_n^s - \frac{8\pi^2 \langle \Delta L_n^2 \rangle}{\lambda^2} \sin^2\theta_1$$

$$\ln(A_n)_2 = \ln A_n^s - \frac{8\pi^2 \langle \Delta L_n^2 \rangle}{\lambda^2} \sin^2\theta_2$$

(11-51)

联立求解得：

$$\sqrt{\langle \Delta L_n^2 \rangle} = \frac{\lambda}{2\pi} \sqrt{\frac{\ln(A_n)_1 - \ln(A_n)_2}{2(\sin^2\theta_2 - \sin^2\theta_1)}}$$

(11-52)

$$A_n^s = \exp\left[\frac{\ln(A_n)_1 \sin^2\theta_2 - \ln(A_n)_2 \sin^2\theta_1}{\sin^2\theta_2 - \sin^2\theta_1}\right]$$

(11-53)

从以上讨论可以看出，为了计算晶格畸变和晶块尺寸，需要知道傅里叶系数 A_n。而 A_n 将取值于实测衍射峰展开的傅里叶系数 $F(t)$。但是，由于两者的级数展开区间不同，会导致傅里叶系数 A_n 与 $F(t)$ 的相关量不等。因此，必须求出两者展开区间的对应关系。为此，假设一套与实测衍射峰展开区间相对应的倒易空间参量 a_3'、a_3^*、l'、h_3' 和 n'。

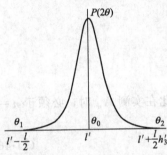

图 11-7　l' 与 θ 的对应关系图

如图 11-7 所示，令峰位角 θ_0 处的 $h_3' = l'$，衍射峰分布区间的边缘角 θ_1 和 θ_2 分别对应于 $l' - \frac{l}{2}$ 和 $l' + \frac{l}{2}$，h_3' 与 θ 的对应关系为

$$h_3' = 2a_3' \frac{\sin\theta}{\lambda}$$

于是有：

$$l' - \frac{l}{2} = \frac{2a_3'}{\lambda}\sin\theta_1$$

$$l' = \frac{2a_3'}{\lambda}\sin\theta_0$$

$$l' + \frac{l}{2} = \frac{2a_3'}{\lambda}\sin\theta_2$$

由此可得

$$\frac{\Delta l'}{2} = l' + \frac{l}{2} - l' = \frac{l}{2} = \frac{2a_3'}{\lambda}(\sin\theta_2 - \sin\theta_0)$$

于是

$$a_3' = \frac{\lambda}{4(\sin\theta_2 - \sin\theta_0)}$$

所以

$$L_n = n'a_3' = \frac{n'\lambda}{4(\sin\theta_2 - \sin\theta_0)}$$

(11-54)

由于峰尾角 θ_2 很难准确测定，故可将 L_n 用另一种形式表达。由于 $(\sin\theta_2 - \sin\theta_0) = \Delta\sin\theta_0 = \cos\theta_0 \Delta\theta_0$，于是有

$$L_n = \frac{n'\lambda}{4\Delta\theta_0 \sin\theta_0} \tag{11-55}$$

式中，$4\Delta\theta_0 = \alpha$ 为衍射峰的分布范围。

本来 A_n 与 $F(t)$ 也是不相等的，但由于在计算过程中要对 A_n 进行归一化处理，因此可不必考虑它们的差异，直接取 $A_n = F(t)$。这样，从式(11-52)、式(11-54)或式(11-55)分别计算出 $\sqrt{\Delta L_n^2}$ 和 L_n，便得到晶格畸变量

$$\varepsilon_n = \sqrt{<\Delta L_n^2>}/L_n \tag{11-56}$$

下面讨论由 A_n^S 求晶块尺寸 D 的问题。假定 $P(i)$ 代表由 i 个晶胞组成的晶胞柱分数，那么，在这种晶胞柱内具有第 n 个近邻的晶胞对数应为：

$$N_n = \sum_{i=n}^{\infty} (i-n)P(i)$$

因为 i 可能有各种不同的数值，故可将 $P(i)$ 作为连续分布函数，于是可将 N_n 写成积分形式：

$$N_n = \int_{i=n}^{\infty} (i-n)P(i)\mathrm{d}i$$

所以

$$A_n^S = \frac{1}{N_3} \int_{i=n}^{\infty} (i-n)P(i)\mathrm{d}i = \frac{1}{N_3}\left[\int_{i=n}^{\infty} iP(i)\mathrm{d}i - n\int_{i=n}^{\infty} P(i)\mathrm{d}i\right] \tag{11-57}$$

式(11-57)中的变量 i 出现在积分下限，利用定理：$y = \int_0^{\infty} f(x)\mathrm{d}x$，$\dfrac{\mathrm{d}y}{\mathrm{d}\varepsilon} = -f(\varepsilon)$，将 A_n^S 对 n 求导的：

$$\frac{\mathrm{d}A_n^S}{\mathrm{d}n} = \frac{1}{N_3}\{-[iP(i)]_{i=n} - \int_{i=n}^{\infty} P(i)\mathrm{d}i + n[P(i)]_{i=n}\} = -\frac{1}{N_3}\int_{i=n}^{\infty} P(i)\mathrm{d}i$$

$$\tag{11-58}$$

当 $n=0$ 时，$\int_0^{\infty} P(i)\mathrm{d}i = 1$，所以

$$\left[\frac{\mathrm{d}A_n^S}{\mathrm{d}n}\right]_{n=0} = -\frac{1}{N_3} \tag{11-59}$$

作 A_n^S 与 n 的关系曲线，其初始斜率与横坐标的截距，即为晶胞柱的平均高度 N_s，在 a_3 方向的平均晶块尺寸为 $D = N_3 a_3$（图 11-8）。

求最终结果时，要用 A_n^S 对 L_n 的求导关系：

$$\left[\frac{\mathrm{d}A_n^S}{\mathrm{d}L_n}\right]_{L_n=0} = -\frac{1}{D} \tag{11-60}$$

从 A_n^S 与 L_n 的图解关系（图 11-8）中可求得 D 值。

这里需要指出的是，A_n^S 对 n 的二阶导数 $\dfrac{\mathrm{d}^2 A_n^S}{\mathrm{d}n^2} = \dfrac{P(i)}{N_3}$ 不可能为负值，因此 A_n^S 与 n 的关系曲线应永远向上凸。但实测的 $A_n^S - n$ 曲线，在 $n=0$ 附近总是出现向下凹的现象，称其为弯钩效应。它表现为 A_0 比邻近的 A_n 小得多。

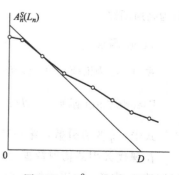

图 11-8 $A_n^S - L_n$ 关系图

由傅里叶系数表达式可知，$A_0 = F(0) = \dfrac{1}{\alpha}\displaystyle\int_{-\alpha/2}^{+\alpha/2} f(x)\mathrm{d}x$，即 A_0 与衍射峰的积分强度成正比。可见，A_0 偏小可能是由于背底取得过高而造成的。校正弯钩效应的方法，可将 $A_n^S - n$ 曲线外推出新的 A_0 点，并重新归一化处理，由此可得到合理的 D 值。实践表明，$n=1$ 和 $n=2$ 的两个数据点一般总是位于初始（$n=0$）斜率直线上，因此也可以直接用 $n=1$ 和 $n=2$ 两点写出直线方程，从中计算出在 L_n 坐标轴上的截距，即为晶块尺寸 D。这样做同样可达到校正弯钩效应的目的。

11.4 微结构求解的近似函数法

11.4.1 衍射峰的形状函数

在早期对 X 射线衍射峰形的认识中，通常采用高斯函数、柯西函数和柯西平方函数。它们的共同特点是把衍射峰的形状视为一个钟罩形函数。随着对 X 射线衍射峰形的进一步认识，又引入了一些其他函数：

高斯函数：$\qquad\qquad\qquad\mathrm{e}^{-\alpha x^2}$ $\qquad\qquad\qquad\qquad\qquad$ (11-61)

柯西函数：$\qquad\qquad\qquad\dfrac{1}{1+\alpha x^2}$ $\qquad\qquad\qquad\qquad\qquad$ (11-62)

柯西平方函数：$\qquad\qquad\dfrac{1}{(1+\alpha x^2)^2}$ $\qquad\qquad\qquad\qquad\qquad$ (11-63)

图 11-9 显示出一个实测衍射峰与 3 种函数的吻合情况。

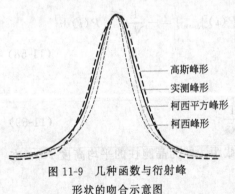

图 11-9　几种函数与衍射峰
形状的吻合示意图

高斯峰形
实测峰形
柯西平方峰形
柯西峰形

从图 11-9 不难看出，当采用高斯函数时，计算得到的衍射峰比实测峰宽要大一些，柯西函数则相反。柯西平方函数比二者更接近于实测峰形。为了更接近实测衍射峰的形状，必须组合高斯函数和柯西函数。

Pearson Ⅶ 函数：$I(2\theta) = \dfrac{I_p}{[1+k(2\theta-2\theta_p)^2]^m}$

(11-64)

式中，m 的取值范围为 $1 \leqslant m \leqslant \infty$，当 $m=1$ 即为柯西函数，当 $m=2$ 时即为柯西平方函数；当 $m=\infty$ 时为高斯函数。

Voigt 函数：$\qquad I(2\theta) = \displaystyle\int_{-\infty}^{+\infty} C(u)G(2\theta-u)\mathrm{d}u$ $\qquad\qquad$ (11-65)

式中，C 为柯西函数，G 为高斯函数。Voigt 函数为高斯函数和柯西函数的卷积。

PseudoVoigt 函数 $\qquad I(2\theta) = I_p\left(\dfrac{\eta}{1+k_1(2\theta-2\theta_p)^2} + (1-\eta)\mathrm{e}^{-k_2(2\theta-2\theta_p)^2}\right)$ (11-66)

式中，η 为百分数，第一项为柯西函数，第二项为高斯函数，两个函数按比例求和。

在现代 X 射线衍射数据处理软件中，多采用 Pearson Ⅶ 函数和 Pseudo Voigt 函数。通过调整 m 或者 η 可以很好地吻合实测峰形。

11. 4. 2　近似函数法计算物理宽度

近似函数方法的基本内容是利用衍射峰积分宽度的卷积关系式(11-19)，在仪器因素（标样）衍射峰积分宽度 b 和被测试样衍射峰积分宽度 B 已知的情况下，分离出物理加宽 β。为此：①在实测衍射峰的基础上求得 b 和 B；②给出 $g(x)$ 和 $f(x)$ 的近似函数。下面以 3 种简单函数为例说明近似函数的选择与 B 的关系：

以 $g(x)$ 为例，根据积分宽度的定义式(11-16)：$\int_{-\infty}^{+\infty} g(x)\mathrm{d}x = b$，故有：

$$\int_{-\infty}^{+\infty} \mathrm{e}^{-ax^2}\mathrm{d}x = \sqrt{\frac{\pi}{\alpha}} = b\,;\alpha = \frac{\pi}{b^2}$$

$$\int_{-\infty}^{+\infty} \frac{1}{1+\alpha y^2}\mathrm{d}x = \frac{\pi}{\sqrt{\alpha}} = b\,;\alpha = \left(\frac{\pi}{b}\right)^2$$

$$\int_{-\infty}^{+\infty} \frac{1}{(1+\alpha x^2)^2}\mathrm{d}x = \frac{\pi}{2\sqrt{\alpha}} = b\,;\alpha = \left(\frac{\pi}{2b}\right)^2$$

利用拟合离散度 S_j^2 判别所选取的近似函数是否合适：

$$S_j^2 = \frac{1}{n}\sum_{i=1}^{n}\left[I(x_i) - I_0 F_j(x_i)\right]^2 \tag{11-67}$$

式中，$j=1$、2、3 分别对应 3 种近似函数；n 为对比数据点的数目。$F_j(x)$ 分别为：

$$F_1(x) = \exp\left(-\frac{\pi}{b^2}x^2\right)$$

$$F_2(x) = \frac{1}{1+\left(\frac{\pi}{b}x\right)^2}$$

$$F_3(x) = \frac{1}{\left[1+\left(\frac{\pi}{2b}x\right)^2\right]^2}$$

S_j^2 值最小的函数即为所选定的最佳近似函数。

将所选定的近似函数代入式(11-4)的求解，可得到由 b 和 B 求 β 的关系式。$g(x)$ 和 $f(x)$ 的近似函数都有 3 种可能的选择，共有 9 种搭配方案。表 11-1 中给出其中 5 种搭配的关系式。其余 4 种搭配由于所推导出的关系式非常复杂，不便应用，但可利用电子计算机近似求解得到 B、b、β 三者的数值关系式，从而达到由 B 和 b 求解 β 的目的。

从表 11-1 不难看出，无论近似函数取什么，β、B、b 之间存在

$$\beta^n = B^n - b^n \tag{11-68}$$

的关系。其中 $1 \leqslant n \leqslant 3$。

表 11-1　β 的求解

序号	$g(x)$	$f(x)$	β
1	$\mathrm{e}^{-a_1 x^2}$	$\mathrm{e}^{-a_2 x^2}$	$\beta = \sqrt{B^2 - b^2}$
2	$\dfrac{1}{1+\alpha_1 x^2}$	$\dfrac{1}{1+\alpha_2 x^2}$	$\beta = B - b$

序号	$g(x)$	$f(x)$	β
3	$\dfrac{1}{1+\alpha_1 x^2}$	$\dfrac{1}{(1+\alpha_2 x^2)^2}$	$\beta=\dfrac{1}{2}\left[B-b+\sqrt{B(B-b)}\right]$
4	$\dfrac{1}{(1+\alpha_1 x^2)^2}$	$\dfrac{1}{1+\alpha_2 x^2}$	$\beta=\dfrac{1}{2}\left[B-4b+\sqrt{B(B+8b)}\right]$
5	$\dfrac{1}{(1+\alpha_1 x^2)^2}$	$\dfrac{1}{(1+\alpha_2 x^2)^2}$	$B=\dfrac{(b+\beta)^3}{(b+\beta)^2+b\beta}$

11.4.3 近似函数方法求晶粒尺寸与微观应变

表 11-1 中的物理加宽 β 仍然还包含有晶格畸变加宽 n 和晶块细化加宽 m。β 与 n、m 之间的关系与式(11-69)的卷积关系类似：

$$\beta=\frac{mn}{\int_{-\infty}^{+\infty} M(x)N(x)\mathrm{d}x} \tag{11-69}$$

式中，$M(x)$ 为晶块细化效应的线形函数；$N(x)$ 为晶格畸变效应的线形函数。

$M(x)$ 和 $N(x)$ 的近似的数仍然可从 3 种函数中选取。将所选定的近似函数搭配代入式(11-69)求解，便可得到 β 与 m、n 之间的关系式。表 11-2 中给出了其中五种函数搭配所对应的 β 与 m、n 之间的关系式。

表 11-2 β、m、n 间的关系式

序号	$M(x)$	$N(x)$	β、m、n 的关系
1	$e^{-\alpha_1 x^2}$	$e^{-\alpha_2 x^2}$	$\beta=\sqrt{m^2+n^2}$
2	$\dfrac{1}{1+\alpha_1 x^2}$	$\dfrac{1}{1+\alpha_2 x^2}$	$\beta=m+n$
3	$\dfrac{1}{1+\alpha_1 x^2}$	$\dfrac{1}{(1+\alpha_2 x^2)^2}$	$\beta=\dfrac{(m+2n)^2}{m+4n}$
4	$\dfrac{1}{(1+\alpha_1 x^2)^2}$	$\dfrac{1}{1+\alpha_2 x^2}$	$\beta=\dfrac{(2m+n)^2}{4m+n}$
5	$\dfrac{1}{(1+\alpha_1 x^2)^2}$	$\dfrac{1}{(1+\alpha_2 x^2)^2}$	$\beta=\dfrac{(m+n)^3}{(m+n)^2+mn}$

同样的道理，从表 11-2 不难看出，无论近似函数取什么，β、m、n 之间存在

$$\beta^n=m^n+n^n \tag{11-70}$$

的关系。其中 $1\leqslant n\leqslant 3$。

$M(x)$ 和 $N(x)$ 的近似函数，由于得不到实测衍射峰形作基础，只能凭经验选取。表中 1、2、3 种函数都是常用的方法。下面分别进行讨论。

(1) 高斯分布法

首先，假定晶粒形状为球形，则各个方向的微晶尺寸相同，然后再假定各个方向的微应变是均匀的。在此前提条件下，若假定由微晶细化和微应变引起的宽化函数都遵循高斯函数

关系 $e^{-\alpha_1 x^2}$，取 $n=2$，将式(11-10) 和式(11-11) 代入式(11-70)，可得：

$$\left(\frac{\beta\cos\theta}{\lambda}\right)^2 = \frac{1}{D^2} + 16\left(\frac{\Delta d}{d}\right)^2\left(\frac{\sin\theta}{\lambda}\right)^2 \tag{11-71}$$

测量二个以上的衍射峰的半高宽 β，以平方数作图，得到直线的斜率为 $16\left(\frac{\Delta d}{d}\right)^2$，截距为 $\left(\frac{1}{D}\right)^2$。求出直线的斜率和截距，即可求出 D 和 $\frac{\Delta d}{d}$。

（2）**柯西分布法**（Hall Method）

首先，假定晶粒形状为球形，则各个方向的微晶尺寸相同，然后再假定各个方向的微应变是均匀的。在此前提条件下，若假定由微晶细化和微应变引起的宽化函数都遵循柯西关系 $(1+\alpha x^2)^{-1}$，则式(11-70) 中的指数 $n=1$。将式(11-10) 和式(11-11) 代入式(11-70)，测量二个以上的衍射峰的半高宽 β，数据点之间存在线性关系。

$$\frac{\beta\cos\theta}{\lambda} = \frac{1}{D} + 4\frac{\Delta d}{d}\frac{\sin\theta}{\lambda} \tag{11-72}$$

以 $\frac{\sin(\theta)}{\lambda}$ 为横坐标，$\frac{\beta\cos(\theta)}{\lambda}$ 为纵坐标作图。

用最小二乘法作直线拟合，直线的斜率为微观应变 $\frac{\Delta d}{d}$ 的 4 倍，直线在纵坐标上的截距即为晶块尺寸 D 的倒数。

这种方法由 Hall（霍尔）提出，称为 Hall 方法。

（3）**雷萨克法**

对同一试样的两级衍射峰 HKL 和 2H2K2L 写出两个方程：

$$\beta_1 = \frac{(m_1 + 2n_1)^2}{m_1 + 4n_1} \tag{11-73}$$

$$\beta_2 = \frac{(m_2 + 2n_2)^2}{m_2 + 4n_2} \tag{11-74}$$

根据式(11-10) 和式(11-11) 可得：$m_2/m_1 = \cos\theta_1/\cos\theta_2 = r$，$n_2/n_1 = \tan\theta_2/\tan\theta_1 = s$。并且可得到 n/m 与 $\sin\theta$ 成正比的关系，这说明，在计算晶块尺寸 D 和晶格畸变 $\Delta d/d$ 时，取 m_1 和 n_2 可以得到较大的衍射效应，因此我们只求解 m_1 和 n_2。

为了书写方便，令 $m_1/\beta_1 = M_1$，$m_2/\beta_2 = M_2$，$n_1/\beta_1 = N_1$，$n_2/\beta_2 = N_2$，$\beta_2/\beta_1 = K$。于是可将式(11-73) 和式(11-74) 分别写成：

$$\frac{(M_1 + 2N_1)^2}{M_1 + 4N_1} = 1 \tag{11-75}$$

$$\frac{(M_2 + 2N_2)^2}{M_2 + 4N_2} = 1 \tag{11-76}$$

因为 $m_2 = rm_1 = rM_1\beta_1$；$n_2 = sn_1 = sN_1\beta_1$。可将式(11-74) 中的 m_2 和 n_2 转换成用 M_1 和 N_1 表达，经整理后可得

$$\frac{(rM_1 + 2sN_1)^2}{rM_1 + 4sN_1} = K \tag{11-77}$$

同样可将式(11-74) 中的 m_1 和 n_1 转换成用 M_2 和 N_2 表达，经整理后可得

$$\frac{\left(\frac{1}{r}M_2+\frac{1}{s}2N_2\right)^2}{\frac{1}{r}M_2+\frac{1}{s}4N_2}=\frac{1}{K} \tag{11-78}$$

将式(11-75) 和式(11-77) 联立求解，可消去 N_1，得到

$$\frac{[rM_1+s(1-M_1+\sqrt{1-M_1})]^2}{rM_1+2s(1-M_1+\sqrt{1-M_1})}=K \tag{11-79}$$

将式(11-76) 和式(11-78) 联立求解，可消去 M_2，得到

$$\frac{\frac{1}{2r}(1-4N_2+\sqrt{1+8N_2})+\frac{1}{s}4N_2}{\left[\frac{1}{2r}(1-4N_2+\sqrt{1+8N_2})+\frac{1}{s}2N_2\right]^2}=K \tag{11-80}$$

从式(11-80) 和式(11-79) 求得 m_1 和 n_2 在数学计算上是比较繁杂的。解决这个问题可以用图解法：即先给出一系列的 M_1 和 N_2 值，通过式(11-80) 和式(11-79) 计算出相应的 K 值，绘制 $M_1 \sim K$ 和 $N_2 \sim K$ 的分离曲线，然后再利用实测的 K 值在已绘好的分离曲线上取相应的 M_1 和 N_2 值，由此得到 m_1 和 n_2 值。最好的方法是用电子计算机通过式(11-80) 和式(11-79) 直接求 m_1 和 n_2 的数值解。然后将 m_1 和 n_2 分别代入式(11-10) 和式(11-11) 计算晶块尺寸 D 和晶格畸变 $\Delta d/d$：

$$D=\frac{k\lambda}{m_1\cos\theta_1} \tag{11-81}$$

$$\frac{\Delta d}{d}=\frac{n_2}{4\tan\theta_2} \tag{11-82}$$

同样，如果晶粒形状为球形，则各个方向的微晶尺寸相同，然后再假定各个方向的微应变是均匀的。此时，可以任意取两条衍射线就可以求得晶粒尺寸和微观应变。

11.5 微结构分析的应用

下面通过实际的一些应用实例，来说明近似函数法和软件操作过程。

实验需要分 3 个步骤来完成：首先用标准样品的衍射谱求得仪器宽度曲线 $b(2\theta)$ 函数。然后，测量样品的衍射谱，选择一定的近似函数由式(11-68) 计算出样品的总宽化 β。最后，利用式(11-70)、式(11-71)、式(11-72)、式(11-81) 和式(11-82) 选择合适的计算方法，求得晶粒尺寸与微观应变。

11.5.1 测量仪器半高宽

在进行样品测量前，首先应获得仪器在任何衍射角下的半高宽。

实验方法：测量一个标准样品的全谱。所谓标准样品是一种结构稳定、无晶粒细化、无应力（宏观应力或微观应力）、无畸变的完全退火态样品，一般采用 NIST-LaB6, Silicon-640 作为标准样品。对所有的衍射峰进行拟合，计算出各衍射峰的宽度，最后，优化得出衍射峰宽度对衍射角的函数。

操作步骤

① 标准样品：取结晶完整无应力的粗晶 Si 粉，在 1100℃ 真空状态下退火 1h 以去除应力。

② 测量标准样品的衍射曲线：选择步长 $0.02°$，计数时间 1s，扫描 Si 粉的全谱，数据保存为【Data：06001：仪器校正曲线 Si. raw】。

③ 数据拟合：数据读入 Jade，定出物相，作全谱拟合。拟合好整个扫描范围内的全部强峰。拟合时，最好一个峰一个峰地拟合，不要让系统自动拟合，以获得最好的拟合效果。

④ 显示半高宽曲线：点击菜单 "Analyze→FWHM Curve Plot"，在窗口中显示半峰宽校正曲线。单击菜单 "Report-FWHM Curve Plot"，见图 11-10。

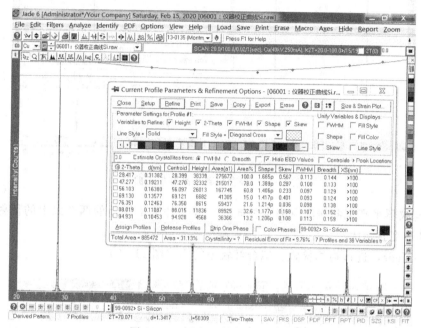

图 11-10　标准 Si 粉的衍射图谱

⑤ 保存半高宽曲线：选择菜单 "File→Save→FWHM Curve of Peaks"：

在文本框中输入仪器半高宽曲线名称，再单击 OK 即保存到 Jade 参数文件中。

⑥ 定制仪器半高宽曲线：保存好了的仪器半高宽曲线是 Jade 的一个软件参数，通过 "Eidt│Preferences" 打开的对话框中的 Instrument 页可观察和选择。

在图 11-11 的对话框中左右移动鼠标，可以查看到不同衍射角的仪器宽度。

如果仪器作过大的改动，或改变仪器的狭缝，需要重新测量半高宽曲线。

如果没有标准样品，也可以将待测样品进行完全退火处理后作为标准样品。另外，Jade 自带有几种半峰宽曲线，保存在程序参数中，通过图 11-11 的对话框可以调取出来并保存下来作为半峰宽曲线，一般选用 Si 曲线。要注意的是，如果未做这个工作，Jade 使用自带的 "Constant FWHM" 曲线作为衍射仪半峰宽曲线，即峰宽不随衍射角变化的一条直线，这种常数半高宽曲线与一般衍射仪的情况不符，不可选用。

11.5.2　计算晶粒尺寸与微观应变

1）应用 1：在某温度下制备出纳米 CeO_2 粉末样品【Data：07001：2：CeO_2 750. raw】。计算其晶粒尺寸与微观应变。

实验步骤如下。

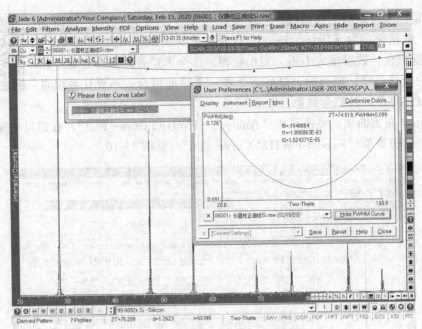

图 11-11　保存仪器半高宽校正曲线

① 以与仪器半高宽曲线测量完全相同的实验条件测量样品的两个以上的衍射峰。特别要注意不能改变狭缝大小。

② 读入 Jade，进行物相检索、拟合好较强的峰（图 11-12）。

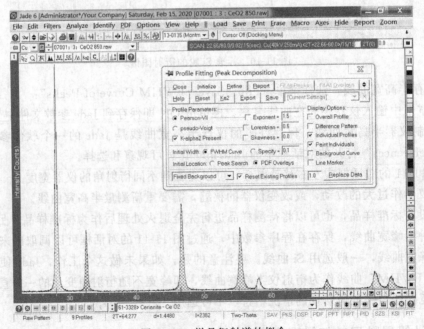

图 11-12　样品衍射谱的拟合

③ 单击 "Report" 按钮，显示拟合报告（图 11-13）。

拟合报告显示了各个衍射峰的半高宽，并由此计算出晶粒尺寸 XS(nm)。如果样品没有微观应变存在，则 XS 列对应着晶粒在所测晶向的晶块长度。

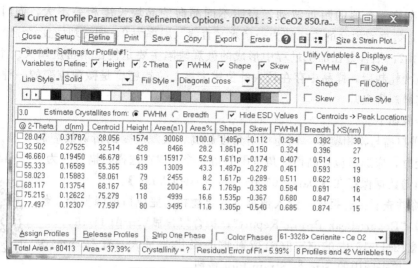

图 11-13 样品衍射谱拟合报告

从图 11-13 的拟合报告来看，XS 随衍射角的增大并不是一个固定值，而是随衍射角增大而变小。

④ 按下图 11-13 中的 "Size & Strain Plot" 按钮，显示拟合报告对话框（图 11-14）。

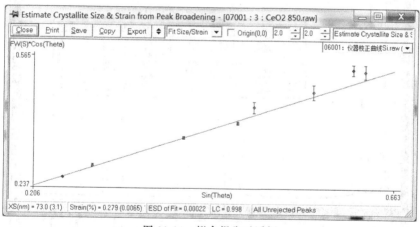

图 11-14 拟合报告对话框

⑤ 根据样品的实际情况在 "Size only，Strain Only，Size/strain" 3 种情况下选择 1 种情况。

注意这条直线与测量数据吻合非常好，ESD 值非常小。此时得到样品的 "平均晶粒尺寸" 为 73.0（3.1）nm，微观应变为 0.279（0.0065）%。

⑥ 调整 n 值（图 11-14）。窗口右上角右边的滑块用于调整式（11-71）中的 n 值。系统默认 $n=2$。调整过程中，各计算结果的误差会改变。

⑦ 查看仪器半高宽校正曲线是否正确并进行修改。窗口右上角显示了仪器半高宽曲线的选用。要保证所选定的仪器半高宽曲线是正确的。

⑧ 保存。其中 "Save" 保存当前图片，"Export" 保存文本格式的计算结果。

结果分析如下。

样品不但晶粒尺寸较小，而且存在微观应变。如果样品不存在微观应变，则拟合报告中的 XS 值会在某一个值的附近波动，表明不同晶向的晶块长度相差不大，同时在 Size & Strain 图中，数据点拟合的直线应为一条水平直线（斜率为 0，即微观应变等于 0）。

2）应用 2：铝合金在加工过程中形成的微观缺陷主要是使位错密度增大。某 7XXX 铝合金经多道次轧制后，样品中存在较大的位错密度，位错密度是微观应变的一种表现形式，下面计算其微观应变。

实验步骤如下。

① 图谱扫描与物相鉴定：因为衍射角度越高，微观应变的衍射效应越明显，所以，测量微观应变时，应选择包含高衍射角范围的衍射峰。现在选择扫描范围为 20°～140°(2θ) 进行扫描，图谱数据保存在【Data：07004：4：7046-4P. raw】。

② 分峰并查看拟合报告：读入数据，鉴定物相，完成衍射峰拟合，然后选择菜单 "Report-Peak Profile Report"，拟合报告显示于图 11-15。

③ 注意图 11-15 中的 XS 值随衍射角的变化非常大，查看 Size & Strain Plot。单击图中的 Size & Strain Plot 按钮。

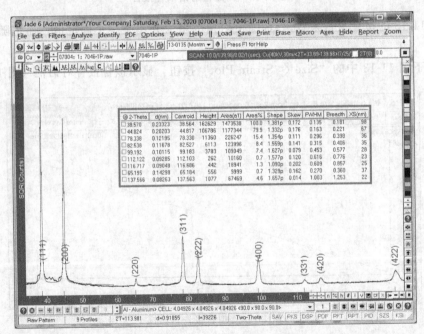

图 11-15 拟合报告

如图 11-16(a) 所示，当选择 "Size & Strain" 选项时，出现 $XS(nm) = -127.2$ 的结果，显然，这种选择是错误的。这是因为所测材料为铝合金加工样，其晶粒尺寸不可能小于 100nm。通常晶粒尺寸都在几个或几十个微米。所以，不应当考虑晶粒细化的因素，而选择 "Strain only"，得到如图 11-16(b) 所示的结果：Strain = 0.153(0.0007)%。

11.5.3 拟合结果分析

① 实验中要减小几何宽化，以降低仪器宽度 b 的相对误差。为此要求测角仪状态好，尽量提高功率，用小狭缝得到小的几何宽化 b。近似函数法只有在保证 $B/b > 3$ 时才能得到好的结果。为了尽量增加 B/b 值，标样处理是个关键。

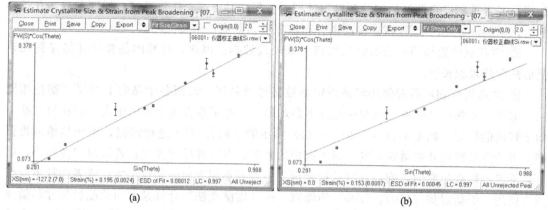

图 11-16　半高宽数据（$\beta\cos\theta$）随衍射角正弦（$\sin\theta$）的变化规律

②　衍射峰的宽度可以用积分宽度和半高宽来表示。用半高宽计算时着重考虑了较大晶粒的贡献，忽略细小晶粒的贡献；而劳厄积分宽度则大小晶粒的效应都考虑了。

③　检查仪器宽度曲线。在拟合报告窗口右上角第二行有一个下拉列表，显示了当前使用的仪器宽度曲线名称。前面保存的仪器宽度曲线名称为"Si"，应当正确选择。如果没有做仪器宽度曲线，Jade 自带了几种常见的仪器宽度曲线。一般情况下，NBS-Silicon2 与常规衍射仪的情况较为吻合。如果不加选择，Jade 默认的是 Constant FWHM，即衍射峰宽度不随衍射角变化，与常规衍射仪不符。

④　解卷积参数 n 的选择。通常情况下都取 2。一般衍射仪的衍射峰既不完全符合高斯函数也不完全符合柯西函数，而是由它们组成的一种复合函数。在对衍射峰形拟合时，常用的是 Pearson-Ⅶ 和 Pseudo-Voigt 函数。所以，这种传统的计算方法只是一种经验近似方法，在计算总加宽时可以取 $n=1\sim3$ 之间的某一个值可能更符合实际的谱图。

⑤　Jade 软件按照 Hall 公式计算晶粒尺寸与微观应变式(11-73)。如果需要按其他方法来计算，可以将拟合数据用如 Origin 等软件进行拟合，或者用其他软件，如 Rigaku 的数据处理软件 PDXL2 和 SmartLab Studio Ⅱ 都非常优秀地支持两种算法。

⑥　Size Only/Strain Only/Size & Strain 3 个选项的选择。在 "Size & Strain Plot" 窗口中，有一个下拉列表列出 3 种选择。要凭对数据点的观察结果来选择。如果所有的数据点基本上在一条水平线上，说明式(11-73)中的变量项系数（直线斜率）为 0，即没有微应变存在，应当选择 "Size Only"；如果所有数据点集中在一条斜率为正的直线上，而且基本上过坐标原点，说明直线的截距为 0，即 $1/D$ 为 0，此时 D 为无穷大，所谓无穷大，也就是 100nm 以上，符合 "Strain Only"［图 11-16(b)］；介于两者之间的情况是直线的斜率为正数，截距为正数，即同时存在微晶细化和微应变，则选 "Size & Strain"（图 11-14）。

⑦　实际上，从拟合报告中的数据变化规律可以看出样品晶粒尺寸与微观应变的存在状况：当拟合报告中 XS(nm) 的数据随着衍射角 2θ 的增大基本保持不变，说明样品的晶粒呈现球形，而且没有微观应变；当 XS(nm) 的数据随着衍射角 2θ 的增大而变小，说明式(11-73)中的斜率为正，存在微观应变。数据变化越剧烈则微观应变越大。

⑧　如果计算结果不符合以上三种情况的任何一种。若出现微晶尺寸为负数，说明选择不当，只能选择 Strain Only。若出现斜率为负数，则有两种可能：一种可能是数据拟合得很差，例如扫描速度太快，样品结晶性差导致谱图质量很差，从而使拟合结果不对，需要重

新拟合或者重新以更精细的实验条件扫描图谱；另一种可能是峰形不符合柯西函数，在解卷积时，不能取 $n=1$。可以试着按高斯分布法或者雷萨克法来解决问题。

⑨ 雷萨克法选择同一晶面的二级衍射来处理数据。因此，计算的晶粒尺寸是晶粒在该晶面法向的堆积长度。

⑩ 高斯近似和柯西近似法都是假定晶粒是球形粒子，因而各个晶向上的尺寸都是相同的。但是，有些特殊的例子说明晶粒并不是球形的，在某些方向上可能很大，而在另一些方向上则可能很短［如图 4-11 中（b）和（c）所示的晶粒］。对于这种情况，不能简单地根据峰宽来计算晶粒尺寸和微观应变。对于这样的数据，有三种处理方法：若微观应变很小，则可以不考虑微观应变的影响，直接从拟合报告中得到不同方向的晶粒尺寸；或者选择不同衍射方向的二级衍射如（100）、（200）的峰宽，按"雷萨克法"计算某方向的晶粒尺寸和微观应变；第 3 种方法是采用全谱拟合精修软件，如 Maud、SmartLab Studio Ⅱ 等全谱拟合精修软件都可选择按"非球形"晶粒模型来计算晶粒尺寸和微观应变。

⑪ 晶粒尺寸在 30nm 左右时，计算结果较为准确。晶粒尺寸大于 100nm 时，不能用XRD 方法测量。只存在晶粒细化的样品，衍射峰宽化与衍射角的余弦成反比；只存在微应变的样品衍射峰宽化与衍射角正弦成正比。这也就是说，晶粒尺寸的细化会引起低角度衍射峰明显的宽化，而对高角度衍射峰的宽化影响不大；而微观应变对低角度的衍射峰宽化的影响小而对高角度的衍射峰宽化影响大。因此，作为一种数据简单近似处理方法可以用一条低角度衍射线的物理宽度计算晶粒尺寸，用一条高角度衍射线的物理宽度计算微观应变。

练 习

练习 11-1：谢乐公式 $\beta=\dfrac{k\lambda}{D\cos\theta}$ 中的 β、λ、D、θ 分别表示什么？该公式用于粒径大小测定时应注意哪些问题？若某次实验测得（100）的衍射峰很宽，而（001）方向的衍射峰很窄，你可以设想一下这个晶粒呈什么形状吗？

练习 11-2：请用倒易点阵和瓦尔德图解法解释微结构对衍射峰宽度的影响。

练习 11-3：已知 Al 为面心立方结构，其晶胞参数为 0.40497nm。有完全退火态粗晶 Al合金使用铜辐射（$\lambda=0.154$nm）测得的（111）晶面的衍射峰宽度为 1.00°，而通过纳米化处理后的 Al 合金测得该衍射峰的宽度为 1.30°。若晶粒为方形体，那么该纳米化材料一个晶粒内有多少个 Al 原子？

练习 11-4：请读入数据【Data：07009：3：Ni(OH)2.raw】，确定物相后，请拟合其衍射峰，并分析其晶粒形状，并估计不同方向上的晶胞的堆砌数量。

练习 11-5：请读入数据【Data：07010：氧化亚铜-粗晶微结构.raw】，分析其衍射峰宽化的原因。

练习 1-1　**答:**

① X 射线强度:单位时间内垂直通过(或接收)单位面积的光子数目的能量总和称为 X 射线的强度(强度＝粒子数目×单个粒子自身的能量)。

② 荧光 X 射线:由 X 射线照射物质所产生的特征 X 射线。

③ 特征 X 射线谱:当 X 射线的管压超过一定值时,会在某些特定的波长位置处出现强度很高、非常狭窄的谱线叠加在连续谱强度分布曲线上。改变管流、管压,这些谱线只改变强度,而波长值固定不变。这样的谱线称之为特征 X 射线谱或者标识 X 射线谱。

④ 俄歇效应:原子的 K 层电子被 X 射线击出后,处于激发态,当 L 层的电子向 K 层跃迁时,将释放出 $\Delta E = E_k - E_1$ 能量,这个能量可以用荧光 X 射线的形式释放,也可以被原子内部的某个电子(内层或者外层)所吸收,使这个电子受激发而逸出原子成为自由电子,这就是俄歇效应,这个逸出电子就是俄歇电子。

⑤ 质量吸收系数:表示单位重量物质对 X 射线的吸收程度,记为 μ_m,可以表示为 μ_1/ρ。

⑥ 短波限:连续 X 射线谱在短波长方向有一个波长极限(波长最小值),称为之短波限 λ_0。

⑦ 吸收限:λ_k 是为激发被照射物质产生 K 系荧光辐射,入射 X 射线须具有的波长的临界值,一般称之为被照射物质大量吸收 X 射线的吸收限。

⑧ 光电效应:以 X 光激发原子所发生的激发和辐射过程称为光电效应。即当 X 射线波长足够短时,能把原子中处于某一能级上的电子击出来,而它本身则被吸收,其能量就传给该电子,使之成为具有能量的光电子,并使原子处于高能量的激发态。这种过程就称为光电吸收或光电效应。

⑨ 韧致辐射:阴极射出的高速电子与靶材碰撞,运动受阻而减速,其损失的动能便以 X 射线光子的形式辐射出来,因此这种辐射称之为韧致辐射;由于高速电子的碰撞过程和条件是千变万化的,因而 X 射线光量子的波长必然是按统计规律连续分布,覆盖一个很大的波长范围,故称这种辐射为连续辐射(或称白色 X 射线)。

练习 1-2　**答:**要使内层电子受激发,必须施加大于或等于其结合能的能量,才能使其脱离轨道,从而产生特征 X 射线,而要施加的最低能量,就存在一个临界激发电压。X 射线管的工作电压一般是其靶材的临界激发电压的 3～5 倍,这时特征 X 射线对连续 X 射线比例最大,背底较低。

练习 1-3　**答:**实验中选择 X 射线管的原则是为避免或减少产生荧光辐射,应当避免使用比样品中主元素的原子序数大2~6（尤其是2）的材料作靶材的X射线管。

选择滤波片的原则是：X射线分析中，在X射线管与样品之间安装一个滤波片，以滤掉K_β线。滤波片的材料依靶的材料而定，一般采用比靶材的原子序数小1或2的材料。

以分析以铁为主的样品，应该选用Co或Fe靶的X射线管，同时选用Fe或Mn为滤波片。

练习1-4　答：物质对X射线的质量吸收系数为：$\mu_m = K\lambda^3 Z^3$。当波长一定时，物质的原子序数Z越大，单位物质对X射线的吸收越强烈。因此，应当选用原子序数小的物质作为X射线管的窗口，以使X射线吸收最小；同时应当选择原子序数大的Pb作为屏蔽体，以阻挡X射线。

练习1-5　答：特征X射线与荧光X射线都是由激发态原子中的高能级电子向低能级跃迁时，多余能量以X射线的形式放出而形成的。

不同的是：高能电子轰击使原子处于激发态，高能级电子回迁释放的是特征X射线；以X射线轰击，使原子处于激发态，高能级电子回迁释放的是荧光X射线。某物质的K系特征X射线与其K系荧光X射线具有相同的波长。

练习1-6　答：实验证实：在高真空中，凡高速运动的电子碰到任何障碍物时，均能产生X射线，对于其他带电的基本粒子也有类似现象的发生。

电子式X射线管中产生X射线的条件可归纳为：①以某种方式得到一定量的自由电子；②在高真空中，在高压电场的作用下迫使这些电子作定向高速运动；③在电子运动路径上设障碍物以急剧改变电子的运动速度。

练习1-7　答：阴极射出的高速电子与靶材碰撞，运动受阻而减速，其损失的动能便以X射线光子的形式辐射出来，因此这种辐射称之为韧致辐射；由于高速电子的碰撞过程和条件是千变万化的，因而X射线光量子的波长必然是按统计规律连续分布，覆盖一个很大的波长范围，故称这种辐射为连续辐射（或称白色X射线）；当阴极电子的动能足够大时，其中的一部分电子将有可能将靶材原子的某个内层电子击出到电子未添满的外层，此时原子将处于不稳定的高能激发态，各外层电子便争相向内层跃迁，以填补被击出电子的空位，以使系统能量回到低能稳定态。外层电子向内层跃迁过程中所降低的能量，便转而以一个X射线光量子的形式向外辐射。X射线光量子的波长由电子跃迁所跨越的两个能级的能量差来决定。由于这种X射线的波长能够标识原子的原子序数特征，故称这种辐射为特征辐射或者标识辐射。

练习1-8　答：X射线能量衰减满足指数规律：

$$I/I_0 = \exp(-\mu H)$$

其中I/I_0为穿透系数，μ为线衰减系数，H为吸收层厚度。

由题意：

$$I_\alpha/I_{0\alpha} = \exp(-407H)$$
$$I_\beta/I_{0\beta} = \exp(-2448H)$$

$$(I_\alpha/I_{0\alpha})/(I_\beta/I_{0\beta}) = \exp(-407H + 2448H) = \exp(-2041H) = 1/6$$

求得H约为8.78×10^{-4}cm。

练习1-9　答：在真空的X射线管中，两个金属电极之间施加30000V的高压，从阴极中激出的电子速度是由下式决定：

因为 $eU = \dfrac{mV^2}{2}$，有

$$V^2 = \dfrac{2eU}{m} = \dfrac{2 \times 1.602 \times 10^{19} \times 3 \times 10^4}{9.110 \times 10^{-31}} = 1.055 \times 10^{16}，得$$

$$V = \sqrt{1.055 \times 10^{16}} = 1.027 \times 10^8 (\text{m/s})$$

因为光速为 $2.998 \times 10^8 \text{m/s}$。所以，电子速度大约为光速的 1/3。

练习 1-10　答：阴极电子与阳极原子碰撞时，有些电子经过一次碰撞就会停止而释放出全部能量，其他更多的电子则需要经过几次碰撞才会停止下来。在多次碰撞过程中，电子逐渐减速，每次碰撞后电子的能量（eV）被部分释放而产生不同波长的 X 射线。相应地，多次碰撞产生的 X 射线（光子）的能量（$h\nu$）比电子一次碰撞而停止所产生的 X 射线能量（$h\nu_{max}$）要小。这个因素显示了最大能量对应更短的波长。当电子在一次碰撞中停止，所有能量同时释放时，可以利用 $eU = h\nu_{max}$ 的关系。计算如下：

$$e\text{V} = h\nu_{max} = \dfrac{hc}{\lambda_0}$$

$$\lambda_0 = \dfrac{hc}{e\text{V}} = \dfrac{(6.626 \times 10^{-27}) \times (2.998 \times 10^{10})}{1.602 \times 10^{-19}\text{V}} = \dfrac{12.4 \times 10^{-7}}{\text{V}}$$

当电压 V 用千伏为单位，波长为纳米作单位时，$\lambda_0 = \dfrac{1.24}{\text{V}}$（nm）。

练习 2-1　答：晶体点阵本身并不具有物质内容，只是几何点的集合，它描述的是晶体结构的重复规律，晶体结构还包括原子或离子的种类数量及其位置。

练习 2-2　答：原子在三维空间中长程有序排列的物质称为晶体，它们具有明锐的衍射花样；重复排列的最小单元称为晶胞。由不在一条直线上的点阵的三个结点构成一个晶体学平面，简称为晶面；由原点出发，沿矢量方向经过的最近的坐标为整数的点阵坐标，称为晶向；同一晶面族中的相邻两个晶面的垂直距离称为晶面间距。

练习 2-3　答：立方晶系的面间距计算公式为 $d = \dfrac{a}{\sqrt{H^2 + K^2 + L^2}}$，其中 a 是晶胞参数。

面间距 d 与 $\sqrt{H^2 + K^2 + L^2}$ 成反比，因此，面间距从大到小按次序是：
(100)、(110)、(111)、(200)、$(\bar{2}10)$、(121)、(220)、$(2\bar{2}1) = (030)$、(130)、$(\bar{3}11)$、$(12\bar{3})$。

练习 2-4　答：根据晶带定律公式 $Hu + Kv + Lw = 0$ 计算
$(1\bar{1}0)$ 晶面：$1 \times 1 + 1 \times \bar{1} + 0 \times 1 = 1 - 1 + 0 = 0$
$(1\bar{2}1)$ 晶面：$1 \times 1 + 1 \times \bar{2} + 1 \times 1 = 1 - 2 + 1 = 0$
$(\bar{3}21)$ 晶面：$\bar{3} \times 1 + 2 \times 1 + 1 \times 1 = (-3) + 2 + 1 = 0$
$(0\bar{1}1)$ 晶面：$0 \times 1 + \bar{1} \times 1 + 1 \times 1 = 0 + (-1) + 1 = 0$
$(1\bar{3}2)$ 晶面：$1 \times 1 + \bar{3} \times 1 + 1 \times 2 = 1 + (-3) + 2 = 0$
因此，以上五个晶面属于 $[111]$ 晶带。

练习 2-5　答：$(\bar{1}10)$ $(\bar{2}\bar{3}1)$、(211)、$(11\bar{2})$、$(\bar{1}01)$、$(01\bar{1})$ 晶面属于 $[\bar{1}11]$ 晶带，因为它们符合晶带定律：$Hu + Kv + Lw = 0$。

练习 2-6　答：由不在一条直线上的点阵的三个结点构成一个晶体学平面，简称为晶

面；同一晶面族中的相邻两个晶面的垂直距离称为晶面间距。晶体点阵本身并不具有物质内容，只是几何点的集合，它描述的是晶体结构的重复规律，晶体结构还包括原子或离子的种类数量及其位置。具有明锐衍射谱的物质为晶体。

　　练习 2-7　**答：**衍射花样中，一个斑点是一个晶面衍射的结果，也就是说实际晶体中一个晶面对应衍射花样的一个斑点。衍射花样实际上是满足条件的倒易点阵的投影，即衍射花样是倒易空间的形象。晶体中的二维平面在倒易空间里是一个点。并满足以下几种关系：①倒易点阵基矢量的长度与正空间基矢量的长度成反比。②某个基矢量的方向由另一个空间的两个基矢量确定。③倒易矢量与正空间矢量互为倒易。④倒易点阵与正点阵单胞体积互为倒易。

　　练习 2-8　**答：**因为 a^* 垂直 b、c 构成的平面，所以 a^* 与 a 的夹角为 30°，又 $a^* a \cos\varphi = 1$，所以，$a^* = 1/(2.5 \times \cos 30°) = 0.462 \text{nm}^{-1}$，$b^*$ 垂直 a、c 构成的平面，所以，b^* 与 b 的夹角为 30°，$b^* = 0.462 \text{nm}^{-1}$。$d_{100} = 1/a^* = 2.156 \text{nm}$。$r_{110}^* = 2a^* \cos 30° = 0.8 \text{nm}^{-1}$，所以，$d_{110} = 1/r_{110}^* = 1/0.8 = 1.251 \text{nm}$。

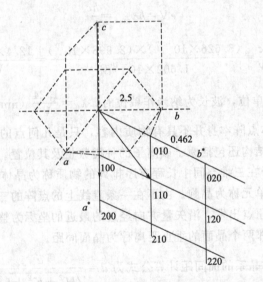

　　练习 2-9　**答：**倒易点阵与正空间的阵点无关，只反映晶体点阵的面角关系。金刚石为立方结构，其倒易点阵也是立方结构。$a^* = 1/a = 1/0.356 = 2.8 \text{nm}^{-1}$。

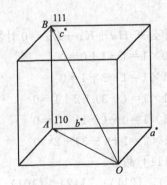

　　由图可知，（110）和（111）夹角就是倒易矢量 r_{110}^* 和 r_{111}^* 的夹角，$\sin\varphi = \dfrac{a^*}{\sqrt{3}a^*} =$

$\dfrac{1}{\sqrt{3}}=0.577367$。

练习 3-1　答：实际晶面的多级衍射中，相当于晶面间距为 d/n 的假想晶面产生的一级衍射，将这种假想的晶面称为干涉面，其中 n 为衍射级数。它们对应的干涉指数为 nh、nk、nl。干涉面是正点阵中是不存在的，但是，在倒易点阵中对应着相应的结点。当波长为 λ 的 X 射线照射到晶体上发生衍射，相邻两个 (hkl) 晶面的波程差是 $n\lambda$。相邻两个 (HKL) 晶面的波程差是 λ。

练习 3-2　答：不正确，因为一束 X 射线照射一个原子列上，原子列上每个原子受迫振动都会形成新的 X 射线源向四周发射与入射光波长一致的新的 X 射线，只要符合光的干涉条件（光程差是波长的整数倍），不同点光源间发出的 X 射线都可产生干涉。而所谓镜面反射，其光程差为零，只是一种特殊情况。

练习 3-3　答：d_{HKL} 表示 HKL 晶面的面间距，θ 角表示掠过角或布拉格角，即入射 X 射线或衍射线与晶面的夹角，λ 表示入射 X 射线的波长。

布拉格公式有两个方面用途：已知晶体的 d 值。通过测量 θ，求特征 X 射线的 λ，并通过 λ 判断产生特征 X 射线的元素。这主要应用于 X 射线荧光光谱仪和电子探针中；已知入射 X 射线的波长，通过测量 θ，求晶面间距。并通过晶面间距，测定晶体结构或进行物相分析。

练习 3-4　答：在布拉格方程中，只有当光程差为波长的整数倍时才可以产生衍射，因此，衍射级数一定是整数。布拉格角 θ 是入射线与衍射面平面的夹角。(200) 是衍射面指数，它表达的是 (100) 晶面的二级衍射，其面间距为 (100) 的 $1/2$。

练习 3-5　解：见图 3-12，两个原子 O，A 的光程差为：$\phi=\dfrac{2\pi}{\lambda}\delta=2\pi\left(\dfrac{\boldsymbol{S}-\boldsymbol{S}_0}{\lambda}\right)\boldsymbol{OA}$

上式中 OA 是正空间中原子 A 的位矢，所以可以将其表示为：

$OA=p\boldsymbol{a}+q\boldsymbol{b}+r\boldsymbol{c}$；其中 p、q、r 均为整数；如果这时我们将 $(S-S_0)/\lambda$ 表示成倒易空间中的一个矢量，就可以将 X 射线衍射条件同正、倒空间点阵同时联系起来。将其写成倒空间的矢量形式就有：

$(S-S_0)/\lambda=h\boldsymbol{a}^*+k\boldsymbol{b}^*+l\boldsymbol{c}^*$；（$h$、$k$、$l$ 暂时为任意值）

这时的周相差可以表示为：

$$\phi=\frac{2\pi}{\lambda}\delta=2\pi\left(\frac{\boldsymbol{S}-\boldsymbol{S}_0}{\lambda}\right)\boldsymbol{OA}$$
$$=2\pi(h\boldsymbol{a}^*+k\boldsymbol{b}^*+l\boldsymbol{c}^*)(p\boldsymbol{a}+q\boldsymbol{b}+r\boldsymbol{c})$$
$$=2\pi(hp+kq+lr)$$

只有当周相差为 2π 的整数倍时，衍射束才能加强，因此 $(hp+kq+lr)$ 必须为一整数才能产生衍射。

由于 A 是晶体中的某一个原子，而要产生衍射实际上要求晶体中的任意一个原子与原点处的原子周相差都应该是 2π 的整数倍，所以要求 $(hp+kq+lr)$ 中的 p、q、r 在取遍所有整数时，$(hp+kq+lr)$ 等于整数都能成立，因此 h、k、l 必定同时为整数。

由以上分析可知，产生衍射的必要条件是：

矢量 $(S-S_0)/\lambda$ 等于倒易矢量中代表某一晶面的倒易矢量。

可以表示成：

$$\left(\frac{\boldsymbol{S}-\boldsymbol{S}_0}{\lambda}\right)=(h\boldsymbol{a}^*+k\boldsymbol{b}^*+l\boldsymbol{c}^*)=\boldsymbol{H}_{\mathrm{hkl}}$$

上式就是 X 射线衍射的矢量方程。

练习 3-6　解：衍射矢量方程可以表示成：

$$\left(\frac{S-S_0}{\lambda}\right)=(ha^*+kb^*+lc^*)=H_{hkl}$$

它表示当矢量 $(S-S_0)/\lambda$ 等于倒易空间中代表某一晶面的倒易矢量时，就能产生衍射。

① 由矢量方程推导出布拉格方程：

由于 $(S-S_0)/\lambda$ 与倒易矢量 H_{hkl} 平行，所以 $(S-S_0)/\lambda$ 必定垂直于正空间的晶面 (hkl)。该晶面必为入射束与衍射束的反射面，因此有如下几何关系：

$S-S_0=S\sin\theta+S_0\sin\theta$。$S$ 与 S_0 都是单位矢量，有：$S-S_0=2\sin\theta$

从而有：
$$2\sin\theta/\lambda=(S-S_0)/\lambda=H=1/d$$

于是得到布拉格方程：
$$2d\sin\theta=\lambda$$

② 将衍射矢量方程的两边分别点乘晶体的三个基矢得到：

$$a\cdot(S-S_0)/\lambda=a(ha^*+kb^*+lc^*)=h$$

$$b\cdot(S-S_0)/\lambda=b(ha^*+kb^*+lc^*)=k$$

$$c\cdot(S-S_0)/\lambda=c(ha^*+kb^*+lc^*)=l$$

由于入射 X 射线的单位矢量 S_0 与基矢 a 的点乘等于 $a\cdot\cos\alpha_0$，其中 α_0 为入射 X 射线与基矢 a 之间的夹角；而散射方向 X 射线的单位矢量 S 与基矢 a 的点乘结果为 $a\cdot\cos\alpha$，其中 α 为衍射 X 射线与基矢 a 之间的夹角。基矢 b 与 c 的情况与之类似。因此很容易理解上式其实和下面的方程组是相同的。

$$a\cdot(\cos\alpha-\cos\alpha_0)=H\lambda$$

$$b\cdot(\cos\beta-\cos\beta_0)=K\lambda$$

$$c\cdot(\cos\gamma-\cos\gamma_0)=L\lambda$$

上式就是劳厄方程组。

练习 3-7　答：由布拉格方程 $2d\sin\theta=n\lambda$ 知，X 射线入射波长应当与晶面间距在同一个数量级。如果 X 射线波长较原子间距长得多，则不会发生衍射现象；如果 X 射线波长较原子间距短得多，则衍射角 2θ 太小，导致分析困难。

练习 3-8　答：(222)、(444) 衍射峰是 (111) 晶面的 2 级和 4 级衍射。因为 (511) 和 (333) 的面间距相同，所以，(333) 和 (511) 的衍射线重叠，而且 (511) 的多重因子大于 (333)，对于重叠峰来说只标注了多重因子大的晶面。(222) 的面间距是 (111) 的 1/2，(444) 衍射的面间距是 (111) 的 1/4。由布拉格公式可知，波长必须小于衍射面面间距的 2 倍。计算可知：

$$\lambda<2d=2\frac{0.4}{\sqrt{16+16+16}}=\frac{0.8}{4\sqrt{3}}=0.1155(nm)$$

练习 3-9　答：从内到外倒易球的面指数为 (100)、(110)、(111)。根据图示 (001) 晶面的面间距即为晶胞参数，即 $1/2.5=0.4$nm。

因为二级衍射的干涉面面间距是一级衍射的晶面间距的一半。根据布拉格公式有：

$\sin\theta_2 = 2\sin\theta_1 = 2 \times \dfrac{1}{3} = \dfrac{2}{3}$，所以 $\theta_2 = \arcsin(2/3) = 0.73$，$2\theta_2 = 2 \times 0.73 \times 180/3.14 = 83.66°$。

晶体的晶胞参数为 0.4nm，根据布拉格公式，波长必须小于衍射面面间距的 2 倍。即：

$$\lambda < 2d = 2\frac{0.4}{\sqrt{16+0+0}} = \frac{0.8}{4} = 0.2(\text{nm})$$

或者，因为晶体为立方晶体，由晶胞参数可直接计算出 (001) 面的面间距为 0.4nm，而 4 级衍射的面间距为一级衍射的 $1/4$，即 $d = 0.1\text{nm}$。所以，波长应当小于 $2d = 0.2\text{nm}$。

练习 3-10　答： 衍射几何规律可以用衍射矢量方程、劳厄方程、厄瓦尔德图解和布拉格方程来表示。

劳厄方程解释了一维、二维和三维晶体点阵的衍射规律，但实用性不强；布拉格方程主要是运用于定量的数学运算中；衍射矢量方程从理论上明确了倒易矢量的衍射属性；而厄瓦尔德图解法既简单又方便的解释了 XRD 的实验方法。

由布拉格方程 $2d\sin\theta = n\lambda$ 知，X 射线入射波长应当与晶面间距在同一个数量级。如果 X 射线波长较原子间距长得多，则不会发生衍射现象；如果 X 射线波长较原子间距短得多，则衍射角 2θ 太小，导致分析困难。

练习 3-11　答： ① 当一束 X 射线被晶面 P 反射时，假定 N 为晶面 P 的法线方向，入射线方向用单位矢量 S_0 表示，衍射方向用单位矢量 S 表示，$S - S_0$ 称为衍射矢量。衍射矢量与反射面的法线 N 平行。衍射矢量 $S - S_0 = \lambda(Ha^* + Kb^* + Lc^*)$。

② 沿入射线方向作长度为 $1/\lambda$ 的矢量 S_0/λ，并使该矢量的末端落在倒易点阵的原点 O^*。以矢量 S_0/λ 的起点 C 为中心，以 $1/\lambda$ 为半径作一个球，称为反射球，即 Ewald 球。凡是与反射球面相交的倒易阵点都能满足衍射条件而产生衍射。

③ 一个粉末多晶试样由许多微小晶粒组成，各晶粒的取向是任意分布的，对某 (HKL) 晶面而言，在各晶粒中都能找到与之相同的晶面，但是，它们的取向是任意分布的，用倒易点阵的概念来讲，这些晶面的倒易矢量分布在倒易空间的各个方向。由于试样中晶粒的数目足够多，所以可以认为这些晶面的倒易阵点是均匀分布在半径为 r^* 的球面上，通常将这个球面称为倒易阵点球面，简称为倒易球。

练习 3-12　答： (1) 劳厄法：用连续 X 射线照射不动的单晶体，在垂直于入射线的底片上得到衍射斑点的实验方法。

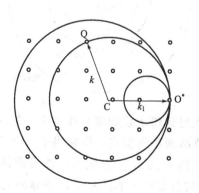

晶体固定不动，其对应的倒易点阵也是固定的，即入射线与晶体各晶面族的夹角 θ 不变，采用波长连续变化的连续 X 射线辐射，并将反射球的半径连续变化使之不断地与倒易阵点相遇。虽然，反射球的球心各不相同，但是反射球的半径总是介于由窗口吸收而决定的最大波长 $1/\lambda_{max}$ 和 $1/\lambda_0$ 之间。所以，凡是位于该两球间的倒易点都可满足衍射条件。

劳厄法主要用于测定晶体的取向，研究晶体的对称性和邻近晶体间的取向关系。此外，对于晶体中由于生长和由外力引起的畸变也可以用劳厄法测量。

（2）周转晶体法：将单晶体的某根晶轴或某个重要晶向垂直于单色 X 射线束来安装或布置。单晶体四周为圆柱形的底片。摄照时，晶体绕着选定的晶轴旋转。旋转轴与底片的中心轴重合。并使入射波的波长 λ 固定不变，即反射球不变，而靠旋转单晶体，以连续改变各晶族的 θ 角，从而满足衍射条件。即相当于倒易点阵绕选定的轴旋转，以此来使倒易阵点落到反射球上。凡是能与反射球面相交的倒易阵点，代表了能参与反射的晶面。

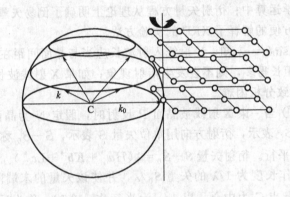

周转晶体法主要用来确定对称性较小的晶体的晶胞尺度。

粉末法：

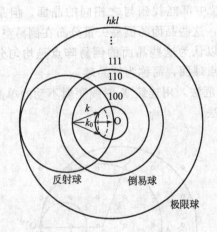

粉末法是将单色 X 射线入射到粉末状的多晶体试样上的一种衍射方法。多晶体是由许多取向完全按无规则排列的单晶颗粒所组成。即相当于一个单晶体绕所有可能取向的轴转动。或者说，其对应的倒易点阵对入射 X 射线呈一切可能的取向，晶体内某等同晶面族 $\{HKL\}$ 的倒易阵点 HKL 均匀分布在一半径为 r_{HKL}^{*} 的球面上。该球称为 HKL 倒易球。一

系列的倒易球与反射球相交，其交线是一系列的小圆。其衍射线束分布在以入射线方向为轴，且通过交线圆的圆锥面上。

练习 3-13　**答**：以 $2/\lambda$ 为半径，O 为圆心作球，称之为干涉球。当入射波长 λ 取定后，无论晶体相对于入射线的方向如何，可能产生衍射的倒易阵点均被限制在此球面内，也就是说，凡处于此球外面的倒易阵点所对应的晶面，面间距小于 $\lambda/2$，都不可能产生衍射。此球称为极限球。

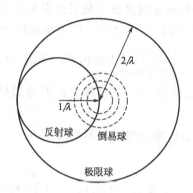

练习 4-1　**答**：原子散射因数 f 是以一个电子散射波的振幅为度量单位的一个原子散射波的振幅。也称原子散射波振幅。它表示一个原子在某一方向上散射波的振幅是一个电子在相同条件下散射波振幅的 f 倍。它反映了原子将 X 射线向某一个方向散射时的散射效率。

原子序数 Z 越大，f 越大。因此，重原子对 X 射线散射的能力比轻原子要强。

练习 4-2　**答**：洛伦兹因数是三种几何因子对衍射强度的影响，第 1 种几何因子表示衍射的晶粒大小对衍射强度的影响，洛伦兹第 2 种几何因子表示晶粒数目对衍射强度的影响，洛伦兹第 3 种几何因子表示衍射线位置对衍射强度的影响。

练习 4-3　**答**：基点的选择原则是每个基点能代表一个独立的简单点阵，所以在面心立方点阵中选择 $(0, 0, 0)$、$(1, 1, 0)$、$(0, 1, 0)$ 与 $(1, 0, 0)$ 四个原子作基点是不可以的。因为这 4 点是一个独立的简单立方点阵。

练习 4-4　**解**：由题意可知，晶胞中含有 2 个同类原子，根据原子坐标位置可判断为体心点阵，体心点阵的原子分别在晶胞的 8 个顶点和晶胞体心位置，即为 2 个原子，由原子坐标位置可以把坐标点 $(1/4, 1/4, 1/2)$ 移到 $(0, 0, 0)$，则 $(3/4, 3/4, 1)$ 相应移到 $(1/2, 1/2, 1/2)$，由此可以判定此晶胞为体心斜方。

结构因子 $F_{hkl} = fa[1+(-1)\exp(H+K+L)] = 2f$，根据关系式及 $H+K+L$ 的奇偶性可以得出 $F(100) = F(221) = 0$。而 (110) 和 (211)，$F = 2f$，故可以知道 $F^2 = 4f^2$。

练习 4-5　**解**：由布拉格方程 $2d\sin\theta = \lambda$，而 $\lambda = 0.154\text{nm}$，$2\theta = 38°$，可以得出晶面间距 $d = 0.236\text{nm}$，又根据题设，Cu 靶照射的 Ag 为 FCC 晶体结构，第 1 衍射峰的晶面指数 (111) 平方和为 3，有 $d = \dfrac{a}{\sqrt{h^2+k^2+l^2}}$，代入数据，可解得 Ag 的晶胞参数 $a = 0.409\text{nm}$。

练习 4-6　**答**：实际晶体既有初级消光，又有次级消光。实际晶体中有镶嵌块，初级消光能在镶嵌块内发生，但是当镶嵌块很小时，没有初级消光，此时有部分取向相同的小镶嵌块产生次级消光，一般实际晶体既有大镶嵌块，又有小镶嵌块。

理想完整晶体只有初级消光，没有次级消光。这是因为理想完整晶体中镶嵌块取向差很大，次级消光可以忽略不计。

理想不完整晶体没有初级消光，也没有次级消光。这是因为其镶嵌块又小，取向差又大。

练习 4-7　**答：**粉末 X 射线衍射仪法中，物相某衍射峰的相对积分强度可表示为：

$$I = F_{HKL}^2 P \frac{1 + \cos^2 2\theta}{\sin^2 \theta \cos \theta} e^{-2M}$$

式中，P 为多重性因子，表示等同晶面个数对衍射强度的影响因子。不同（HKL）的等同面数量不同，是影响衍射强度的原因之一；F 为结构因子，反映晶体结构中原子位置、种类和个数对晶面的影响因子；$\frac{1 + \cos^2 2\theta}{\sin^2 \theta \cos \theta}$ 为角因子。不同（HKL）反射的衍射角不同，角因子有很大的差别；e^{-2M} 为温度因子。它实际上不但与测量温度有关，而且也与衍射角相关。

由于各因子的影响，每条衍射线的强度都不相同。

从结构因子的计算公式

$$|F_{HKL}|^2 = \left[\sum_{j=1}^{n} f_j \cos 2\pi (Hx_j + Ky_j + Lz_j) \right]^2 + \left[\sum_{j=1}^{n} f_j \sin 2\pi (Hx_j + Ky_j + Lz_j) \right]^2$$

可知，有些晶面虽然满足布拉格公式，但结构因子为 0，导致系统消光。

对称性高的晶体中，同族晶面包含的实际晶面数量多，多重因子大，衍射线数目少。

练习 4-8　**答：**由布拉格方程 $2d \sin\theta = \lambda$ 可以得到：$\sin\theta = \lambda/2d$，对于立方晶系，$d = \frac{a}{\sqrt{h^2 + k^2 + l^2}}$，

因此有：

$$\sin\theta = \frac{\lambda \sqrt{h^2 + k^2 + l^2}}{2a}$$

简单点阵不考虑消光，当 $\sin\theta$ 的值不大于 $\sin 80°$ 时，应该能产生衍射。将 a 和 λ 的值代入上式，得到下面的表达式：

$$\sin\theta = \frac{0.1540 \sqrt{h^2 + k^2 + l^2}}{2 \times 0.2} = 0.385 \sqrt{h^2 + k^2 + l^2}$$

将各晶面指数代入可以得到（100）、（110）、（111）、（200）、（201）、（211）。

面心点阵只有在 h、k、l 全为奇数或全为偶数时才能产生衍射。所以固溶体只能得到 3 个衍射峰，分别是：（111）、（200）、（220）。

练习 4-9　**答：**样品衍射强度在不考虑温度因子的情况下，只与结构因子、多重因子和洛仑兹-偏振因子有关。

（1）结构因子的计算：

$$F_{hkl} = \sum_{j=1}^{n} f_j \exp[2\pi i (hx_j + ky_j + lz_j)]$$

$$= f_S [1 + e^{i\pi(k+l)} + e^{i\pi(h+l)} + e^{i\pi(h+k)}] + f_{Zn} [e^{\frac{i\pi}{2}(h+k+l)} + e^{\frac{i\pi}{2}(3h+3k+l)} + e^{\frac{i\pi}{2}(h+3k+3l)} + e^{\frac{i\pi}{2}(3h+k+3l)}]$$

$$= f_S [1 + e^{i\pi(k+l)} + e^{i\pi(h+l)} + e^{i\pi(h+k)}] + f_{Zn} e^{\frac{i\pi}{2}(h+k+l)} [1 + e^{i\pi(h+k)} + e^{i\pi(k+l)} + e^{i\pi(h+l)}]$$

$$= [f_S + f_{Zn} e^{\frac{i\pi}{2}(h+k+l)}][1 + e^{i\pi(h+k)} + e^{i\pi(k+l)} + e^{i\pi(h+l)}]$$

根据 ZnS 是面心晶格，h、k、l 必须是全奇或全偶数才不消光的特点。

$$F_{hkl} = 4\left[f_S + f_{Zn}e^{\frac{i\pi}{2}(h+k+l)}\right]$$

$$F_{hkl}^2 = 16\left[f_S + f_{Zn}e^{\frac{\pi}{2}i(h+k+l)}\right]\left[f_S + f_{Zn}e^{-\frac{\pi}{2}i(h+k+l)}\right]$$

$$= 16\left\{f_S^2 + f_{Zn}^2 + 2f_S f_{Zn}\cos\left[\frac{\pi}{2}(h+l+l)\right]\right\}$$

当 $h+k+l$ 是奇数时，$F_{hkl}^2 = 16(f_S^2 + f_{Zn}^2)$；

当 $h+k+l = 2n$，而 n 为奇数时，$F_{hkl}^2 = 16(f_S - f_{Zn})^2$；

当 $h+k+l = 2n$，而 n 为偶数时，$F_{hkl}^2 = 16(f_S + f_{Zn})^2$。

为计算结构因子，必须查到两种原子的原子散射因子。

为了计算原子散射因子，必须先知道其衍射角 2θ。根据布拉格公式和晶胞参数，可计算得到 3 条衍射线的布拉格角见下表，进而计算出 $\sin\theta/\lambda$ 值。

根据元素名称和 $\sin\theta/\lambda$ 值，查附录 6，可得到两种原子的原子散射因子 f_S 和 f_{Zn}。

将原子散射因子代入上面结构因子的计算式，计算出 F^2 值。

（2）多重因子：查表 4-3 可知 3 个晶面的多重因子分别为 8、6、2。

（3）角因子 L：根据衍射角可以直接计算出角因子，也可以查附录 8。

（4）计算强度。将各因子值代入式(4-50)，并以最大强度值为 100，其他强度递减的方法，得到 3 条衍射线的相对强度值。列于下表。

hkl	$\theta/(°)$	$\sin\theta/\lambda/\text{Å}^{-1}$	f_S	f_{Zn}	F^2	P	L	I/I_0
111	14.3	0.16	12.3	25.8	13070	8	30.0	100
200	16.6	0.19	11.4	24.6	2790	6	21.7	12
311	23.8	0.26	9.7	22.1	16180	12	9.76	61

练习 4-10 **答**：当菱面体点阵用六角坐标的三轴系表示时，一个晶胞内包含 3 个阵点，分别代表 3 组原子，设第一组中某原子 j 的坐标为 $(0, 0, 0)$，则其他各组中的相应原子坐标分别为：$(2/3, 1/3, 1/3)$、$(1/3, 2/3, 2/3)$，结构因子可以表示为：

$$F_{HKL} = \sum_{j=1}^{n} f_j e^{i2\pi(HX_j + KY_j + LZ_j)}\left[1 + e^{\frac{i2\pi(2H+K+L)}{3}} + e^{\frac{i2\pi(H+2K+2L)}{3}}\right]$$

$$= \sum_{j=1}^{n} f_j e^{i2\pi(HX_j + KY_j + LZ_j)}\left[1 + e^{\frac{i2\pi(-H+K+L)}{3}} + e^{\frac{-i2\pi(-H+K+L)}{3}}\right]$$

$$= \sum_{j=1}^{n} f_j e^{i2\pi(HX_j + KY_j + LZ_j)}\left\{1 + 2\cos\left[2\pi\frac{(-H+K+L)}{3}\right]\right\}$$

菱面体点阵用六角坐标（三轴系）表示时，其消光规律为：

当 $(-H+K+L) \neq 3n$ 时，$F_{HKL} = 0$，点阵消光；

当 $(-H+K+L) = 3n$ 时，点阵不消光。

当菱面体点阵不采用六角坐标系，而采用菱面体坐标时，菱面体点阵将为简单点阵，因此不存在点阵消光的问题。

练习 5-1 **答**：样品制备不平整时，样品槽内各个位置上的晶粒产生的衍射线位置不一致，导致衍射峰形变化，衍射峰宽度变大。

因为样品的衍射强度与样品被照射的体积成正比，因此，样品小于光斑尺寸时使衍射峰强度降低，另外，由于样品太小，参与衍射的晶粒数少，在某些衍射方向上的晶粒数太少，从而导致衍射强度不匹配。

练习 5-2　答：样品的颗粒太粗，一方面使总体衍射强度降低；另一方面由于参与衍射的晶粒各晶面的倒易矢量不能完全覆盖相应的倒易球面，而使某些方向上的衍射强度降低，造成衍射强度不匹配。

样品太少，其现象和样品太粗相似。

设样品槽为 20mm×20mm×0.5mm，则样品总体积为 200mm^3，即 0.2cm^3。若样品密度为 4g/cm^3。那么样品的重量为 0.05g。

练习 5-3　答：粉末法是将单色 X 射线入射到粉末状的多晶体试样上的一种衍射方法。多晶体是由许多取向完全按无规则排列的单晶颗粒所组成。即相当于一个单晶体绕所有可能取向的轴转动。或者说，其对应的倒易点阵对入射 X 射线呈一切可能的取向，晶体内某等同晶面族 {HKL} 的倒易阵点 HKL 均匀分布在半径为 r^* 的球面上。该球称为 HKL 倒易球。一系列的倒易球与反射球相交，其交线是一系列的小圆。其衍射线束分布在以入射线方向为轴，且通过交线圆的圆锥面上，采用平板照相时，记录下各个衍射锥与底片相交的圆。

多晶衍射仪采用逐点测量的方法，当样品保持不动时，光管和探测器作相向转动，相当于从平板照相底片的圆心沿直径方向移动，记录下每一步（2θ）的强度。每个衍射峰的强度相当于底片上一段弧长的强度。

粉末颗粒太粗，晶粒数量少，样品产生择优取向，衍射圆锥面上的强度分布不均匀。特别是当样品为薄膜等二维晶体时，有可能使某些衍射峰消失。

样品的穿透性太强，样品太薄，当衍射角较高时，X 射线穿过样品照射到样品架基体上，衍射强度降低。

多相样品混合不均匀。X 射线照射到样品上时有一定的照射面积，不同衍射角度下照射面积不同，即 X 射线的受体不同，当样品混合不均匀时，衍射强度偏离正常值。

X 射线光束有一定的直径，当样品的尺寸小于 X 射线光束的照射面积时，使衍射强度降低，造成衍射强度不匹配。

练习 5-4　答：保持光管不动，当样品台与计数器保持联动的情况下，当样品台转动 θ 角时，计数器将转动 2θ 角，所以当试样表面与入射线成 30°角时，计数管与入射线所成角度应该是 60°角。

当样品台与计数器保持 θ-2θ 联动时，如果把入射线和衍射线看成反射的话，样品的表面正好处于它们的反射面位置。由布拉格公式的推导可以知道，晶体的衍射可以看成是某些晶面的反射，因此能产生衍射的晶面，与试样的自由表面应该是平行的。

练习 5-6　答：X 射线衍射图谱中，背景强度的来源可以归纳为以下几个方面。

连续谱：当光管电压提高时，连续谱的强度提高很快，在 X 射线衍射仪中，通过滤波片或单色器可以去除掉绝大部分连续谱强度，但是，它的影响还是较大的。

非相干散射：根据康普顿效应，非相干散射造成的背景强度与 sinθ/λ 成正比，要降低非相干散射强度，需使 sinθ/λ 值变小，即提高入射 X 射线的波长，采用轻元素靶。

样品荧光：由于光电效应产生的样品特征 X 射线强度进入到背景。不同的物质对 X 射线的吸收程度不同，荧光强度也不一样。正确选择靶材料，靶材产生的特征 X 射线（常用 K$_\alpha$ 射线）尽可能小地激发样品的荧光辐射，以降低衍射花样背底，使图像清晰。

空气散射或样品非晶成分：当样品中存在固态非晶时，会产生明显的散射强度，但是，当样品中存在液态成分时，散射强度会降低，散射强度进入到背景中，当样品槽中的样品不足以填满时，空气散射变得非常强烈。在非常低的衍射角度下出现很强的空气散射强度进入到背景。

高温热漫散射：当样品处于较高温度时，例如高温衍射时，由于原子受热振动偏离其基准位置时，一方面会降低衍射强度，另一方面会产生原子热漫散射，热漫散射强度进入到背景。

较好的解决办法：是正确选择滤波片，能将 K_β 射线完全滤掉，使 K_α 射线单色性好。也可用石墨单色器提高滤波纯度；并且使工作电压保持在激发电压的 3～5 倍；根据样品的成分合理选择光管的靶材避免光电效应；样品填满，避免空气散射；保持稳定的室内温度，避免热漫散射。采用多层膜反射器提高入射线和衍射线的平行度。样品晶粒为 5μm 左右，制样时尽量轻压，可减少背底。

练习 5-7 **答**：X 射线粉末衍射仪由五部分组成：

X 射线发生器：它的作用是产生实验用的 X 射线；

测角仪：它的作用是精确测量衍射扫描的角度，它包括试样、圆盘、计数器和狭缝、光阑；

计数管或辐射探测器：它的作用是探测衍射线的存在及强度，并将衍射线的光子转化成电子输出；

记录保护系统：它的作用是处理并记录衍射图谱，以及保护衍射仪正常运转；

冷却系统：它的作用是通过水循环将 X 射线管中的热量带走，以保护 X 射线管。

练习 5-8 **答**：发散狭缝 DS：决定了 X 光入射线的发散角度。即入射线的强度和试样被 X 射线照射的面积。

防散射狭缝 SS：用于仅让 X 光衍射线通过接收狭缝进入探测器，防止其他光源和空气的散射线进入探测器，从而增加灵敏度，提高峰背比。

接收狭缝 RS：决定了同时进入探测器的衍射线角度宽，因此它对衍射线形和仪器分辨率影响很大。

狭缝的大小决定衍射强度的大小和衍射角测量的准确性。

狭缝宽度导致衍射峰位的移动，为了获得准确的衍射峰位置，应当采取小的狭缝，增大梭拉光阑的片长，减小梭拉光阑的片间缝隙，使用薄层样品。

练习 5-9 **答**：连续扫描：是指在选定的 2θ 角度范围内，计数管以一定的扫描速度与样品联动，连续转动扫描测量各衍射角相应的衍射强度。

步进扫描：是计数器首先固定在起始 2θ 角位置，按设定时间定时计数获得该角度的强度，然后将计数管按预先设定的步进宽度和步进时间转动，每转动一个角度间隔重复一次上述测量，逐点测量角 2θ 角对应的衍射强度。

晶粒越小，衍射峰越宽。步长的选择以衍射峰宽度为依据，选择衍射峰半高宽的 1/5～1/10 即可。过大的步长会导致衍射峰重叠，损失峰与峰之间的信息。

晶粒越小，衍射峰强度越低，应当使用更长的扫描时间。

练习 5-10 **答**：可以。在 X 射线粉末衍射仪方法中，所测晶面的法线平分入射线和衍射线的夹角。在入射线方向不变的情况下，入射线和衍射线的夹角平分线方向不断改变，因此，所记录的产生衍射的晶面的方向也不断变化。

这种方法称为"面外掠入射"。是用于薄膜或薄层材料的一种衍射方法。由于固定了入射方向不变，从而在整个衍射扫描过程中，固定了入射深度，对于薄膜材料来说，合理地调整掠射角度，不至于使射线穿透膜层厚度，可以测量固定深度的样品信息。

练习 5-11　答： 下面只给出部分参数的参考值，具体数据要在实验中获得。

项目	数值	项目	数值
室内温度	21	室内湿度	50
冷却水温度	20	制冷机型号	BLKⅡ-8FF-B
样品名称	S-1	样品的元素组成	
样品重量	1g	实际使用重量	0.2g
仪器型号	SmartLab 3kW	靶材	Cu
光管电压/kV	40	电流/mA	15
扫描范围	5～100	步长	0.02
扫描方式（连续扫描/步进扫描）	continue	扫描速度/计数时间	10deg/min
发散狭缝尺寸	1°	防散射狭缝尺寸	1°
梭拉光阑尺寸	0.5mm	接收狭缝尺寸	0.45°
滤波方式	Ni 滤波片	计数器类型	Hypix 3000
衍射峰个数	10	最大衍射强度	100000Counts

描述数据测量过程及所观察到的现象：

你认为实验过程中应当有哪些注意事项：
样品表面要保持平整，在制粉过程中需要分筛；制样过程中可能产生择优取向。

练习 6-1　答： 衍射峰的位置由布拉格公式唯一确定。在一定波长的照射下，衍射角与晶面间距相对应，晶面间距越大的晶面越先出现，其衍射角越小，晶面间距越小，其衍射角越大。当面间距小于波长的一半时，倒易矢量在极限球之外，不可能产生衍射。

传统的确定峰位的方法有峰顶法、半高宽中点法、重心法、抛物线拟合法等。

现代 X 射线衍射数据处理软件可以通过涂峰、寻峰和拟合 3 种方法来确定峰位。涂峰是最简单的方法，它不能准确地寻峰，也不能分离重叠峰。寻峰操作通常采用二阶导数法。通过二阶导数的符号变化方向确定是否峰顶位置。这种方法相对涂峰较准确，但不能准确分离重叠峰。

拟合的方法是用一个钟罩形函数来近似衍射峰，通过最小二乘优化，改变函数的参数项来逼近实际的测量峰。它是最准确的定峰方法。

练习 6-2　答： 一个物相可测量到的衍射峰的数量与其对称性相关，对称性越高的晶体，多重因子大，衍射峰会较少，相反，对称性低的晶体，其衍射峰会较多；除此以外，衍射峰的数量还与晶胞的大小相关：晶胞越大的物质，面间距大于半波长的晶面数量就会越多，相反，晶胞较小的物质，其包含面间距大于半波长的晶面数量就会较少；当然，衍射峰数量的多少还与其点阵类型相关：简单点阵物质因为没有点阵消光和结构消光，因而，衍射峰数量较多。

练习 6-3　**答**：一个衍射峰包含以下 3 个方面的信息。

衍射峰的位置：即衍射峰的角度，它反映的是物质的面间距，因此，它直接对应的是物质的晶胞参数大小。通过它可以精确地计算物质的晶胞参数；不同物质的消光规律不同，衍射峰的另一个信息反映了物质的点阵类型，可以根据这种消光规律来鉴定未知物质的点阵类型和晶胞大小，这就是未知物质的指标化应用。另一方面，一种物质的结构是固定的，但是，如果样品因为存在宏观内应力时，将造成点阵畸变，使某些晶面的面间距变大或变小，这种变化直接引起衍射峰位置的偏移，因此根据这种衍射峰位置的改变可以计算出物质的宏观内应力的大小。

衍射峰的强度：衍射峰的强度反映的了物质两个方面的基本信息，一是该物质对 X 射线的衍射能力。不同的物质的原子组成及其原子位置不同，其结构因子不同，点阵不同则消光效应不同，如此等等，因此强度反映了物质的本质特征，加上不同物质的晶胞参数不同，不同的物质将有不同的衍射谱花样，因此，可以根据物质的衍射花样判断样品由什么物质组成，这就是 X 射线的主要应用之一：物相定性分析。

另一方面衍射强度反映了该物质被照射的体积大小。样品小于 X 射线的照射尺寸时，衍射强度低，这是在制样时应当注意的问题。在一个含有多个物相的样品中，各个物相的衍射强度大小反映了各个物相在样品中的相对含量。这就是 X 射线衍射分析的另一个重要应用：物相定量分析。除此以外，对于一个物相来说，其多个衍射峰由于其晶面指数、原子位置等都是固定的，因此，各衍射峰之间的强度比是固定的。但是，当样品存在择优取向时，这种比例关系将被破坏，因此，根据这种关系的破坏程度可以反过来计算出物质的织构。

衍射峰的宽度：通常将衍射峰一半高处的宽度作为衍射峰的宽度。衍射峰的宽度被认为是与物质的组织状态有关。有两种因素会引起衍射峰的宽化，即晶粒尺寸与微观应变。

实际样品的衍射花样中，可能除了晶体的衍射峰外，还可能包含非晶散射峰。非晶物质的衍射，可以计算出结晶度以及非晶物质的短程有序规律。

通过以上讨论，综合衍射峰 3 个方面的信息可以将粉末 X 射线衍射花样应用于：物相定性分析、定量分析、结晶度计算、晶胞参数计算、指标化、宏观内应力的测量、织构计算以及非晶物质的短程有序规律测量。

练习 6-4　**答**：背景由多种因素引起，不同的实验条件下和不同的样品产生不同的背景，不同衍射谱的背景变化并无规律，通常只能凭感觉来选择背景函数。

平滑处理由于只是一种减小统计误差的平均值法，虽然平滑后的数据显得更加平滑，但每个数据都不可能是真实的测量数据，并且会造成尾部数据的丢失。

寻峰处理并不改变原始数据，但其计算方法不精确，计算结果比较粗糙。

练习 6-5　**提示 1**：该样品有较高的荧光，扣除背景时需要用编辑工具对背景进行编辑。因为扣除了背景，强度数据小了很多。

提示 2：平滑处理前后应当有 3 个地方不同：强度数据整体会下降一些；数据与数据之间的跳跃性小一些；最后几个强度会相同（因为实际上丢失了最后几个数据）。

提示 3：拟合数据报告的内容更加丰富：有 2 列衍射角数据，其中一个是峰顶角度，另一个是中心角度。每个数据都有拟合误差，还包括峰形因子和歪斜因子等数据。

练习7-1 答：物相定性分析的原理是根据每一种结晶物质都有自己独特的晶体结构，即特定点阵类型、晶胞大小、原子的数目和原子在晶胞中的排列等。因此，从布拉格公式和强度公式知道，当X射线通过晶体时，每一种结晶物质都有自己独特的衍射花样，它们的特征可以用各个反射晶面的晶面间距值 d 和反射线的相对强度 I/I_0 来表征。其中晶面网间距值 d 与晶胞的形状和大小有关，相对强度 I/I_0 则与质点的种类及其在晶胞中的位置有关。这些衍射花样有两个用途：一是可以用来测定晶体的结构，这是比较复杂的。二是用来测定物相，所以，任何一种结晶物质的衍射数据 d 和 I/I_0 是其晶体结构的必然反映，因而可以根据它们来鉴别结晶物质的物相，这个过程比较简单。分析的思路将样品的衍射花样与已知标准物质的衍射花样进行比较从中找出与其相同者即可。

物质的化学成分是鉴定物相的必要参考依据之一，因此，在进行物相分析之前，应当先对矿物进行化学成分分析，才能准确鉴定出其物相的种类。

练习7-2 答：他的实验是有漏洞的。因为尽管分析出成分为 $CaCO_3$，但是，并没有确定是文石的晶体结构组成。实际上，$CaCO_3$ 是有同素异构体的，除了文石的结构外，更常见的是方解石结构。同样出自蚌，贝壳的主要成分就是方解石，而且磨成粉以后，与珍珠粉极为相似。因此，应当补充一个实验，完成物相鉴定。

物相鉴定的原理是：任何一种结晶物质都具有特定的晶体结构，在一定波长的X射线照射下，每种晶体物质都有自己特有的衍射花样；如果在试样中存在两种以上不同结构的物质时，每种物质所特有的衍射花样不变，多相试样的衍射花样只是由它所含物质的衍射花样机械叠加而成；通常用 d（晶面间距 d 表征衍射位置）和 I/I_0（衍射线相对强度）的数据组代表衍射花样；将由试样测得的 d-I/I_0 数据组（即衍射花样）与已知结构物质的标准 d-I/I_0 数据组（即标准衍射花样）进行对比，从而鉴定出试样中存在的物相。

实验步骤：获得衍射花样，定性分析以 $2\theta < 90°$ 的衍射线为主要依据；输入化学元素 Ca、C、O，检索PDF卡片；最后判定，打印输出结果。

练习7-3 答：从衍射峰的排列规律来看，符合面心点阵的消光规律，而面心点阵只有 h、k、l 全为奇数或全为偶数时才能出现衍射，所以，（100）晶面不会出现衍射。

通过晶胞参数可以计算出（111）晶面的面间距应为：

$$d_{111} = \frac{0.40497}{\sqrt{1+1+1}} = 0.2338\text{nm}$$

当样品低于样品表面时，光程增长，相当于晶面间距变大，根据布拉格公式，衍射角减小，衍射谱整体向低角度方向移动。

由二级衍射关系，（222）是（111）的二级衍射，面间距是（111）的一半。由布拉格公式可知：$\sin\theta_{111} = \frac{\sin 41°}{2} = 0.328030$。$2\theta_{111} = 2\arcsin(0.328030) = 38.32°$。

对于面心点阵而言，其结构因子相同，因此，在角因子和温度因子影响相同的情况下，只能是多重因子的影响，因为（222）的多重因子为8，而（311）的多重因子为24。查到的数据几乎就是多重因子的倍数。

当硬件限制最大衍射角为140°时，不能测到（333）衍射峰。根据布拉格公式，当采用铜辐射时，（333）的衍射角为162.5°，若要测量该衍射峰，有两种办法，一是增大衍射仪的最大衍射角极限。二是更换靶材，使用短波长的辐射。

（111）晶面相对强度为最高的原因有两个：一是角因子影响，当衍射角接近180°时，角因子会快速增大，衍射强度增大，二是多重因子的影响。实测（200）衍射峰高而（111）的衍射强度低的原因只可能是择优取向的影响，这也是加工态合金材料最常见的现象。

练习 7-4　**答**：所谓"物相"是指具有特定晶体结构的物质，不同的物相其晶体结构不同。即不同的物相，其包含的原子种类、原子位置、原子数量不同，具有不同的点阵类型。所谓"衍射花样"是指一种物相的衍射谱包含的衍射线位置和强度的特征。

因为不同的物相，其晶胞大小不同，衍射峰的位置不同。衍射峰位置和强度构成物相的衍射花样，所以，不同的物相具有不同的衍射花样。

正是由于不同的物相具有唯一的衍射花样特征，因此，可以根据衍射花样特征鉴定不同的物相。这就是 X 射线粉末衍射的基本应用，即物相鉴定，或称为物相定性分析。除此以外，根据不同物相衍射强度的不同，可以进行物相的定量分析。

练习 7-5　**答**：判断样品中是否存在某种物质，必须具有 3 个条件：元素组成必须正确，在此基础上衍射峰匹配正确，再在此基础上物相的存在条件必须正确。元素组成是作为一个必要条件进行物相检索的。物质存在异质同构现象，所以，有些元素组成不同的物相，其晶体结构差异很小，必须通过元素信息才能确定物相。

练习 7-6　**答**：蒙脱石与石英等大矿物不同，其结晶性很差。在物相分析时需要一些附加处理。

建议 1：浸泡法富集黏土成分：由于黏土矿物为微小颗粒，经水浸泡后大矿物会自然沉降，分段取水干燥，可获得富集的黏土成分。

建议 2：有条件的情况下，用离心机也可以富集黏土矿物。

建议 3：黏土成分中是否真正存在蒙脱石，还必须用膨胀法确定。即将黏土矿物用甘油或水浸润，检测其（001）面衍射峰是否向小衍射角度偏移。

建议 4：用 S/M 法鉴定物相时，往往不能自动显示出蒙脱石的卡片。此时，最好用"物相反查法"。即打开 PDF 库，输入矿物名称，找出蒙脱石的全部 PDF 卡片，逐一对比谱图和 PDF 卡片的吻合程度，选择最吻合的 PDF 卡片。

练习 7-7　**答**：合金相样品具有以下 3 个最大的特点。

由于加工的原因，造成强烈的择优取向，衍射强度往往不能完全匹配，此时，主要根据衍射峰位置来确定物相。特别是，当存在特别强的织构时，甚至会出现某衍射线消失的现象。

合金元素没有完全脱溶时，合金形成固溶体。由于异类原子的溶入，当溶质原子和溶剂原子半径相差较大时，将使衍射峰发生位移。此时，可在"S/M"参数设置窗口的"Advanced"列表中调整"Solid Solution Range（％）"，以适应这种衍射峰有规律的位移。

当合金元素脱溶而形成第二相时，由于析出相的晶粒很小（一般小于 100nm），其衍射峰变得很宽，峰与峰之间重叠严重，此时应特别慎重选择。

练习 7-8　**提示**：物相为单斜 ZrO_2（斜锆石）和四方 $ZrSiO_2$（方锆石）以及部分非结晶相组成。如果温度提高到 1400℃后，玻璃体中的 SiO_2 将进一步析晶，形成方石英和微量的菱石英。玻璃体基本消失。

练习 8-1　**答**：常用的方法有外标法、内标法、标准添加法和 RIR 方法等。

外标法只适用于两相样品，需要该两相的纯物质来做混合样品，绘制定标直线。

内标法至少需要 3 个以上的待测量相含量已知的样品用于绘制定标曲线；每次加入的内标物质含量要相同；只需测量待测相和内标相各一条衍射线；选择衍射线时注意不能和其他

物相的衍射线重叠；定标曲线绘制出来后，可以一直使用，适合于企业生产线上使用；加入内标物质后需要重新计算待测相的质量分数；只能计算一个物相的量。

标准添加法：①只适合并且特别适合多相样品中含量很低的物相含量测量；②待测相含量越高精度越低；③添加的纯物质的含量要十分少。

RIR 不需要加入标准物质，是块状试样定量分析的可选方法；不加入内标物质，不稀释样品中物质的含量，有利于减少测量误差；一个样品一次扫描就能计算出全部物相的含量；不能测定含未知相的多相混合试样。

加内标物质的 RIR 方法：如果样品中含有非晶相或未知相，在样品中加入已知量的内标物质；只关心待测相 j，不关心样品中其他相的存在；只需要测量 j 相和内标相各一条衍射线；此时由于样品中混入外加物质，稀释了样品中原有相的浓度；混入的物质并不一定混合的均匀，可以带来很大的误差。

练习 8-2 **提示**：第一次烧结是完全两相，由于含量是 $1:1$，所以，强度之比即为方石英（Cristobalite）的 $RIR=2$。

第二次烧结，则可以按添加内标物质的 RIR 法计算。按公式 $w_j=\dfrac{I_j w_S}{R_S^j I_S}=\dfrac{50}{2}\%=25\%$，计算方石英含量$=25\%$。

样品中含有 25% 未转化为晶体的非晶相，说明温度不够，可以提高实验温度。

练习 8-3：已知一个样品中只有 3 个物相，分别是 A、B 和刚玉 S。已知其中 S 相的质量百分数为（$W_S=20\%$）。A 相的参考强度比 I/I_c 是 2。①若测得 A 相的衍射强度为 4000CPS，S 相的衍射强度为 1000CPS，计算 A 相的质量分数；②若 B 相的衍射强度为 2000CPS，计算 B 相的 RIR 值。

答：A 相的含量 $W_A=\dfrac{I_A}{I_S R_S^A}\times W_S=\dfrac{4000}{1000\times 2}\times 20\%=40\%$。

B 相的含量 $W_B=(100-W_A-W_S)\%=(100-20-40)\%=40\%$。

B 相的 R 值 $R_S^B=\dfrac{I_B}{I_S}\times\dfrac{W_S}{W_B}=\dfrac{2000}{1000}\times\dfrac{20}{40}=1$。

练习 8-4 **答**：设 MgO 为 A 相，SiO_2 为 B 相，$\alpha\text{-}Al_2O_3$ 为 S 相，则有：

$$W_A=\dfrac{I_A}{R_S^A\left(\dfrac{I_A}{R_S^A}+\dfrac{I_B}{R_S^B}+\dfrac{I_S}{R_S^S}\right)}=\dfrac{5000}{5\left(\dfrac{5000}{5}+\dfrac{3000}{3}+\dfrac{1000}{1}\right)}=\dfrac{1000}{3000}=33.33\%$$

$$W_B=\dfrac{I_B}{R_S^B\left(\dfrac{I_A}{R_S^A}+\dfrac{I_B}{R_S^B}+\dfrac{I_S}{R_S^S}\right)}=\dfrac{3000}{3\left(\dfrac{5000}{5}+\dfrac{3000}{3}+\dfrac{1000}{1}\right)}=\dfrac{1000}{3000}=33.33\%$$

$$W_S=1-W_A-W_B=(100-33.33-33.33)\%=33.34\%$$

以 $\alpha\text{-}Al_2O_3$（刚玉）为标准相，则代入上面公式可以算出：

$$W_A=\dfrac{I_A}{I_S R_S^A}\times W_S=\dfrac{5000}{1000\times 5}\times 20\%=20\%$$

$$W_B = \frac{I_B}{I_S R_S^B} \times W_S = \frac{3000}{1000 \times 3} \times 20\% = 20\%$$

所以，非晶相的含量应为 40%。

练习 8-5 **答**：按 *RIR* 法计算各相质量百分数为：

$$W_{SiC} = \frac{5000}{5 \times \left(\frac{5000}{5} + \frac{1800}{3} + \frac{2800}{2}\right)} \times 100 = 33.3\%$$

$$W_C = \frac{1800}{3 \times \left(\frac{5000}{5} + \frac{1800}{3} + \frac{2800}{2}\right)} \times 100 = 20.0\%$$

$$W_{Si} = \frac{2800}{2 \times \left(\frac{5000}{5} + \frac{1800}{3} + \frac{2800}{2}\right)} \times 100 = 46.7\%$$

建议：Si 和 C 都有剩余，说明生产温度过低。

已知 C 的原子量为 12，Si 的原子量为 28。剩余 C/Si 原子比为：

$$\frac{at_C}{at_{Si}} = \frac{20\%}{12} \times \frac{28}{46.7} = 0.999，非常接近于 1，因此不必要改变配方。$$

练习 8-6 **答**：这里给出一些提示信息如下。

（1）测量钢铁样品时，最好选择 Co 靶或者 Fe 靶，这样样品的荧光较低，衍射强度高，如果选择 Cu 靶，必须加石墨单色器，以降低背景强度。否则可能出现衍射峰高度比背景还低的现象，造成分析困难。

（2）使用 Cu 靶时，测量范围至少要包含残余奥氏体测定标准规定的 5 个峰。这里选择测量范围 40°~100°，扫描步长 0.02°，计数时间 1s 的测量条件是合适的。因为靶材选择的原因，衍射强度较低，需要延长扫描时间来增大强度。

（3）随着 PDF 卡片库中卡片数量的增大，目前卡片数量达到 80 万张之多。这就使得有些物相有很多选择。这里应当分别选择 *RIR* 值为 10.77（α-Fe）和 7.51（γ-Fe）的两张 PDF 卡片。此 2 张卡片比较经典，与实测衍射峰位置匹配最好。

（4）拟合所有 8 个峰后，用这 8 个峰计算含量时，可得奥氏体的含量（$W_{\gamma\text{-Fe}} = 8.7\%$，$V = 9.1\%$）。软件实际上是先计算出质量分数，再转换成体积分数的。物相密度使用的是 PDF 卡片上标注的密度值，而不是实测密度。由于衍射峰数量多，可以扣除掉一些择优取向的影响，使数据比较可靠。

（5）去掉前面 2 个峰的拟合数据（即取消前面 2 个衍射峰的拟合），用剩余 6 个峰的强度计算得到的结果与用 8 个峰数据计算的结果相同。说明前 2 个峰数据没有择优取向。

（6）去掉最后一个峰后，得到（$W_{\gamma\text{-Fe}} = 7.3\%$，$V = 7.7\%$）。这个峰是 α-Fe 的（220）峰，对择优取向的贡献较大，所以，一般做钢铁样品定量时，不用这个峰的数据。

（7）用剩余 5 个峰的数据计算结果为：$W_{\gamma\text{-Fe}} = 6.6\%$，$V = 7.0\%$。

（8）如果这 5 个峰的 *R* 值分别为 2.43、1.32、1.46、1.35、0.73，那么按标准法计算可得 2×3=6 个计算结果，再将其平均起来，计算值约为 5.17%（未验证，软件计算值）。

（9）标准法测量残余奥氏体的基本原理是用多组数据来平均掉择优取向的影响。

练习 9-1　**答**：结晶度可以描述为结晶的完整程度或完全程度。这里包含两个层面的意义：一个层面是结晶的完全性：物质从完全非晶体转变为晶体的过程是连续的，理想的晶体产生衍射，理想的非晶体产生非相干散射，试样中的晶体占多数时，衍射增强而非相干散射减弱，结晶度高；反之则结晶度低。另一个层面的意思是结晶的完整性：畸变的结晶将导致本应产生的衍射转变为程度不同的弥散散射，结晶完整的晶体，晶粒较大，内部质点的排列比较规则，衍射峰高、尖锐且对称，衍射峰的半高宽接近仪器测量的宽度。结晶度差的晶体，往往是晶粒过于细小，晶体中有位错等缺陷，使衍射线峰形宽而弥散。结晶度越差，衍射能力越弱，衍射峰越宽，直到消失在背景之中。

结晶度的测量方法有密度法、红外法、核磁共振法、差热分析法（DSC）等。无论哪一种方法都具有近似性和相对性。但是，一般来说，X射线法优于以上各种方法。主要原因是XRD法属于绝对法，显见优于 FT-IR 与 NMR 等相对法。

对 FT-IR 法，对远程有序并非该方法的有效范围，它往往测得的是近程有序的百分数，所以，FT-IR 法测得的结晶度总是偏高于 XRD 法所得的结果。

对 NMR 法，它主要是根据局域链松弛时间 τ 大于或小于 10^{-4} s 来区分局域链是处于冻强的凝聚态还是可以运动的凝聚态，这就要求高分子体系中非晶链必须处于玻璃化温度以上，否则就难以区分晶态与冻强非晶态中局域链的 τ_c 和 τ_a，所以 NMR 法对高交联、高结晶度的体系或者测不到结晶度或者测得的结晶度倾向于偏高。

密度法受到密度梯度管中介质的诱发再结晶、诱发取向以及密度梯度的失稳等因素干扰，所测结晶度不一定很准确。

对 DSC 法来说，结晶性高的高分子在等速升温过程中，如果分子链熔融再结晶的速度恰好与之相应，则测得的结晶度显然是上述复杂过程的综合，绝不是原始试样中所含的结晶度。

由于各种方法的原理不一样，适用范围不一致，所测得的结晶度不一定具有完全对应的关系。

练习 9-2　**答**：第一步：读入第一个数据，完成划背景（不要删除背景），先拟合出2个非晶峰，再添加晶体峰，反复修改、拟合。得到：

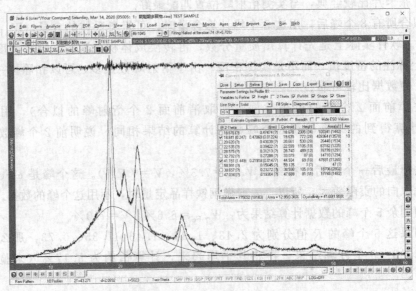

可以看到第 1 个样品的结晶度为 41.03%。

然后，去掉所有晶体峰的 2-Theta 选项。

以 Add 方式读入第 2 个数据。

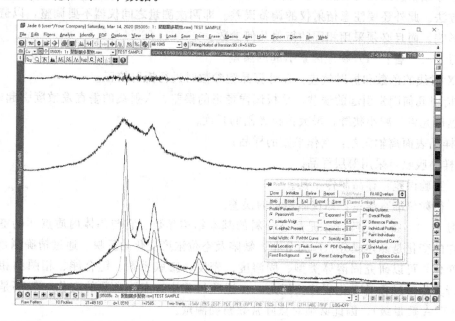

单击 Refine 后，单击窗口中的 "Fit All Overlays" 按钮变成可执行。

执行 Fit All Overlays，再单击 Report 按钮：

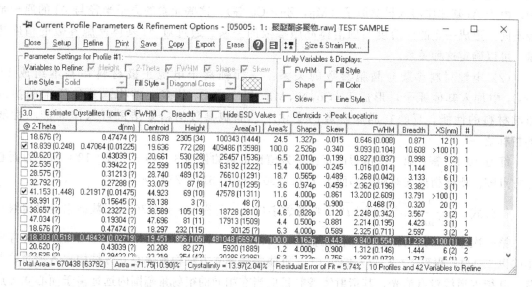

可以看到第 2 个样品的结晶度为 13.97%。

注意事项：①第 2 个样品的结晶度明显低于第 1 个样品。第 1 个样品是作为拟合模板，所以应当选择结晶度高的样品。②一组样品的测量范围和测量方法必须一致。③拟合过程中要反复调整峰、删除再添加操作，致使所有峰形基本一致。④可以用窗口右下角的图谱调整按钮来分离几个图谱。

练习 10-1 **答：**①根据布拉格方程，测量误差来自角度测量误差 $\Delta\theta$，当 $\Delta\theta$ 一定时，θ

增大使得 $c\tan\theta$ 减小，也就使得 Δd 减小。②仪器需要一定时间才能达到热稳定。在热稳定过程中，焦点位置的变化会引起 2θ 零点的变化，从而导致衍射角的变化，而且电子束强度的变化会导致衍射线强度的变化。③所有样品必须在同一台衍射仪上进行测试，用相同的数据处理方法。此外还要注意衍射仪的调整误差。即两次测量之间仪器不要调整，以避免调整误差的影响。而且必须采用相同的衍射几何参数。

练习 10-2　**答**：（1）物理因素引起的误差。

①X 射线的色散和折射效应：在计算晶胞参数时进行折射校正；

②衍射几何因素引起的误差，平板试样带来的误差、入射线的垂直发散度引起的误差：采用细焦斑光束、减小狭缝，增大梭拉光阑的长度；

③样品表面离轴误差：制作平整的样品；

④样品吸收：采用薄层样品。

（2）实验误差：样品制作不良。

（3）衍射仪准直误差：如仪器零点的误差。

练习 10-3　**答**：点阵常数是晶态材料的基本结构参数。它与晶体内质点间的键合密切相关。它的变化是晶体成分、应力分布、缺陷及空位浓度变化的反映。通过精确测量点阵常数及其变化，可以研究固溶体类型、固溶度、密度、膨胀系数、键合能、相图的相界等问题，分析其物理过程及变化规律。但是，在这些过程中，点阵常数的变化一般都是很小的（约为 10^{-4}Å 数量级），因此必须对点阵常数精确测量。

（1）铝合金固溶体晶胞参数与固溶度的关系：在纯 Al 中加入其他各种合金元素混合熔铸成合金后，经过固溶处理，可能形成单一固溶体，然后在时效析出过程中形成细小第二相。由于 Al 基体中溶入异类原子（Mg，Zn，Cu 等），这些元素的原子半径与 Al 的原子半径不同，形成一定的固溶度与固溶体晶胞参数的关系。通过对 Al 基体晶胞参数的精确测量，可以确定这种关系。

（2）电池材料掺杂与晶胞参数的关系：三元锂离子电池正极材料在基本组成 $LiCoO_2$ 中加入其他原子，形成 $Li(Co,Ni,Mn,Al,etc)O_2$ 的多元结构。其他原子的掺入影响材料的性能，反映在晶胞参数的变化上。晶胞参数的精修结果可以作为产品性能的指标之一。

练习 10-4　**答**：第二次测得的正弦平方值比值可约化为 3∶4∶8∶11∶12∶16。为面心立方点阵。所测衍射线对应的晶面为 111、200、220、311、222、400。

按公式 $a=\dfrac{\lambda}{2\sin\theta}\sqrt{h^2+k^2+l^2}$，将各数字代入，可得 $a=3.64763$Å（数据未经过精修）。

第一次布拉格角的正弦平方值比值为 1.444、2.889、4.333、5.777、7.222。将所有数据除以 1.444，得到 1∶2∶3∶4∶5∶6。可能是简单立方结构或体心立方结构。若为简单点阵，其衍射谱线没有消光，其衍射线条数目应当在相同的衍射角范围内远远多于面心立方点阵的线条数目。因此，实际应为体心立方点阵。对应的衍射面为 110、200、211、220、310。

同理，可计算得到晶胞参数为 $a=2.866345$Å。

第 1 次和第 2 次测得的是该金属的同素异构体。显然，第 3 次测得的是该同素异构体的共存状态。

练习 10-5　**答**：

样品编号	衍射角 $2\theta/(°)$							
1#	$2\theta/(°)$	23.688	33.748	41.648	48.472	54.639	60.364	70.975	76.012
	θ(Rad)	0.20671	0.29450	0.36344	0.42299	0.47681	0.52677	0.61937	0.66332
	$\sin^2\theta$	0.042127	0.084255	0.126379	0.168507	0.210637	0.252756	0.337009	0.37914
	$\sin^2\theta$ 序列	1	2	3	4	5	6	8	9
2#	$2\theta/(°)$	40.312	46.891	68.484	82.571	87.125	105.454	120.26	125.668
	θ(Rad)	0.35178	0.40920	0.59763	0.72056	0.76038	0.92025	1.04946	1.09665
	$\sin^2\theta$	0.118733	0.15830	0.31661	0.43535	0.47492	0.63323	0.75196	0.79154
	$\sin^2\theta$ 序列	3	4	8	11	12	16	19	20

从结果可知，1#样品为体心立方，2#样品为面心立方。

晶胞参数计算参照上题。

练习 10-6　**答：**铝合金固溶处理后成单一物相组织。由于合金元素固溶到基体中，使基体产生晶胞参数变化。有必要精确测量其晶胞参数。晶胞参数的大小反映固溶度的大小。

（1）定制仪器角度校正曲线

测量标准硅粉的衍射谱，通过物相检索，检索到 Si 的 PDF 卡片。

拟合确定峰位。

以硅峰为标准，校正曲线。

校正。按下 F5，显示峰位校正对话框，单击 Calibrate，显示出角度校正曲线。再按下常用工具栏中的 🔄 按钮，峰位被校正到标准峰位置。

保存角度校正曲线，并设置在读入数据时自动校准仪器误差。

（2）铝合金样品的晶胞参数精修

测量 Al 固溶体样品的衍射谱。做全谱拟合。精确计算出峰位。

晶胞精修。打开菜单命令"Options-Cell Refinement"。

勾选"Displacement"项，单击"Refine"按钮，精修完成。对话框中显示精修后的晶胞参数。"esd"显示的是精修误差。

练习 11-1　**答：**

（1）这是运用 X 射线来测定晶粒大小的一个基本公式。β 为半高宽或峰的积分宽度，λ 为入射 X 射线波长，D 为粒径大小，θ 为表示所选晶面的布拉格角。一般当晶粒小于 1000nm 时，它的衍射峰就开始宽化，但是，只有当晶粒尺寸小于 100nm 后才有明显的衍射宽化效应。因此，该式适合于测定晶粒<100nm。它是目前测定纳米材料颗粒大小的主要方法。虽然精度不很高，但目前还没有其他好的方法测定纳米级粒子的大小。

（2）一般情况下样品可能不是细小的粉末，但实际上理想的晶体是不存在的，即使是较大的晶体，经常也具有镶嵌块结构，即使由一些大小约在 1000nm，取向稍有差别的镶嵌晶块组成。它们也会导致 X 射线衍射峰的宽化。

（3）一般样品中都有可能存在微观应变。因此，在实际操作时，切不可仅凭拟合报告中 XS 的数值作为晶粒尺寸，而应当用"Size & Strain"命令进行验证。只有当多个数据拟合出一条水平直线时，才可认为样品不存在微观应变。

（4）实际上，XRD 测量的晶块长度的结果可认为是"亚晶粒尺寸"。当一个晶粒中存在小角度界面时，晶块长度小于晶粒的尺寸。因此，XRD 测得的结果往往很小，不可以将其结果与 SEM 或 TEM 的观察结果相比较。

（5）晶块尺寸 D 是晶粒在衍射面法线方向的厚度。$D=md$，其中 d 是晶面间距，m 是晶块在这个方向包含的晶胞数。由于不同晶面的 d 值和 m 不同，因此不同（HKL）晶面测量出来的 D 值也会有差别。所谓平均晶粒尺寸是指晶粒不同方向上的长度的平均值。只有当晶粒为球形或近似球形时，平均晶粒尺寸才有意义。

（6）若测得（100）的衍射峰很宽，而（001）方向的衍射峰很窄，根据晶体与倒易球大小的关系，可以推断出这个晶粒呈棒状或片状（参见图 4-11）。

练习 11-2　**答**：干涉函数的每个主峰就是倒易空间的一个选择反射区，三维尺寸都很小的晶体对应的倒易阵点变为具有一定体积的倒易体元（选择反射区），选择反射区的中心是严格满足布拉格定律的倒易阵点，反射球与选择反射区的任何部位相交都能产生衍射，衍射峰的底宽对应于选择反射区的宽度范围，选择反射区的大小和形状是由晶块的尺寸 D 决定的。因为干涉函数主峰底宽与 N 成反比，所以选择反射区的大小与晶块的尺寸成反比。

利用光学原理，可以导出描述衍射线宽度与晶块尺寸的定量关系，即谢乐公式：

$$\beta=\frac{k\lambda}{D\cos\theta}$$

式中，$D=md$ 为反射面法向上晶块尺寸的平均值，只要从实验中测的衍射线的加宽 β，便可通过上述公式得到晶块尺寸 D。

晶块尺寸范围内的微观应力或晶格畸变，能导致晶面间距发生对称性改变 $d+\Delta d$。晶面间距等于倒易矢量的倒数，晶面间距改变 Δd，必然导致倒易矢量值产生相应的波动范围 Δr^*，即在多晶体衍射的埃瓦尔德图解中，倒易球成为具有一定厚度的 Δr^* 的面壳层。当反射球与倒易球相交时，得到宽化的衍射峰（参见图 3-25）。

练习 11-3　**答**：已知 $a=0.40497\mathrm{nm}$，则 $d_{111}=\dfrac{a}{\sqrt{3}}=0.23381\mathrm{nm}$。

根据布拉格公式，对（111）晶面的衍射峰，有 $\sin\theta=\dfrac{\lambda}{2d}=\dfrac{0.154}{2\times0.23381}=0.329238$。

则布拉格角为 $\theta=\arcsin(\sin\theta)=\arcsin(0.329238)=19.24°$。

以完全退火态的 Al 衍射峰宽度为仪器宽度，假定近似函数为柯西函数：

根据 $\beta=\sqrt{B^2-b^2}=\dfrac{(\sqrt{1.3^2-1})\times3.14}{180}=0.01449\mathrm{rad}$。

根据谢乐方程，（111）方向的晶块长度：

$$D=\frac{k\lambda}{\beta\cos\theta}=\frac{0.154}{0.01449\times\cos(19.24°)}=11.256\mathrm{nm}$$

根据 $D=md$。其中 d 为晶面间距，m 为晶胞层数。则（111）方向单胞的层数为：

$$m=\frac{D}{d}=\frac{11.256}{0.40497}+1\approx29$$

由于晶粒为方体，则各方向层叠数相同，一个晶粒里有：

$N=m\times m\times m=29^3\approx24389$ 个单胞。

而 Al 为面心立方结构，每个单胞内包含 4 个 Al 原子。所以每个晶粒中包含有 97556 个 Al 原子。

练习 11-4　**答：**读入图谱，物相鉴定为 $Ni(OH)_2$，对图谱进行拟合，得到拟合报告：

从拟合报告来看，所有方向的晶粒尺寸不呈线性关系，没有随衍射角增大变小的趋势，说明样品的微观应变影响可以忽略。

不同晶向的半高宽相差较大，得到的晶块长度相差有 10nm 以上。

（HKL）	衍射角 2θ/(°)	FWHM/(°)	XS/Å
001	19.163(0.002)	0.385(0.003)	219(3)
100	32.997(0.002)	0.269(0.004)	331(5)
011	38.456(0.002)	0.358(0.003)	243(3)
012	51.995(0.003)	0.489(0.006)	183(3)
110	58.961(0.003)	0.341(0.006)	275(6)
111	62.652(0.005)	0.442(0.008)	213(5)
200	69.300(0.022)	0.432(0.029)	227(16)
103	70.323(0.011)	0.666(0.020)	147(5)
142	72.697(0.009)	0.609(0.014)	163(5)

经晶面指数 HKL 比对，发现在 (001) 方向的 XS 值小，而在 (100) 方向的 XS 值大很多。$Ni(OH)_2$ 是一种六方结构晶体物质，$a=3.114$，$c=4.617$。若将 (001) 和 (100) 方向按 $m=D/d$ 计算，可得 $m_a=100$，$m_c=47$。即在 a 方向有堆砌了 100 层，而在 c 方向只有 47 层。

练习 11-5　**答：**这个样品的衍射峰很宽。因为背景很高而且不直，所以，读入数据后，选择显示范围为 27° 右边的衍射谱，并且将衍射角 27° 左边的图谱用命令"Edit——Trim range to zoom"去掉，以得到平直的背景线。

先进行物相检索，然后完成拟合，得到拟合报告数据：

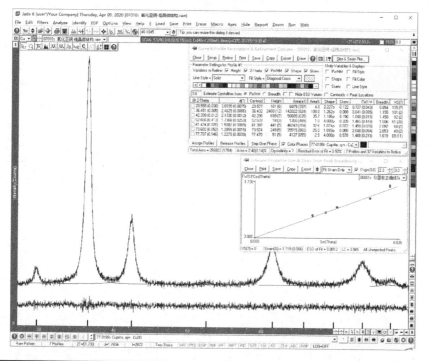

衍射角/(°)	半高宽/(°)	晶粒尺寸/Å
29.558(0.038)	0.729(0.040)	115(7)
36.447(0.004)	0.836(0.005)	101(2)

续表

衍射角/(°)	半高宽/(°)	晶粒尺寸/Å
42.342(0.012)	1.035(0.015)	83(2)
61.422(0.021)	1.450(0.026)	64(2)
77.685(0.153)	1.538(0.203)	66(10)
73.601(0.052)	2.052(0.055)	48(2)

从数据变化可以看出，XS 随衍射角增大明显减小，说明样品有微观应变。按下 Size & Strain 按钮，选择"Size & Strain"项，发现平均晶粒尺寸值为负值。选择"Strain only"，得到 Strain＝1.106%。调整 n 值从 2 到 3，发现"EDS of fit"值越来越小。得到最终结果 Strain＝1.119%。

这个结果说明，不只有经过加工的合金材料才有微观应变，粉末中也存在微观应变。这种微观应变的存在可以理解为粉末经过高温（或球磨）等工艺后，样品接受了热能或力能的输入，然后，在冷却过程中没有来得及释放，残留的能量（或力）使其晶格发生了不均匀的畸变。

附录1　常用基本物理常数

物理常数	符号	最佳实验值	供计算用值
真空中光速	c	$(299792458\pm1.2)\,\mathrm{m/s}$	$3.00\times10^{8}\,\mathrm{m/s}$
引力常数	G_0	$(6.6720\pm0.0041)\times10^{-11}\,\mathrm{m^3/s^2}$	$6.67\times10^{-11}\,\mathrm{m^3/s^2}$
阿伏伽德罗(Avogadro)常数	N_0	$(6.022045\pm0.000031)\times10^{23}\,\mathrm{mol^{-1}}$	$6.02\times1023\mathrm{mol}-1$
普适气体常数	R	$(8.31441\pm0.00026)\,\mathrm{J/(mol\cdot K)}$	$8.31\mathrm{J/(mol\cdot K)}$
玻耳兹曼(Boltzmann)常数	k	$(1.380662\pm0.000041)\times10^{-23}/\mathrm{K}$	$1.38\times10^{-23}\,\mathrm{J/K}$
理想气体摩尔体积	V_m	$(22.41383\pm0.00070)\times10^{-3}\,\mathrm{m^3/mol}$	$22.4\times10^{-3}\,\mathrm{m^3/mol}$
基本电荷(元电荷)	e	$(1.6021892\pm0.0000046)\times10^{-19}\,\mathrm{C}$	$1.602\times10^{-19}\,\mathrm{C}$
原子质量单位	u	$(1.6605655\pm0.0000086)\times10^{-27}\,\mathrm{kg}$	$1.66\times10^{-27}\,\mathrm{kg}$
电子静止质量	m_e	$(9.109534\pm0.000047)\times10^{-31}\,\mathrm{kg}$	$9.11\times10^{-31}\,\mathrm{kg}$
电子荷质比	e/m_e	$(1.7588047\pm0.0000049)\times10^{-11}\,\mathrm{C/kg}$	$1.76\times10^{-11}\,\mathrm{C/kg}$
质子静止质量	M_p	$(1.6726485\pm0.0000086)\times10^{-27}\,\mathrm{kg}$	$1.673\times10^{-27}\,\mathrm{kg}$
中子静止质量	M_n	$(1.6749543\pm0.0000086)\times10^{-27}\,\mathrm{kg}$	$1675\times10^{-27}\,\mathrm{kg}$
法拉第常数	F	$(9.648456\pm0.000027)\,\mathrm{C/mol}$	$96500\mathrm{C/mol}$
真空电容率	ε_0	$(8.854187818\pm0.000000071)\times10^{-12}\,\mathrm{F/m^2}$	$8.85\times10^{-12}\,\mathrm{F/m^2}$
真空磁导率	μ_o	$12.5663706144\times10^{-7}\,\mathrm{H/m}$	$4\pi\times10^{-7}\,\mathrm{H/m}$
电子磁矩	M_0	$(9.284832\pm0.000036)\times10^{-24}\,\mathrm{J/T}$	$9.28\times10^{-24}\,\mathrm{J/T}$
质子磁矩	μ_p	$(1.4106171\pm0.0000055)\times10^{-23}\,\mathrm{J/T}$	$1.41\times10^{-23}\,\mathrm{J/T}$
玻尔(Bohr)半径	a_0	$(5.2917706\pm0.0000044)\times10^{-11}\,\mathrm{m}$	$5.29\times10^{-1}\,\mathrm{m}$
玻尔磁子	μ_B	$(9.274078\pm0.000036)\times10^{-24}\,\mathrm{J/T}$	$9.27\times10^{-24}\,\mathrm{J/T}$
核磁子	M_n	$(5.050824\pm0.000020)\times10^{-24}\,\mathrm{J/T}$	$5.05\times10^{-24}\,\mathrm{J/T}$
普朗克常数	h	$(6.626176\pm0.000036)\times10^{-34}\,\mathrm{J\cdot s}$	$6.63\times10^{-34}\,\mathrm{J\cdot s}$

附录 2　元素的物理性质

元素	化学符号	原子序数	原子量	密度(20℃)/(g/cm)	点阵类型	点　阵参　数				原子间最紧密距离/Å	常数所适用的温度/℃
						a/A	b/A	c/A	晶轴间夹角		
银	Ag	47	107.880	10.49	面心立方	4.0856				2.888	20
铝	Al	13	26.98	2.699	面心立方	4.0491				2.862	20
砷	As	33	74.91	5.72	菱形	4.159			α=53°49′	2.51	20
金	Au	79	197.0	19.32	面心立方	4.0783				2.884	20
硼	B	5	10.82	2.34	正交	17.89	8.95	10.15			
钡	Ba	56	137.36	3.5	体心立方	5.025				4.35	20
铍(α)	Be	4	9.013	1.848	六角	2.2858		3.5842		2.225	20
铋	Bi	83	209.00	9.80	菱形	4.7457			α=57°14.2′	3.111	20
碳(石墨)	C	6	12.011	2.25	六角	2.4614		6.7014		1.42	20
钙(α)	Ca	20	40.08	1.55	面心立方	5.582				3.94	20
镉	Cd	48	112.41	8.65	六角	2.9787		5.617		2.979	20
铈	Ce	58	140.13	6.77	面心立方	5.16				3.64	室温
钴(α)	Co	27	58.94	8.85	六角	2.5071		4.0686		2.4967	20
铬	Cr	24	52.01	7.19	体心立方	2.8845				2.498	-173
铯	Cs	55	132.91	1.903	体心立方	6.06				5.25	20
铜	Cu	29	63.54	8.96	面心立方	3.6153				2.556	20
铁(α)	Fe	26	55.85	7.87	体心立方	2.8664				2.4824	
镓	Ga	31	69.72	5.907	正交	3.526	4.520	7.660		2.442	20
锗	Ge	32	72.60	5.323	面心立方	5.658				2.450	20

续表

元素	化学符号	原子序数	原子量	密度(20℃)/(g/cm)	点阵类型	点 阵 参 数				原子间最紧密距离/Å	常数所适用的温度/℃
						a/A	b/A	c/A	晶轴间夹角		
氢	H	1	1.0080	0.0899E−3	六角	3.76		6.13			−271
铪	Hf	72	178.58	13.09	六角	3.1883		5.0422		3.15	20
汞	Hg	80	200.61	13.546	菱形	3.005			$\alpha=70°31.7'$	3.005	−46
碘	I	53	126.91	4.94	正交	4.787	7.266	9.793		2.71	20
铟	In	49	114.82	7.31	面心四方	4.594		4.951		3.25	20
铱	Ir	77	192.2	22.5	面心立方	3.8389				2.714	20
钾	K	19	39.100	0.86	体心立方	5.334				4.624	20
镧(α)	La	57	138.92	6.19	六角	3.762		6.075		3.74	20
锂	Li	3	6.940	0.534	体心立方	3.5089				3.039	20
镁	Mg	12	24.32	1.74	六角	3.2088		5.2095		3.196	25
锰(α)	Mn	25	54.94	7.43	立方	8.912				2.24	20
钼	Mo	42	95.95	10.22	体心立方	3.1466				2.725	20

附录 3　K 系标识谱线的波长、吸收限和激发电压

元素	原子序数	K_α(平均)/Å	$K_{\alpha2}$/Å	$K_{\alpha1}$/Å	$K_{\beta1}$/Å	K 吸收限/Å	K 激发电压/kV	工作电压/kV
Na	11		11.909	11.909	11.617		1.07	
Mg	12		9.8889	9.888S	9.558	9.5117	1.30	
Al	13		8.33916	8.33669	7.981	7.9511	1.55	
Si	14		7.12773	7.12528	6.7681	6.7446	1.83	
P	15		6.1549	6.1549	5.8038	5.7866	2.14	
S	16		5.37471	5.37196	5.03169	5.0182	2.46	
Cl	17		4.73056	4.72760	4.4031	4.3969	2.82	

元素	原子序数	K_α(平均)/Å	$K_{\alpha 2}$/Å	$K_{\alpha 1}$/Å	$K_{\beta 1}$/Å	K 吸收限/Å	K 激发电压/kV	工作电压/kV
Ar	18		4.19456	4.19162		3.8707		
K	19		3.74462	3.74122	3.4538	3.43645	3.59	
Ca	20		3.36159	3.35825	3.0896	3.07016	4.00	
Sc	21		3.03452	3.03114	2.7795	2.7573	4.49	
Ti	22		2.75207	2.74841	2.51381	2.49730	4.95	
V	23		2.50729	2.50348	2.28434	2.26902	5.45	
Cr	24	2.29092	2.29351	2.28962	2.08480	2.07012	5.98	20~25
Mn	25		2.10568	2.10175	1.91015	1.89636	6.54	
Fe	26	1.93728	1.95991	1.93597	1.75653	1.74334	7.10	25~30
Co	27	1.79021	1.79278	1.78892	1.62075	1.60811	7.71	30
Ni	28		1.66159	1.65784	1.50010	1.48802	8.29	30~35
Cu	29	1.54178	1.54433	1.54051	1.39217	1.38043	8.88	35~40
Zn	30		1.43894	1.435H	1.29522	1.28329	9.65	
Ga	31		1.34394	1.34003	1.20784	1.19567	10.4	
Ge	32		1.25797	1.25401	1.12889	1.11652	11.1	
As	33		1.17981	1.17581	1.05726	1.04497	11.9	
Se	34		1.10875	1.10471	0.99212	0.97977	12.7	
Br	35		1.04376	1.03969	0.93273	0.91994	13.5	
Kr	36		0.9841	0.9801	0.87845	0.86546		
Rb	37		0.92963	0.92551	0.82863	0.81549	15.2	
Sr	38		0.87938	0.875214	0.78288	0.76969	16.1	
Y	39		0.83500	0.82879	0.74068	0.72762	17.0	
Zr	40		0.79010	0.78588	0.701695	0.68877	18.0	
Nb	41		0.75040	0.74615	0.66572	0.65291	19.0	
Mo	42	0.71069	0.713543	0.70926	0.632253	0.61977	20.0	50~55
Tc	43		0.676	0.673	0.602			
Ru	44		0.64736	0.64304	0.57246	0.56047	22.1	
Rh	45		0.617610	0.613245	0.54559	0.53378	23.2	
Pb	46		0.589801	0.585415	0.52052	0.50915	24.4	
Ag	47		0.563775	0.559363	0.49701	0.48582	25.5	55~60
Cd	48		0.53941	0.53498	0.475078	0.46409	26.7	
In	49		0.51652	0.51209	0.454514	0.44387	27.9	

续表

元素	原子序数	K_α(平均)/Å	$K_{\alpha2}$/Å	$K_{\alpha1}$/Å	$K_{\beta1}$/Å	K 吸收限/Å	K 激发电压/kV	工作电压/kV
Sn	50		0.49502	0.49056	0.435216	0.42468	29.1	
Sb	51		0.47479	0.470322	0.417060	0.40663	30.4	
Te	52		0.455751	0.451263	0.399972	0.38972	31.8	
I	53		0.437805	0.433293	0.383884	0.37379	33.2	
Xe	54		0.42043	0.41596	0.36846	0.35849		
Cs	55		0.404812	0.400268	0.354347	0.34473	35.9	
Ba	56		0.389646	0.385089	0.340789	0.33137	37.4	
La	57		0.375279	0.370709	0.327959	0.31842	38.7	
Ce	58		0.361665	0.357075	0.315792	0.30647	40.3	
Pr	59		0.348728	0.344122	0.304238	0.29516	41.9	
Nd	60		0.356487	0.331822	0.293274	0.28451	43.6	
Pm	61		0.3249	0.320709	0.28209			
Sm	62		0.31365	0.30895	0.27305	0.26462	46.8	
Eu	63		0.30326	0.29850	0.26360	0.25551	48.6	
Gd	64		0.29320	0.28840	0.25445	0.24680	50.3	
Tb	65		0.28343	0.27876	0.24601	0.23840	52.0	
Dy	66		0.27430	0.26957	0.23758	0.23046	53.8	
Ho	67		0.26552	0.26083		0.22290	55.8	
Er	68		0.25716	0.25248	0.22260	0.21565	57.5	
Tu	69		0.24911	0.24436	0.21530	0.2089	59.5	
Yb	70		0.24147	0.23676	0.20876	0.20223	61.4	
Lu	71		0.23405	0.22928	0.20212	0.19583	63.4	
Hf	72		0.22699	0.22218	0.19554	0.18981	65.4	
Ta	73		0.220290	0.215484	0.190076	0.18393	67.4	
W	74		0.213813	0.208992	0.184363	0.17837	69.3	
Re	75		0.207598	0.202778	0.178870	0.17311		
Os	76		0.201626	0.196783	0.173607	0.16780	73.8	
Ir	77		0.195889	0.191033	0.168533	0.16286	76.0	
Pt	78		0.190372	0.185504	0.163664	0.15816	78.1	
Au	79		0.185064	0.180385	0.158971	0.15344	80.5	
Hg	80					0.14923	82.9	
Tl	81		0.175028	0.170131	0.150133	0.14470	85.2	
Pb	82		0.170285	0.165364	0.145980	0.14077	87.6	

元素	原子序数	K_α(平均)/Å	$K_{\alpha 2}$/Å	$K_{\alpha 1}$/Å	$K_{\beta 1}$/Å	K 吸收限/Å	K 激发电压/kV	工作电压/kV
Bi	83		0.165704	0.160777	0.141941	0.13706	90.1	
Th	90		0.137820	0.132806	0.117389	0.11293	109.0	
U	92		0.130962	0.125940	0.111386	0.1068	115.0	

附录4　立方晶系晶面（或晶向）间的夹角

$\{h_1k_1l_1\}$	$\{h_2k_2l_2\}$	$h_1k_1l_1$ 与 $h_2k_2l_2$ 晶面(或晶向)间的夹角/(°)				
100	100	0	90			
	110	45	90			
	111	54.73				
	210	26.57	64.43	90		
	211	35.27	65.90			
	221	48.19	70.53			
	310	18.44	71.56	90		
	311	25.24	72.45			
	320	33.69	56.31	90		
	321	36.70	57.69	74.50		
	322	43.31	60.98			
	410	14.03	75.97	90		
	411	19.47	76.37			
100	100	0	60	90		
	111	35.27	90			
	210	18.44	50.77	71.56		
	211	30	54.73	73.22	90	
	221	19.47	45	76.37	90	
	310	26.57	47.87	63.43	77.08	
	311	31.48	64.76	90		
	320	11.31	53.96	66.91	78.69	
	321	19.11	40.89	55.46	67.79	79.11
	322	30.97	46.69	80.13	90	
	410	30.97	46.69	59.03	80.13	
	411	33.55	60	70.53	90	
	331	13.27	49.56	71.07	90	

$\{h_1k_1l_1\}$	$\{h_2k_2l_2\}$	$h_1k_1l_1$ 与 $h_2k_2l_2$ 晶面(或晶向)间的夹角/(°)								
111	111	0	70.53							
	210	39.23	75.04							
	211	19.47	61.87	90						
	221	15.81	54.73	78.90						
	310	43.10	68.58							
	311	29.50	58.52	79.98						
	320	36.81	80.70							
	321	22.21	51.89	72.02	90					
	322	11.42	65.16	81.95						
	410	45.57	65.16							
	411	35.27	57.02	74.21						
	331	21.99	48.53	82.39						
210	210	0	36.87	53.13	66.42	78.46	90			
	211	24.09	43.09	56.79	79.48	90				
	221	26.57	41.81	53.40	63.43	72.65	90			
	310	8.13	31.95	45	64.90	73.57	81.87			
	311	19.29	47.61	66.14	82.25					
	320	7.12	29.75	41.91	60.25	68.15	75.64	82.88		
	321	17.02	33.21	53.30	61.44	68.99	83.13	90		
	322	29.80	40.60	49.40	64.29	77.47	83.77			
	410	12.53	29.80	40.60	49.40	64.29	77.47	83.77		
	411	18.43	42.45	50.57	71.57	71.57	77.83	83.95		
	331	22.57	44.10	59.14	72.07	72.07	84.11			
211	211	0	33.56	48.19	60	70.53	80.41			
	221	17.72	35.26	47.12	65.90	74.21	82.18			
	310	25.35	49.80	58.91	75.04	82.59				
	311	10.02	42.39	60.50	75.75	90				
	320	25.07	37.57	55.52	63.07	83.50				
	321	10.90	29.21	40.20	49.11	56.94	70.89	77.40	83.74	90
	322	8.05	26.98	53.55	60.33	72.72	78.58	84.32		
	410	26.98	46.13	53.55	60.33	72.72	78.58			
	411	15.80	39.67	47.66	54.73	61.24	73.22	84.48		
	331	20.51	41.47	68.00	79.20					

$\{h_1k_1l_1\}$	$\{h_2k_2l_2\}$	$h_1k_1l_1$ 与 $h_2k_2l_2$ 晶面(或晶向)间的夹角/(°)									
221	221	0	27.27	38.94	63.61	83.62	90				
	310	32.51	42.45	58.19	65.06	83.95					
	311	25.24	45.29	59.83	72.45	84.23					
	320	22.41	42.30	49.67	68.30	79.34	84.70				
	321	11.49	27.02	36.70	57.69	63.55	74.50	79.74	84.89		
	322	14.04	27.21	49.70	66.16	71.13	75.96	90			
	410	36.06	43.31	55.53	60.98	80.69					
	411	30.20	45	51.06	56.64	66.87	71.68	90			
	331	6.21	32.73	57.64	67.52	85.61					
310	310	0	25.84	36.86	53.13	72.54	84.26	90			
	311	17.55	40.29	55.10	67.58	79.01	90				
	320	15.25	37.87	52.13	58.25	74.76	79.90				
	321	21.62	32.31	40.48	47.46	53.73	59.53	65.00	75.31	85.15	90
	322	32.47	46.35	52.15	57.53	72.13	76.70				
	410	4.40	23.02	32.47	57.53	72.13	76.70	85.60			
	411	14.31	34.93	58.55	72.65	81.43	85.73				
	331	29.48	43.49	54.52	64.20	90					
311	311	0	35.10	50.48	62.97	84.78					
	320	23.09	41.18	54.17	65.28	75.47	85.20				
	321	14.77	36.31	49.86	61.08	71.20	80.73				
	322	18.08	36.45	48.84	59.21	68.55	85.81				
	410	18.08	36.45	59.21	68.55	77.33	85.81				
	411	5.77	31.48	44.72	55.35	64.76	81.83	90			
	331	25.95	40.46	51.50	61.041	69.77	78.02				
320	320	0	22.62	46.19	62.51	67.38	72.08	90			
	321	15.50	27.19	35.38	48.15	53.63	58.74	68.25	77.15	85.75	90
	322	29.02	36.18	47.73	70.35	82.27	90				
	410	19.65	36.18	42.27	47.73	57.44	70.35	78.36	82.27		
	411	23.77	44.02	49.18	70.92	86.25					
	331	17.37	45.58	55.07	63.55	79.00					
321	321	0	21.79	31.00	38.21	44.42	50.00	60	64.62	73.40	85.90
	322	13.52	24.84	32.58	44.52	49.59	63.02	71.08	78.79	82.55	86.28
	410	24.84	32.58	44.52	49.59	54.31	63.02	67.11	71.08	82.55	86.28
	411	19.11	35.02	40.89	46.14	50.95	55.46	67.79	71.64	79.11	86.39
	331	11.18	30.87	42.63	52.18	69.63	68.42	75.80	82.95	90	

续表

$\{h_1k_1l_1\}$	$\{h_2k_2l_2\}$	$h_1k_1l_1$ 与 $h_2k_2l_2$ 晶面(或晶向)间的夹角/(°)						
322	322	0	19.75	58.03	61.93	76.39	86.63	
	410	34.56	49.68	53.97	69.33	72.90		
	411	23.85	42.00	46.69	59.04	62.78	66.41	80.13
	331	18.93	33.42	43.67	59.95	73.85	80.39	86.81
410	410	0	19.75	28.07	61.93	76.39	86.63	90
	411	13.63	30.96	62.78	73.39	80.13	93	
	331	33.42	43.67	52.26	59.95	67.08	86.81	
411	411	0	27.27	38.94	60	67.12	86.82	
	331	30.10	40.80	57.27	64.37	77.51	83.79	
331	331	0	26.52	37.86	61.73	80.91	86.98	

附录 5 元素的质量衰减系数

元素	原子序数	AgK_α ($\lambda=0.5608$Å)	MoK_α ($\lambda=0.7107$Å)	CuK_α ($\lambda=1.542$Å)	NiK_α ($\lambda=1.659$Å)	CoK_α ($\lambda=1.790$Å)	FeK_α ($\lambda=1.937$Å)	CrK_α ($\lambda=2.291$Å)
H	1	0.370	0.38	0.46	0.47	0.48	0.49	0.55
He	2	0.16	0.18	0.37	0.43	0.52	0.64	0.86
Li	3	0.187	0.22	0.68	0.87	1.13	1.48	2.11
Be	4	0.22	0.30	1.35	1.80	2.42	3.24	4.74
B	5	0.30	0.45	3.06	3.79	4.67	5.80	9.37
C	6	0.42	0.70	5.50	6.76	8.50	10.7	17.9
N	7	0.60	1.10	8.51	10.7	13.6	17.3	27.7
O	8	0.80	1.50	12.7	16.2	20.2	25.2	40.1
F	9	1.0	1.93	17.5	21.5	36.6	33.0	51.6
Ne	10	1.41	2.67	24.6	30.2	37.2	46.0	72.7
Na	11	1.75	3.36	30.9	37.9	46.2	56.9	92.5
Mg	12	2.27	4.38	40.6	47.9	60.0	75.7	120
Al	13	2.74	5.30	48.7	58.4	73.4	92.8	149
Si	14	3.44	6.70	60.3	75.8	94.1	116	192
P	15	4.20	7.98	73.0	90.5	113	141	223
S	16	5.15	10.3	91.3	112	139	175	273
Cl	17	5.86	11.62	103	126	158	199	308
Ar	18	6.40	12.55	113	141	174	217	341
K	19	8.05	16.7	143	179	218	269	425
Ca	20	9.66	19.8	172	210	257	317	508
Sc	21	10.5	21.1	185	222	273	338	545

元素	原子序数	AgK$_\alpha$ (λ=0.5608Å)	MoK$_\alpha$ (λ=0.7107Å)	CuK$_\alpha$ (λ=1.542Å)	NiK$_\alpha$ (λ=1.659Å)	CoK$_\alpha$ (λ=1.790Å)	FeK$_\alpha$ (λ=1.937Å)	CrK$_\alpha$ (λ=2.291Å)
Ti	22	11.8	23.7	204	247	304	377	603
V	23	13.3	26.5	227	275	339	422	77.3
Cr	24	15.7	30.4	259	316	392	490	89.9
Mn	25	17.4	33.5	284	348	431	63.6	99.4
Fe	26	19.9	38.3	324	397	59.5	72.8	115
Co	27	21.8	41.6	354	54.4	65.9	80.6	126
Ni	28	25.0	47.4	49.3	61.0	75.1	93.1	145
Cu	29	26.4	49.7	52.7	65.0	79.8	98.8	154
Zn	30	28.2	54.8	59.0	72.1	88.5	109	169
Ga	31	30.8	57.3	63.3	76.9	94.3	116	179
Ce	32	33.5	63.4	69.4	84.2	104	128	196
As	33	36.5	69.5	76.5	93.8	115	142	218
Se	34	38.5	74.0	82.8	101	125	152	235
Br	35	42.3	82.2	92.6	112	137	169	264
Kr	36	45.0	88.1	100	122	148	182	285
Pb	37	48.2	94.4	109	133	161	197	309
Sr	38	52.1	101.1	119	145	176	214	334
Y	39	55.5	109.9	129	158	192	235	360
Zr	40	61.1	17.2	143	173	211	260	391
Nb	41	65.8	18.7	153	183	225	279	415
Mo	42	70.7	20.2	164	197	242	299	439
Ru	44	79.9	23.4	185	221	272	337	488
Rh	45	13.1	25.3	198	240	293	361	522
Pd	46	13.8	26.7	207	254	308	376	545
Ag	47	14.8	28.6	223	276	332	402	585
Cd	48	15.5	29.9	234	289	352	417	608
In	49	16.5	31.8	252	307	366	440	648
Sn	50	17.4	33.3	265	322	382	457	681
Sb	51	18.6	35.3	284	342	404	482	727
Te	52	19.1	36.1	289	347	410	488	742
J	53	20.9	39.2	314	375	442	527	808
Xe	54	22.1	41.3	330	392	463	552	852
Cs	55	23.6	43.3	347	410	486	579	844
Ba	56	24.5	45.2	359	423	501	599	819
La	57	26.0	47.9	378	444		632	218
Ce	58	28.4	52.0	407	476	549	636	235

续表

元素	原子序数	AgK$_\alpha$ ($\lambda=0.5608$Å)	MoK$_\alpha$ ($\lambda=0.7107$Å)	CuK$_\alpha$ ($\lambda=1.542$Å)	NiK$_\alpha$ ($\lambda=1.659$Å)	CoK$_\alpha$ ($\lambda=1.790$Å)	FeK$_\alpha$ ($\lambda=1.937$Å)	CrK$_\alpha$ ($\lambda=2.291$Å)
Pr	59	29.4	54.5	422	493		624	251
Nd	60	30.5	57.0	437	510		651	263
Sm	62	33.1	62.3	467	519		183	289
Eu	63	35.0	65.9	461	498		193	306
Gd	64	35.8	68.0	470	509		199	316
Tb	65	37.5	71.7	435	140		211	333
Dy	66	39.1	95.0	462	146		220	345
Ho	67	41.3	79.3	128	153		232	361
Er	68	42.6	82.0	133	159		242	370
Tu	69	44.8	86.3	139	168		257	387
Yb	70	46.1	88.7	144	174		265	396
Lu	71	48.4	93.2	151	184		281	414
Hf	72	50.6	96.9	157	191		291	426
Ta	73	52.2	100.7	164	200	246	305	440
W	74	54.6	105.4	171	209	258	320	456
Os	76	58.6	112.9	186	226	278	346	480
Ir	77	61.2	117.9	194	237	292	362	498
Pt	78	64.2	123	205	248	304	376	518
Au	79	66.7	128	214	260	317	390	537
Hg	80	69.3	132	223	272	330	404	552
Tl	81	71.7	136	231	282	341	416	568
Pb	82	74.4	141	241	294	354	429	585
Bi	83	78.1	145	253	310	372	448	612
Rn	86	84.7	159	278	341		476	657
Ra	88	91.1	172	304	371	433	509	708
Th	90	97.0	143	327	399	460	536	755
U	92	104.2	153	352	423	488	566	805

附录6 原子散射因子

（1）轻原子及离子的散射因子

原子或离子	$\dfrac{\sin\theta}{\lambda}\times10^{-8}$												方法[①]
	0.0	0.1	0.2	0.3	0.4	0.5	0.6	0.7	0.8	0.9	1.0	1.1	
H	1.0	0.81	0.48	0.25	0.13	0.07	0.04	0.03	0.02	0.01	0.00	0.00	

续表

原子或离子	$\dfrac{\sin\theta}{\lambda}\times10^{-8}$												方法①
	0.0	0.1	0.2	0.3	0.4	0.5	0.6	0.7	0.8	0.9	1.0	1.1	
He	2.0	1.88	1.46	1.05	0.75	0.52	0.35	0.24	0.18	0.14	0.11	0.09	H
Li^+	2.0	1.96	1.8	1.5	1.3	1.0	0.8	0.6	0.5	0.4	0.3	0.3	H
Li	3.0	2.2	1.8	1.5	1.3	1.0	0.8	0.6	0.5	0.4	0.3	0.3	H
Be^{+2}	2.0	2.0	1.9	1.7	1.6	1.4	1.2	1.0	0.9	0.7	0.6	0.5	I
Be	4.0	2.9	1.9	1.7	1.6	1.4	1.2	1.0	0.9	0.7	0.6	0.5	I
Be^{+3}	2.0	1.99	1.9	1.8	1.7	1.6	1.4	1.3	1.2	1.0	0.9	0.7	I
B	5.0	3.5	2.4	1.9	1.7	1.5	1.4	1.2	1.2	1.0	0.9	0.7	I
C	6.0	4.6	3.0	2.2	1.9	1.7	1.6	1.4	1.3	1.16	1.0	0.9	I
N^{+5}	2.0	2.0	2.0	1.9	1.9	1.8	1.7	1.6	1.5	1.4	1.3	1.16	I
N^{+3}	4.0	3.7	3.0	2.4	2.0	1.8	1.66	1.56	1.49	1.39	1.28	1.17	I
N	7.0	5.8	4.2	3.0	2.3	1.9	1.65	1.54	1.49	1.39	1.29	1.17	I
O	8.0	7.1	5.3	3.9	2.9	2.2	1.8	1.6	1.5	1.4	1.35	1.26	H
O^{-2}	10.0	8.0	5.5	3.8	2.7	2.1	1.8	1.5	1.5	1.4	1.35	1.26	H+I
F	9.0	7.8	6.2	4.45	3.35	2.65	2.15	1.9	1.7	1.6	1.5	1.35	H
F^-	10.0	8.7	6.7	4.8	3.5	2.8	2.2	1.9	1.7	1.55	1.5	1.35	H
Ne	10.0	9.3	7.5	5.8	4.4	3.4	2.65	2.2	1.9	1.65	1.55	1.5	I
Na^+	10.0	9.5	8.2	6.7	5.25	4.05	3.2	2.65	2.25	1.95	1.75	1.6	H
Na	11.0	9.65	8.2	6.7	5.25	4.05	3.2	2.65	2.25	1.95	1.75	1.6	H
Mg^{+2}	10.0	9.75	8.6	7.25	5.95	4.8	3.85	3.15	2.55	2.2	2.0	1.8	I
Mg	12.0	10.5	8.6	7.25	5.95	4.8	3.85	3.15	2.55	2.2	2.0	1.8	I
Al^{+3}	10.0	9.7	8.9	7.8	6.65	5.5	4.45	3.65	3.1	2.65	2.3	2.0	H
Al	13.0	11.0	8.95	7.75	6.6	5.5	4.5	3.7	3.1	2.65	2.3	2.0	H+I
Si^{+4}	10.0	9.75	9.15	8.25	7.15	6.05	5.05	4.2	3.4	2.95	2.6	2.3	H
Si	14.0	11.35	9.4	8.2	7.15	6.1	5.1	4.2	3.4	2.95	2.6	2.3	H+I
P^{+5}	10.0	9.8	9.25	8.45	7.5	6.55	5.65	4.8	4.05	3.4	3.0	2.6	I
P	15.0	12.4	10.0	8.45	7.45	6.5	5.65	4.8	4.05	3.4	3.0	2.6	I
P^{-3}	18.0	12.7	9.8	8.4	7.45	6.5	5.65	4.85	4.05	3.4	3.0	2.6	I
S^{+6}	10.0	9.85	9.4	8.7	7.85	6.85	6.05	5.25	4.5	3.9	3.35	2.9	I
S	16.0	13.6	10.7	8.95	7.85	6.85	6.0	5.25	4.5	3.9	3.35	2.9	I
S^{-2}	18.0	14.3	10.7	8.9	7.85	6.85	6.0	5.25	4.5	3.9	3.35	2.9	I
Cl	17.0	14.6	11.3	9.25	8.05	7.25	6.5	5.75	5.05	4.4	3.85	3.35	H+I
Cl^-	18.0	15.2	11.5	9.3	8.05	7.25	6.5	5.75	5.05	4.4	3.85	3.35	H
A	18.0	15.9	12.6	10.4	8.7	7.8	7.0	6.2	5.4	4.7	4.1	3.6	I
K^+	18.0	16.5	13.3	10.8	8.85	7.75	7.05	6.44	5.9	5.3	4.8	4.2	H
Ca^{+2}	18.0	16.8	14.0	11.5	9.3	8.1	7.35	6.7	6.2	5.7	5.1	4.6	H

续表

原子或离子	$\frac{\sin\theta}{\lambda}\times 10^{-8}$												方法[1]
	0.0	0.1	0.2	0.3	0.4	0.5	0.6	0.7	0.8	0.9	1.0	1.1	
Sc^{+3}	18.0	16.7	14.0	11.4	9.4	8.3	7.6	6.9	6.4	5.8	5.35	4.85	I
Ti^{+4}	18.0	17.0	14.4	11.9	9.9	8.5	7.85	7.3	6.7	6.15	5.65	5.05	I
Rb^*	36.0	33.6	28.7	24.6	21.4	18.9	16.7	14.6	12.8	11.2	9.9	8.9	H

①字母 H 表示用哈特利方法所获得的数值。字母 I 表示根据较轻或较重原子哈特利数值内插值方法所获得的数值。

（2）重原子的散射因子

原子	$\frac{\sin\theta}{\lambda}\times 10^{-8}$												
	0.0	0.1	0.2	0.3	0.4	0.5	0.6	0.7	0.8	0.9	1.0	1.1	1.2
K	19	16.5	13.3	10.8	9.2	7.9	6.7	5.9	5.2	4.6	4.2	3.7	3.3
Ca	20	17.5	14.1	11.4	9.7	8.4	7.3	6.3	5.6	4.9	4.5	4.0	3.6
Sc	21	18.4	14.9	12.1	10.3	8.9	7.7	6.7	5.9	5.3	4.7	4.3	3.9
Ti	22	19.3	15.7	12.8	10.9	9.5	8.2	7.2	6.3	5.6	5.0	4.6	4.2
V	23	20.2	16.6	13.5	11.5	10.1	8.7	7.6	6.7	5.9	5.3	4.9	4.4
Cr	24	21.1	17.4	14.2	12.1	10.6	9.2	8.0	7.1	6.3	5.7	5.1	4.6
Mn	25	22.1	18.2	14.9	12.7	11.1	9.7	8.4	7.5	6.6	6.0	5.4	4.9
Fe	26	23.1	18.9	15.6	13.3	11.6	10.2	8.9	7.9	7.0	6.3	5.7	5.2
Co	27	24.1	19.8	16.4	14.0	12.1	10.7	9.3	8.3	7.3	6.7	6.0	5.5
Ni	28	25.0	20.7	17.2	14.6	12.7	11.2	9.8	8.7	7.7	7.0	6.3	5.8
Cu	29	25.9	21.6	17.9	15.2	13.3	11.7	10.2	9.1	8.1	7.3	6.6	6.0
Zn	30	26.8	22.4	18.6	15.8	13.9	12.2	10.7	9.6	8.5	7.6	6.9	6.3
Ga	31	27.8	23.3	19.3	16.5	14.5	12.7	11.2	10.0	8.9	7.9	7.3	6.7
Ge	32	28.8	24.1	20.0	17.1	15.0	13.2	11.6	10.4	9.3	8.3	7.6	7.0
As	33	29.7	25.0	20.8	17.7	15.6	13.8	12.1	10.8	9.7	8.7	7.9	7.3
Se	34	30.6	25.8	21.5	18.3	16.1	14.3	12.6	11.2	10.0	9.0	8.2	7.5
Br	35	31.6	26.6	22.3	18.9	16.7	14.8	13.1	11.7	10.4	9.4	8.6	7.8
Kr	36	32.5	27.4	23.0	19.5	17.3	15.3	13.6	12.1	10.8	9.8	8.9	8.1
Rb	37	33.5	28.2	23.8	20.2	17.9	15.9	14.1	12.5	11.2	10.2	9.2	8.4
Sr	38	34.4	29.0	24.5	20.8	18.4	16.4	14.6	12.9	11.6	10.5	9.5	8.7
Y	39	35.4	29.9	25.3	21.5	19.0	17.0	15.1	13.4	12.0	10.9	9.9	9.0
Zr	40	36.3	30.8	26.0	22.1	19.7	17.5	15.6	13.8	12.4	11.2	10.2	9.3
Nb	41	37.3	31.7	26.8	22.8	20.2	18.1	16.0	14.3	12.8	11.6	10.6	9.7
Mo	42	38.2	32.6	27.6	23.5	20.8	18.6	16.5	14.8	13.2	12.0	10.9	10.0
Tc	43	39.1	33.4	28.3	24.1	21.3	19.1	17.0	15.2	13.6	12.3	11.3	10.3

原子		$\frac{\sin\theta}{\lambda}\times10^{-8}$											
		0.0	0.1	0.2	0.3	0.4	0.5	0.6	0.7	0.8	0.9	1.0	1.1	1.2
Ru	44	40.0	34.3	29.1	24.7	21.9	19.6	17.5	15.6	14.1	12.7	11.6	10.6
Rh	45	41.0	35.1	29.9	25.4	22.5	20.2	18.0	16.1	14.5	13.1	12.0	11.0
Pd	46	41.9	36.0	30.7	26.2	23.1	20.8	18.5	16.6	14.9	13.6	12.3	11.3
Ag	47	42.8	36.9	31.5	26.9	23.8	21.3	19.0	17.1	15.3	14.0	12.7	11.7
Cd	48	43.7	37.7	32.2	27.5	24.4	21.8	19.6	17.6	15.7	14.3	13.0	12.0
In	49	44.7	38.6	32.0	28.1	25.0	22.4	20.1	18.0	16.2	14.7	13.4	12.3
Sn	50	45.7	39.5	33.8	28.7	25.6	22.9	20.6	18.5	16.6	15.1	13.7	12.7
Sb	51	46.7	40.4	34.6	29.5	26.3	23.5	21.1	19.0	17.0	15.5	14.1	13.0
Te	52	47.7	41.3	35.4	30.3	26.9	24.0	21.7	19.5	17.5	16.0	14.5	13.3
I	53	48.6	42.1	36.1	31.0	27.5	24.6	22.2	20.0	17.9	16.4	14.8	13.6
Xe	54	49.6	43.0	36.8	31.6	28.0	25.2	22.7	20.4	18.4	16.7	15.2	13.9
Cs	55	50.7	43.8	37.6	32.4	28.7	25.8	23.2	20.8	18.8	17.0	15.6	14.5
Ba	56	51.7	44.7	38.4	33.1	29.3	26.4	23.7	21.3	19.2	17.4	16.0	14.7
La	57	52.6	45.6	39.3	33.8	29.8	26.9	24.3	21.9	19.7	17.9	16.4	15.0
Ce	58	53.6	46.5	40.1	34.5	30.4	27.4	24.8	22.4	20.2	18.4	16.6	15.3
Pr	59	54.5	47.4	40.9	35.2	31.1	28.0	25.4	22.9	20.6	18.8	17.1	15.7
Nd	60	55.4	48.3	41.6	35.9	31.8	28.6	25.9	23.4	21.1	19.2	17.5	16.1
Pm	61	56.4	49.1	42.4	36.6	32.4	29.2	26.4	23.9	21.5	19.6	17.9	16.4
Sm	62	57.3	50.0	43.2	37.3	32.9	29.8	26.9	24.4	22.0	20.0	18.3	16.8
Eu	63	58.3	50.9	44.0	38.1	33.5	30.4	27.5	24.9	22.4	20.4	18.7	17.1
Gd	64	59.3	51.7	44.8	38.8	34.1	31.0	28.1	25.4	22.9	20.8	19.1	17.5
Tb	65	60.2	52.6	45.7	39.6	34.7	31.6	28.6	25.9	23.4	21.2	19.5	17.9
Dy	66	61.1	53.6	46.5	40.4	35.4	32.2	29.2	26.3	23.9	21.6	19.9	18.3
Ho	67	62.1	54.5	47.3	41.1	36.1	32.7	29.7	26.8	24.3	22.0	20.3	18.6
Er	68	63.0	55.3	48.1	41.7	36.7	33.3	30.2	27.3	24.7	22.4	20.7	18.9
Tu	69	64.0	56.2	48.9	42.4	37.4	33.9	30.8	27.9	25.2	22.9	21.0	19.3
Yb	70	64.9	57.0	49.7	43.2	38.0	34.4	31.3	28.4	25.7	23.3	21.4	19.7
Lu	71	65.9	57.8	50.4	43.9	38.7	35.0	31.8	28.9	26.2	23.8	21.8	20.0
Hf	72	66.8	58.6	51.2	44.5	39.3	35.6	32.3	29.3	26.7	24.2	22.3	20.4
Ta	73	67.8	59.5	52.0	45.3	39.9	36.2	32.9	29.8	27.1	24.7	22.6	20.9
W	74	68.8	60.4	52.8	46.1	40.5	36.8	33.5	30.4	27.6	25.2	23.0	21.3
Re	75	69.8	61.3	53.6	46.8	41.1	37.4	34.0	30.9	28.1	25.6	23.4	21.6
Os	76	70.8	62.2	54.4	47.5	41.7	38.0	34.6	31.4	28.6	26.0	23.9	22.0
Ir	77	71.7	63.1	55.3	48.2	42.4	38.6	35.1	32.0	29.0	26.5	24.3	22.3
Pt	78	72.6	64.0	56.2	48.9	43.1	39.2	35.6	32.5	29.5	27.0	24.7	22.7

原子		$\frac{\sin\theta}{\lambda}\times10^{-8}$											
		0.0	0.1	0.2	0.3	0.4	0.5	0.6	0.7	0.8	0.9	1.0	1.1	1.2
Au	79	73.6	65.0	57.0	49.7	43.8	39.8	36.2	33.1	30.0	27.4	25.1	23.1
Hg	80	74.6	65.9	57.9	50.5	44.4	40.5	36.8	33.6	30.6	27.8	25.6	23.6
Tl	81	75.5	66.7	58.7	51.2	45.0	41.1	37.4	34.1	31.1	28.3	26.0	24.1
Pb	82	76.5	67.5	59.5	51.9	45.7	41.6	37.9	34.6	31.5	28.8	26.4	24.5
Bi	83	77.5	68.4	60.4	52.7	46.4	42.2	38.5	35.1	32.0	29.2	26.8	24.8
Po	84	78.4	69.4	61.3	53.5	47.1	42.8	39.1	35.6	32.6	29.7	27.2	25.2
At	85	79.4	70.3	62.1	54.2	47.7	43.4	39.6	36.2	33.1	30.1	27.6	25.6
Rn	86	80.3	71.3	63.0	55.1	48.4	44.0	40.2	36.8	33.5	30.5	28.0	26.0
Fr	87	81.3	72.2	63.8	55.8	49.1	44.5	40.7	37.3	34.0	31.0	28.4	26.4
Ra	88	82.2	73.2	64.6	56.5	49.8	45.1	41.3	37.8	34.6	31.5	28.8	26.7
Ac	89	83.2	74.1	65.5	57.3	50.4	45.8	41.8	38.3	35.1	32.0	29.2	27.1
Th	90	84.1	75.1	66.3	58.1	51.1	46.5	42.4	38.8	35.5	32.4	29.6	27.5
Pa	91	85.1	76.0	67.1	58.8	51.7	47.1	43.0	39.3	36.0	32.8	30.1	27.9
U	92	86.0	76.9	67.9	59.6	52.4	47.7	43.5	39.8	36.5	33.3	30.6	28.3

注：根据托马斯-费密（Thomas-Hermi）方法计算得出。

（3）原子散射因子校正值 Δf

元素	λ/λ_K										
	0.7	0.8	0.9	0.95	1.005	1.05	1.1	1.2	1.4	1.8	∞
Ti	−0.18	−0.67	−1.75	−2.78	−5.83	−3.38	−2.77	−2.26	−1.88	−1.62	−1.37
V	−0.18	−0.67	−1.73	−2.76	−5.78	−3.35	−2.75	−2.24	−1.86	−1.60	−1.36
Cr	−0.18	−0.66	−1.71	−2.73	−5.73	−3.32	−2.72	−2.22	−1.84	−1.58	−1.34
Mn	−0.18	−0.66	−1.71	−2.72	−5.71	−3.31	−2.71	−2,21	−1.83	−1.58	−1.34
Fe	−0.17	−0.65	−1.70	−2.71	−5.69	−3.30	−2.70	−2.21	−1.83	−1.58	−1.33
Co	−0.17	−0.65	−1.69	−2.69	−5.66	−3.28	−2.69	−2.19	−1.82	−1.57	−1.33
Ni	−0.17	−0.64	−1.68	−2.68	−5.63	−3.26	−2.67	−2.18	−1.81	−1.56	−1.32
Cu	−0.17	−0.64	−1.67	−2.66	−5.60	−3.24	−2.66	−2.17	−1.80	−1.55	−1.31
Zn	−0.16	−0.64	−1.67	−2.65	−5.58	−3.23	−2.65	−2.16	−1.79	−1.54	−1.30
Ge	−0.16	−0.63	−1.65	−2.63	−5.53	−3.20	−2.62	−2.14	−1.77	−1.53	−1.29
Sr	−0.15	−0.62	−1.62	−2.56	−5.41	−3.13	−2.56	−2.10	−1.73	−1.49	−1.26
Zr	−0.15	−0.61	−1.60	−2.55	−5.37	−3.11	−2.55	−2.08	−1.72	−1.48	−1.25
Nb	−0.15	−0.61	−1.59	−2.53	−5.34	−3.10	−2.53	−2.07	−1.71	−1.47	−1.24
Mo	−0.15	−0.60	−1.58	−2.52	−5.32	−3.08	−2.52	−2.06	−1.70	−1.47	−1.24
W	−0.13	−0.54	−1.45	−2.42	−4.94	−2.85	−2.33	−1.90	−1.57	−1.36	−1.15

附录7　洛伦兹偏振因子$\left(\dfrac{1+\cos^2 2\theta}{\sin\theta + \cos\theta}\right)$

$\theta°$	0	0.1	0.2	0.3	0.4	0.5	0.6	0.7	0.8	0.9
2	1639	1486	1354	1239	1138	1048	968.9	898.3	835.1	778.4
3	727.2	680.9	638.8	600.5	565.6	533.6	504.3	477.3	452.3	429.3
4	408.0	388.2	369.9	352.7	336.8	321.9	308.0	294.9	282.6	271.1
5	260.3	250.1	240.5	231.4	222.9	214.7	207.1	199.8	192.9	186.3
6	180.1	174.2	168.5	163.1	158.0	153.1	148.4	144.0	139.7	135.6
7	131.7	128.0	124.4	120.9	117.6	114.4	111.4	108.5	105.6	102.9
8	100.3	97.80	95.37	93.03	90.78	88.60	86.51	84.48	82.52	80.63
9	78.79	77.02	75.31	73.66	72.05	70.49	68.99	67.53	66.12	64.74
10	63.41	62.12	60.87	59.65	58.46	57.32	56.20	55.11	54.06	53.03
11	52.04	51.06	50.12	49.19	48.30	47.43	46.53	45.75	44.94	22.16
12	43.39	42.64	41.91	41.20	40.50	39.82	39.16	38.51	37.88	37.27
13	36.67	36.08	35.50	34.94	34.39	33.85	33.33	32.81	32.31	31.82
14	31.34	30.87	30.41	29.96	29.51	29.08	28.66	28.24	27.83	27.44
15	27.05	26.66	26.29	25.92	25.56	25.21	24.86	24.52	24.19	23.86
16	23.54	23.23	22.92	22.61	22.32	22.02	21.74	21.46	21.18	20.91
17	20.64	20.38	20.12	19.87	19.62	19.38	19.14	18.90	18.67	18.44
18	18.22	18.00	17.78	17.57	17.36	17.15	16.95	16.75	16.56	16.36
19	16.17	15.99	15.80	15.62	15.45	15.27	15.10	14.93	14.76	14.60
20	14.44	14.28	14.12	13.97	13.81	13.66	13.52	13.37	13.23	13.09
21	12.95	12.81	12.68	12.54	12.41	12.28	12.15	12.03	11.91	11.78
22	11.66	11.54	11.43	11.31	11.20	11.09	10.98	10.87	10.76	10.65
23	10.55	10.45	10.35	10.24	10.15	10.05	9.551	9.857	9.763	9.671
24	9.579	9.489	9.400	9.313	9.226	9.141	9.057	8.973	8.891	8.810
25	8.730	8.651	8.573	8.496	8.420	8.345	8.271	8.198	8.126	8.054
26	7.984	7.915	7.846	7.778	7.711	7.645	7.580	7.515	7.452	7.389
27	7.327	7.266	7.205	7.145	7.086	7.027	6.969	6.912	6.856	6.800
28	6.745	6.692	6.637	6.584	6.532	6.480	6.429	6.379	6.329	6.279
29	6.230	6.183	6.135	6.088	6.042	5.995	5.950	5.905	5.861	5.817
30	5.774	5.731	5.688	5.647	5.605	5.564	5.524	5.484	5.445	5.406
31	5.367	5.329	5.292	5.254	5.218	5.181	3.145	5.110	5.075	5.040
32	5.006	4.972	4.939	4.906	4.873	4.841	4.809	4.777	4.746	4.715
33	4.685	4.655	4.625	4.595	4.566	4.538	4.509	4.481	4.453	4.426
34	4.399	4.372	4.346	4.320	4.294	4.268	4.243	4.218	4.193	4.169
35	4.145	4.121	4.097	4.074	4.052	4.029	4.006	3.984	3.962	3.941
36	3.919	3.898	3.877	3.857	3.836	3.816	3.797	3.777	3.758	3.739

$\theta°$	0	0.1	0.2	0.3	0.4	0.5	0.6	0.7	0.8	0.9
37	3.720	3.701	3.683	3.665	3.647	3.629	3.612	3.594	3.577	3.561
38	3.544	3.527	3.513	3.497	3.481	3.465	3.449	3.434	3.419	3.404
39	3.389	3.375	3.361	3.347	3.333	3.320	3.306	3.293	3.280	3.268
40	3.255	3.242	3.230	3.218	3.206	3.194	3.183	3.171	3.160	3.149
41	3.138	3.127	3.117	3.106	3.096	3.086	3.076	3.067	3.057	3.048
42	3.038	3.029	3.020	3.012	3.003	2.994	2.986	2.978	2.970	2.962
43	2.954	2.945	2.939	2.932	2.925	2.918	2.911	2.901	2.897	2.891
44	2.884	2.878	2.872	2.866	2.860	2.855	2.849	2.844	2.838	2.833
45	2.828	2.824	2.819	2.814	2.810	2.805	2.801	2.797	2.793	2.789
46	2.785	2.782	2.778	2.775	2.772	2.769	2.766	2.763	2.760	2.757
47	2.755	2.752	2.750	2.748	2.746	2.744	2.742	2.740	2.738	2.737
48	2.736	2.735	2.733	2.732	2.731	2.730	2.730	2.729	2.729	2.728
49	2.728	2.728	2.728	2.728	2.728	2.728	2.729	2.729	2.730	2.730
50	2.731	2.732	2.733	2.734	2.735	2.737	2.738	2.740	2.741	2.743
51	2.745	2.747	2.749	2.751	2.753	2.755	2.758	2.760	2.763	2.766
52	2.769	2.772	2.775	2.778	2.782	2.785	2.788	2.792	2.795	2.799
53	2.803	2.807	2.811	2.815	2.820	2.824	2.828	2.833	2.838	2.843
54	2.848	2.853	2.858	2.863	2.868	2.874	2.879	2.885	2.890	2.896
55	2.902	2.908	2.914	2.921	2.927	2.933	2.940	2.946	2.953	2.960
56	2.967	2.974	2.981	2.988	2.996	3.004	3.011	3.019	3.026	3.034
57	3.042	3.050	3.059	3.067	3.075	3.084	3.092	3.101	3.110	3.119
58	3.128	3.137	3.147	3.156	3.166	3.175	3.185	3.195	3.205	3.215
59	3.225	3.235	3.246	3.256	3.267	3.278	3.289	3.300	3.311	3.322
60	3.333	3.345	3.356	3.368	3.380	3.392	3.404	3.416	3.429	3.441
61	3.454	3.466	3.479	3.492	3.505	3.518	3.532	3.545	3.559	3.573
62	3.587	3.601	3.615	3.629	3.643	3.658	3.673	3.688	3.703	3.718
63	3.733	3.749	3.764	3.780	3.796	3.812	3.828	3.844	3.861	3.878
64	3.894	3.911	3.928	3.946	3.963	3.980	3.998	4.016	4.034	4.052
65	4.071	4.090	4.108	4.127	4.147	4.166	4.185	4.205	4.225	4.245
66	4.265	4.285	4.306	4.327	4.348	4.369	4.390	4.412	4.434	4.456
67	4.478	4.500	4.523	4.546	4.569	4.592	4.616	4.640	4.664	4.688
68	4.712	4.737	4.762	4.787	4.812	4.838	4.864	4.890	4.916	4.943
69	4.970	4.997	5.024	5.052	5.080	5.109	5.137	5.166	5.195	5.224
70	5.254	5.284	5.315	5.345	5.376	5.408	5.440	5.471	5.504	5.536
71	5.569	5.602	5.636	5.670	5.705	5.740	5.775	5.810	5.846	5.883
72	5.919	5.956	5.994	6.032	6.071	6.109	6.149	6.189	6.229	6.270
73	6.311	6.352	6.394	6.437	6.480	6.524	6.568	6.613	6.658	6.703

续表

$\theta°$	0	0.1	0.2	0.3	0.4	0.5	0.6	0.7	0.8	0.9
74	6.750	6.797	6.844	6.892	6.941	6.991	7.041	7.091	7.142	7.194
75	7.247	7.300	7.354	7.409	7.465	7.521	7.578	7.636	7.694	7.753
76	7.813	7.874	7.936	7.999	8.063	8.128	8.193	8.259	8.327	8.395
77	8.465	8.536	8.607	8.680	8.754	8.829	8.905	8.982	9.061	9.142
78	9.223	9.305	9.389	9.474	9.561	9.649	9.739	9.831	9.924	10.02
79	10.12	10.21	10.31	10.41	10.52	10.62	10.73	10.84	10.95	11.06
80	11.18	11.30	11.42	11.54	11.67	11.80	11.93	12.06	12.20	12.34
81	12.48	12.63	12.78	12.93	13.08	13.24	13.40	13.57	13.74	13.92
82	14.10	14.28	14.47	14.66	14.86	15.07	15.28	15.49	15.71	15.94
83	16.17	16.41	16.66	16.91	17.17	17.44	17.72	18.01	18.31	18.61
84	18.93	19.25	19.59	19.94	20.30	20.68	21.07	21.47	21.89	22.32
85	22.77	23.24	23.73	24.24	24.78	25.34	25.92	26.52	27.16	27.83
86	28.53	29.27	30.04	30.86	31.73	32.64	33.60	34.63	35.72	36.88
87	38.11	39.43	40.84	42.36	44.00	45.76	47.68	49.76	52.02	54.50

附录8　德拜-瓦洛温度因子

$$\text{温度因子} = e^{-B\left(\frac{\sin\theta}{\lambda}\right)^2}, \quad B = \frac{6h^2}{m_k k\Theta}\left[\frac{\phi(x)}{x} + \frac{1}{4}\right]$$

$B\times10^{16}$	$\frac{\sin\theta}{\lambda}\times10^{-8}$												
	0.0	0.1	0.2	0.3	0.4	0.5	0.6	0.7	0.8	0.9	1.0	1.1	1.2
0.0	1.000	1.000	1.000	1.000	1.000	1.000	1.000	1.000	1.000	1.000	1.000	1.000	1.000
0.1	1.000	0.999	0.996	0.991	0.984	0.975	0.964	0.952	0.938	0.923	0.905	0.886	0.866
0.2	1.000	0.998	0.992	0.982	0.968	0.951	0.931	0.906	0.880	0.850	0.819	0.785	0.750
0.3	1.000	0.997	0.988	0.973	0.953	0.928	0.898	0.863	0.826	0.784	0.741	0.695	0.649
0.4	1.000	0.996	0.984	0.964	0.938	0.905	0.866	0.821	0.774	0.724	0.670	0.616	0.562
0.5	1.000	0.995	0.980	0.955	0.924	0.882	0.834	0.782	0.726	0.667	0.607	0.548	0.487
0.6	1.000	0.994	0.976	0.947	0.909	0.860	0.804	0.745	0.681	0.615	0.549	0.484	0.421
0.7	1.000	0.993	0.972	0.939	0.894	0.839	0.776	0.710	0.639	0.567	0.497	0.429	0.365
0.8	1.000	0.992	0.968	0.931	0.880	0.818	0.750	0.676	0.599	0.523	0.449	0.380	0.314
0.9	1.000	0.991	0.964	0.923	0.866	0.798	0.724	0.644	0.561	0.482	0.406	0.336	0.273
1.0	1.000	0.990	0.960	0.915	0.852	0.779	0.698	0.613	0.527	0.445	0.368	0.298	0.236
1.1	1.000	0.989	0.957	0.907	0.839	0.759	0.672	0.584	0.494	0.410	0.333	0.264	0.205
1.2	1.000	0.988	0.953	0.898	0.826	0.740	0.649	0.556	0.464	0.378	0.301	0.234	0.178
1.3	1.000	0.987	0.950	0.890	0.813	0.722	0.626	0.529	0.435	0.349	0.273	0.207	0.154

$B \times 10^{16}$	$\frac{\sin\theta}{\lambda} \times 10^{-8}$												
	0.0	0.1	0.2	0.3	0.4	0.5	0.6	0.7	0.8	0.9	1.0	1.1	1.2
1.4	1.000	0.986	0.946	0.882	0.800	0.704	0.604	0.503	0.408	0.322	0.247	0,184	0.133
1.5	1.000	0.985	0.942	0.874	0.787	0.687	0.582	0.479	0.383	0.297	0.223	0.167	0.116
1.6	1.000	0.984	0.938	0.866	0.774	0.670	0.562	0.458	0.359	0.274	0.202	0.144	0.100
1.7	1.000	0.983	0.935	0.858	0.762	0.654	0.543	0.436	0.337	0.252	0.183	0.128	0.086
1.8	1.000	0.982	0.931	0.850	0.750	0.638	0.523	0.414	0.316	0.233	0.165	0.113	0.075
1.9	1.000	0.981	0.927	0.842	0.739	0.622	0.505	0.394	0.296	0.215	0.149	0.100	0.065
2.0	1.000	0.980	0.924	0.834	0.727	0.607	0.487	0.375	0.278	0.198	0.135	0.089	0.056
2.2	1.000	0.978	0.916	0.820	0.719	0.577	0.452	0.340	0.245	0.169	0.110		
2.4	1.000	0.976	0.908	0.806	0.698	0.549	0.421	0.327	0.215	0.144	0.090		
2.6	1.000	0.974	0.901	0.791	0.677	0.522	0.391	0.283	0.190	0.122	0.074		
2.8	1.000	0.972	0.894	0.777	0.657	0.497	0.361	0.254	0.167	0.108	0.060		
3.0	1.000	0.970	0.887	0.763	0.638	0.472	0.348	0.230	0.147	0.089	0.049		
3.5	1.000	0.966	0.869	0.730	0.592	0.419	0.284	0.180	0.106	0.059	0.036		
4.0	1.000	0.961	0.852	0.698	0.549	0.368	0.237	0.141	0.078	0.039	0.018		
4.5	1.000	0.956	0.835	0.667	0.487	0.325	0.198	0.111	0.056				
5.0	1.000	0.951	0.819	0.638	0.449	0.287	0.165	0.106	0.041				
5.5	1.000	0.946	0.793	0.610	0.415	0.253	0.138	0.068	0.027				
6.0	1.000	0.942	0.786	0.583	0.383	0.223	0.115	0.054	0.011				
7.0	1.000	0.932	0.763	0.533	0.326	0.174	0.080						
8.0	1.000	0.923	0.726	0.487	0.278	0.135	0.056						
9.0	1.000	0.914	0.698	0.445	0.237	0.105	0.039						
10.0	1.000	0.905	0.670	0.407	0.202	0.082	0.027						

附录 9 吸收因子

（1）圆柱状粉末试样，当 $\mu_r < 5$ 时的吸收因子 $A(\theta)$

μ_r	$\sin^2\theta$									
	0	0.0302	0.1170	0.2500	0.4132	0.5868	0.7500	0.8830	0.9699	1.000
	θ									
	0°	10°	20°	30°	40°	50°	60°	70°	80°	90°
0.0	1.0000	1.0000	1.0000	1.0000	1.0000	1.0000	1.0000	1.0000	1.0000	1.0000
0.1	0.847	0.8475	0.9481	0.8486	0.8493	0.8499	0.850	0.8502	0.8505	0.851

μ_r	$\sin^2\theta$									
	0	0.0302	0.1170	0.2500	0.4132	0.5868	0.7500	0.8830	0.9699	1.000
	θ									
	0°	10°	20°	30°	40°	50°	60°	70°	80°	90°
0.2	0.712	0.7135	0.7150	0.7165	0.7181	0.7200	0.7222	0.7245	0.7270	0.729
0.3	0.600	0.6022	0.6050	0.6082	0.6120	0.6170	0.6221	0.6252	0.6310	0.635
0.4	0.510	0.5135	0.5162	0.5200	0.5245	0.5308	0.5390	0.5460	0.5510	0.556
0.5	0.435	0.4362	0.4401	0.4465	0.4540	0.4626	0.4720	0.4800	0.4875	0.490
0.6	0.639	0.3709	0.375	0.3832	0.3910	0.4020	0.4145	0.4255	0.4330	0.436
0.7	0.314	0.3160	0.3220	0.3312	0.3420	0.3555	0.3690	0.3801	0.3899	0.393
0.8	0.268	0.2701	0.2762	0.2862	0.2985	0.3130	0.3278	0.3410	0.3520	0.356
0.9	0.230	0.2320	0.2385	0.2500	0.2640	0.2792	0.2945	0.3088	0.3198	0.324
1.0	0.1977	0.2002	0.2075	0.2190	0.2338	0.2507	0.2672	0.2810	0.2910	0.295
1.1	0.1698	0.1722	0.1800	0.1920	0.2070	0.2250	0.2434	0.2582	0.2685	0.2715
1.2	0.1459	0.1487	0.1571	0.1702	0.1865	0.2052	0.2232	0.2381	0.2473	0.2510
1.3	0.1256	0.1285	0.1375	0.1512	0.1680	0.1870	0.2050	0.2202	0.2303	0.2335
1.4	0.1084	0.1115	0.1203	0.1342	0.1518	0.1710	0.1892	0.2044	0.2184	0.2180
1.5	0.0938	0.0967	0.1060	0.1200	0.1374	0.1569	0.1749	0.1900	0.2012	0.2050
1.6	0.0811	0.0841	0.0940	0.1085	0.1260	0.1452	0.1632	0.1808	0.1900	0.1932
1.7	0.0710	0.0744	0.0839	0.0980	0.1153	0.1345	0.1525	0.1679	0.1783	0.1824
1.8	0.0615	0.0695	0.0747	0.0888	0.1063	0.1250	0.1426	0.1580	0.1692	0.1730
1.9	0.0537	0.0571	0.0670	0.0812	0.0983	0.1171	0.1346	0.1496	0.1605	0.1644
2.0	0.0471	0.0502	0.0600	0.0741	0.0914	0.1099	0.1271	0.1420	0.1528	0.1567
2.1	0.0416	0.0450	0.0545	0.0683	0.0856	0.1039	0.1205	0.1348	0.1455	0.1493
2.2	0.0367	0.0402	0.0500	0.0636	0.0800	0.0961	0.1146	0.1277	0.1388	0.1426
2.3	0.0324	0.0356	0.0453	0.0588	0.0748	0.0901	0.1083	0.1225	0.1330	0.1365
2.4	0.0287	0.0317	0.0412	0.0548	0.0706	0.0859	0.1037	0.1169	0.1271	0.1309
2.5	0.0255	0.0288	0.0380	0.0510	0.0665	0.0812	0.0978	0.1120	0.1220	0.1256
2.6	0.0227	0.0258	0.0349	0.0478	0.0631	0.0777	0.0947	0.1073	0.1173	0.1211
2.7	0.0202	0.0233	0.0322	0.0447	0.0594	0.0737	0.0903	0.1032	0.1131	0.1167
2.8	0.01803	0.0212	0.0300	0.0420	0.0563	0.0702	0.0870	0.0998	0.1095	0.1127
2.9	0.01607	0.0190	0.0277	0.0395	0.0534	0.0671	0.0833	0.0960	0.1056	0.1089
3.0	0.01436	0.0173	0.0262	0.0375	0.0510	0.0640	0.0797	0.0914	0.0993	0.1054
3.1	0.01288	0.0158	0.0244	0.0356	0.0490	0.0627	0.0766	0.0890	0.0984	0.1021
3.2	0.01159	0.0142	0.0228	0.0338	0.0468	0.0604	0.0740	0.0862	0.0956	0.0990
3.3	0.01049	0.0130	0.0215	0.0321	0.0447	0.0582	0.0715	0.0836	0.0928	0.0961

μ_r	$\sin^2\theta$									
	0	0.0302	0.1170	0.2500	0.4132	0.5868	0.7500	0.8830	0.9699	1.000
	θ									
	0°	10°	20°	30°	40°	50°	60°	70°	80°	90°
3.4	0.00955	0.0121	0.0205	0.0306	0.0430	0.0561	0.0691	0.0810	0.0900	0.0983
3.5	0.00871	0.0111	0.0192	0.0293	0.0413	0.0541	0.0670	0.0786	0.0874	0.0906
3.6	0.00796	0.0106	0.0179	0.0281	0.0399	0.0521	0.0649	0.0762	0.0850	0.0881
3.7	0.00729	0.00988	0.0171	0.0270	0.0384	0.0504	0.0628	0.0742	0.0828	0.0858
3.8	0.00670	0.00928	0.0162	0.0260	0.0370	0.0489	0.0611	0.0722	0.0806	0.0836
3.9	0.00617	0.00867	0.0155	0.0250	0.0358	0.0473	0.0595	0.0701	0.0786	0.0815
4.0	0.00568	0.00810	0.0147	0.0239	0.0347	0.0458	0.0576	0.0682	0.0764	0.0794
4.1	0.00525	0.00755	0.0140	0.0230	0.0335	0.0445	0.0559	0.0663	0.0745	0.0774
4.2	0.00488	0.00715	0.0134	0.0222	0.0324	0.0432	0.0544	0.0645	0.0726	0.0755
4.3	0.00453	0.00678	0.0128	0.0215	0.0315	0.0420	0.0528	0.0630	0.0710	0.0738
4.4	0.00420	0.00641	0.0124	0.0207	0.0305	0.0408	0.0517	0.0615	0.0692	0.0721
4.5	0.00391	0.00604	0.0119	0.0201	0.0297	0.0398	0.0502	0.0600	0.0677	0.0705
4.6	0.00364	0.00569	0.0114	0.0195	0.0289	0.0388	0.0492	0.0587	0.0662	0.0689
4.7	0.00340	0.00539	0.0110	0.0188	0.0281	0.0378	0.0479	0.0574	0.0650	0.0675
4.8	0.00316	0.00518	0.0106	0.0183	0.0274	0.0370	0.0467	0.0560	0.0636	0.0661
4.9	0.00294	0.00492	0.0103	0.0178	0.0267	0.0361	0.0457	0.0550	0.0622	0.0647
5.0	0.00275	0.00468	0.0100	0.0173	0.0260	0.0352	0.0448	0.0540	0.0610	0.0635

(2) 圆柱状粉末试样，当 $\mu_r > 5$ 时的吸收因子 $A(\theta)$ 表中数值，以 $\theta = 90°$ 时，$A(\theta) = 100$

μ_r	$\sin^2\theta$									
	0	0.0302	0.1170	0.2500	0.4132	0.5868	0.7500	0.8830	0.9699	1.000
	θ									
	0°	10°	20°	30°	40°	50°	60°	70°	80°	90°
5.0	4.34	7.28	15.83	27.33	40.85	55.54	70.8	84.8	94.7	100
5.5	3.50	6.44	14.90	26.35	39.90	54.76	70.0	84.3	94.5	100
6.0	2.91	5.81	14.19	25.57	39.06	53.89	69.3	83.9	94.4	100
6.5	2.44	5.32	13.59	24.92	38.40	53.27	68.9	83.6	94.3	100
7.0	2.12	4.96	13.12	24.35	37.82	52.74	68.4	83.4	94.2	100
7.5	1.83	4.67	12.70	23.88	37.47	52.25	68.0	83.1	94.1	100
8.0	1.61	4.39	12.36	23.47	36.85	51.83	67.7	82.9	94.0	100
8.5	1.44	4.17	12.05	23.11	36.45	51.48	67.4	82.7	93.95	100
9.0	1.26	3.98	11.78	22.76	36.10	51.14	67.1	82.5	93.9	100
9.5	1.14	3.82	11.57	22.50	35.80	50.88	66.9	82.3	93.85	100

μ_r	$\sin^2\theta$									
	0	0.0302	0.1170	0.2500	0.4132	0.5868	0.7500	0.8830	0.9699	1.000
	θ									
	0°	10°	20°	30°	40°	50°	60°	70°	80°	90°
10	1.02	3.69	11.37	22.24	35.54	50.60	66.7	82.2	93.8	100
11	0.84	3.50	11.06	21.84	35.09	50.16	66.3	82.0	93.7	100
12	0.69	3.32	11.78	21.50	34.71	49.75	66.0	81.8	93.6	100
13	0.59	3.15	10.53	21.18	34.35	49.40	65.7	81.6	93.5	100
14	0.50	3.03	10.30	20.92	34.09	49.17	65.5	81.4	93.45	100
15	0.44	2.93	10.08	20.72	33.85	48.94	65.3	81.3	93.4	100
16	0.39	2.86	9.90	20.52	33.66	48.73	65.1	81.2	93.4	100
17	0.35	2.80	9.73	20.37	33.47	48.57	65.0	81.1	93.35	100
18	0.31	2.75	9.57	20.22	33.30	48.42	64.9	81.0	93.35	100
19	0.28	2.72	9.45	20.06	33.16	48.28	64.8	80.95	93.3	100
20	0.25	2.70	9.35	19.93	33.01	48.16	64.7	80.9	93.3	100
25	0.16	2.60	9.17	19.55	32.58	47.86	64.3	80.7	93.3	100
30	0.11	2.51	9.03	19.26	32.20	47.55	64.0	80.5	93.3	100
35	0.08	2.42	8.90	19.04	31.94	47.29	63.8	80.3	93.2	100
40	0.06	2.35	8.80	18.78	31.75	47.07	63.6	80.2	93.2	100
45	0.05	2.30	8.72	18.65	31.61	46.90	63.5	80.1	93.2	100
50	0.04	2.26	8.64	18.54	31.50	46.75	63.4	79.95	93.1	100
60	0.03	2.22	8.56	18.42	31.37	46.60	63.3	79.9	93.1	100
70	0.02	2.20	8.49	18.33	31.27	46.46	63.2	79.9	93.1	100
80	0.015	2.18	8.43	18.27	31.20	46.35	63.1	79.8	93.0	100
90	0.013	2.17	8.37	18.23	31.15	46.27	63.05	79.8	93.3	100
100	0.01	2.16	8.33	18.19	31.10	46.20	63.0	79.8	92.9	100
∞	0.00	2.07	8.03	17.77	30.55	45.80	62.6	79.5	92.8	100

参 考 文 献

[1] Georg Will. Powder diffraction-The Rietveld method and two stage method to determine and refine crystal structures from powder diffraction data [M]. Verlag Berlin Heidelberg, 2006.

[2] Internation Tables for X-ray crystallography Vol. C.

[3] Jimpei HARADA. Powder X-ray diffractometry in the analysis of materials Utilization of MiniFlex. Rigaku Corporation, Tokyo, 2016.

[4] Jonkins R, Snyder R I. Introduction to X-ray powder diffractometry [M]. New York: John Wiley & Sons, Inc. , 1996.

[5] L. Lutterotti, M. Bortolotti, G. Ischia, I. Lonardelli, H. -R. Wenk. Rietveld texture analysis from diffraction images [J]. Z. Kristallogr. , Suppl. , 2007, 26, 125-130.

[6] L. Lutterotti, S. Matthies, H. -R. Wenk, et al. Richardson. Texture and structure analysis of deformed limestone from neutron diffraction spectra [J]. J. Appl. Phys. , 1997, 81 [2], 594-600.

[7] L. Lutterotti. Total pattern fitting for the combined size-strain-stress-texture determination in thin film diffraction [J]. Nuclear Inst. and Methods in Physics Research, 2010, B, 268, 334-340.

[8] Material Data Inc. MDI Jade 9 user's Manual, 2004.

[9] Pecharsky V K, Zavalij P Y. Fundamentals of powder diffraction and structural characterization of materials [M]. Norwell, USA, Kluwer Academic Publishing, 2003.

[10] Popa, N. C. Texture in Rietveld refinement [J]. J. Appl. Crystallogr, 1992, 25, 611-616.

[11] Popa, N. C. The (hkl) ndence of diffraction-line broadening caused by strain and size for all Laue groups in Rietveld refinement [J]. J. Appl. Crystallogr, 1998, 31, 176-180.

[12] R. A. Young, editor. The Rietveld Method [M]. Oxford, UK, IUCr, Oxford University Press, 1993.

[13] R. E. Dinnebier, S. J. L. Bittinger, 等. 粉末衍射理论与实践 [M]. 陈昊鸿, 雷芳, 译. 北京: 高等教育出版社, 2016.

[14] 程国峰, 杨传铮. 纳米材料的X射线分析 [M]. 2版. 北京: 化学工业出版社, 2019.

[15] 黄继武, 李周. 多晶材料X射线衍射: 实验原理、方法与应用 [M]. 北京: 冶金工业出版社, 2012.

[16] 江超华. 多晶X射线衍射技术与应用 [M]. 北京: 化学工业出版社, 2014.

[17] 姜传海, 杨传铮. X射线衍射技术及其应用 [M]. 上海: 华东理工大学出版社, 2010.

[18] 姜传海, 杨传铮. 材料射线衍射和散射分析 [M]. 北京: 高等教育出版社, 2010.

[19] 晋勇, 孙小松, 薛屺. X射线衍射分析技术 [M]. 北京: 国防工业出版社, 2008.

[20] 李树棠. 晶体X射线衍射学基础 [M]. 北京: 冶金工业出版社, 1990.

[21] 梁敬魁. 粉末衍射法测定晶体结构: 上下册 [M]. 2版. 北京: 科学出版社, 2011.

[22] 刘粤惠, 刘平安. X射线衍射分析原理与应用 [M]. 北京: 化学工业出版社, 2003.

[23] 毛卫民, 杨平, 陈冷. 材料织构分析原理与检测技术 [M]. 北京: 冶金工业出版社, 2008.

[24] 毛卫民, 张新明. 晶体材料织构定量分析 [M]. 北京: 冶金工业出版社, 1995.

[25] 潘清林. 材料现代分析测试实验教程 [M]. 北京: 冶金工业出版社, 2011.

[26] 张海军, 贾全利, 董林. 粉末多晶X射线衍射技术原理及应用 [M]. 郑州: 郑州大学出版社, 2010.

[27] 周玉, 材料分析方法 [M]. 4版. 北京: 机械工业出版社, 2020.